工业和信息化
人才培养规划教材
Industry And Information
Technology Training
Planning Materials

高职高专计算机系列

# Oracle 数据库基础与应用教程

Basis and Application of Oracle Database

於岳 ◎ 主编

人民邮电出版社
北京

图书在版编目（CIP）数据

Oracle数据库基础与应用教程 / 於岳主编. -- 北京：人民邮电出版社，2016.1 （2019.8重印）
工业和信息化人才培养规划教材. 高职高专计算机系列
ISBN 978-7-115-39230-5

Ⅰ. ①O… Ⅱ. ①於… Ⅲ. ①关系数据库系统－高等职业教育－教材 Ⅳ. ①TP311.138

中国版本图书馆CIP数据核字(2016)第002826号

## 内 容 提 要

本书全面讲述了 Oracle 数据库的日常管理工作内容。全书共 14 章，包含 Oracle 简介和安装、Oracle 客户端、管理 Oracle 环境、Oracle 体系结构、管理 Oracle 存储结构、SQL 语言、表、约束、视图、同义词和序列、索引、实现数据库安全、Data Pump 数据导出和导入、数据库备份和恢复。每章结尾提供适量的选择题、简答题和操作题，通过练习和操作实践，帮助读者巩固所学内容。

本书适合 Oracle 爱好者、Oracle 工程师、数据库管理员、培训机构以及大专院校计算机专业教师和学生使用。

◆ 主　　编　於　岳
　责任编辑　范博涛
　责任印制　杨林杰
◆ 人民邮电出版社出版发行　　北京市丰台区成寿寺路 11 号
　邮编　100164　　电子邮件　315@ptpress.com.cn
　网址　http://www.ptpress.com.cn
　涿州市京南印刷厂印刷
◆ 开本：787×1092　1/16
　印张：24　　　　　　2016 年 1 月第 1 版
　字数：613 千字　　　　2019 年 8 月河北第 2 次印刷

定价：54.00 元

读者服务热线：(010)81055256　印装质量热线：(010)81055316
反盗版热线：(010)81055315

# 前 言 PREFACE

Oracle数据库是由甲骨文公司开发的一款关系数据库管理系统，是世界上第一个支持SQL语言的商业数据库，问世至今已有30多年，目前在数据库市场上占据主要份额，是当前世界上使用最为广泛的数据库管理系统之一。

Oracle数据库支持在UNIX、Linux和Windows等多种系统平台上安装和部署。相比其他数据库而言，Oracle数据库在稳定性、安全性、兼容性、高性能、处理速度、大数据管理方面更加优秀。目前Oracle数据库多用于银行、通信、石油、电力、互联网等大中型企业。

本书先后介绍了Oracle简介和安装、Oracle客户端、管理Oracle环境、Oracle体系结构、管理Oracle存储结构、SQL语言、表、约束、视图、同义词和序列、索引、实现数据库安全、Data Pump数据导出和导入、数据库备份和恢复。

本书是一本入门教程，带领读者走入Oracle数据库的世界。本书内容由浅入深、全面细致、实例丰富详细，使读者能通过本书掌握Oracle数据库管理的知识。本书配套有PPT课件，任课教师可登录人民邮电出版社教学服务与资源网（www.ptpedu.com.cn）免费下载使用。

**本书特色**

- 内容涉及Oracle数据库管理的知识，全面、深入和系统；
- 本书作者具有多年IT工作和授课经验，遵循理论和实践并重原则；
- 使用大量图表和实例进行讲述，便于读者理解和掌握知识点；
- 由浅入深进行讲解，脉络清晰，突出知识的实践性、实用性，通俗易懂；
- 从培训讲课的角度来编写本书，更加易于读者进行自学和练习。

本书作者从事计算机工作多年，担任过高级系统工程师、数据库工程师、架构师、培训专家。书中所有的实例都经过了编者反复细致地测试，能在读者的Oracle数据库上实现，只需读者按步骤操作即可。

本书由於岳任主编，统编全部书稿。由于编者水平有限，书中难免存在遗漏和不足之处，恳请广大读者提出宝贵意见。编者电子邮箱为airfish2000@126.com。

编　者

2015年10月

# 目 录 CONTENTS

## 第 1 章 Oracle 简介和安装 1


1.1 Oracle 数据库简介 1

1.1.1 什么是 Oracle 数据库 1

1.1.2 Oracle 数据库发展历程 1

1.1.3 数据库管理员工作任务 2

1.1.4 管理 Oracle 数据库的工具 2

1.1.5 Oracle 方案对象 3

1.2 安装和卸载 Oracle 数据库软件 4

1.2.1 安装 Oracle 数据库软件 4

1.2.2 卸载 Oracle 数据库软件 15

1.3 创建和删除数据库 17

1.3.1 创建数据库 18

1.3.2 删除数据库 26

1.4 小结 28

1.5 习题 29


## 第 2 章 Oracle 客户端 30


2.1 SQL*Plus 30

2.1.1 SQL*Plus 简介 30

2.1.2 SQL*Plus 登录和注销 30

2.1.3 SQL*Plus 缓冲区操作 33

2.1.4 显示系统变量 37

2.1.5 设置系统变量 39

2.1.6 SQL*Plus 命令 45

2.1.7 运行脚本文件 49

2.2 Oracle Enterprise Manager 50

2.2.1 Oracle Enterprise Manager 简介 50

2.2.2 Oracle Enterprise Manager 登录和注销 50

2.2.3 Oracle Enterprise Manager 页面 51

2.2.4 创建管理员 54

2.2.5 更改 SYS 口令 55

2.3 Oracle SQL Developer 56

2.3.1 Oracle SQL Developer 简介 56

2.3.2 Oracle SQL Developer 连接数据库 56

2.4 小结 57

2.5 习题 58


## 第 3 章 管理 Oracle 环境 59


3.1 配置 Oracle 网络环境 59

3.1.1 添加监听程序 59

3.1.2 添加本地网络服务名 62

3.1.3 管理监听程序 65

3.2 启动数据库 68

3.2.1 启动数据库步骤 68

3.2.2 启动数据库选项 68

3.2.3 转换数据库启动模式 71

3.3 关闭数据库 72

3.3.1 关闭数据库步骤 72

3.3.2 关闭数据库选项 73

3.4 使用 OEM 启动和关闭数据库 74

3.4.1 使用 OEM 关闭数据库 74

3.4.2 使用 OEM 启动数据库 76

3.5 使用【服务】工具管理 Oracle 服务 77

3.6 初始化参数 79

3.6.1 初始化参数简介 79

3.6.2 查看初始化参数 82

3.7 参数文件 84

3.7.1 服务器参数文件 84

3.7.2 文本初始化参数文件 84

3.8 修改初始化参数 85

3.8.1 修改系统级初始化参数 85

3.8.2 修改会话级初始化参数 86

3.9 创建参数文件 86

3.9.1 创建文本初始化参数文件 86

3.9.2 创建服务器参数文件 87

3.10 小结 88

3.11 习题 88

## 第 4 章　Oracle 体系结构　90

4.1 内存结构 90
4.1.1 系统全局区 90
4.1.2 程序全局区 94
4.2 进程结构 95
4.2.1 用户进程 95
4.2.2 服务器进程 96
4.2.3 后台进程 96
4.3 物理存储结构 98
4.3.1 控制文件 98
4.3.2 数据文件 99
4.3.3 联机重做日志文件 99
4.3.4 归档日志文件 100
4.3.5 参数文件 100
4.3.6 密码文件 101
4.3.7 警告日志文件 102
4.3.8 跟踪文件 102
4.4 逻辑存储结构 102
4.4.1 数据块 103
4.4.2 区 105
4.4.3 段 105
4.4.4 表空间 106
4.5 数据字典 107
4.5.1 数据字典简介 107
4.5.2 数据字典内容 108
4.5.3 数据字典分类 108
4.6 动态性能视图 110
4.6.1 动态性能视图简介 110
4.6.2 动态性能视图分类 110
4.7 小结 112
4.8 习题 113

## 第 5 章　管理 Oracle 存储结构　114

5.1 管理控制文件 114
5.1.1 控制文件简介 114
5.1.2 备份控制文件 115
5.1.3 创建新控制文件 116
5.1.4 删除控制文件 117
5.1.5 添加控制文件 119
5.2 表空间简介 120
5.2.1 逻辑空间管理 120
5.2.2 段空间管理 121
5.2.3 大文件表空间和小文件表空间 121
5.3 创建表空间 122
5.3.1 创建永久表空间 122
5.3.2 创建临时表空间 125
5.3.3 创建 UNDO 表空间 126
5.4 修改表空间 127
5.4.1 更改表空间大小 127
5.4.2 表空间联机或脱机 127
5.4.3 更改表空间读写模式 129
5.4.4 修改表空间名称 129
5.5 删除表空间 130
5.6 管理数据文件 131
5.6.1 数据文件简介 131
5.6.2 添加数据文件 131
5.6.3 启用或禁用数据文件自动扩展 132
5.6.4 更改数据文件大小 133
5.6.5 数据文件联机或脱机 133
5.6.6 更改数据文件的位置和名称 134
5.6.7 删除数据文件 135
5.7 管理联机重做日志文件 136
5.7.1 联机重做日志文件简介 136
5.7.2 创建重做日志文件组 136
5.7.3 创建重做日志文件 137
5.7.4 删除重做日志文件 137
5.7.5 重命名重做日志文件 137
5.7.6 删除重做日志文件组 138
5.7.7 清除重做日志文件 139
5.7.8 强制执行日志切换 139
5.7.9 更改数据库归档模式 140
5.8 使用 OEM 管理存储结构 143
5.8.1 使用 OEM 创建表空间 143

5.8.2 使用 OEM 对表空间进行脱机和联机 146
5.8.3 使用 OEM 删除表空间 146
5.8.4 使用 OEM 创建数据文件 147
5.8.5 使用 OEM 对数据文件进行脱机和联机 148
5.8.6 使用 OEM 删除数据文件 149
5.8.7 使用 OEM 创建重做日志组 149
5.8.8 使用 OEM 删除重做日志组 150
5.9 小结 151
5.10 习题 152


## 第 6 章 SQL 语言 153


6.1 SQL 语言简介 153
6.2 SQL 基本语法 153
6.2.1 SELECT 子句 154
6.2.2 FROM 子句 156
6.2.3 WHERE 子句 156
6.2.4 ORDER BY 子句 159
6.2.5 GROUP BY 子句 160
6.2.6 HAVING 子句 160
6.3 SQL 高级查询 161
6.3.1 组函数 161
6.3.2 子查询 162
6.3.3 合并查询 164
6.4 数据操作 166
6.4.1 插入数据 166
6.4.2 更新数据 167
6.4.3 删除数据 167
6.5 单行函数 168
6.5.1 字符函数 168
6.5.2 数字函数 172
6.5.3 日期时间函数 176
6.5.4 转换函数 182
6.5.5 其他函数 187
6.6 小结 188
6.7 习题 189


## 第 7 章 表 190


7.1 表简介 190
7.1.1 什么是表 190
7.1.2 表类型 190
7.2 Oracle 内置数据类型 191
7.2.1 字符数据类型 191
7.2.2 数字数据类型 192
7.2.3 日期和时间数据类型 192
7.2.4 二进制数据类型 193
7.2.5 行数据类型 193
7.2.6 大对象数据类型 193
7.3 创建表 193
7.4 修改表 195
7.4.1 设置表的读写模式 195
7.4.2 为表指定并行处理 195
7.4.3 启用或禁用与表相关联触发器 196
7.4.4 启用或禁用表锁定 196
7.4.5 解除分配未使用的空间 197
7.4.6 标记列为未使用 197
7.4.7 在表中添加、修改和删除列 198
7.4.8 为表添加注释 200
7.4.9 移动表到其他表空间 201
7.4.10 更改表的日志记录属性 201
7.4.11 压缩表 201
7.4.12 收缩表 202
7.4.13 重命名列 203
7.4.14 重命名表 203
7.5 截断表 204
7.6 删除表 204
7.7 使用 OEM 管理表 205
7.7.1 使用 OEM 创建表 205
7.7.2 使用 OEM 收缩段 207
7.7.3 使用 OEM 删除表 209
7.8 小结 210
7.9 习题 210

## 第 8 章　约束　211

8.1　约束简介　211
8.1.1　什么是约束　211
8.1.2　约束优点　211
8.1.3　约束类型　211
8.2　创建约束　213
8.2.1　创建 NOT NULL 约束　213
8.2.2　创建 UNIQUE、PRIMARY KEY、CKECK 和 FOREIGN　KEY 约束　213
8.3　修改约束　215
8.3.1　修改约束状态　215
8.3.2　修改约束名称　216
8.4　删除约束　216
8.5　使用 OEM 管理约束　217
8.5.1　使用 OEM 创建 PRIMARY KEY 约束　217
8.5.2　使用 OEM 创建 UNIQUE 约束　219
8.5.3　使用 OEM 创建 CHECK 约束　220
8.5.4　使用 OEM 创建 FOREIGN KEY 约束　221
8.5.5　使用 OEM 删除约束　222
8.6　小结　222
8.7　习题　223

## 第 9 章　视图　224

9.1　视图简介　224
9.1.1　什么是视图　224
9.1.2　视图作用　224
9.1.3　视图类型　225
9.2　创建视图　225
9.3　在视图中的数据操作　227
9.4　修改视图　228
9.5　删除视图　229
9.6　使用 OEM 管理视图　229
9.6.1　使用 OEM 创建视图　229
9.6.2　使用 OEM 删除视图　230
9.7　小结　231
9.8　习题　231

## 第 10 章　同义词和序列　232

10.1　同义词　232
10.1.1　同义词简介　232
10.1.2　同义词分类　232
10.1.3　创建同义词　232
10.1.4　使用同义词　233
10.1.5　删除同义词　234
10.2　序列　234
10.2.1　序列简介　234
10.2.2　创建序列　235
10.2.3　使用序列　236
10.2.4　修改序列　237
10.2.5　删除序列　238
10.3　使用 OEM 管理同义词和序列　238
10.3.1　使用 OEM 创建同义词　238
10.3.2　使用 OEM 删除同义词　239
10.3.3　使用 OEM 创建序列　240
10.3.4　使用 OEM 删除序列　241
10.4　小结　241
10.5　习题　242

## 第 11 章　索引　243

11.1　索引简介　243
11.1.1　什么是索引　243
11.1.2　索引优缺点　243
11.1.3　创建索引的列的特点　244
11.1.4　索引使用原则　244
11.1.5　索引分类　244
11.2　创建索引　246
11.3　修改索引　249
11.3.1　重建现有索引　249
11.3.2　收缩索引　250
11.3.3　合并索引块　251
11.3.4　使得索引不可见　251
11.3.5　为索引分配新区　252
11.3.6　释放未使用的空间　252

11.3.7 设置索引并行特性 252
11.3.8 启用或禁用基于函数的索引 253
11.3.9 指定日志记录属性 253
11.3.10 监视索引的使用 254
11.3.11 标记索引无法使用 254
11.3.12 重命名索引 255
11.4 删除索引 255
11.5 使用 OEM 管理索引 256
11.5.1 使用 OEM 创建索引 256
11.5.2 使用 OEM 收缩段 257
11.5.3 使用 OEM 删除索引 258
11.6 小结 259
11.7 习题 259

## 第 12 章 实现数据库安全 261

12.1 用户 261
12.1.1 Oracle 身份验证方式 261
12.1.2 用户简介 261
12.1.3 创建用户 262
12.1.4 修改用户 264
12.1.5 删除用户 267
12.2 角色 267
12.2.1 角色简介 267
12.2.2 预定义角色 268
12.2.3 创建角色 269
12.2.4 启用当前会话的角色 269
12.2.5 修改角色 271
12.2.6 删除角色 271
12.3 授予和撤销权限 272
12.3.1 权限简介 272
12.3.2 授予权限 276
12.3.3 撤销权限 278
12.3.4 查看用户当前可用的权限 280
12.4 概要文件 280
12.4.1 概要文件简介 280
12.4.2 创建概要文件 281
12.4.3 分配概要文件 283
12.4.4 修改概要文件 284
12.4.5 删除概要文件 285
12.5 使用 OEM 管理数据库安全 286
12.5.1 使用 OEM 创建用户 286
12.5.2 使用 OEM 锁定用户 290
12.5.3 使用 OEM 解除用户的锁定 290
12.5.4 使用 OEM 对用户进行口令失效 291
12.5.5 使用 OEM 删除用户 292
12.5.6 使用 OEM 创建角色 292
12.5.7 使用 OEM 删除角色 296
12.5.8 使用 OEM 授予对象权限 296
12.5.9 使用 OEM 撤销对象权限 297
12.5.10 使用 OEM 创建概要文件 298
12.5.11 使用 OEM 删除概要文件 299
12.6 小结 300
12.7 习题 301

## 第 13 章 Data Pump 数据导出和导入 303

13.1 Data Pump 简介 303
13.1.1 什么是 Data Pump 303
13.1.2 Data Pump 组成部分 303
13.1.3 Data Pump 特点 304
13.2 目录对象 304
13.2.1 目录对象简介 304
13.2.2 创建目录对象 305
13.3 Data Pump Export 306
13.3.1 Data Pump Export 简介 306
13.3.2 expdp 命令参数详解 306
13.4 Data Pump Import 312
13.4.1 Data Pump Import 简介 312
13.4.2 impdp 命令参数详解 313
13.5 使用 OEM 导出和导入数据 320
13.5.1 使用 OEM 导出数据 320
13.5.2 使用 OEM 导入数据 324
13.6 传输表空间 326
13.6.1 传输表空间简介 326
13.6.2 传输表空间实例 327
13.7 小结 332
13.8 习题 332

## 第 14 章 数据库备份和恢复 334

14.1 RMAN 备份简介 334
14.1.1 什么是 RMAN 334
14.1.2 RMAN 备份形式 335
14.1.3 备份片 336
14.1.4 通道 336
14.1.5 RMAN 环境简介 337
14.1.6 启动和退出 RMAN 338
14.2 RMAN 资料档案库 339
14.2.1 使用控制文件 339
14.2.2 使用恢复目录 340
14.3 显示、设置和清除 RMAN 配置参数 342
14.3.1 显示 RMAN 配置参数 342
14.3.2 设置 RMAN 配置参数 343
14.3.3 清除 RMAN 配置参数 347
14.4 备份数据库 347
14.4.1 整个数据库备份 348
14.4.2 表空间备份 348
14.4.3 数据文件备份 348
14.4.4 控制文件备份 349
14.4.5 归档日志文件备份 349
14.4.6 服务器参数文件备份 350
14.5 RMAN 高级备份 350
14.5.1 压缩备份 350
14.5.2 限制备份集的文件数量 350
14.5.3 指定备份集大小 350
14.5.4 指定备份标记 350
14.5.5 指定备份文件格式 351
14.5.6 跳过脱机、只读和无法访问的文件 352
14.5.7 创建多个备份集副本 352
14.5.8 指定多个备份通道 352
14.6 数据库增量备份 353
14.6.1 RMAN 备份类型 353
14.6.2 启用块更改跟踪 354
14.7 管理 RMAN 备份 355
14.7.1 REPORT 命令 355
14.7.2 LIST 命令 356
14.7.3 DELETE 命令 359
14.8 数据库恢复 360
14.8.1 数据库恢复类型 360
14.8.2 介质恢复类型 361
14.8.3 RMAN 恢复简介 362
14.8.4 恢复数据库 363
14.9 使用 OEM 管理备份和恢复 365
14.9.1 使用 OEM 进行备份设置 365
14.9.2 使用 OEM 进行恢复目录设置 367
14.9.3 使用 OEM 进行调度备份 367
14.9.4 使用 OEM 管理当前备份 370
14.9.5 使用 OEM 执行恢复 371
14.10 小结 371
14.11 习题 373

PART 1

# 第1章 Oracle 简介和安装



## 1.1 Oracle 数据库简介

### 1.1.1 什么是 Oracle 数据库

Oracle 数据库是由美国 Oracle（甲骨文）公司开发的一款关系数据库管理系统，自从 1979 年发布第一版以来，至今已有 30 多年，目前在数据库市场上占据主要份额，是当前世界上使用最为广泛的数据库管理系统。Oracle 数据库是以分布式数据库为核心的一组软件产品，是目前最流行的 C/S 或 B/S 体系结构的数据库之一。

Oracle 数据库是世界上第一个支持 SQL 语言的商业数据库，主要在高端工作站、小型机和高端服务器上使用。Oracle 数据库支持在 UNIX、Linux 和 Windows 等多种系统平台上进行安装和部署。相比较其他数据库而言，Oracle 数据库在稳定性、安全性、兼容性、高性能、处理速度、大数据管理方面更加优秀。

### 1.1.2 Oracle 数据库发展历程

1977 年，拉里・埃里森（Larry Ellison）、鲍勃・迈纳（Bob Miner）和奥德斯（Ed Oates）在美国加州成立了软件开发实验室咨询公司（Software Development Laboratories，SDL）。1978 年公司迁往硅谷，并改名为关系式软件公司（Relational Software Inc，RSI）。1982 年公司再次改名为甲骨文（Oracle）。

Oracle 1 数据库发布于 1979 年，是使用汇编语言在 DEC 计算机 PDP-11 上开发出来的，是第一个基于 SQL 标准的关系型数据库。

Oracle 2 数据库发布于 1979 年，该数据库作为第一款商用的基于 SQL 的关系型数据库，是关系数据库历史上的一个里程碑。

Oracle 3 数据库发布于 1983 年，它是一个便携式版本的 Oracle 数据库，是第一个在大型机、小型机和 PC 上运行的关系型数据库。该版本数据库是用 C 语言编写的，使得数据库可以被移植到多种平台。

Oracle 4 数据库发布于 1984 年，推出多版本读一致性，增强了并发控制、数据分布和可扩展性。

Oracle 5 数据库发布于 1985 年，支持客户端/服务器计算和分布式数据库系统。

Oracle 6 数据库发布于 1988 年，带来了增强的磁盘 I/O、行锁、可扩展性，以及备份和恢复，此外还推出了 PL/SQL 语言的第一个版本。

Oracle 7 数据库发布于 1992 年，该版本推出了 PL/SQL 存储过程和触发器功能，此外还推出了基于 UNIX 系统的 Oracle 版本。

Oracle 8 数据库发布于 1997 年，作为对象—关系数据库，支持许多新的数据类型，此外还支持大型表分区。

Oracle 8i 数据库发布于 1999 年，提供互联网协议和 Java 服务器端支持的原生支持，被设计用于网络计算，从而使数据库能够被部署在一个多层环境中。Oracle 8i 可以看作是 Oracle 8 数据库的功能扩展版。

Oracle 9i 数据库发布于 2001 年，推出了 RAC（Real Application Cluster）功能，这是 Oracle 数据库中的高可用性技术，使多个实例可以同时访问一个数据库。

此外，Oracle XML 数据库引入存储和查询 XML 的能力。

Oracle 10g 数据库发布于 2003 年，引入了网格计算概念，一个关键的目标是使数据库能够自我管理和自我调整。Oracle 自动存储管理（ASM）通过虚拟化和简化数据库存储管理来实现这一目标。

Oracle 11g 数据库发布于 2007 年，推出了许多新的功能，增强了可管理性、可诊断性和可用性，使管理员和开发人员能够快速适应不断变化的业务需求。

### 1.1.3 数据库管理员工作任务

在一个中小型数据库环境中，执行数据库管理任务的可能只有一个人。而在大型数据库环境中，工作往往是由几个数据库管理员来完成的，每个人都有不同的工作任务，比如有些人进行数据库的日常管理，有些人进行数据库的性能调优。

作为一个 Oracle 数据库管理员，平时将参与以下工作任务。

- 安装 Oracle 软件。
- 创建 Oracle 数据库。
- 执行数据库和软件升级到最新版本。
- 启动和关闭数据库实例。
- 管理数据库的存储结构。
- 管理用户和安全性。
- 管理数据库对象，如表、索引和视图等。
- 备份数据库并在需要时执行恢复操作。
- 监视数据库的状态，并要求采取预防或纠正措施。
- 监控和调优数据库性能。
- 为 Oracle 支持服务诊断和报告严重错误。

### 1.1.4 管理 Oracle 数据库的工具

数据库管理员可以使用以下工具和实用程序来对数据库进行管理。

#### 1. OUI

Oracle 通用安装程序（Oracle Universal Installer，OUI）是安装 Oracle 软件的工具，它可以自动启动 Oracle 数据库配置助手来安装数据库。

#### 2. DBCA

数据库配置助手（Database Configuration Assistant，DBCA）是由 Oracle 提供的，通过模板创建数据库的实用程序。它能够复制一个预配置的种子数据库，从而节省了生成和定制一个新数据库的时间和精力。

3. DBUA

数据库升级助手（Database Upgrade Assistant，DBUA）是指导通过现有的数据库升级到一个新的 Oracle 数据库版本的工具。

4. NETCA

网络配置助手（Net Configuration Assistant，NETCA）是一种可以配置侦听器和命名方法的实用工具，这是 Oracle 数据库网络的重要组成部分。

5. OEM

Oracle 企业管理器（Oracle Enterprise Manager Database Control，简称 Oracle Enterprise Manager，OEM）是一个基于 Web 界面的管理数据库的工具。OEM 还提供了性能顾问和 Oracle 实用程序，比如 SQL*Loader 和恢复管理器（Recovery Manager，RMAN）的接口。

### 1.1.5 Oracle 方案对象

方案（Schema）是数据结构的逻辑容器，是方案对象的一个集合，每一个数据库用户都对应着一个方案。方案对象是直接引用数据库数据的逻辑结构。

1. 表

表（Table）是数据库中存储数据的基本单位，数据按行和列进行存储，是关系数据库中最重要的方案对象。用户可以基于表创建视图、索引等对象，为表中的列指定一系列的属性，比如列名、数据类型、长度或精度等。当创建表时，Oracle 会自动地在相应的表空间中为表分配数据段以容纳其数据。

2. 视图

视图（View）也称为虚拟表，是基于一个或多个表/视图的逻辑表，本身不包含数据，只是在数据字典里存储查询语句。它不占用物理空间，通过视图可以对表中的数据进行查询和修改。

对视图的操作同表一样，当通过视图修改数据时，实际上是在改变基础表中的数据。由于逻辑上的原因，有些视图可以修改对应的基础表，有些则不能修改，只能进行查询。基础表数据的改变也会自动反映在由基础表产生的视图中。

3. 索引

索引（Index）是为了提高数据查询的性能而创建的，利用它可以快速地查询指定的数据。索引为表数据提供快速存取路径，适用于一定范围的行查询或指定行的查询。索引可建立在一个表的一列或多列上，一旦创建则由 Oracle 自动维护和使用，对用户是完全透明的。

4. 序列

序列（Sequence）是用来生成唯一、连续整数的数据库对象，通常用来自动生成主键或唯一键的值。Oracle 将序列的定义存储在数据字典中。序列可以为表中的行自动生成序列号，产生一组等间隔的数值。序列可以在插入语句中引用，也可以通过查询检查当前值，或使序列增至下一个值。

5. 同义词

同义词（Synonym）是一个方案对象的别名，用来简化对象的访问，以及提高对象访问的安全性。可以为表、视图、序列、过程、存储函数、包、物化视图、Java 类方案对象或用户自定义对象类型创建同义词。同义词并不占用实际的存储空间，只是在数据字典中保存了同义词的定义。在使用同义词时，Oracle 数据库将它转换成对应的方案对象的名称。

**6．簇**

簇（Cluster）是一种存储机制，为了加快数据查询，允许将多个表中的若干记录物理存储在一起，这几个表在存储时会共享一部分数据块。

**7．过程**

过程（Procedure）是执行指定任务的多个 SQL 和 PL/SQL 语句的集合，用于执行特定的操作或功能。

**8．函数**

函数（Function）是必须返回值的过程，用于计算和返回特定的数据。

**9．触发器**

触发器（Trigger）是一种特殊的过程，不能被人工调用，只能在表上执行某个动作时被自动调用。触发器与表、动作（INSERT、UPDATE、DELETE）和系统事件（如数据库启动）相关联。

## 1.2 安装和卸载 Oracle 数据库软件

### 1.2.1 安装 Oracle 数据库软件

按以下步骤在 Windows 系统中安装 Oracle 11g 数据库软件。

（1）在 Oracle 11g 数据库软件光盘中，双击 database 目录中的 setup.exe，开始安装 Oracle 11g 数据库软件。在图 1-1 所示的界面中，指定电子邮件地址用于接收有关安全问题的通知，如果不希望接收这些通知，在此取消选择【我希望通过 My Oracle Support 接收安全更新】复选框，然后单击【下一步】按钮。

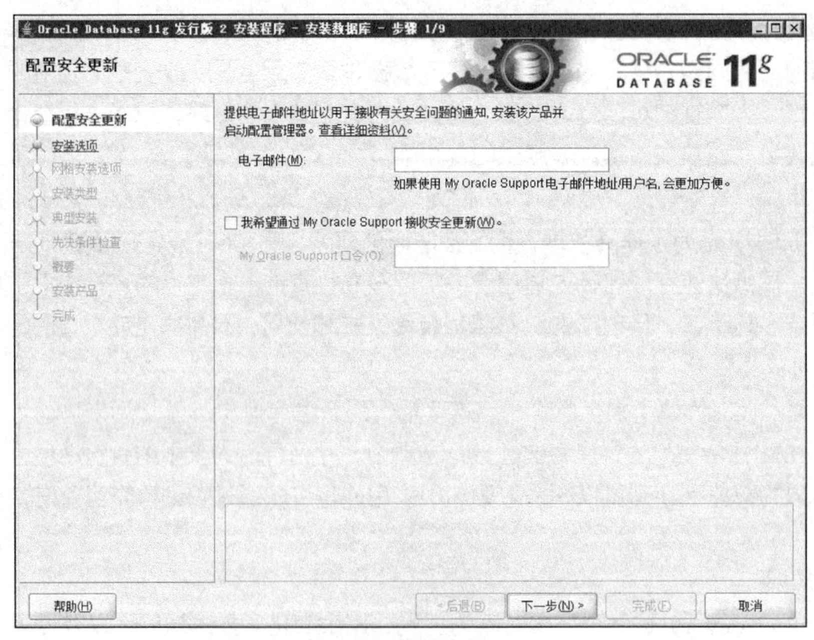


图 1-1 配置安全更新

（2）在弹出图 1-2 所示的对话框中，单击【是】按钮，确认不接收有关配置中的严重安全问题的通知。

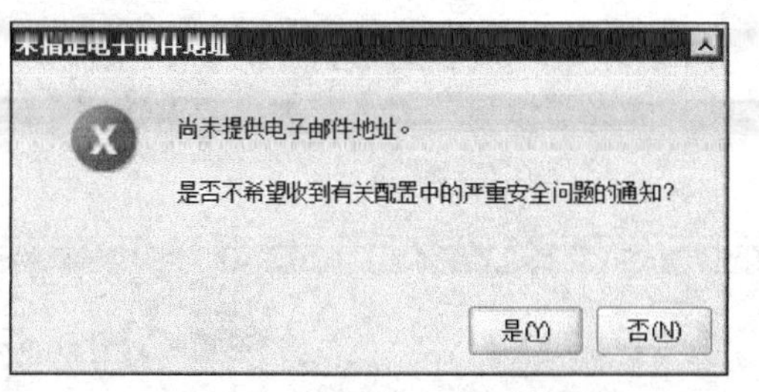


图 1-2　未指定电子邮件地址

（3）在图 1-3 所示界面中，指定安装选项，在此选择【创建和配置数据库】单选框，这样既能安装数据库软件，也能创建数据库，然后单击【下一步】按钮。

安装选项有以下 3 种方式。

- 创建和配置数据库：安装数据库软件，并且创建数据库。
- 仅安装数据库软件：只安装数据库软件，不创建数据库。
- 升级现有的数据库：进行数据库的升级工作。

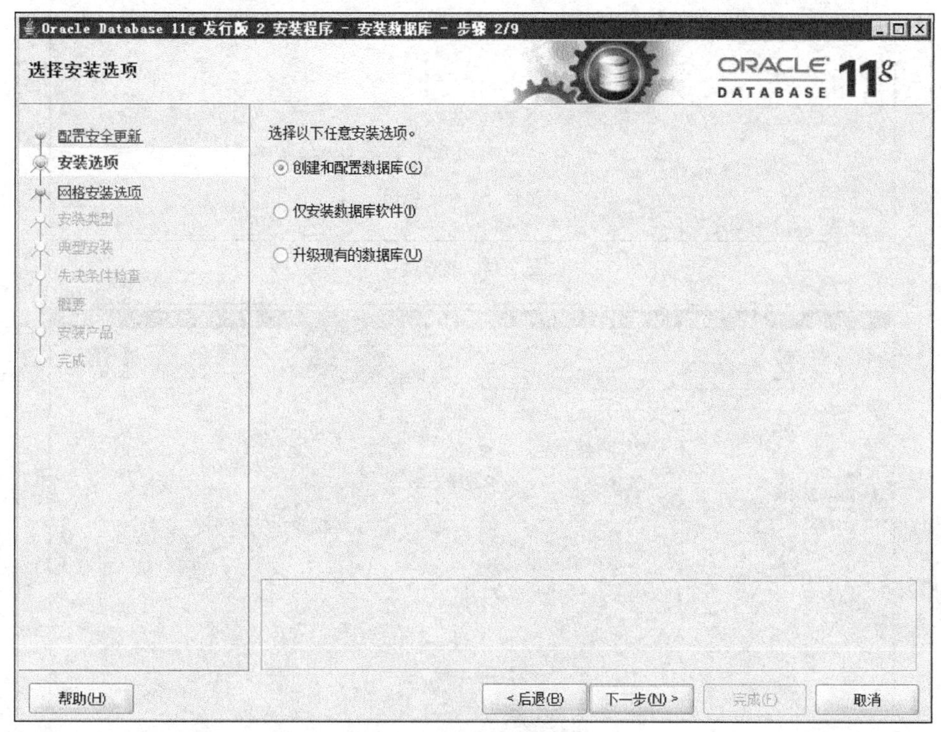


图 1-3　指定安装选项

（4）在图 1-4 所示界面中，指定是在桌面类还是服务器类系统中进行安装，在此选择【服务器类】单选框，然后单击【下一步】按钮。

（5）在图 1-5 所示界面中，指定要执行的数据库安装类型，在此选择【单实例数据库安装】单选框，然后单击【下一步】按钮。

数据库安装类型有以下两种类型。

- 单实例数据库：一个实例对应一个数据库，只需一台服务器就能安装数据库。这是最简单的数据库环境。
- RAC（Real Application Clusters）数据库：多个实例对应一个数据库，需要两台甚至更多台服务器安装数据库；用于在群集环境下实现多服务器共享数据库，以保证应用的高可用性，实现数据库在故障时的容错和无断点恢复；为大多数高要求数据库环境提供了极高的性能和完美的纠错功能。

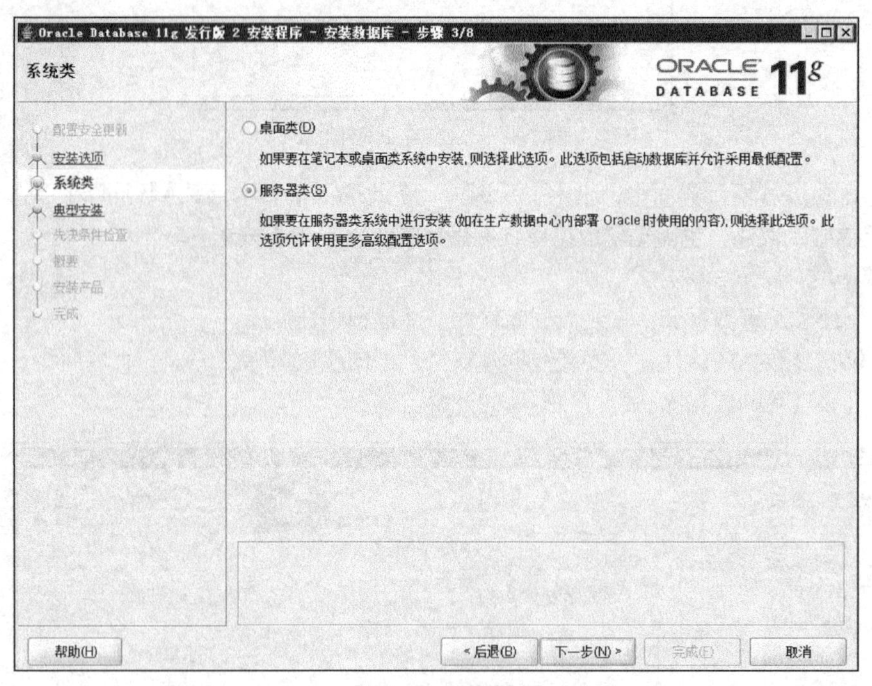


图 1-4　系统类

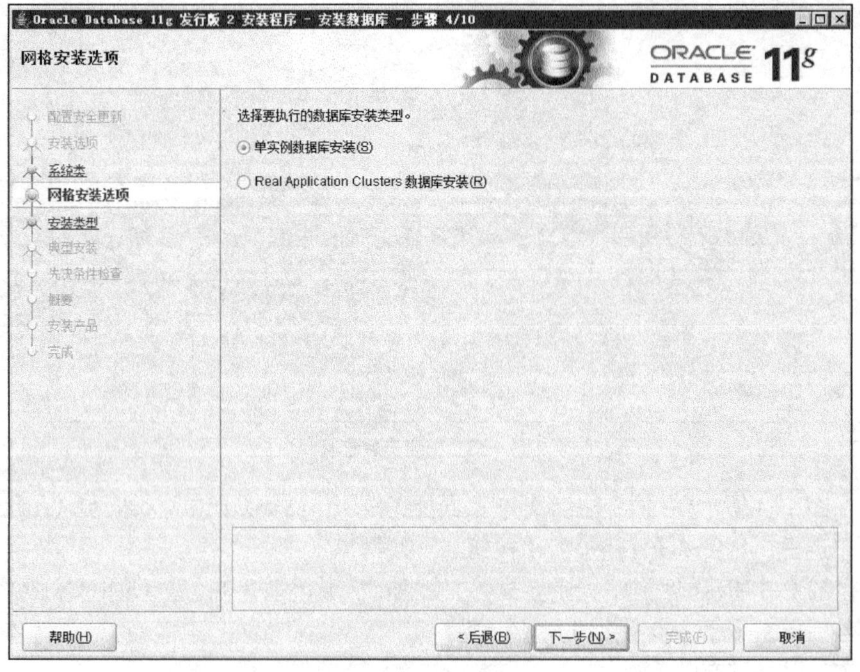


图 1-5　网格安装选项

（6）在图 1-6 所示界面中，指定安装类型，在此选择【高级安装】单选框，然后单击【下一步】按钮。

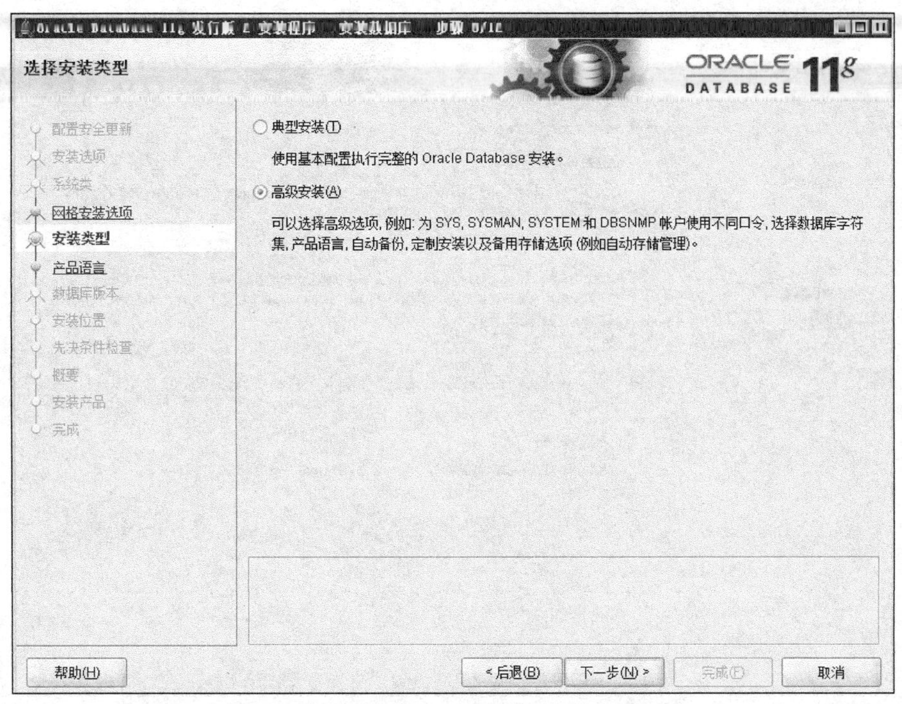


图 1-6 选择安装类型

（7）在图 1-7 所示界面中，指定 Oracle 运行时使用的语言，在此选择使用简体中文和英语，然后单击【下一步】按钮。

图 1-7 选择产品语言

（8）在图 1-8 所示界面中，指定要安装的数据库的版本，在此选择【企业版】单选框，然后单击【下一步】按钮。

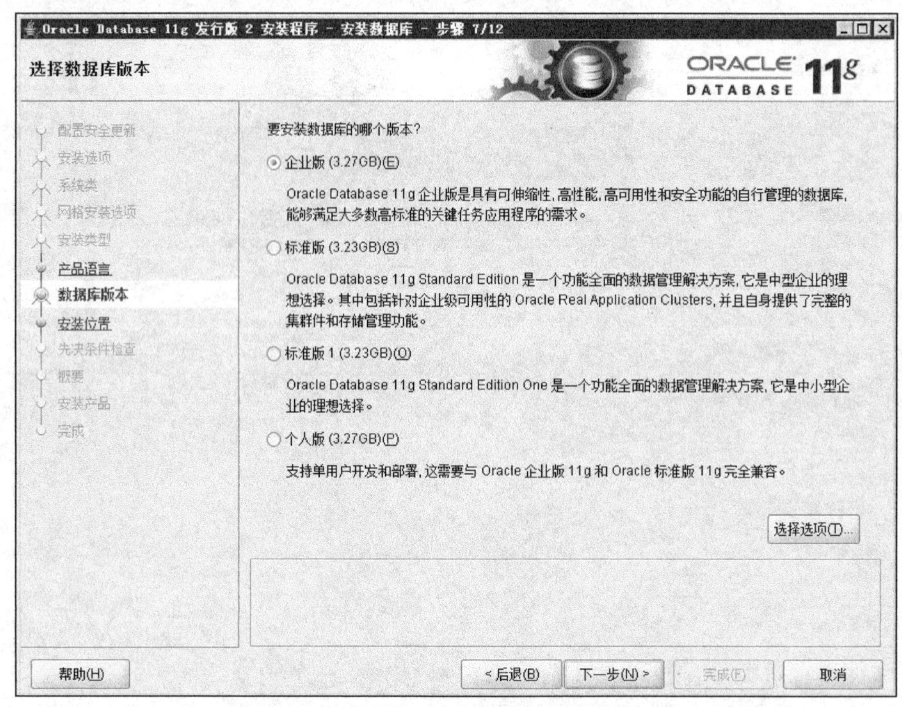


图 1-8　选择数据库版本

（9）在图 1-9 所示界面中，指定存储 Oracle 软件以及与配置相关的文件的 Oracle 基目录路径，然后单击【下一步】按钮。

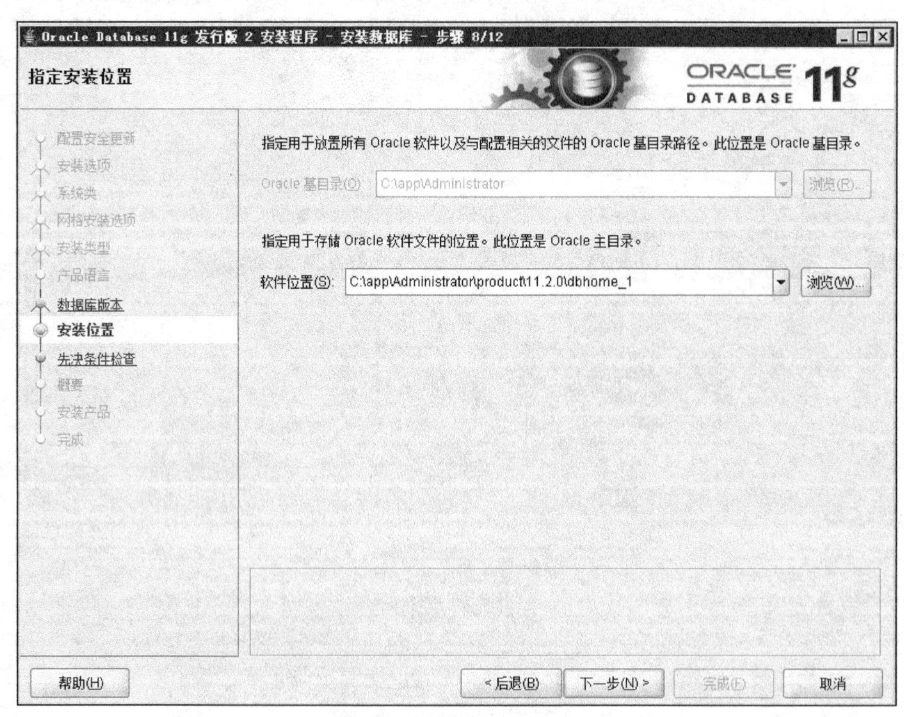


图 1-9　指定安装位置

（10）在图 1-10 所示界面中，指定要创建的数据库的类型，在此选择【一般用途/事物处理】单选框，然后单击【下一步】按钮。

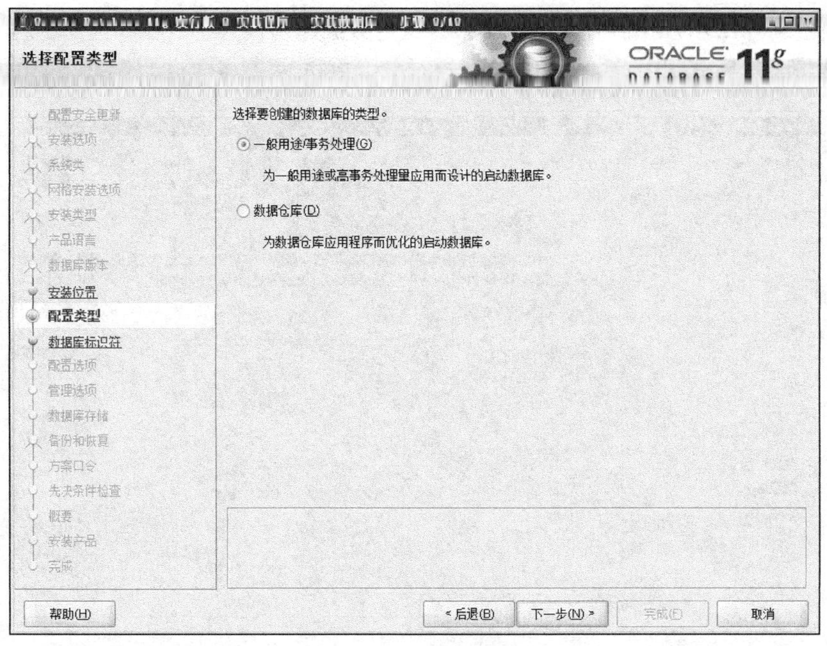


图 1-10　选择配置类型

（11）在图 1-11 所示界面中，指定全局数据库名和 Oracle 服务标识符，在此指定全局数据库名为“orcl.sh.com”，Oracle 服务标识符（SID）为 orcl，然后单击【下一步】按钮。

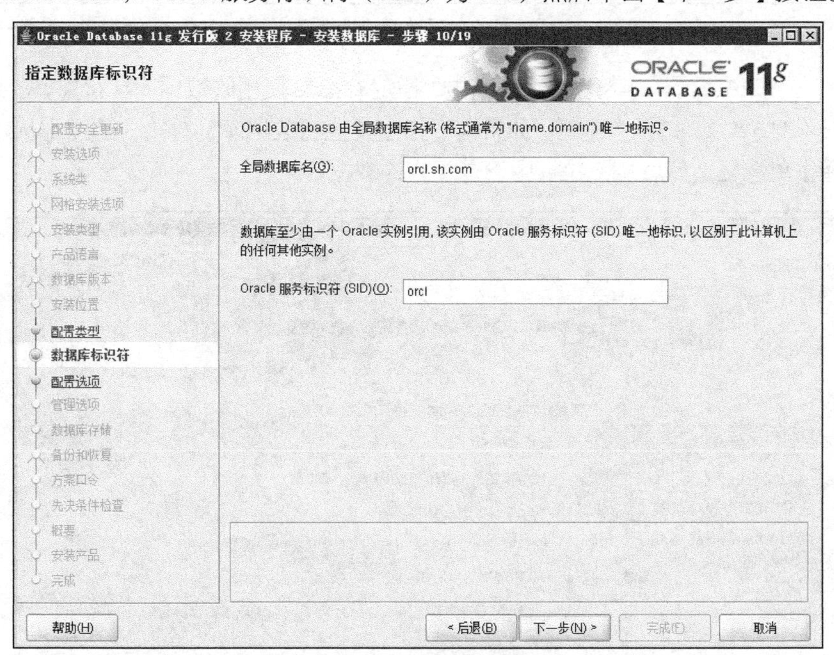


图 1-11　指定数据库标识符

➢　全局数据库名：用于在分布式数据库系统中区分不同的数据库，由数据库名和域名两部分组成，格式为“数据库名.域名”，如 orcl.sh.com，其中，orcl 是数据库名，sh.com 是域名。数据库名最长不超过 8 个字符。

➢　Oracle 服务标识符（System Identifier，SID）：用于标识 Oracle 实例，最多只能有 8 个字母、数字字符，每个 SID 对应一个实例。

（12）在图 1-12 所示【内存】选项卡中，指定数据库内存大小，在此选择【启用自动内存管理】复选框，然后分配内存 410MB，这样 SGA 和 PGA 两者将会自动分配这 410MB 内存。

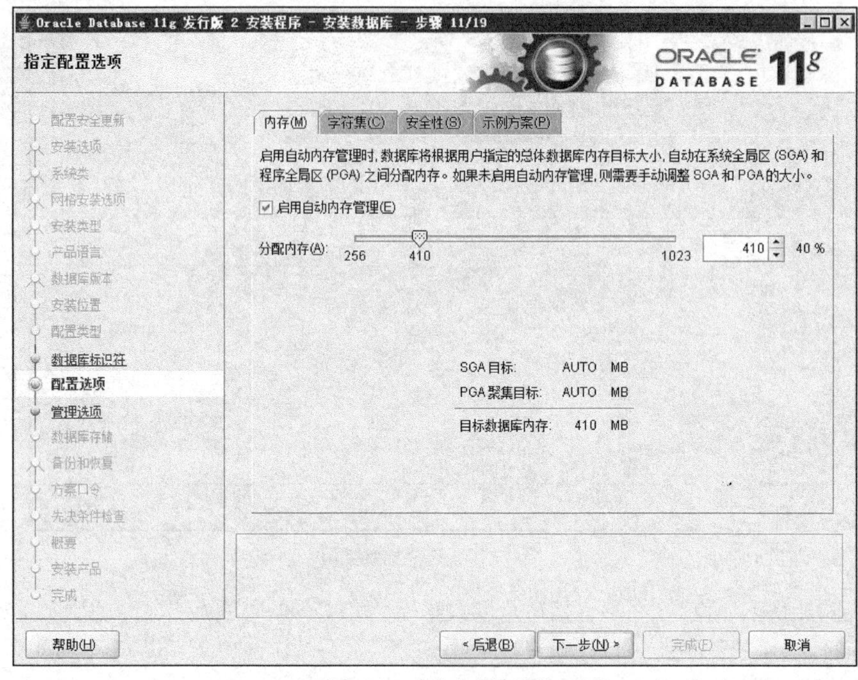


图 1-12 【内存】选项卡

（13）在图 1-13 所示【字符集】选项卡中，指定 Oracle 使用的数据库字符集，在此选择【使用 Unicode（AL32UTF8）】单选框。如果需要指定其他的数据库字符集，选择【从以下字符集列表中选择】单选框，然后从下拉框中选择相应的数据库字符集。

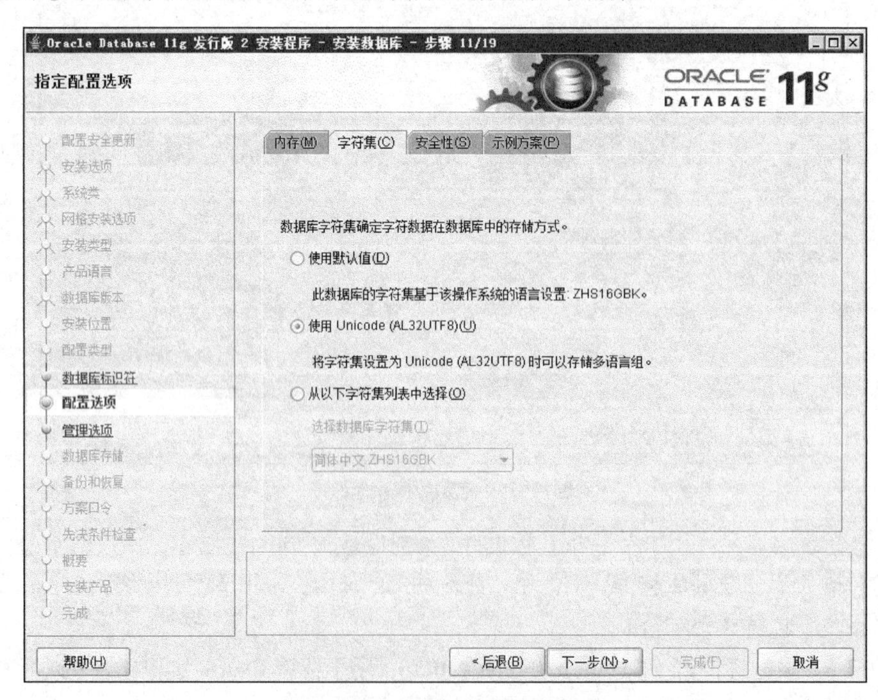


图 1-13 【字符集】选项卡

什么是数据库字符集?

在计算机屏幕上显示字符时使用的编码，根据所选择的字符集确定了可以在数据库中表示的语言。如果选择了一个不恰当的数据库字符集，那么数据库中存储的数据有可能会出现乱码。

（14）在图 1-14 所示的【示例方案】选项卡中，指定是否在创建数据库时创建示例方案，在此选择【创建具有示例方案的数据库】复选框，然后单击【下一步】按钮。

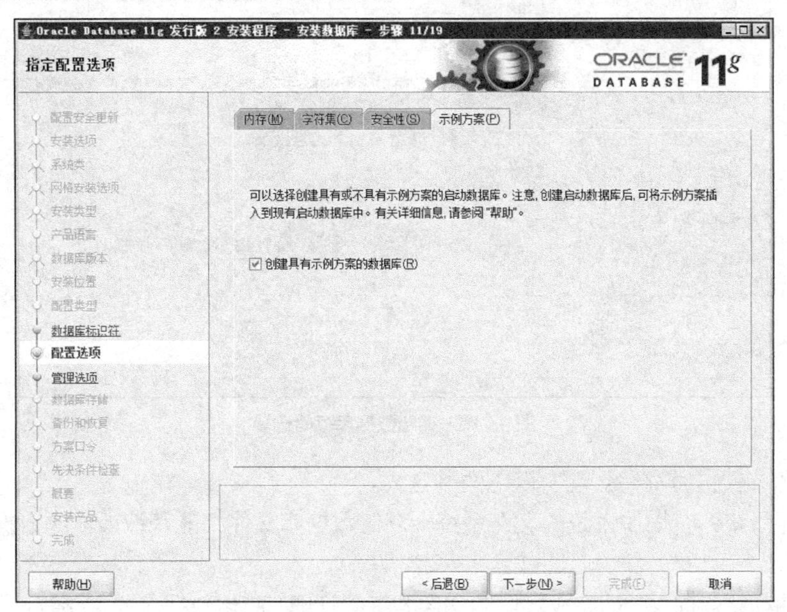


图 1-14 【示例方案】选项卡

（15）在图 1-15 所示界面中，指定使用 Grid Control 还是 Database Control 来管理数据库，在此默认选择【使用 Database Control 管理数据库】单选框，然后单击【下一步】按钮。

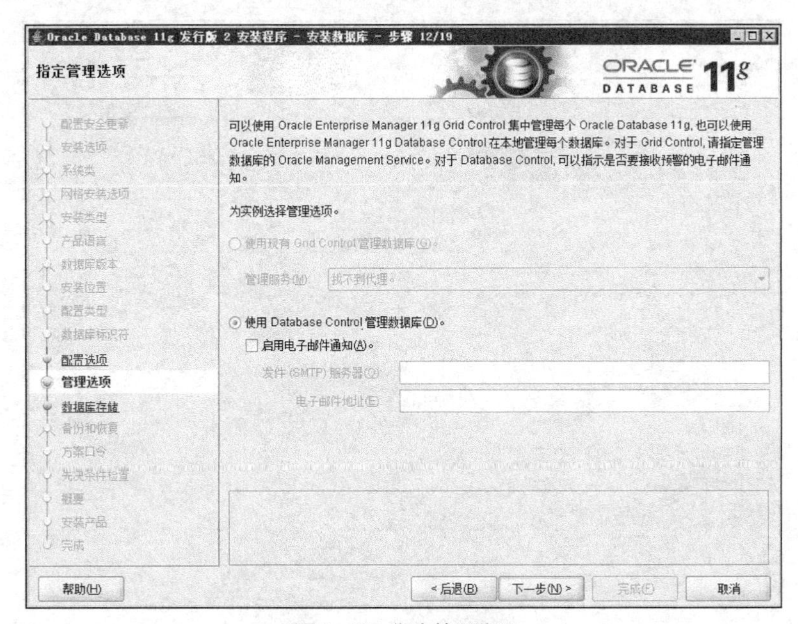


图 1-15 指定管理选项

（16）在图 1-16 所示界面中，指定数据库的存储位置，在此选择【文件系统】单选框，指定数据库文件位置为 C:\app\Administrator\oradata，然后单击【下一步】按钮。

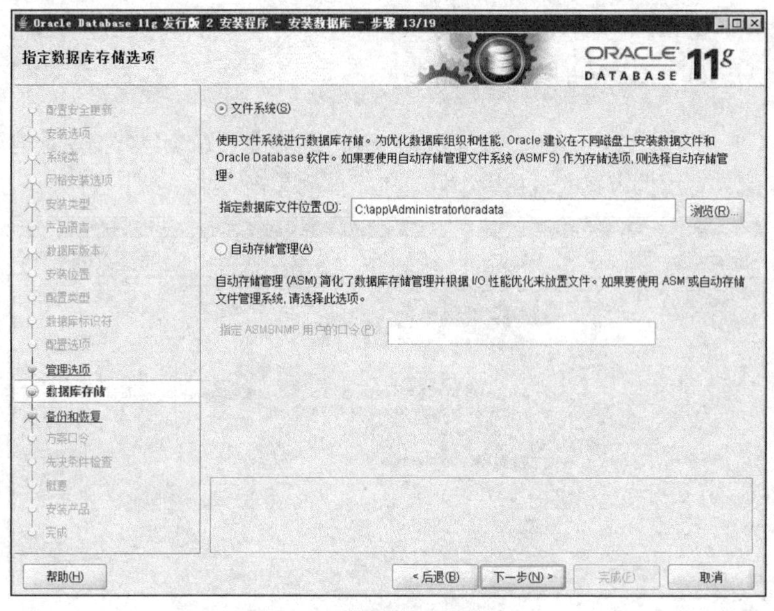


图 1-16　指定数据库存储选项

对数据库文件进行存储管理有以下两种方式。

➢　文件系统：在操作系统的文件系统上存储数据库文件，能获取最佳的数据库组织结构和性能。

➢　自动存储管理：自动完成数据库文件的存储管理，简化数据库的存储管理，并根据 I/O 性能优化来放置文件。

（17）在图 1-17 所示界面中，指定启用或禁用数据库的自动备份，在此选择【不启用自动备份】单选框，然后单击【下一步】按钮。

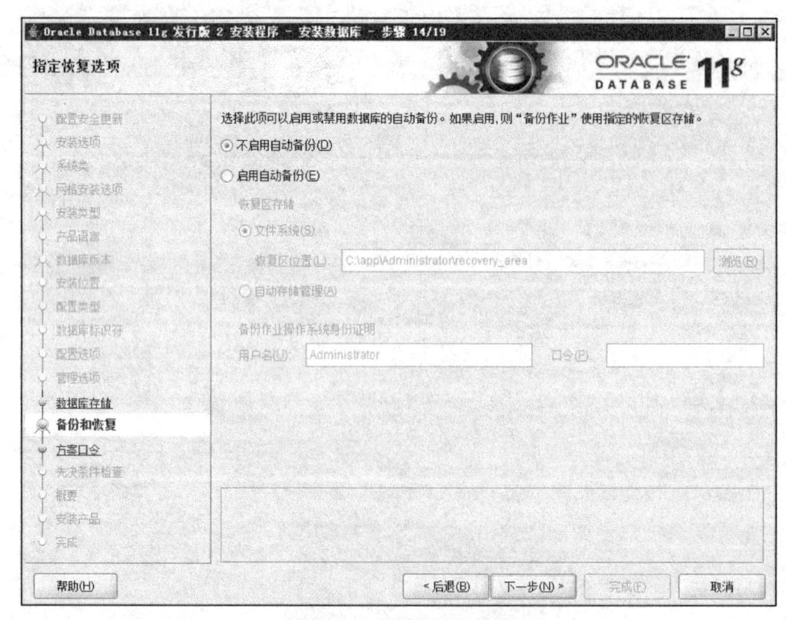


图 1-17　指定恢复选项

（18）在图 1-18 所示界面中，指定账户口令，在此选择【对所有账户使用相同的口令】单选框，输入口令，然后单击【下一步】按钮。

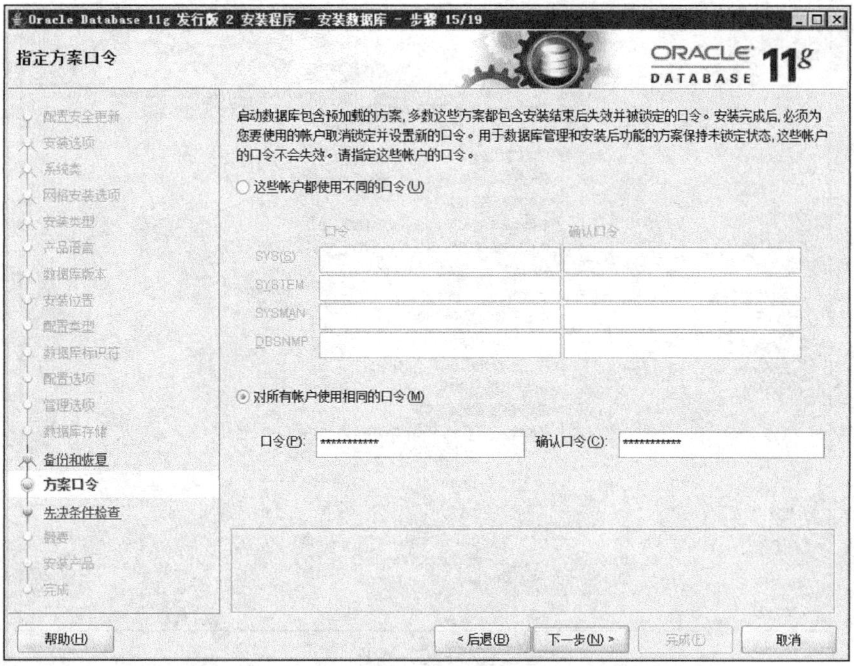

图 1-18　指定方案口令

（19）在图 1-19 所示界面中，开始执行先决条件检查，确保目标环境满足 Oracle 最低安装和配置要求。如果出现不满足安装 Oracle 的信息则会显示出来，如物理内存、交换空间大小、空闲空间等不满足安装要求。

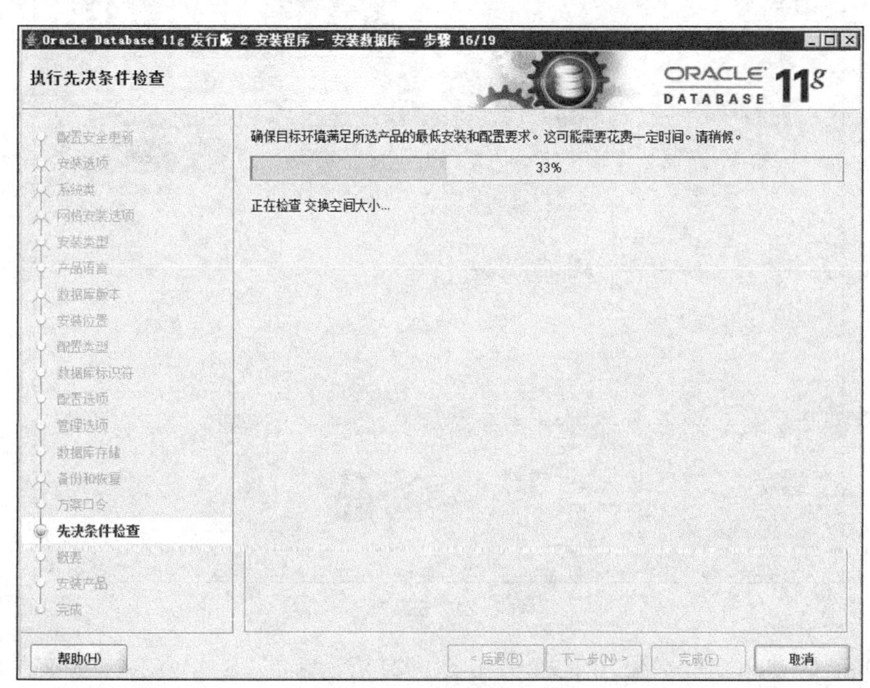


图 1-19　执行先决条件检查

（20）先决条件检查完成以后，在图 1-20 所示的界面中，显示 Oracle 安装概要信息，确认无误以后单击【完成】按钮开始安装 Oracle。

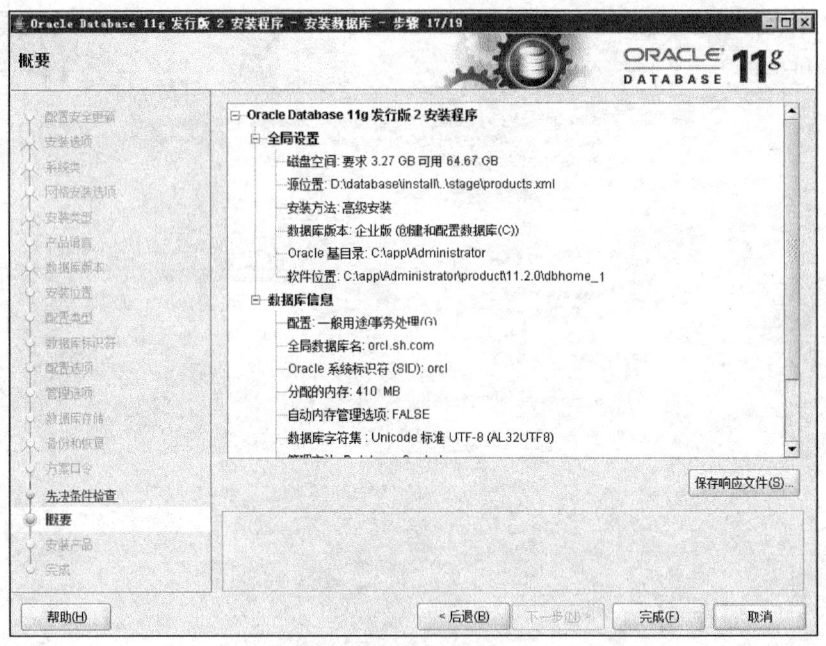


图 1-20　概要

（21）在图 1-21 所示的界面中，显示 Oracle 安装进度。整个过程分为两个阶段：Oracle Database 安装和 Oracle Database 配置。

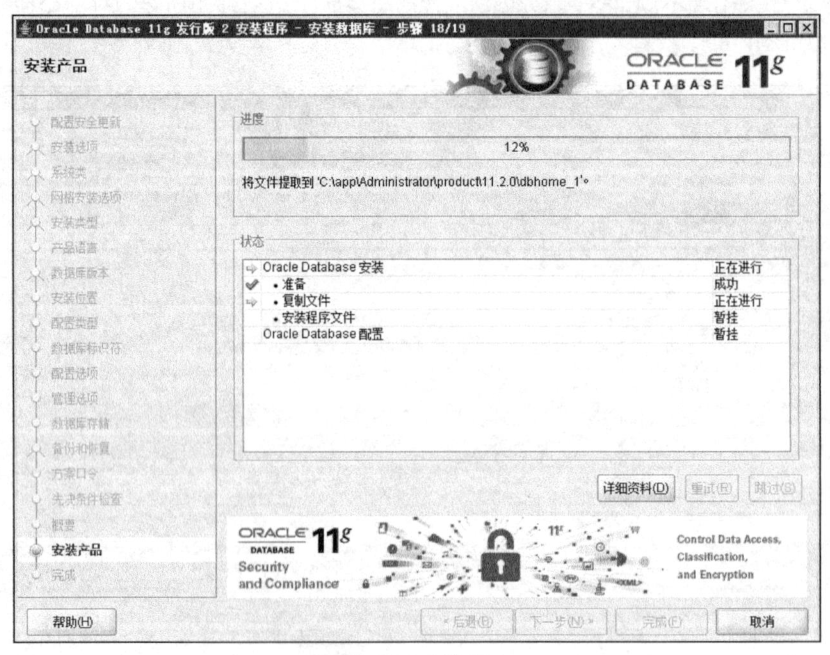


图 1-21　安装产品

（22）在 Oracle Database 配置阶段，弹出图 1-22 所示界面，开始复制数据库文件、创建并启动 Oracle 实例以及进行数据库创建。

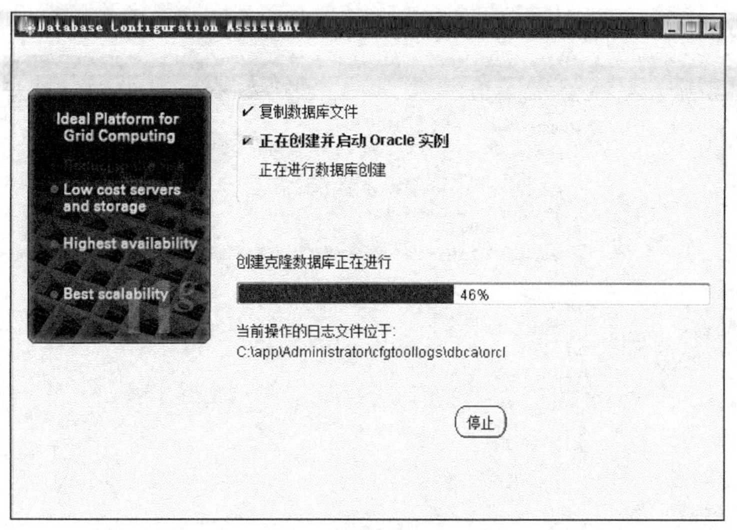


图 1-22　正在安装 Oracle

（23）在图 1-23 所示界面中，显示了数据库已经创建完成。记录下重要的数据库信息，如全局数据库名、系统标识符（SID）、服务器参数文件名和 Database Control URL，然后单击【确定】按钮。如果需要对用户口令进行管理，则单击【口令管理】按钮。

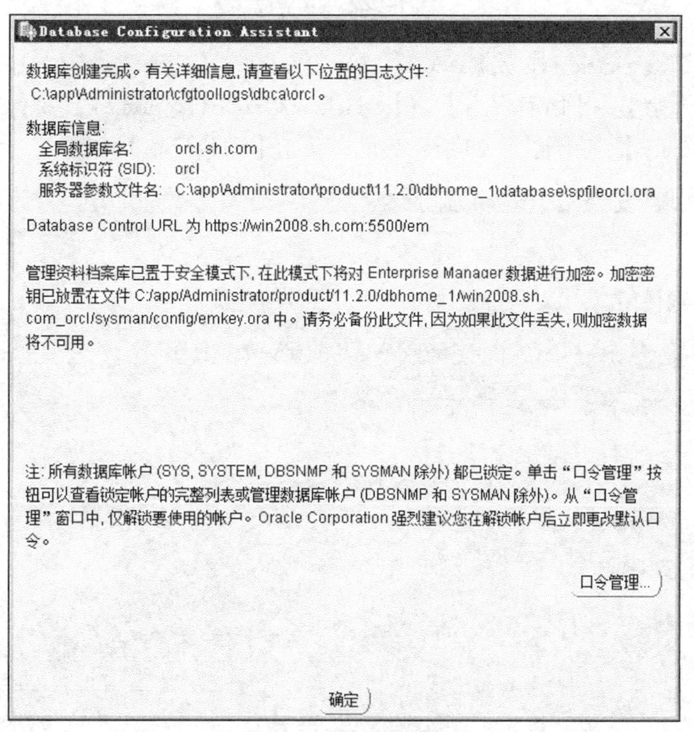


图 1-23　数据库信息

（24）在图 1-24 所示界面中，显示了 Oracle 已经安装成功，单击【关闭】按钮完成 Oracle 的安装。

### 1.2.2　卸载 Oracle 数据库软件

当不再需要 Oracle 数据库软件的时候，可以将其卸载掉。

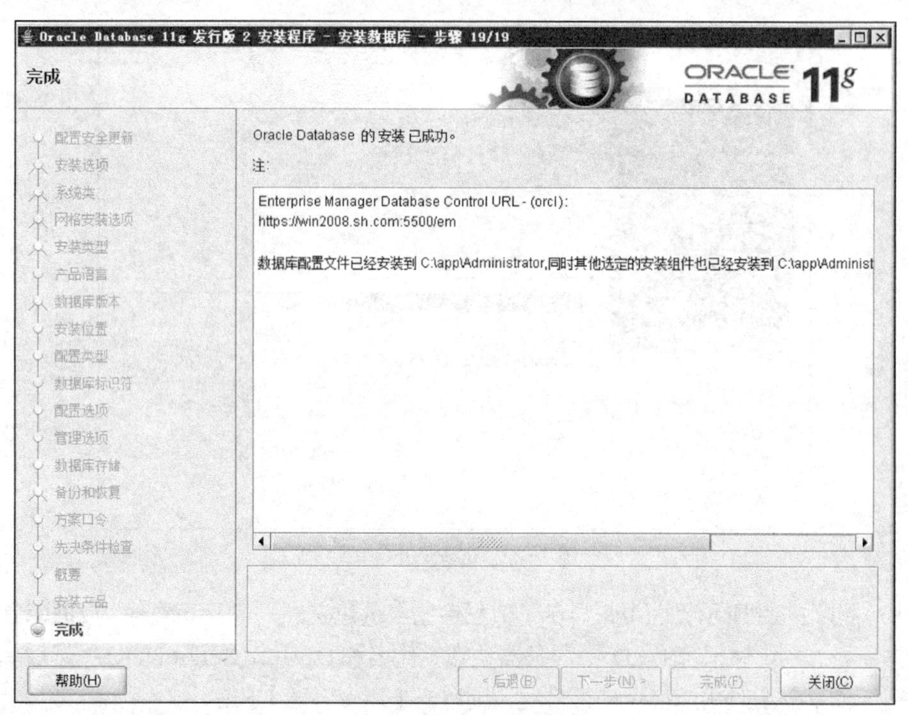


图 1-24　安装完成

按以下步骤卸载 Oracle 11g 数据库软件。

（1）单击【开始】→【所有程序】→【Oracle - OraDb11g_home1】→【Oracle 安装产品】→【Universal Installer】，打开图 1-25 所示界面，单击【卸载产品】按钮。

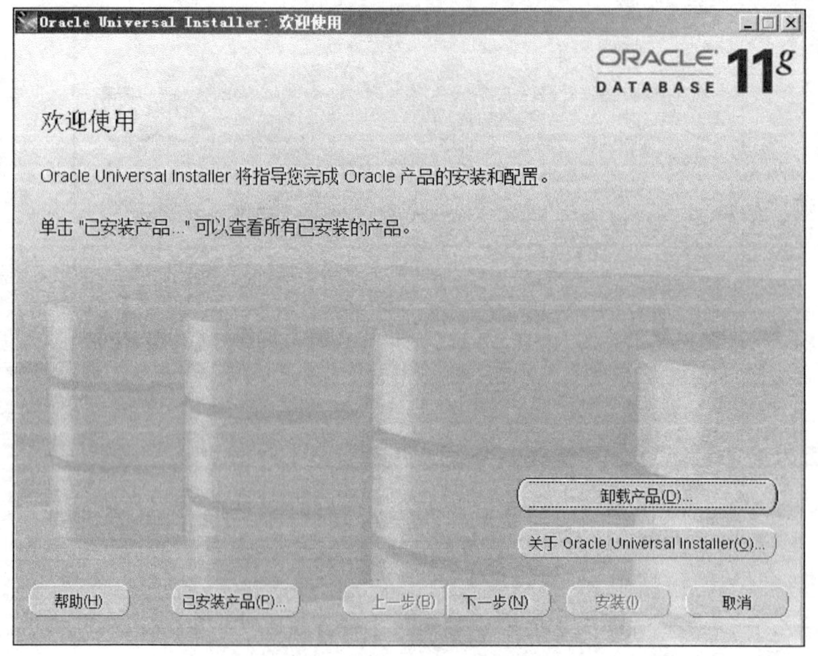


图 1-25　Oracle Universal Installer

（2）在图 1-26 所示界面中，选择需要删除的项，在此选择【Oracle Database 11g 11.2.0.1.0】复选框，然后单击【删除】按钮，这样就会卸载整个 Oracle 11g 数据库软件。

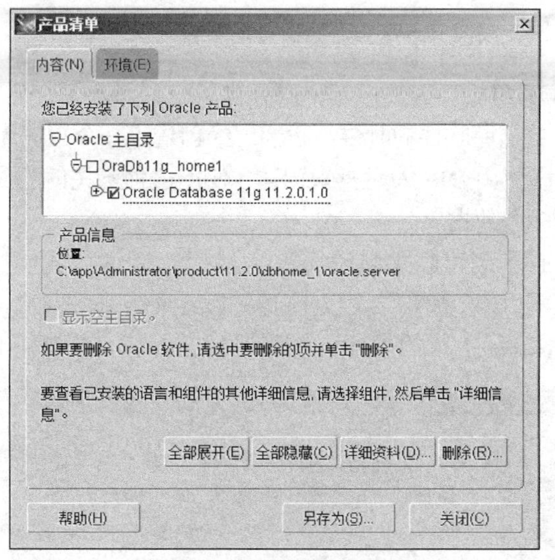


图 1-26　选择要删除的内容

（3）在图 1-27 所示界面中，单击【是】按钮，确定要卸载 Oracle 11g 产品及其相关组件。

图 1-27　确认要卸载的产品和组件

（4）图 1-28 所示界面显示 Oracle 的卸载进度和卸载信息。

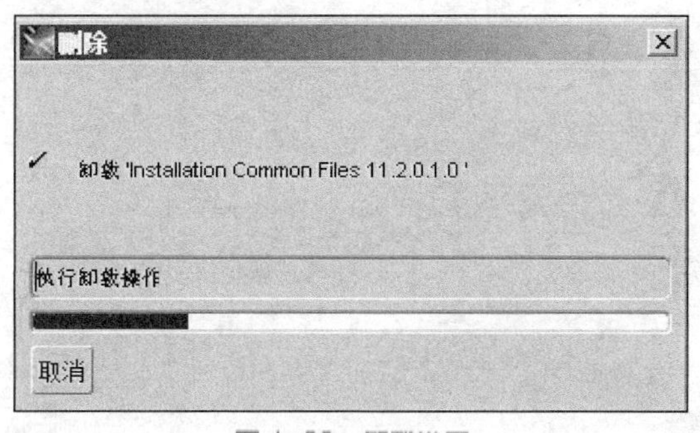


图 1-28　卸载进度

## 1.3　创建和删除数据库

使用数据库配置助手（Database Configuration Assistant，DBCA）工具，可以非常方便地创

建和删除数据库，这比使用命令简单。

### 1.3.1 创建数据库

在安装 Oracle 11g 数据库软件的时候，我们已经创建了一个数据库。如果那时没有选择创建数据库，那么在此可以使用 DBCA 工具来创建，使用这种方式创建数据库简单而且方便。在同一服务器上可以创建多个数据库。

按以下步骤在 Oracle 中创建数据库。

（1）单击【开始】→【所有程序】→【Oracle - OraDb11g_home1】→【配置和移植工具】→【Database Configuration Assistant】，打开 DBCA 工具。在图 1-29 所示界面中，单击【下一步】按钮。

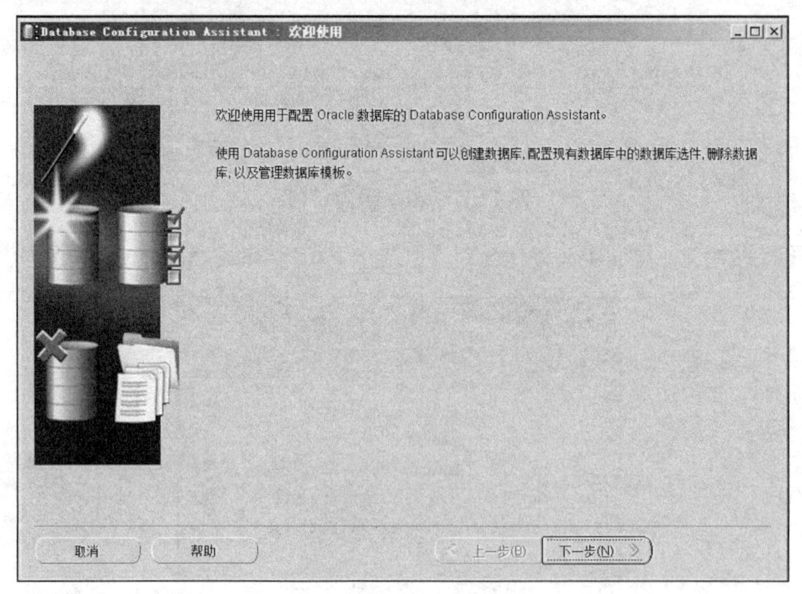


图 1-29 欢迎使用

（2）在图 1-30 所示界面中，选择【创建数据库】单选框，然后单击【下一步】按钮。

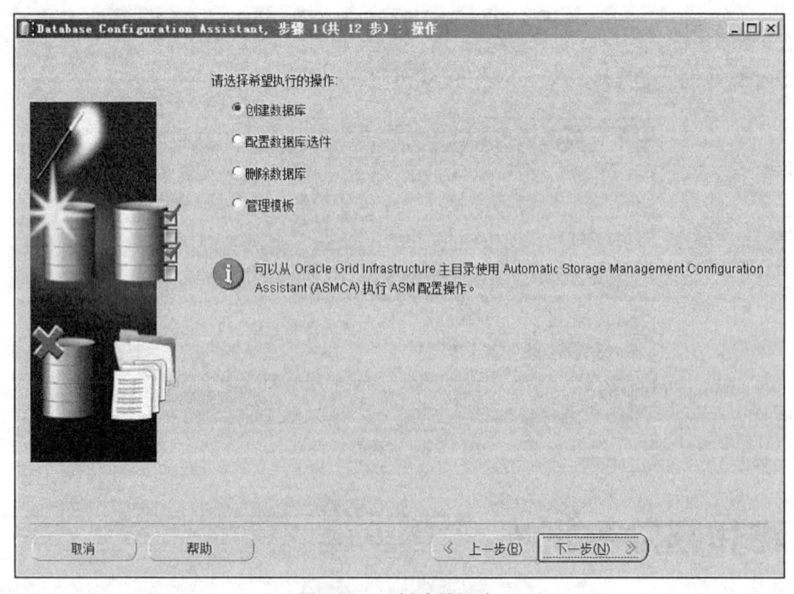


图 1-30 创建数据库

（3）在图 1-31 所示界面中，指定数据库模板，在此选择【一般用途或事物处理】单选框，然后单击【下一步】按钮。

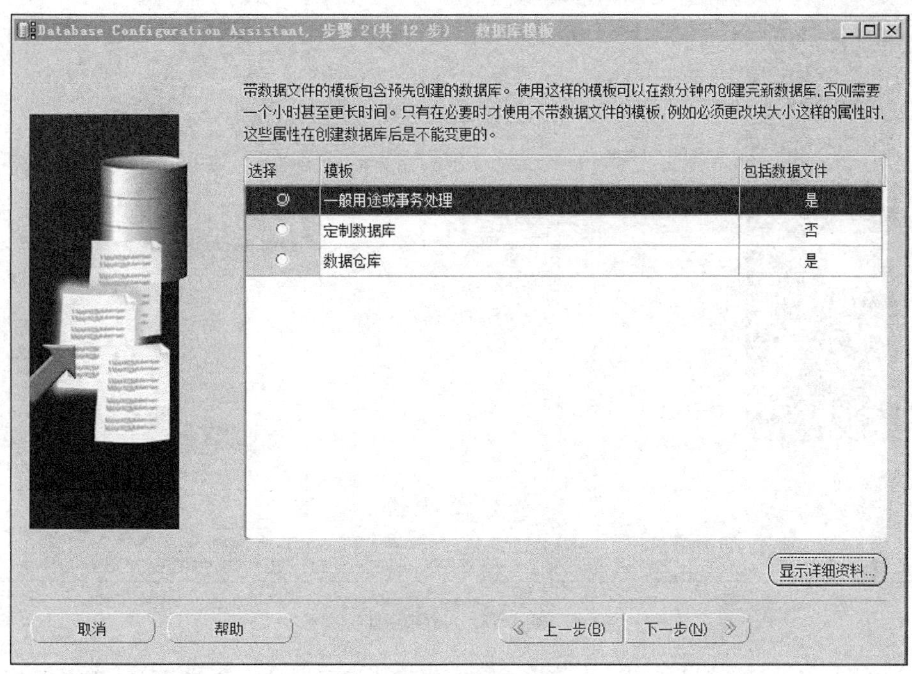


图 1-31　数据库模板

（4）在图 1-32 所示界面中，指定全局数据库名和 SID，然后单击【下一步】按钮。

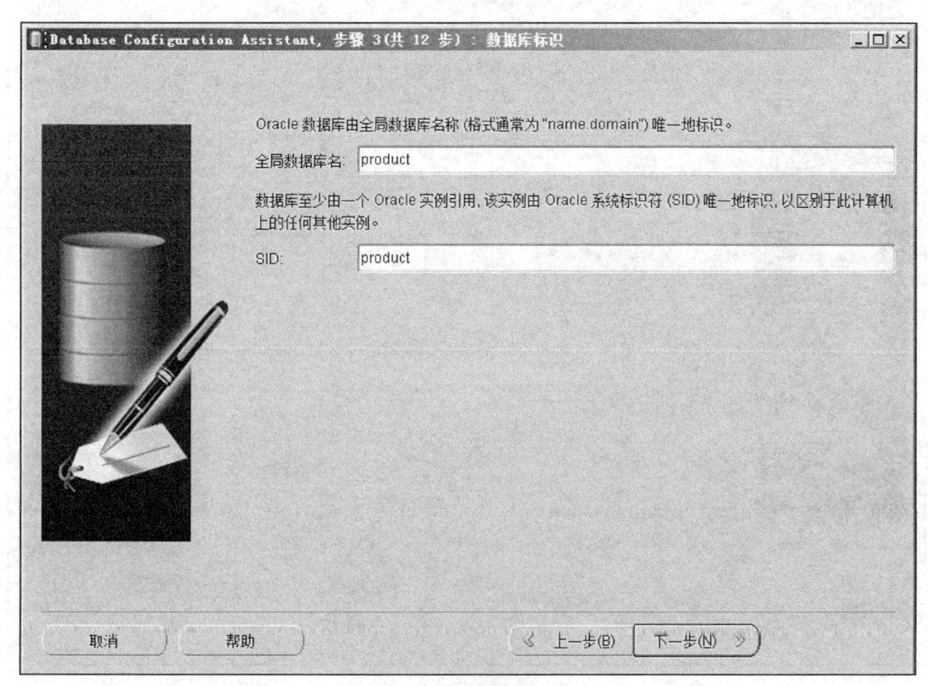


图 1-32　数据库标识

（5）在图 1-33 所示界面中，选择【配置 Enterprise Manager】复选框，再选择【Database Control 以进行本地管理】单选框，然后单击【下一步】按钮。

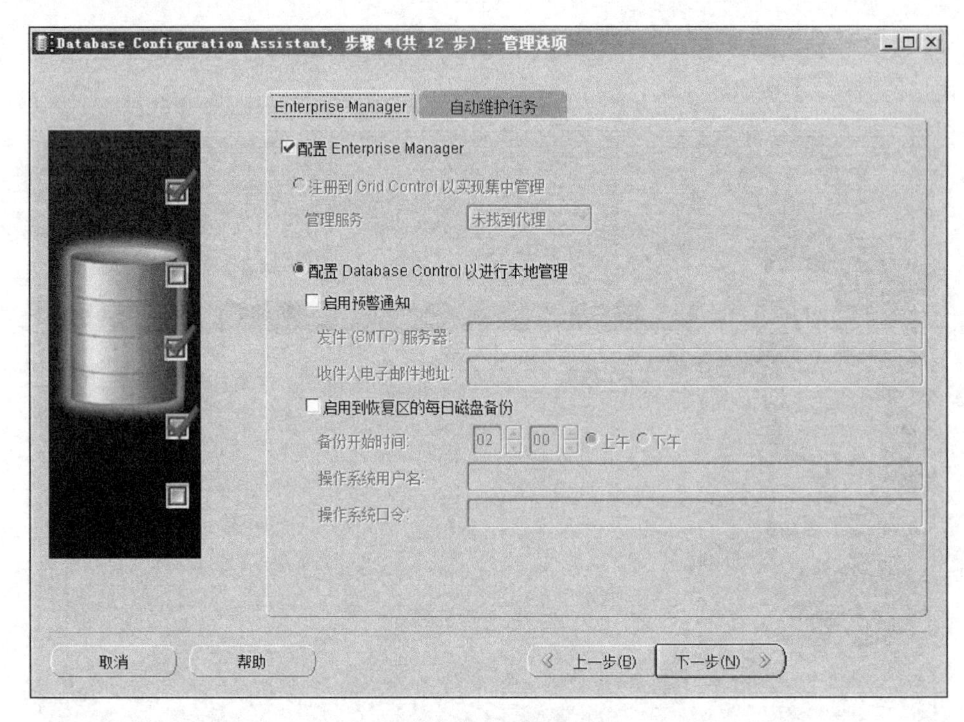


图 1-33　管理选项

（6）在图 1-34 所示界面中，为数据库指定用户账户的口令，在此选择【所有账户使用同一管理口令】单选框，然后输入管理口令，然后单击【下一步】按钮。

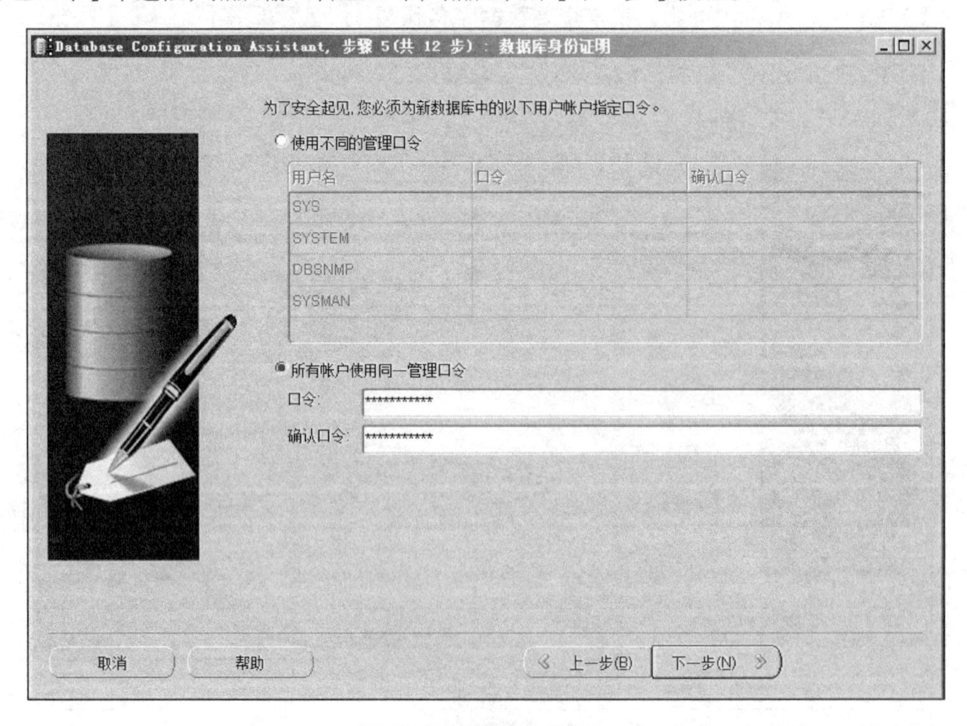


图 1-34　数据库身份证明

（7）在图 1-35 所示界面中，指定数据文件的存储类型和存储位置，在此指定存储类型为文件系统，选择【使用模版中的数据库文件位置】单选框，然后单击【下一步】按钮。

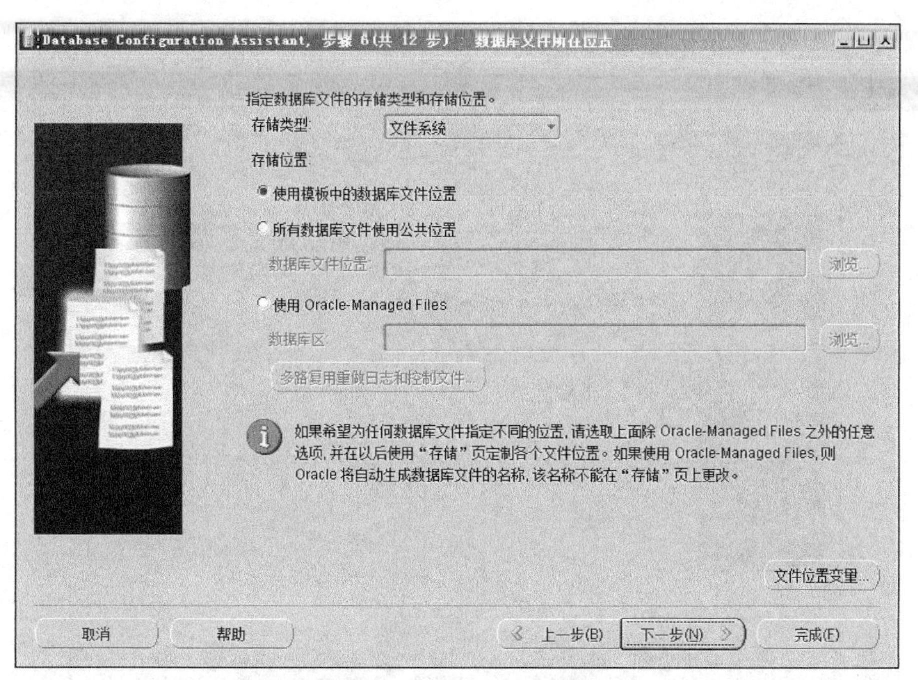


图 1-35 数据库文件所在位置

（8）在图 1-36 所示界面中，先选择【指定快速恢复区】复选框，接着指定快速恢复区的位置和大小，然后单击【下一步】按钮。

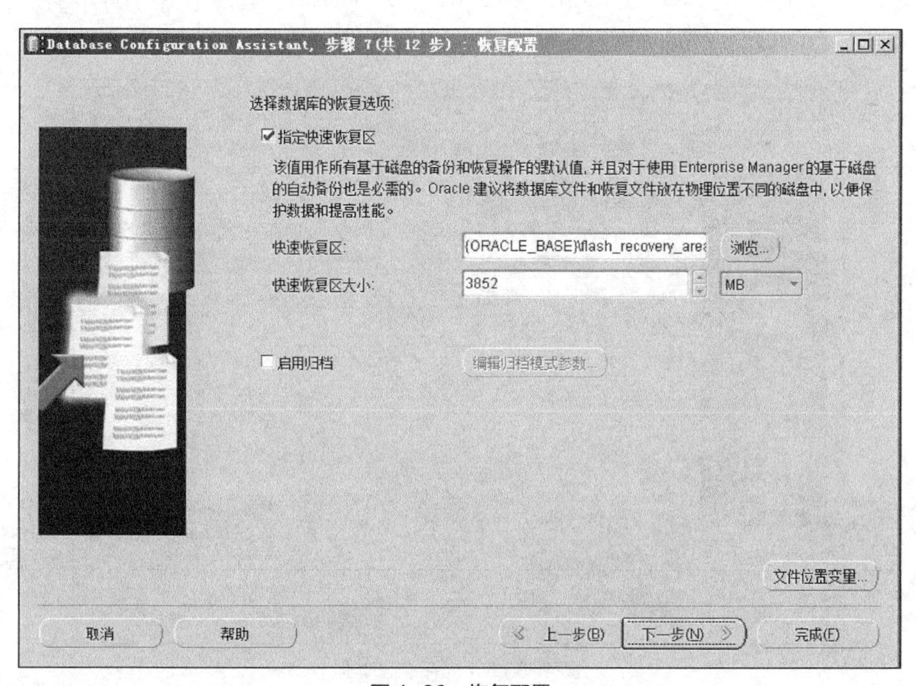


图 1-36 恢复配置

备 注

快速恢复区的作用。

快速恢复区可以用于恢复数据，以避免 Oracle 发生故障时丢失数据。

（9）在图 1-37 所示界面中，指定是否要创建示例方案，在此选择【示例方案】复选框，然后单击【下一步】按钮。

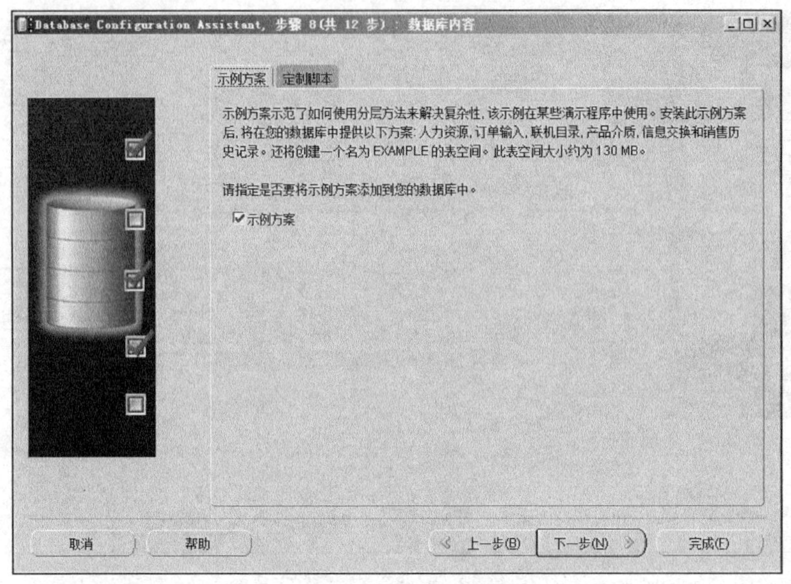


图 1-37 示例方案

（10）在图 1-38 所示【内存】选项卡中，指定内存（SGA 和 PGA）的大小，在此选择【典型】单选框，然后指定【内存大小（SGA 和 PGA）】为 500MB，选择【使用自动内存管理】复选框让 Oracle 自动管理内存。

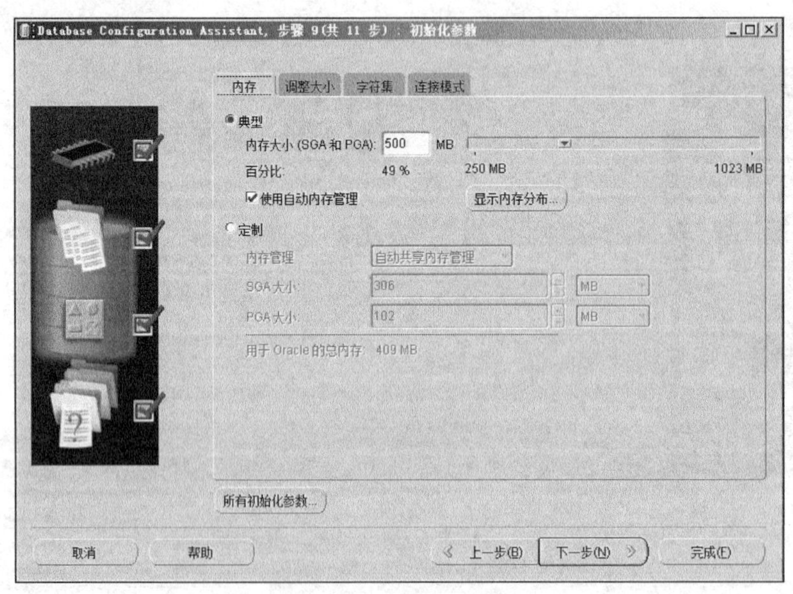


图 1-38 【内存】选项卡

（11）在图 1-39 所示的【调整大小】选项卡中，指定可以同时连接数据库的操作系统用户进程的最大数量，在此指定进程数为 150。

（12）在图 1-40 所示的【字符集】选项卡中，指定数据库的字符集，在此选择【使用 Unicode（AL32UTF8）】单选框。

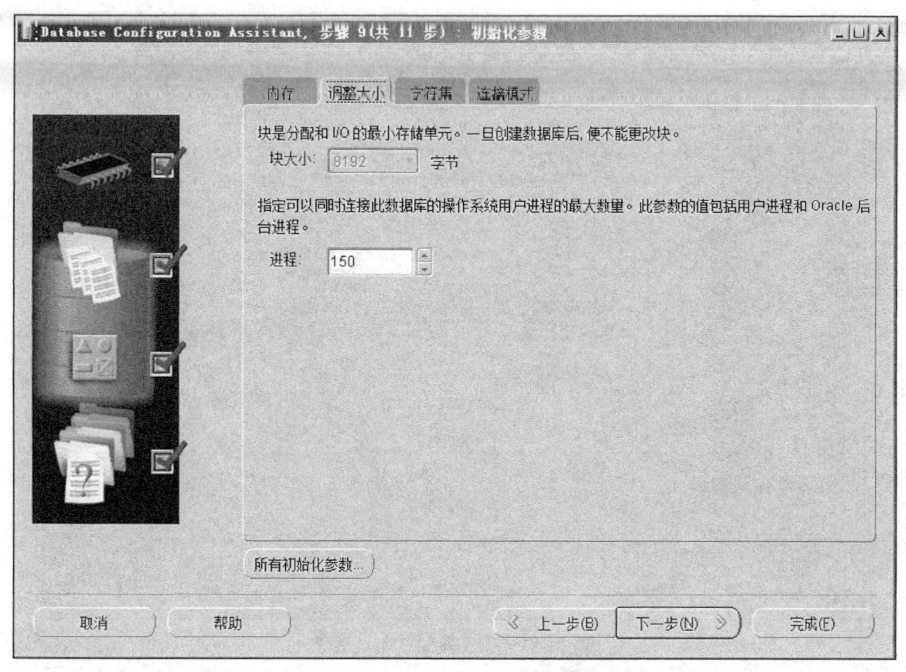


图 1-39 【调整大小】选项卡

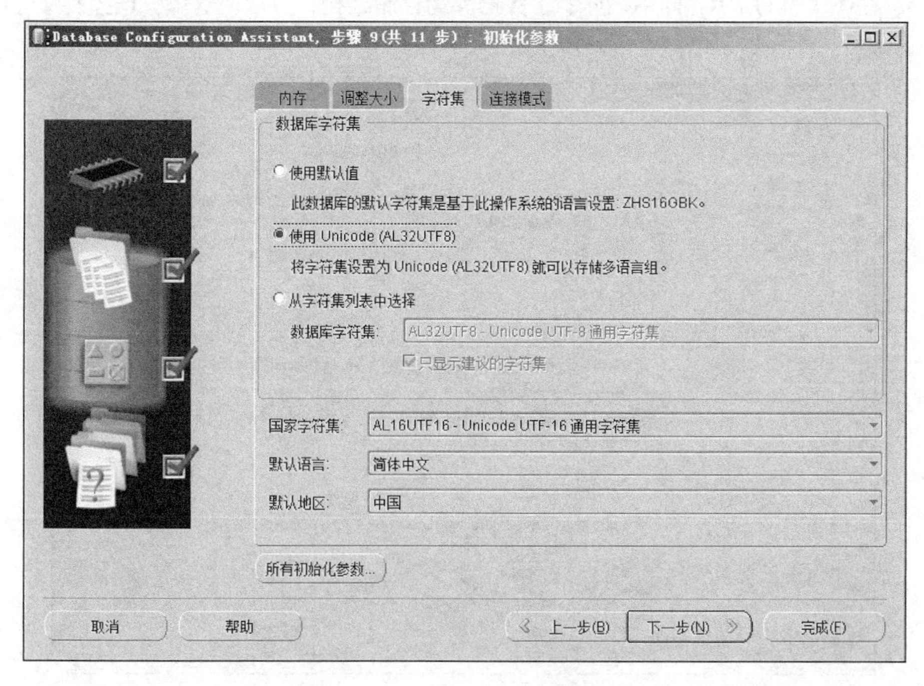


图 1-40 【字符集】选项卡

(13)在图 1-41 所示的【连接模式】选项卡中，指定数据库运行的默认模式，在此选择【专用服务器模式】单选框，然后单击【下一步】按钮。

数据库运行模式有以下两种。

➢ 专用服务器模式：要求每个用户进程拥有一个专用服务器进程，数据库中一般选择这种模式。

➢ 共享服务器模式：为多个用户进程共享使用非常少的服务器进程。

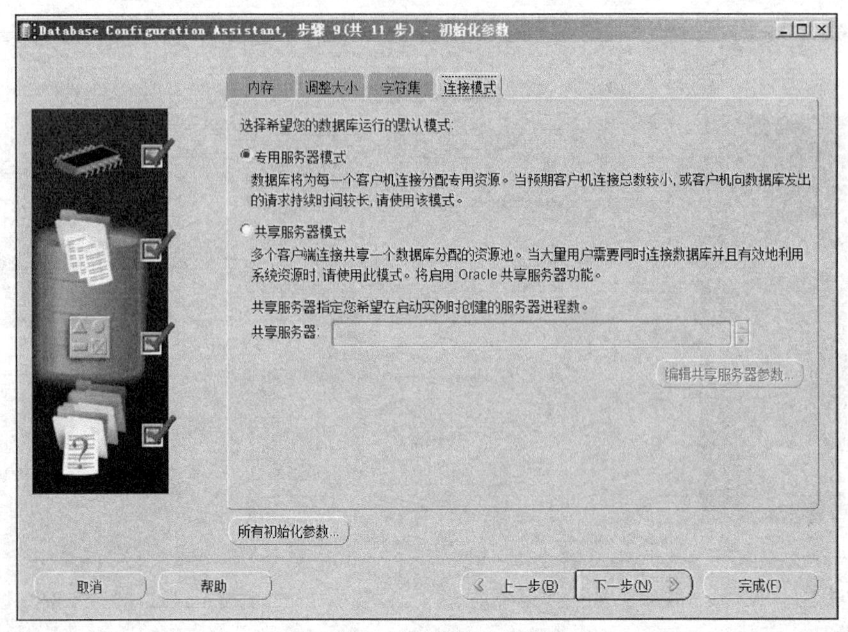


图 1-41 【连接模式】选项卡

（14）在图 1-42 所示界面中，显示了数据库的存储结构，可以在这里管理控制文件、数据文件和重做日志组，然后单击【下一步】按钮。

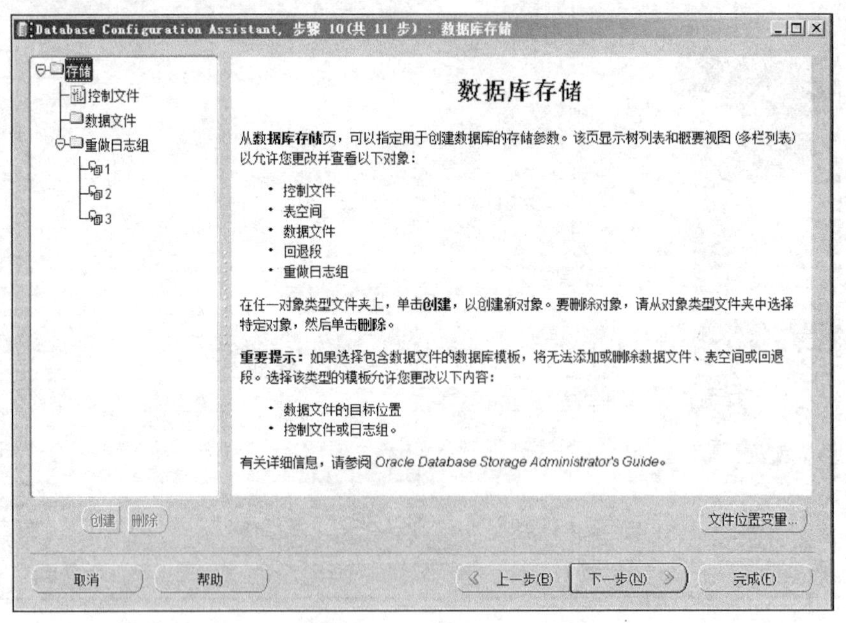


图 1-42 数据库存储

（15）在图 1-43 所示界面中，指定数据库创建选项，然后单击【完成】按钮。

数据库创建选项说明如下。

➢ 创建数据库：立即创建数据库。

➢ 另存为数据库模板：将数据库创建参数另外存储为模板，这个模板会自动添加到可用数据库模板的列表中。

➢ 生成数据库创建脚本：指定目标目录存储数据库创建脚本。

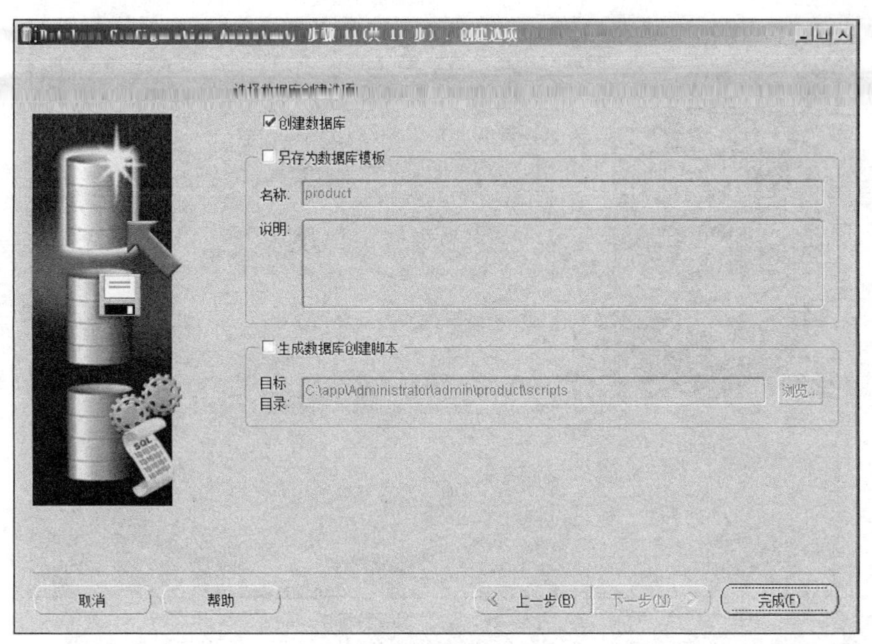


图 1-43　数据库创建选项

（16）在图 1-44 所示页面中，显示了创建数据库的概要信息，检查一下，如果没有问题，单击【确定】按钮。

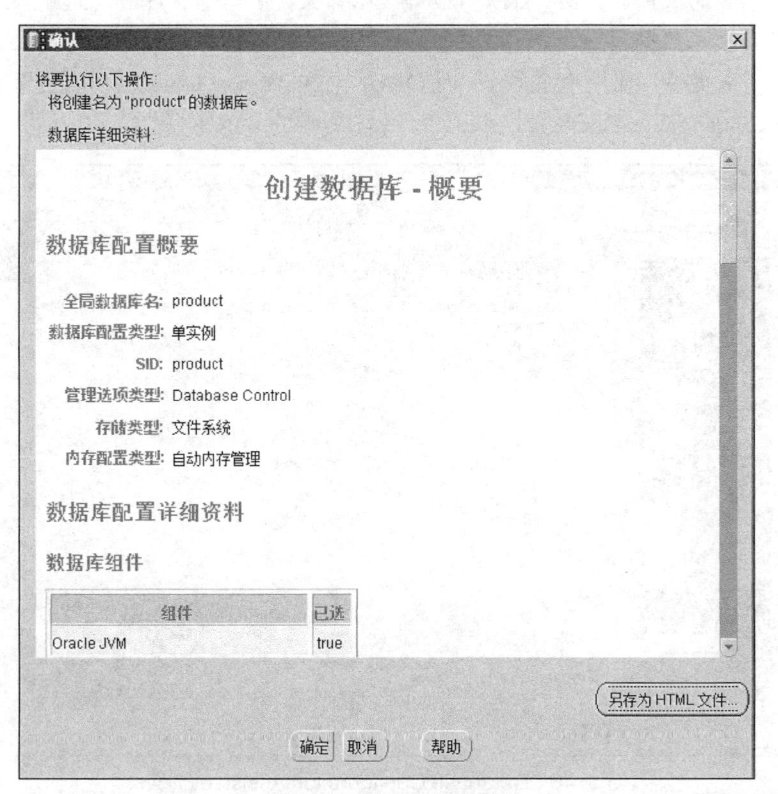


图 1-44　数据库配置概要

（17）在图 1-45 所示界面中，显示了 Oracle 数据库的创建进度，等待一段时间，直到数据库创建完成。

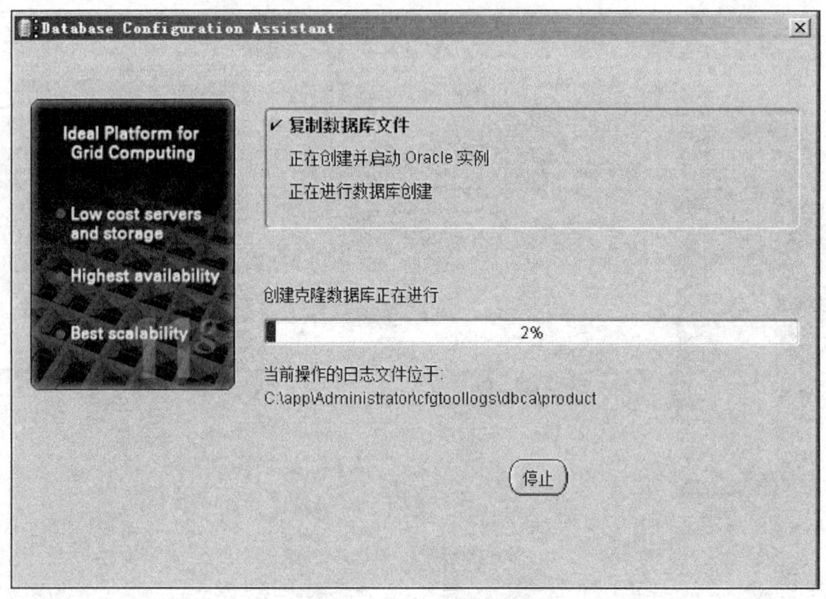


图 1-45　正在创建数据库

## 1.3.2　删除数据库

使用 DBCA 工具可以非常方便地删除一个数据库。在删除数据库的同时，也会将控制文件、数据文件、重做日志文件、实例、服务、初始化参数文件和口令文件等一起删除。

按以下步骤删除数据库 orcl。

（1）单击【开始】→【所有程序】→【Oracle - OraDb11g_home1】→【配置和移植工具】→【Database Configuration Assistant】，打开图 1-46 所示的 DBCA 工具。

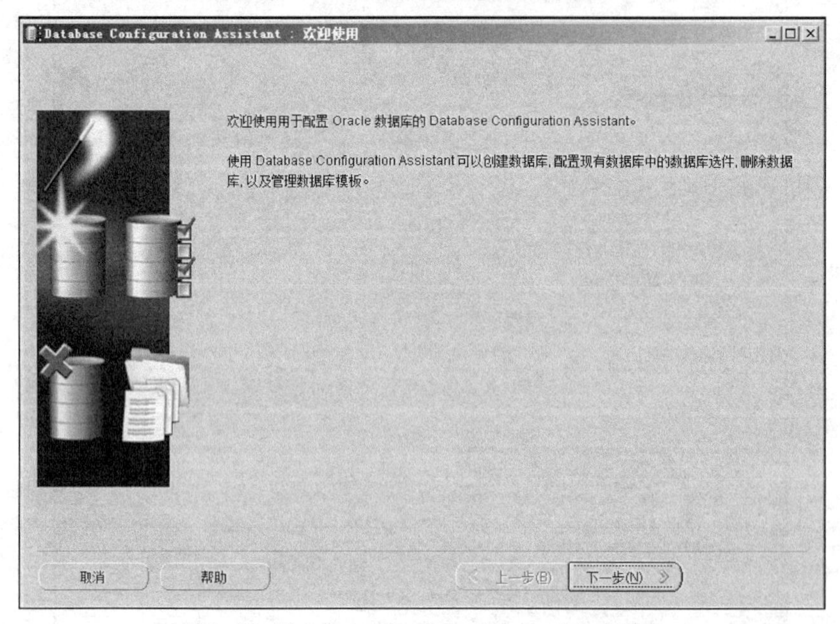


图 1-46　Database Configuration Assistant 界面

（2）在图 1-47 所示界面中，选择需要执行的操作，在此选择【删除数据库】单选框，然后单击【下一步】按钮。

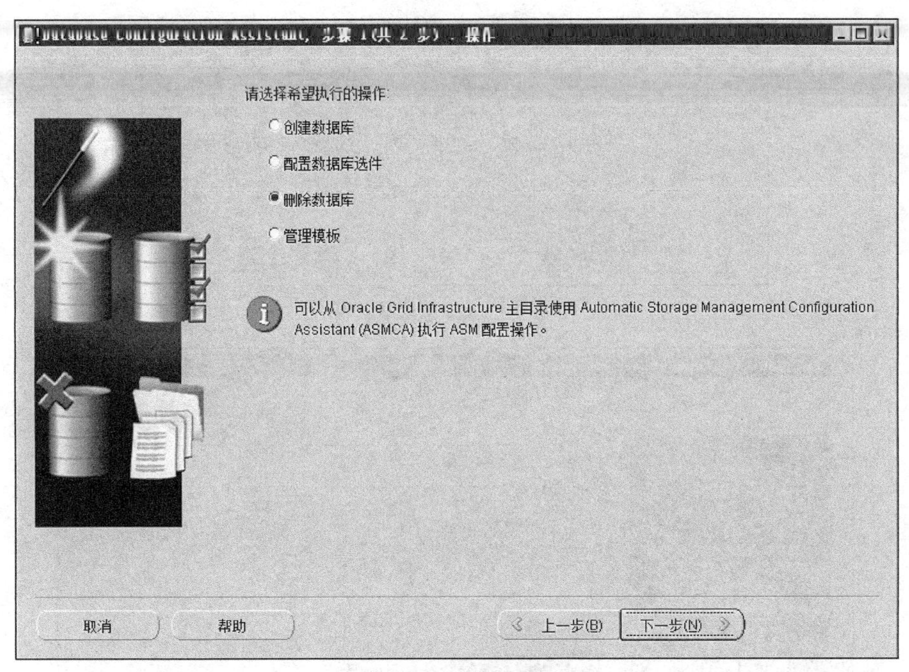


图 1-47　删除数据库

（3）在图 1-48 所示界面中，选择需要删除的数据库，以及指定具有 SYSDBA 系统权限的用户名和口令，这里以用户 sys 进行操作，删除数据库 orcl，然后单击【完成】按钮。

图 1-48　选择要删除的数据库

（4）接着会弹出图 1-49 所示的对话框，单击【是】按钮确认将删除数据库的 Oracle 实例和数据文件。

（5）图 1-50 所示界面显示开始删除数据库，整个工作分别经过 3 个步骤：连接到数据库、更新网络配置文件、删除实例和数据文件。删除过程的时间长短取决于数据库的大小。

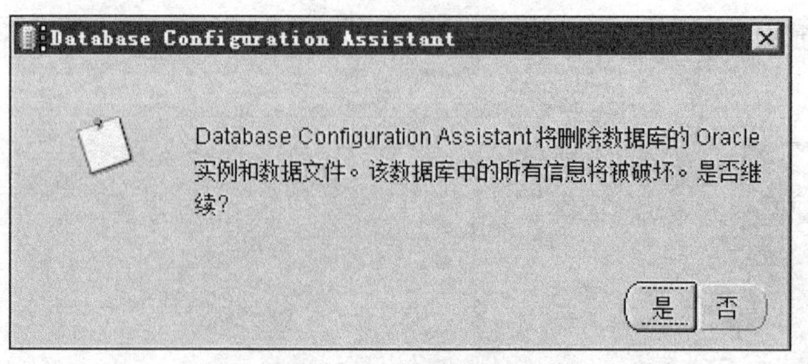


图 1-49　确认删除数据库

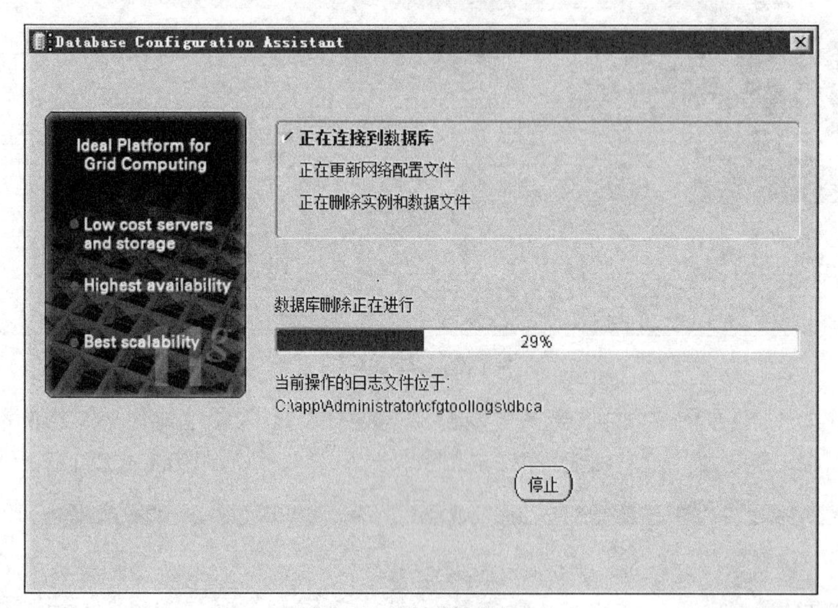


图 1-50　正在删除数据库

## 1.4　小结

Oracle 数据库是由甲骨文公司开发的一款关系数据库管理系统，是世界上第一个支持 SQL 语言的商业数据库，从问世至今已有 30 多年，目前在数据库市场上占据主要份额，是当前世界上使用最为广泛的数据库管理系统。

Oracle 数据库支持在 UNIX、Linux 和 Windows 等多种系统平台上进行安装和部署。相比其他数据库而言，Oracle 数据库在稳定性、安全性、兼容性、高性能、处理速度、大数据管理方面更加优秀。

在一个数据库环境中，执行数据库管理任务的可能只有一个人。而在大型数据库环境中，工作往往是由几个数据库管理员来完成的。每个人都有不同的工作任务，比如有些人进行数据库的日常管理，有些人进行数据库的性能调优。

数据库管理员可以使用 OUI、DBCA、DBUA、NETCA 和 OEM 等工具和实用程序来对数据库进行管理。

方案（Schema）是数据结构的逻辑容器，是方案对象的一个集合，每一个数据库用户都对应着一个方案。方案对象是直接引用数据库数据的逻辑结构。在 Oracle 数据库中，方案对象主要有表、视图、索引、序列、同义词、簇、过程、函数和触发器。

本章最后通过实例的方式讲解了安装 Oracle 数据库软件、卸载 Oracle 数据库软件、创建数据库和删除数据库的过程。

## 1.5 习题



**一、选择题**

1. ______不是管理 Oracle 数据库的工具。

A. OUI B. DBCA C. PRIMARY KEY D. NETCA

2. ______不是数据库管理员的工作任务。

A. 创建表 B. 创建数据库 C. 备份数据库 D. 数据挖掘

3. ______不是 Oracle 数据库的方案对象。

A. 数据文件 B. 表 C. 视图 D. 同义词

**二、简答题**

1. 简述 Oracle 管理工具。
2. 简述数据库管理员的工作任务。
3. 简述 Oracle 方案对象。

PART 2

# 第2章 Oracle 客户端

## 2.1 SQL*Plus

### 2.1.1 SQL*Plus 简介

SQL*Plus 是与 Oracle 进行交互的常用客户端工具。在 SQL*Plus 中，可以运行 SQL*Plus 命令和 SQL 语句。SQL 语句执行完之后，可以保存在 SQL 缓冲区的内存区域中，并且只能保存最近执行的一条 SQL 语句。可以对保存在 SQL 缓冲区中的 SQL 语句进行修改，然后再次执行。

除了 SQL 语句之外，在 SQL*Plus 中执行的其他语句称为 SQL*Plus 命令。SQL*Plus 命令执行完之后，不保存在 SQL 缓冲区的内存区域中，它们一般用来对输出的结果进行格式化显示，以便于制作报表。

SQL*Plus 一般具有以下功能。

- 进行数据库维护，如启动、关闭数据库等。
- 执行 SQL 语句和 PL/SQL 块。
- 生成 SQL 脚本，执行 SQL 脚本。
- 导出数据，生成报表。
- 应用程序开发、测试 SQL 语句和 PL/SQL 块。
- 供应用程序调用，比如安装程序中进行脚本的安装。
- 用户管理和权限维护等。

### 2.1.2 SQL*Plus 登录和注销

要连接 Oracle 数据库，在操作系统命令行界面中使用 SQLPLUS 命令。登录 SQL*Plus 以后，也可以使用 CONNECT 和 DISCONNECT 进行登录和注销。

1．SQLPLUS

在操作系统命令行界面中，使用 SQLPLUS 命令连接到 Oracle 数据库。

（1）使用简单连接标识符

使用简单连接标识符可以连接数据库。要使用简单连接标识符，需要指定 Oracle 数据库所在主机的 IP 地址（或主机名）、端口号（默认为 1521）和服务名。服务名（service_name）可以通过 SERVICE_NAME 初始化参数来获知。

简单连接标识符的语法如下。

[//]*host*[:*port*][/*service_name*]

**例 2-1**：使用简单连接标识符连接数据库。

```
C:\>SQLPLUS scott@\"192.168.0.2:1521/orcl.sh.com\"

SQL*Plus: Release 11.2.0.1.0 Production on 星期四 11 月 20 10:17:49 2014

Copyright (c) 1982, 2010, Oracle.  All rights reserved.

输入口令:                                      //输入用户 scott 的口令

连接到:
Oracle Database 11g Enterprise Edition Release 11.2.0.1.0 - Production
With the Partitioning, Oracle Label Security, OLAP, Data Mining,
Oracle Database Vault and Real Application Testing options

SQL>
SQL> EXIT                              //输入 EXIT 命令退出
从 Oracle Database 11g Enterprise Edition Release 11.2.0.1.0 - Production
With the Partitioning, Oracle Label Security, OLAP, Data Mining,
Oracle Database Vault and Real Application Testing options 断开
```

（2）使用网络服务名

使用网络服务名可以方便地连接到数据库。网络服务名必须事先使用 NETCA 工具配置好。

**例 2-2**：以 scott 用户使用网络服务名“orcl”连接数据库。

```
C:\>SQLPLUS scott@orcl

SQL*Plus: Release 11.2.0.1.0 Production on 星期四 11 月 20 10:29:36 2014

Copyright (c) 1982, 2010, Oracle.  All rights reserved.

输入口令:                                      //输入用户 scott 的口令

连接到:
Oracle Database 11g Enterprise Edition Release 11.2.0.1.0 - Production
With the Partitioning, Oracle Label Security, OLAP, Data Mining,
Oracle Database Vault and Real Application Testing options

SQL>
```

**例 2-3**：以用户 sys，使用身份 SYSDBA 连接数据库（不指定服务名）。

```
c:\>SET ORACLE_SID=orcl
//设置 ORACLE_SID，如果服务器中只有一个实例，则无需指定
c:\>SQLPLUS sys AS SYSDBA
```

```
SQL*Plus: Release 11.2.0.1.0 Production on 星期二 5月 20 22:31:35 2014

Copyright (c) 1982, 2010, Oracle.  All rights reserved.

输入口令:                                    //输入用户 sys 的口令

连接到:
Oracle Database 11g Enterprise Edition Release 11.2.0.1.0 - Production
With the Partitioning, Oracle Label Security, OLAP, Data Mining,
Oracle Database Vault and Real Application Testing options

SQL>
```

(3) 以/NOLOG 连接会话

在命令行界面中,可以启动 SQL*Plus 而无需连接到数据库。这时执行一些数据库管理任务、编写传输脚本，或者使用 SQL*Plus 编辑命令或编辑脚本很有用。可以使用/NOLOG 参数来启动一个连接命令行会话。SQL*Plus 启动之后，可以使用 CONNECT 命令连接到数据库。

**例 2-4**：使用/NOLOG 连接数据库。

```
C:\>SQLPLUS /NOLOG

SQL*Plus: Release 11.2.0.1.0 Production on 星期二 7月 8 19:43:19 2014

Copyright (c) 1982, 2010, Oracle.  All rights reserved.

SQL>
```

2．CONNECT

登录 SQL*Plus 以后，以指定的用户名连接到 Oracle 数据库。如果初始连接不成功，CONNECT 不重新提示用户名或密码。

```
CONNECT [{logon | / } [AS {SYSOPER | SYSDBA | SYSASM}] ]
```

其中，logon 的语法是：

```
username[/password] [@connect_identifier]
```

使用用户名（username）和密码（password）连接到 Oracle 数据库。如果省略用户名和密码，SQL*Plus 将提示输入。当系统提示输入 username，如果输入一个斜杠（/）或回车键，或单击执行，SQL*Plus 使用默认登录进行登录。如果省略密码，SQL*Plus 将提示输入密码。当输入密码时，SQL*Plus 不会在终端屏幕上显示密码。如果初始连接不成功，CONNECT 不会重新提示用户名或密码。

connect_identifier 是一个 Oracle Net 连接标识符。确切的语法依赖于 Oracle 网络配置。SQL*Plus 不会提示输入服务名，如果不包括一个连接标识符，使用默认的数据库。

AS { SYSOPER | SYSDBA | SYSASM }是通过已被授予 SYSOPER、SYSDBA 或 SYSASM 系统权限的用户进行特权连接的

使用“/”表示使用操作系统身份验证的默认登录。如果使用的是默认登录，则不能输入一

个 connect_identifier。在默认登录时，SQL*Plus 中通常会尝试使用用户名 OPS$name 登录，其中，name 是操作系统的用户名。

如果登录或连接使用的用户账户已过期，SQL*Plus 将提示更改密码，然后才能连接。如果账户被锁定，就会显示一条消息，并不允许以该用户连接，直到该账户由数据库管理员解锁。

**例 2-5**：以用户 scott、密码 triger 连接数据库。

```
SQL> CONNECT scott/trigger
已连接。
SQL>
```

**例 2-6**：以用户 sys，连接身份 SYSDBA 连接数据库。

```
SQL> CONNECT sys AS SYSDBA
输入口令:                                   //输入用户 sys 的密码
已连接。
```

### 3. DISCONNECT

提交挂起的更改到数据库，并让当前用户注销 Oracle，但不退出 SQL*Plus。在 SQL*Plus 命令行中，可以使用 EXIT 或 QUIT 注销用户，并且返回到计算机操作系统。

```
DISCONNECT
```

**例 2-7**：注销 Oracle。

```
SQL> DISCONNECT
从 Oracle Database 11g Enterprise Edition Release 11.2.0.1.0 - Production
With the Partitioning, Oracle Label Security, OLAP, Data Mining,
Oracle Database Vault and Real Application Testing options 断开
SQL>
```

## 2.1.3 SQL*Plus 缓冲区操作

在 SQL*Plus 缓冲区中，存储着用户最近执行过的命令，通过这些命令，可以反复调用、编辑那些最近输入过的命令。

### 1. LIST

列出 SQL 缓冲区中的一行或多行。

```
LIST [n | n m | n * | n LAST | * | * n | * LAST | LAST]
```

表 2-1 列出了 LIST 命令的各种使用方法。

表 2-1　　LIST 命令

| 命令 | 描述 |
| --- | --- |
| LIST | 列出 SQL 缓冲区中的所有行 |
| LIST *n* | 列出第 *n* 行 |
| LIST * | 列出当前行 |
| LIST *n* * | 列出第 *n* 行到当前行 |
| LIST LAST | 列出最后一行 |
| LIST *n* LAST | 列出第 *n* 行到最后一行 |
| LIST *m n* | 列出范围 *m* 到 *n* 之间的行 |

续表

| 命令 | 描述 |
|---|---|
| LIST * *n* | 列出当前行到第 *n* 行 |
| LIST * LAST | 列出当前行到最后一行 |

**例 2-8**：列出 SQL 缓冲区。

```
SQL> LIST
  1* SELECT * FROM scott.dept
```

**例 2-9**：只列出 SQL 缓冲区第二行。

```
SQL> LIST 2
```

**例 2-10**：列出 SQL 缓冲区中当前行到最后一行。

```
SQL> LIST * LAST
```

### 2．DEL

删除 SQL 缓冲区的一行或多行。

```
DEL [n | n m | n * | n LAST | * | * n | * LAST | LAST]
```

表 2–2 列出了 DEL 命令的各种使用方法。

表 2-2　　DEL 命令

| 命令 | 描述 |
|---|---|
| DEL | 删除当前行 |
| DEL *n* | 删除第 *n* 行 |
| DEL * | 删除当前行 |
| DEL *n* * | 删除第 *n* 行到当前行 |
| DEL LAST | 删除最后一行 |
| DEL *m n* | 删除范围 *m* 到 *n* 之间的行 |
| DEL * *n* | 删除当前行到第 *n* 行 |
| DEL *n* LAST | 删除第 *n* 行到最后一行 |
| DEL * LAST | 删除当前行到最后一行 |

**例 2-11**：删除 SQL 缓冲区的当前行。

```
SQL> DEL
SQL> LIST
SP2-0223: SQL 缓冲区中不存在行。
```

**例 2-12**：删除 SQL 缓冲区的第三行。

```
SQL> DEL 3
```

### 3．INPUT

在 SQL 缓冲区中当前行后面添加一个或多个新的文本行，其中的 *text* 代表要添加的文字。

```
INPUT [text]
```

表 2–3 列出了 INPUT 命令的各种使用方法。

表 2-3　　INPUT 命令

| 命令 | 描述 |
| --- | --- |
| INPUT | 添加一行或多行 |
| INPUT *text* | 添加包含 *text* 的一行 |

**例 2-13**：添加包含 ORDER BY 子句在缓冲区当前行之后的新行。

```
SQL> SELECT deptno,dname
       FROM scott.dept;
SQL> LIST 2
    2* FROM scott.dept
SQL> INPUT ORDER BY dname
```

**例 2-14**：在 SQL 缓冲区中的第二行后面添加多行。

```
SQL> LIST 2
    2* FROM scott.dept
SQL> INPUT
  3i    WHERE deptno=10
  4i    AND dname='ACCOUNTING'
  5i
// INPUT 提示输入新的行，直到输入一个空行或句点结束
```

### 4．CHANGE

在 SQL 缓冲区中的当前行上更改首次出现的指定文本。

```
CHANGE sepchar old [sepchar [new [sepchar]]]
```

表 2-4 列出了 CHANGE 命令的各种使用方法。

表 2-4　　CHANGE 命令

| 命令 | 描述 |
| --- | --- |
| CHANGE/old/new | 在当前行中将文本 old 更改为 new |
| CHANGE/*text* | 从当前行删除文本 text |

**例 2-15**：在 SQL 缓冲区中的当前行上更改首次出现的文本 dept 为 emp。

```
SQL> LIST
   1* SELECT * FROM scott.dept
SQL> CHANGE /dept/emp
   1* SELECT * FROM scott.emp
```

### 5．APPEND

添加指定的文本到 SQL 缓冲区中当前行的结尾。其中，text 表示要追加的文本，如果 text 是需要用空格分隔的文本，那么在 APPEND 和 text 之间需要用两个空格来表示。APPEND 文本结尾是分号时，用两个分号结尾结束命令。

```
APPEND text
```

表 2-5 列出了 APPEND 命令的各种使用方法。

表 2-5 APPEND 命令

| 命令 | 描述 |
| --- | --- |
| APPEND *text* | 在当前行的末尾添加文本 text |

**例 2-16**：添加指定的文本到 SQL 缓冲区中当前行的结尾。

```
SQL> LIST
  1   SELECT deptno,dname
  2* FROM scott.dept
SQL> APPEND   ORDER BY deptno
  2* FROM scott.dept ORDER BY deptno
//在 APPEND 和 text 之间需要用两个空格
```

### 6．RUN

在 SQL 缓冲区中列出和执行当前存储的 SQL 命令或 PL/SQL 块。

```
RUN
```

**例 2-17**：在 SQL 缓冲区中列出和执行当前存储的 SQL 命令或 PL/SQL 块。

```
SQL> RUN
  1* SELECT * FROM scott.dept


     DEPTNO DNAME          LOC
---------- -------------- -------------
        10 ACCOUNTING     NEW YORK
        20 RESEARCH       DALLAS
        30 SALES          CHICAGO
        40 OPERATIONS     BOSTON
```

### 7．SAVE

在一个操作系统脚本文件中保存 SQL 缓冲区中的内容，包含一个斜杠（/）保存添加到文件的末尾一行。

```
SAVE [FILE] file_name[.ext] [CREATE | REPLACE | APPEND]
```

表 2−6 列出了 SAVE 命令的各种使用方法。

表 2-6 SAVE 命令

| 参数 | 描述 |
| --- | --- |
| FILE file_name[.ext] | 指定要在其中保存缓冲区内容的脚本文件的名称，FILE 可以省略 |
| CREATE | 创建具有指定名称的新文件 |
| REPLACE | 替换现有文件的内容。如果该文件不存在，则创建该文件 |
| APPEND | 添加缓冲区内容到指定文件的末尾 |

**例 2-18**：保存 SQL 缓冲区内容到 deptsalrpt 文件。

```
SQL> SAVE deptsalrpt
```

```
已创建 file deptsalrpt.sql
```

8．EDIT

调用指定的操作系统文本编辑器编辑 SAVE 命令保存的脚本文件的内容，或者编辑 SQL 缓冲区中的内容。其中，*file_name* [*.ext*]代表要编辑的文件（通常是一个脚本文件）。如果要编辑的脚本文件不存在，则会创建脚本文件。

```
EDIT [file_name[.ext]]
```

**例 2-19**：使用操作系统文本编辑器编辑脚本文件 deptsalrpt。

```
SQL> EDIT deptsalrpt
```

**例 2-20**：编辑在 SQL 缓冲区中的内容。

```
SQL> EDIT
已写入 file afiedt.buf
//会先将 SQL 缓冲区中的内容保存到 afiedt.buf 文件，然后开始编辑该文件
```

9．CLEAR

重设或删除当前值或设置指定选项。

```
CLEAR option ...
```

表 2-7 列出了 CLEAR 命令的各种使用方法。

表 2-7　　CLEAR 命令

| 参数 | 描述 |
|---|---|
| SQL | 从 SQL 缓冲区中清除文本。CLEAR SQL 和 CLEAR BUFFER 具有同样的效果，除非正在使用多个缓冲区 |
| BUFFER | CLEAR BUFFER 和 CLEAR SQL 具有同样的效果，除非正在使用多个缓冲区 |
| COLUMNS | 使用 COLUMN 命令重设列显示属性设置，来为所有列进行设置 |
| COMPUTES | 删除所有 COMPUTE 定义 |
| SCREEN | 清除屏幕 |
| TIMING | 删除由 TIMING 命令创建的所有定时器 |
| BREAKS | 使用 BREAK 命令删除突破 BREAK 定义集 |

**例 2-21**：从 SQL 缓冲区中清除文本。

```
SQL> CLEAR SQL
sql 已清除
```

**例 2-22**：清除列显示属性。

```
SQL> CLEAR COLUMNS
columns 已清除
```

### 2.1.4　显示系统变量

使用 SHOW 命令显示 SQL*Plus 系统变量值或当前的 SQL*Plus 环境值，其语法格式如下。

```
SHOW option
```

表 2-8 列出了 SHOW 命令的各种参数。

表 2-8 SHOW 命令

| 参数 | 描述 |
| --- | --- |
| SPOOL | 显示输出是否正在后台 |
| ALL | 列出所有 SHOW 选项的设置，除了 ERRORS 和 SGA |
| LNO | 显示当前行号 |
| PNO | 显示当前页码 |
| RELEASE | 显示 SQL*Plus 的版本号 |
| SGA | 显示当前实例的 SGA（系统全局区）的信息 |
| TTITLE | 显示当前的 TTITLE 定义 |
| USER | 显示当前使用的访问 SQL*Plus 的用户名 |
| RECYCLEBIN [original_name] | 在回收站中显示对象 |
| PARAMETERS [parameter_name] | 显示一个或多个初始化参数的当前值 |

**例 2-23**：显示 SQL*Plus 的版本号。

```
SQL> SHOW RELEASE
release 1102000100
```

**例 2-24**：显示关于 SGA 的信息。

```
SQL> SHOW SGA

Total System Global Area   431038464 bytes
Fixed Size                   1375088 bytes
Variable Size              331351184 bytes
Database Buffers            92274688 bytes
Redo Buffers                 6037504 bytes
```

**例 2-25**：显示当前连接的用户。

```
SQL> SHOW USER
USER 为 "SYS"
```

**例 2-26**：显示回收站中被删除的对象。

```
SQL> CONNECT scott/triger
已连接。
//以用户 scott 连接数据库
SQL> DROP TABLE dept;

表已删除。
//删除表 dept
SQL> SHOW RECYCLEBIN
ORIGINAL NAME    RECYCLEBIN NAME              OBJECT TYPE  DROP TIME
---------------- ------------------------------ ------------ -------------------
```

```
DEPT          BIN$MFI2FCnISxiE2/FgC10EQA==$0 TABLE          2014-07-08:15:39:54
```

注　意

只有非 SYS 用户才能显示回收站中被删除的对象。

**例 2-27**：显示所有的系统变量。

```
SQL> SHOW ALL
appinfo 为 OFF 并且已设置为 "SQL*Plus"
arraysize 15
autocommit OFF
autoprint OFF
autorecovery OFF
autotrace OFF
blockterminator "." (hex 2e)
btitle OFF 为下一条 SELECT 语句的前几个字符
cmdsep OFF
colsep " "
compatibility version NATIVE
concat "." (hex 2e)
copycommit 0
COPYTYPECHECK 为 ON
define "&" (hex 26)
describe DEPTH 1 LINENUM OFF INDENT ON
echo OFF
......（省略）
```

### 2.1.5　设置系统变量

使用 SET 命令为当前会话设置系统变量来改变 SQL*Plus 环境设置，其语法格式如下。

```
SET system_variable value
```

1．AUTOPRINT

设置绑定变量是否自动显示。

```
SET AUTOPRINT {ON | OFF}
```

**例 2-28**：设置绑定变量自动显示。

```
SQL> SHOW AUTOPRINT
autoprint OFF
SQL> SET AUTOPRINT ON
```

2．AUTOTRACE

显示成功的 DML 语句（如 SELECT、INSERT、UPDATE、DELETE 或 MERGE）执行的报告。该报告可以包括执行统计和查询执行路径。

```
SET AUTOTRACE {ON | OFF | TRACEONLY} [EXPLAIN] [STATISTICS]
```

**例 2-29**：显示成功的 DML 语句执行的报告。

```
SQL> SHOW AUTOTRACE
autotrace OFF
SQL> SET AUTOTRACE ON
```

**例 2-30**：显示成功的 DML 语句执行的执行计划。

```
SQL> SET AUTOTRACE TRACEONLY EXPLAIN
SQL> SHOW AUTOTRACE
autotrace TRACEONLY EXPLAIN
```

### 3. ECHO

使用@、@@或 START 执行时控制是否在脚本中显示命令。ON 表示在屏幕上显示命令，OFF 表示禁止显示。

```
SET ECHO {ON | OFF}
```

**例 2-31**：使用@、@@或 START 执行时在脚本中显示命令。

```
SQL> SHOW ECHO
echo OFF
SQL> SET ECHO ON
SQL> @ C:\app\Administrator\product\11.2.0\dbhome_1\RDBMS\ADMIN\utlxplan.sql
```

### 4. PAUSE

在一页之后暂停滚动屏幕上数据的输出。按回车键来查看更多的输出。text 是指 SQL*Plus 每次暂停时要显示的文字。

```
SET PAUSE {ON | OFF | text}
```

**例 2-32**：在一页之后暂停滚动屏幕上数据的输出。

```
SQL> SHOW PAUSE
PAUSE 为 OFF
SQL> SET PAUSE ON
```

### 5. VERIFY

控制是否在替换变量之前和之后列出 SQL 语句或 PL/SQL 命令的文本。

```
SET VERIFY {ON | OFF}
```

**例 2-33**：关闭在替换变量之前和之后列出 SQL 语句或 PL/SQL 命令的文本。

```
SQL> SHOW VERIFY
verify ON
SQL> SET VERIFY OFF
```

### 6. SERVEROUTPUT

控制 SQL*Plus 中存储过程或 PL/SQL 块是否显示输出（也就是 DBMS_OUTPUT.PUT_LINE）。该 DBMS_OUTPUT 行长度限制为 32767 字节。

```
SET SERVEROUTPUT {ON | OFF} [SIZE {n | UNLIMITED}] [FORMAT {WRAPPED | WORD_WRAPPED | TRUNCATED}]
```

表 2–9 列出了 SERVEROUTPUT 的各种参数。

表 2-9　　SERVEROUTPUT

| 参数 | 描述 |
|---|---|
| SIZE {*n* \| UNLIMITED} | 设置可以在 Oracle 数据库服务器中被缓冲的输出字节数的大小。默认值是 UNLIMITED。*n* 不能小于 2000 或大于 1000000 |
| OFF | 禁止 DBMS_OUTPUT.PUT_LINE 显示输出 |
| ON | 启用 DBMS_OUTPUT.PUT_LINE 显示输出 |
| TRUNCATED | 服务器输出的每一行被通过 SET LINESIZE 指定的行大小截断 |

**例 2-34**：使用 DBMS_OUTPUT.PUT_LINE 在 PL/SQL 块中启用文本显示。

```
SQL>SHOW SERVEROUTPUT
serveroutput OFF
SQL>SET SERVEROUTPUT ON
SQL>EXEC DBMS_OUTPUT.PUT_LINE('Hello Oracle');
Hello Oracle

PL/SQL 过程已成功完成。
```

### 7．AUTOCOMMIT

用于设置 SQL 语句或 PL/SQL 块是否自动提交更改到数据库中。当设置为 ON 时，每次输入语句回车后都会自动提交，为 *n* 时，表示执行 *n* 个成功的 SQL 语句或 PL/SQL 块后会自动提交。

```
SET AUTOCOMMIT {ON | OFF | IMMEDIATE | n}
```

表 2-10 列出了 AUTOCOMMIT 的各种参数。

表 2-10　　AUTOCOMMIT

| 参数 | 描述 |
|---|---|
| ON | Oracle 数据库执行每个成功的 INSERT、UPDATE 或 DELETE，或 PL/SQL 块后，提交挂起的更改到数据库 |
| *n* | Oracle 数据库执行 *n* 条成功的 SQL 命令（INSERT，UPDATE 或 DELET）或 PL/SQL 块后，提交 *n* 条挂起的更改到数据库后。*n* 不能小于 0 或大于 20 亿 |
| OFF | 禁止自动提交，这样就必须手动提交更改（如使用 SQL 命令 COMMIT） |
| IMMEDIATE | 和 ON 功能相同 |

**例 2-35**：设置自动提交 DML 语句的操作。

```
SQL> SHOW AUTOCOMMIT
autocommit OFF
SQL> SET AUTOCOMMIT ON
```

### 8．FEEDBACK

当一个脚本选择至少 *n* 条记录时，就显示返回的记录数。

```
SET FEEDBACK {6 | n | ON | OFF}
```

**例 2-36**：当一个脚本选择至少 3 条记录时，就显示返回的记录数。

```
SQL>SHOW FEEDBACK
用于 6 或更多行的 FEEDBACK ON
SQL> SET FEEDBACK 3
SQL> SELECT * FROM scott.dept;

    DEPTNO DNAME          LOC
---------- -------------- -------------
        10 ACCOUNTING     NEW YORK
        20 RESEARCH       DALLAS
        30 SALES          CHICAGO
        40 OPERATIONS     BOSTON

已选择 4 行。
```

9．ARRAYSIZE

设置 SQL*Plus 从数据库中一次获取的行的数量，有效值为 1～5000，一个较大的值会增加多行查询和子查询的效率，但需要更多的内存。

```
SET ARRAYSIZE {15 | n}
```

**例 2-37**：设置从数据库中一次获取 20 行。

```
SQL> SHOW ARRAYSIZE
arraysize 15
SQL> SET ARRAYSIZE 20
```

10．COLSEP

设置在两个列之间的分隔符，默认值是空格。如果 COLSEP 变量包含空格或标点字符，则必须用单引号括起来。

```
SET COLSEP { | text}
```

**例 2-38**：设置在两个列之间的分隔符为“|”。

```
SQL> SHOW COLSEP
colsep " "
SQL> SET COLSEP |
SQL> SELECT * FROM scott.dept;

    DEPTNO|DNAME         |LOC
----------|--------------|-------------
        10|ACCOUNTING    |NEW YORK
        20|RESEARCH      |DALLAS
        30|SALES         |CHICAGO
        40|OPERATIONS    |BOSTON
```

11．HEADING

设置是否显示列标题，默认值是 ON。

```
SET HEADING {ON | OFF}
```

**例 2-39**：关闭列标题。

```
SQL> SHOW HEADING
heading ON
SQL> SET HEADING OFF
```

12．TIME

在 SQL*Plus 命令提示符前面是否显示当前时间。ON 表示在每个命令提示符之前显示当前时间，OFF 表示禁止时间显示，默认值是 OFF。

```
SET TIME {ON | OFF}
```

**例 2-40**：在 SQL*Plus 命令提示符前面显示当前时间。

```
SQL> SHOW TIME
time OFF
SQL> SET TIME ON
04:20:10 SQL>
```

13．UNDERLINE

设置列标题的下划线字符，默认值是"−"。下划线字符不能是字母、数字、字符或空格。

```
SET UNDERLINE {- | c | ON | OFF}
```

**例 2-41**：设置列标题的下划线字符为“=”。

```
SQL> SHOW UNDERLINE
underline "−" (hex 2d)
SQL> SET UNDERLINE "="
SQL> SELECT * FROM scott.dept;

    DEPTNO DNAME          LOC
========== ============== =============
        10 ACCOUNTING     NEW YORK
        20 RESEARCH       DALLAS
        30 SALES          CHICAGO
        40 OPERATIONS     BOSTON
```

14．SQLPROMPT

设置 SQL*Plus 命令提示符，默认值是“SQL>”。

```
SET SQLN[UMBER] {ON | OFF}
```

**例 2-42**：设置 SQL*Plus 命令提示符为“Oracle>”。

```
SQL> SHOW SQLPROMPT
sqlprompt "SQL> "
SQL> SET SQLPROMPT "Oracle> "
Oracle>
```

15．TIMING

在每一个 SQL 命令或 PL/SQL 块运行时是否显示时间统计数据。

```
SET TIMING {ON | OFF}
```

**例 2-43**：在 SQL 命令运行时显示时间统计数据。

```
SQL> SHOW TIMING
timing OFF
SQL> SET TIMING ON
SQL> SELECT * FROM scott.dept;

    DEPTNO DNAME          LOC
---------- -------------- -------------
        10 ACCOUNTING     NEW YORK
        20 RESEARCH       DALLAS
        30 SALES          CHICAGO
        40 OPERATIONS     BOSTON

已用时间:  00: 00: 00.01
```

### 16．NULL

为空值设置出现在 SELECT 命令的结果中显示的文本，默认输出为空（""）。

```
SET NULL text
```

**例 2-44**：为空值设置出现在 SELECT 命令的结果中，显示的文本为“^^^”。

```
SQL> SHOW NULL
null ""
SQL> SET NULL ^^^
SQL> INSERT INTO scott.dept(deptno) VALUES(50);

已创建 1 行。
//向表中插入数据
SQL> SELECT * FROM scott.dept;

    DEPTNO DNAME          LOC
---------- -------------- -------------
        50 ^^^            ^^^
        10 ACCOUNTING     NEW YORK
        20 RESEARCH       DALLAS
        30 SALES          CHICAGO
        40 OPERATIONS     BOSTON
```

### 17．NEWPAGE

设置每页的顶部到顶部标题之间的空白行数目。

```
SET NEWPAGE {1 | n | NONE}
```

**例 2-45**：设置每页的顶部到顶部标题之间的空白行数目为 2。

```
SQL> SHOW NEWPAGE
newpage 1
SQL> SET NEWPAGE 2
```

```
SQL> SELECT * FROM scott.dept;

    DEPTNO DNAME          LOC
---------- -------------- -------------
        10 ACCOUNTING     NEW YORK
        20 RESEARCH       DALLAS
        30 SALES          CHICAGO
        40 OPERATIONS     BOSTON
```

18．PAGESIZE

设置每一页显示的行数，默认值是 14。

```
SET PAGESIZE {14 | n}
```

**例 2-46**：设置每一页显示 15 行。

```
SQL> SHOW PAGESIZE
pagesize 14
SQL> SET PAGESIZE 15
```

19．LINESIZE

设置一行的字符总数，默认是 80。

```
SET LINESIZE {80 | n}
```

**例 2-47**：设置一行的字符总数为 10。

```
SQL> SHOW LINESIZE
linesize 80
SQL> SET LINESIZE 10
```

### 2.1.6 SQL*Plus 命令

Oracle 数据库中提供了很多 SQL*Plus 命令。

1．HOST

无需离开 SQL*Plus 执行操作系统命令，其中，command 代表操作系统命令。也可以只输入 HOST 显示操作系统提示符，然后可以输入多个操作系统命令。

```
HOST [command]
```

**例 2-48**：只输入 HOST 显示操作系统提示符，然后输入操作系统命令。

```
SQL> HOST
Microsoft Windows [版本 6.1.7600]
版权所有 (c) 2009 Microsoft Corporation。保留所有权利。

C:\>EXIT
//输入 EXIT 命令退出操作系统，回到 SQL*Plus
SQL>
```

**例 2-49**：无需离开 SQL*Plus，执行操作系统命令 DIR c:。

```
SQL> HOST DIR c:
 驱动器 C 中的卷没有标签。
```

```
卷的序列号是 D83C-343C。

C:\ 的目录如下:

2011/10/04  18:36    <DIR>          app
2009/07/14  11:20    <DIR>          PerfLogs
2010/06/21  18:43    <DIR>          Program Files
2011/10/04  18:35    <DIR>          Program Files (x86)
2014/07/17  17:18    <DIR>          TEMP
2010/06/17  17:32    <DIR>          Users
2014/07/03  07:48    <DIR>          Windows
 7 个目录, 66,435,362,816 可用字节
```

2．SPOOL

在文件中保存查询结果，或可选择将文件发送到打印机。

```
SPOOL [file_name[.ext] [CREATE | REPLACE | APPEND] | OFF | OUT]
```

表 2-11 列出了 SPOOL 命令的各种参数。

表 2-11　　SPOOL 命令

| 参数 | 描述 |
|---|---|
| file_name[.ext] | 保存查询结果集的路径和文件名。如果没有指定后缀名，一般默认后缀名为 LST |
| OFF | 停止 spool 处理 |
| OUT | 停止 spool 处理，发送文件到计算机的标准（默认）打印机 |
| APPEND | 添加缓冲区的内容到指定文件的末尾 |
| REPLACE | 替换现有文件的内容。如果该文件不存在，则创建该文件。这是默认的行为 |
| CREATE | 创建具有指定名称的新文件 |

**例 2-50**：在 c:\kk.LST 文件中保存查询结果。

```
SQL> SHOW SPOOL
spool OFF
SQL> SPOOL c:\kk.LST
```

3．COLUMN

显示和设置一列或所有列的当前显示属性。

```
COLUMN [{column | expr} [option ...]]
```

表 2-12 列出了 COLUMN 命令的各种参数。

表 2-12　　COLUMN 命令

| 参数 | 描述 |
|---|---|
| FORMAT format | 指定列的显示格式。格式规范必须是一个文本常量，比如 A10 或$9,999 |

续表

| 参数 | 描述 |
|---|---|
| HEADING text | 定义一个列标题。如果文本 text 中包含空格或标点符号，则必须使用单引号或双引号引起来 |
| ALIAS alias | 为列分配一个指定的别名 |
| CLEAR | 为列的默认值重置显示属性 |
| LIKE {expr \| alias} | 复制另一列或表达式的显示属性 |
| NEWLINE | 显示列的值之前开始新的一行 |
| NULL text | 控制文本 SQL*Plus 显示指定列中的空值，默认值是空格 |
| NEW_VALUE variable | 在顶部标题显示列值，指定一个变量来保存列值 |
| NOPRINT \| PRINT | 调节列的打印（在列标题和所有选定的值） |
| OLD_VALUE variable | 在底部标题显示列值，指定一个变量来保存列值 |
| ON \| OFF | 为列控制显示属性的状态 |

**例 2-51**：为 DEPTNO 和 DNAME 列定义列标题。

```
SQL> COLUMN DEPTNO HEADING 部门编号
SQL> COLUMN DNAME HEADING 部门名称
SQL> SELECT DEPTNO,DNAME FROM scott.dept;

  部门编号 部门名称
---------- --------------
        10 ACCOUNTING
        20 RESEARCH
        30 SALES
        40 OPERATIONS
```

**例 2-52**：为 DNAME 列指定显示格式。

```
SQL> COLUMN DNAME JUSTIFY CENTER FORMAT A20
SQL> SELECT DEPTNO,DNAME FROM scott.dept;

    DEPTNO        DNAME
---------- --------------------
        10 ACCOUNTING
        20 RESEARCH
        30 SALES
        40 OPERATIONS
```

**例 2-53**：显示列 DNAME 的显示属性。

```
SQL> COLUMN DNAME
COLUMN    DNAME ON
HEADING   '部门名称'
```

```
FORMAT     A20
JUSTIFY center
```

**例 2-54**：为列 DNAME 重置显示属性。

```
SQL> COLUMN DNAME CLEAR
SQL> COLUMN DNAME
SP2-0046: COLUMN 'DNAME' 未定义
```

4．TTITLE

在每个报表页面的顶部放置和格式化标题。只输入 TTITLE 将列出当前的定义。

```
TTITLE [printspec [text|variable] ...] | [OFF|ON]
```

**例 2-55**：在每个报表页面的顶部放置标题 oracle。

```
SQL> TTITLE oracle
SQL> SELECT * FROM scott.dept;

星期一 11 月 03                                                  第     1
                                        oracle

  部门编号 DNAME            LOC
---------- -------------- -------------
        10 ACCOUNTING       NEW YORK
        20 RESEARCH         DALLAS
        30 SALES            CHICAGO
        40 OPERATIONS       BOSTON
```

5．DESCRIPT

返回数据库中所有存储对象的描述，可以显示表和视图中各列的名称和属性，还会输出过程、函数和包的范围。

```
DESCRIPT [object_name]
```

**例 2-56**：查看表 scott.dept 中各列的名称和属性。

```
SQL> DESCRIBE scott.dept
 名称                                      是否为空? 类型
 ----------------------------------------- -------- ----------------------------

 DEPTNO                                    NOT NULL NUMBER(2)
 DNAME                                              VARCHAR2(14)
 LOC                                                VARCHAR2(13)
```

6．PROMPT

发送指定信息或空白行到用户屏幕。

```
PROMPT [text]
```

**例 2-57**：发送信息 oracle 到用户屏幕。

```
SQL> PROMPT oracle
oracle
```

### 7. STORE

保存当前 SQL*Plus 环境的属性到脚本文件中。

```
STORE {SET} file_name[.ext] [CREATE | REPLACE | APPEND]
```

**例 2-58**：保存当前 SQL*Plus 环境的属性到 c:\set.sql 脚本文件中。

```
SQL>STORE SET c:\set.sql
已创建 file c:\set.sql
```

## 2.1.7 运行脚本文件

把 SQL 语句和 PL/SQL 块存储在脚本文件中，然后运行脚本文件，以此来简化操作。还可以在脚本文件中存储数据项目要传递的参数。

要运行脚本文件，通常使用 START、@和@@ 3 种方式。

### 1. START

运行指定脚本文件中的 SQL*Plus 语句。该脚本文件可以从本地文件系统或 Web 服务器中调用。如果不指定扩展名，SQL*Plus 采用默认的命令文件扩展名（通常是 sql）。

语法：

```
START {url|file_name[.ext]} [arg ...]
```

**例 2-59**：运行 utlxplan.sql 脚本文件。

```
SQL> START C:\app\Administrator\product\11.2.0\dbhome_1\RDBMS\ADMIN\utlxplan.sql

表已创建。
```

注 意

也可以使用以下方式来执行，用？来代替 C:\app\Administrator\product\11.2.0\dbhome_1。

```
SQL> START ?\RDBMS\ADMIN\utlxplan.sql
```

### 2. @

运行指定脚本文件中的 SQL*Plus 语句。该脚本文件可以从本地文件系统或 Web 服务器中调用。其中，url 支持使用 HTTP 和 FTP 等协议，比如 http://host.domain/script.sql。

语法：

```
@ {url|file_name[.ext]} [arg ...]
```

**例 2-60**：运行 utlxplan.sql 脚本文件。

```
SQL> @ C:\app\Administrator\product\11.2.0\dbhome_1\RDBMS\ADMIN\utlxplan.sql

表已创建。
```

### 3. @@

运行指定脚本文件中的 SQL*Plus 语句。这个命令几乎和@命令相同。

语法：

```
@@ {url|file_name[.ext]} [arg ...]
```

**例 2-61**：运行 utlxplan.sql 脚本文件。

```
SQL> @@ C:\app\Administrator\product\11.2.0\dbhome_1\RDBMS\ADMIN\utlxplan.sql
```

表已创建。

## 2.2 Oracle Enterprise Manager

### 2.2.1 Oracle Enterprise Manager 简介

Oracle Enterprise Manager Database Control（简称 Oracle Enterprise Manager，OEM，Oracle 企业管理器）是基于 Web 界面的管理 Oracle 数据库的主要工具。Oracle Enterprise Manager 是一个基于 Java 的框架系统，该系统集成了多个组件，为用户提供了一个功能强大的图形用户界面。Oracle Enterprise Manager 将一个中心控制台、多个代理、一些公共服务及工具结合在一起，为管理 Oracle 数据库环境提供了一个集成的、综合系统管理平台，以此来管理 Oracle 数据库环境。

使用 Oracle Enterprise Manager 可以执行创建方案对象（表、视图、索引等）、管理用户安全性、管理数据库内存和存储、备份和恢复数据库、导入和导出数据，以及查看数据库性能和状态信息等工作。在安装 Oracle 数据库软件、创建数据库和配置网络之后，就可以使用 Oracle Enterprise Manager 来管理数据库了。Oracle Enterprise Manager 也提供了性能顾问和 Oracle 实用程序，如使用 SQL*Loader 和 RMAN 的接口。

### 2.2.2 Oracle Enterprise Manager 登录和注销

下面讲述 Oracle Enterprise Manager 如何进行登录和注销。

**1．登录 Oracle Enterprise Manager**

在浏览器中输入网址：https://localhost:1158/em，打开图 2-1 所示网页，输入用户名、口令和连接身份，然后单击【登录】按钮即可登录到 Oracle Enterprise Manager。如果以 sys 用户进行连接，连接身份必须使用 SYSDBA，而其他用户连接使用连接身份 Normal。

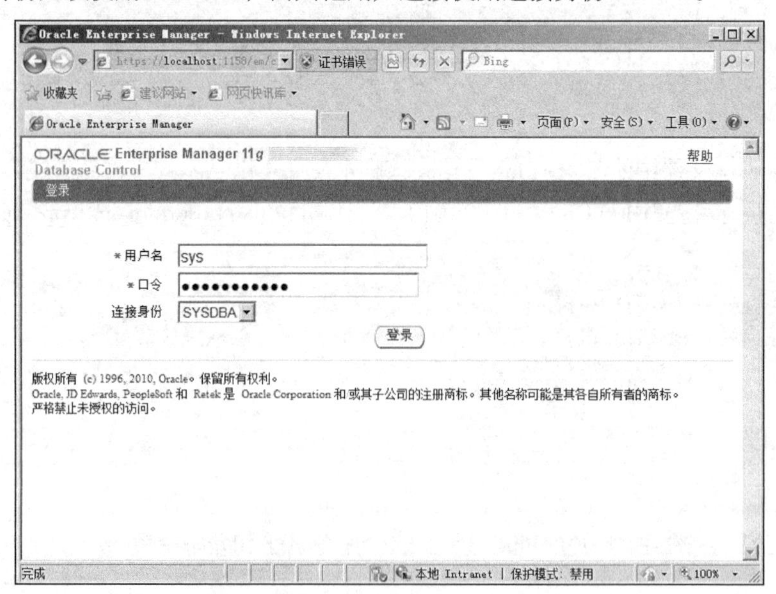


图 2-1 登录 Oracle Enterprise Manager

注 意

在 Oracle 11g 中，为了安全考虑，使用 HTTPS 协议登录 Oracle Enterprise Manager。

2．注销 Oracle Enterprise Manager

登录 Oracle Enterprise Manager 以后，在页面中的右上角单击【注销】按钮，如图 2-2 所示，已经注销。

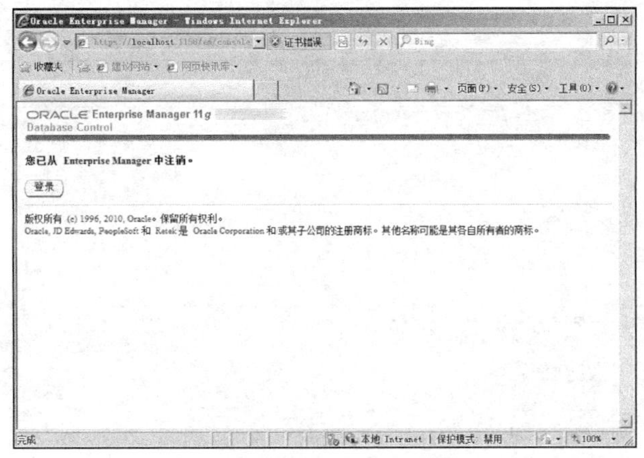


图 2-2　已经注销 Oracle Enterprise Manager

## 2.2.3　Oracle Enterprise Manager 页面

Oracle Enterprise Manager 页面有主目录、性能、可用性、服务器、方案、数据移动、软件和支持这 7 个页面。

1．主目录

在图 2-3 所示的【主目录】页面，显示一般信息、主机 CPU、活动会话数、SQL 响应时间、诊断概要、空间概要、高可用性、预警、相关预警、违反策略和作业活动等内容，通过这些信息可以了解 Oracle 的活动情况。

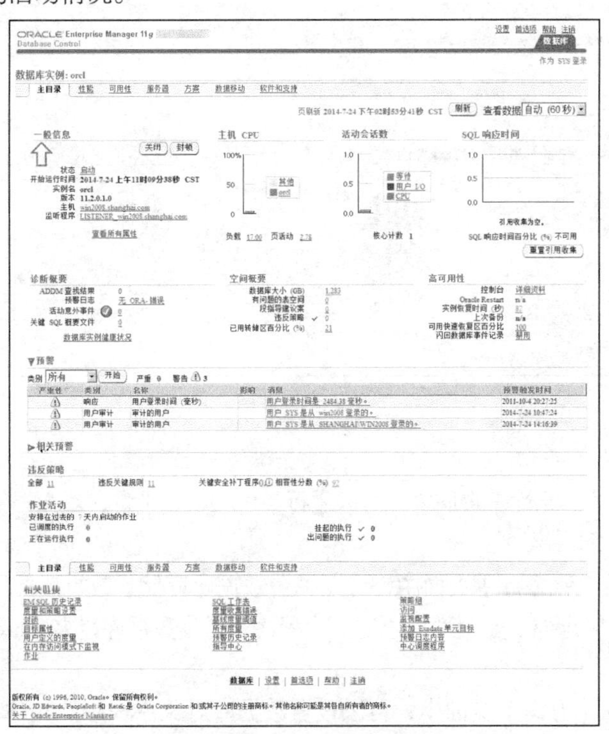


图 2-3　主目录

## 2．性能

在图 2-4 所示的【性能】页面中显示平均可运行进程、平均活动会话数、吞吐量、I/O、并行执行和服务，通过这些信息可以了解 Oracle 的性能情况。

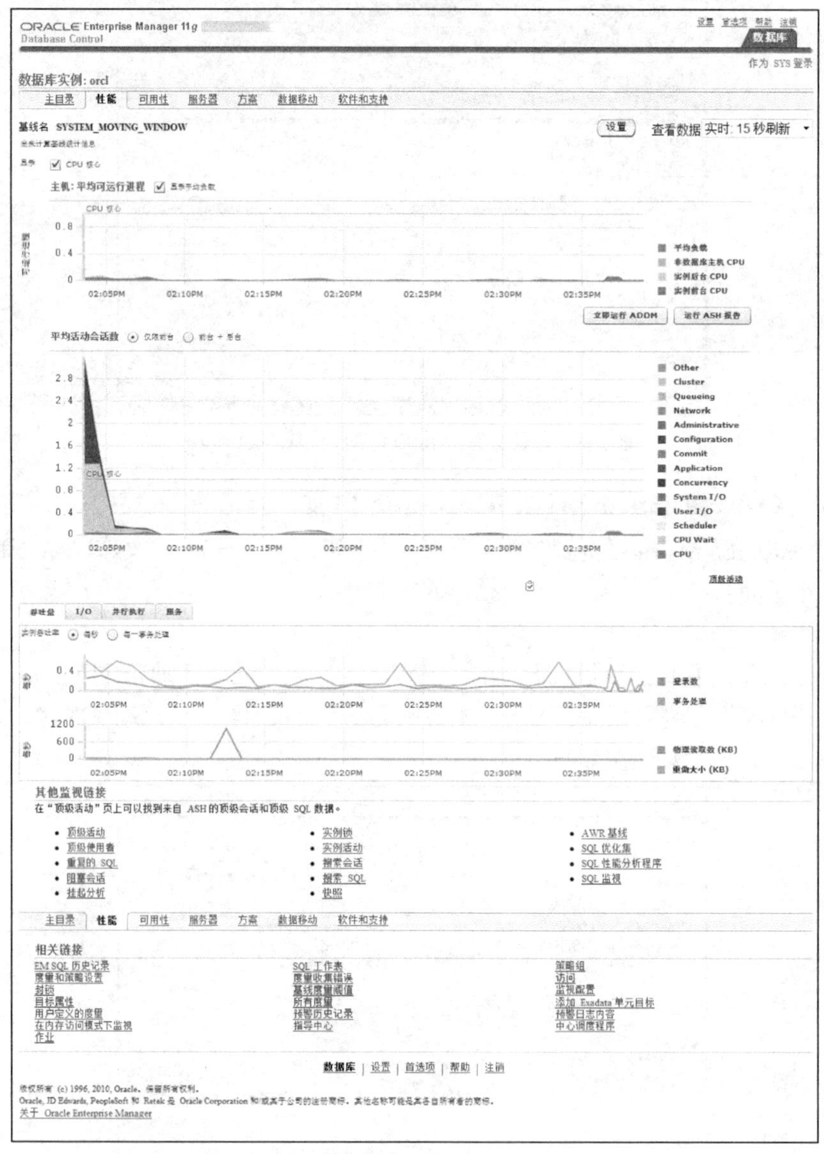


图 2-4　性能

## 3．可用性

在图 2-5 所示的【可用性】页面中，可以进行备份和恢复设置，对数据库进行备份和恢复。

## 4．服务器

在图 2-6 所示的【服务器】页面中，可以设置数据库存储、数据库配置、Oracle Scheduler、统计信息管理、资源管理器、安全性、查询优化程序、更改数据库以及 Enterprise Manager 管理。

## 5．方案

在图 2-7 所示的【方案】页面中，可以设置数据库对象、程序、实体化视图、更改管理、数据掩码、用户定义类型、XML DB、工作区管理器和文本管理器。

ORACLE Enterprise Manager 11g
Database Control
设置 首选项 帮助 注销
数据库
作为 SYS 登录
数据库实例: orcl
主目录 性能 可用性 服务器 方案 数据移动 软件和支持
高可用性控制台
备份/恢复
设置
备份设置
恢复设置
恢复目录设置
管理
调度备份
管理当前备份
备份报告
管理还原点
执行恢复
查看和管理事务处理
Oracle Secure Backup
分配和管理
相关链接
EM SQL 历史记录
度量和策略设置
封锁
目标属性
用户定义的度量
在内存访问模式下监视
作业
SQL 工作表
度量收集错误
基线度量阈值
所有度量
预警历史记录
指导中心
策略组
访问
监视配置
添加 Exadata 单元目标
预警日志内容
中心调度程序
数据库 | 设置 | 首选项 | 帮助 | 注销
版权所有 (c) 1996, 2010, Oracle。保留所有权利。
Oracle, JD Edwards, PeopleSoft 和 Retek 是 Oracle Corporation 和/或其子公司的注册商标。其他名称可能是其各自所有者的商标。
关于 Oracle Enterprise Manager

图 2-5　可用性

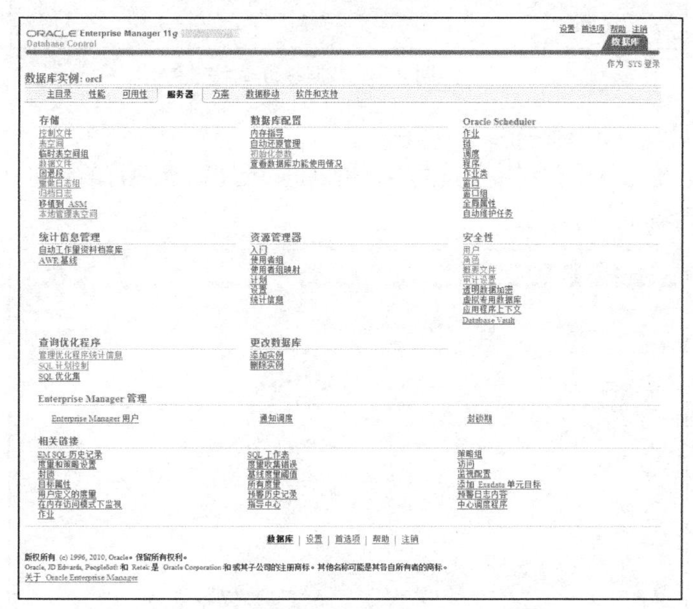

图 2-6　服务器

ORACLE Enterprise Manager 11g
Database Control
设置 首选项 帮助 注销
数据库
作为 SYS 登录
数据库实例: orcl
主目录 性能 可用性 服务器 方案 数据移动 软件和支持
数据库对象
表
索引
视图
同义词
序列
数据库链接
目录对象
重组对象
程序
程序包
程序包体
过程
函数
触发器
Java 类
Java 源
实体化视图
实体化视图
实体化视图日志
刷新组
维
更改管理
字典基线
字典比较
字典同步
数据掩码
定义
格式库
用户定义类型
数组类型
对象类型
表类型
XML DB
配置
资源
访问控制列表
XML 方案
XMLType 表
XMLType 视图
XML 索引
XML 资料档案库事件
工作区管理器
工作区
文本管理器
文本索引
查询日志
相关链接
EM SQL 历史记录
度量和策略设置
封锁
目标属性
用户定义的度量
在内存访问模式下监视
作业
SQL 工作表
度量收集错误
基线度量阈值
所有度量
预警历史记录
指导中心
策略组
访问
监视配置
添加 Exadata 单元目标
预警日志内容
中心调度程序
数据库 | 设置 | 首选项 | 帮助 | 注销
版权所有 (c) 1996, 2010, Oracle。保留所有权利。
Oracle, JD Edwards, PeopleSoft 和 Retek 是 Oracle Corporation 和/或其子公司的注册商标。其他名称可能是其各自所有者的商标。
关于 Oracle Enterprise Manager

图 2-7　方案

### 6．数据移动

在图 2-8 所示的【数据移动】页面中，可以进行移动行数据、移动数据库文件、流和高级复制。

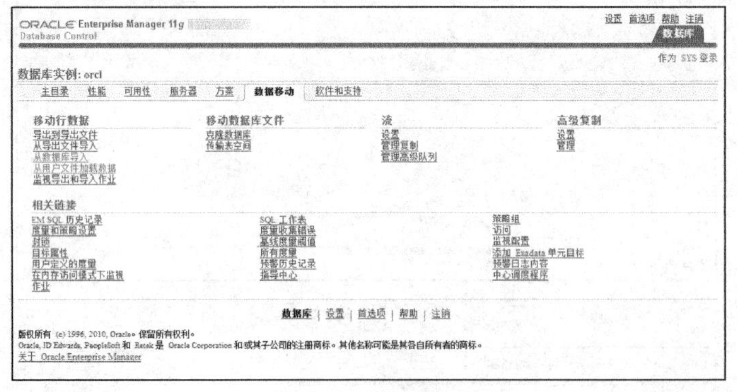

图 2-8　数据移动

### 7．软件和支持

在图 2-9 所示的【软件和支持】页面中，可以进行配置、数据库软件打补丁、真实应用测试、部署过程管理器和支持。

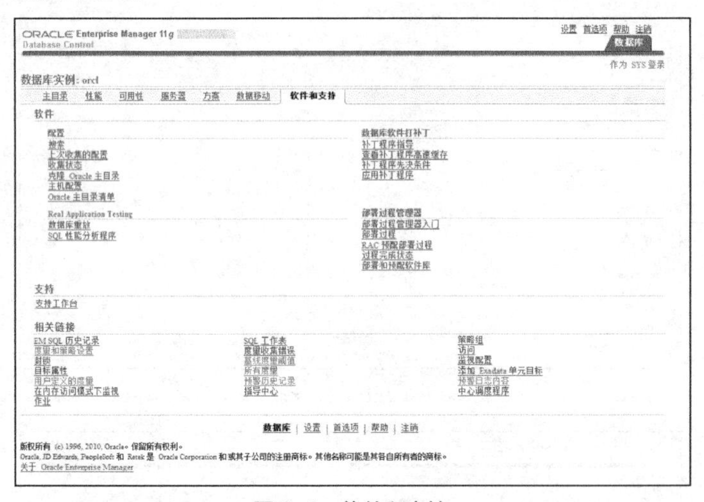

图 2-9　软件和支持

## 2.2.4　创建管理员

使用 Oracle Enterprise Manager，按以下步骤创建管理员。

（1）在 Oracle Enterprise Manager 页面中，单击页面右上角【设置】→【管理员】，在图 2-10 所示页面中，可以看到当前的管理员，单击【创建】按钮。

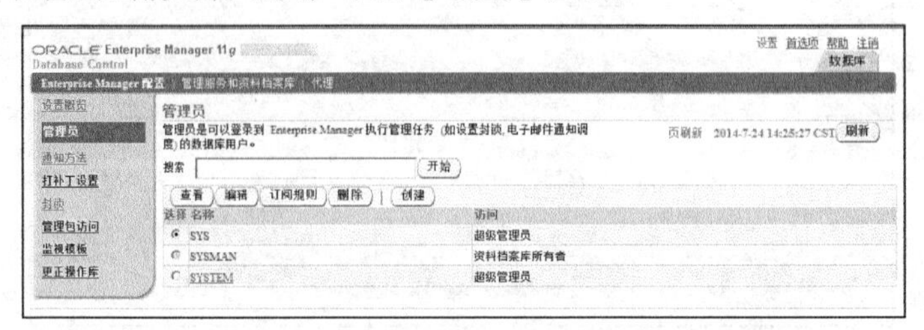

图 2-10　管理员

（2）在图 2-11 所示页面中，指定管理员的名称、电子邮件地址和管理员权限，然后单击【复查】按钮。

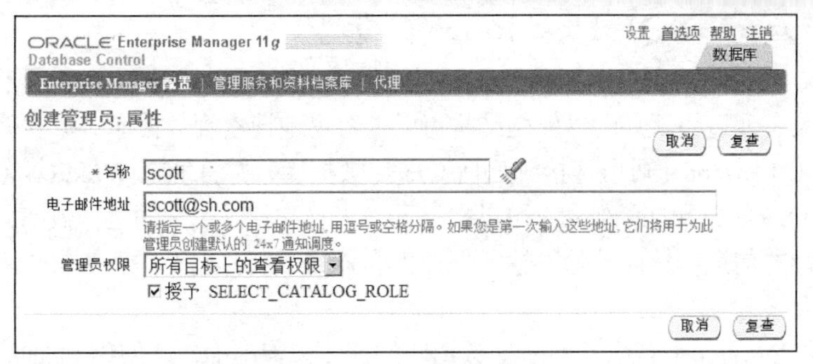

图 2-11　创建管理员

（3）在图 2-12 所示页面中，显示所需要创建的管理员的详细信息，确认无误之后单击【完成】按钮。

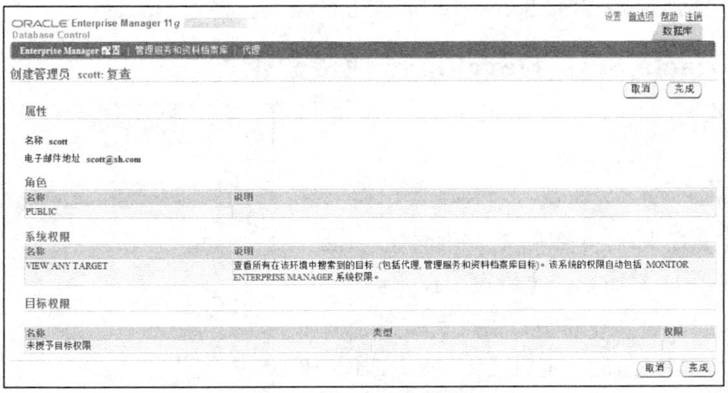

图 2-12　创建管理员复查

## 2.2.5　更改 SYS 口令

使用 Oracle Enterprise Manager，按以下步骤更改 SYS 口令。

登录 Oracle Enterprise Manager 后，单击页面右上角的【首选项】→【一般信息】，在图 2-13 所示页面中，输入 SYS 的当前口令，再输入两次新口令，然后单击【应用】按钮即可。

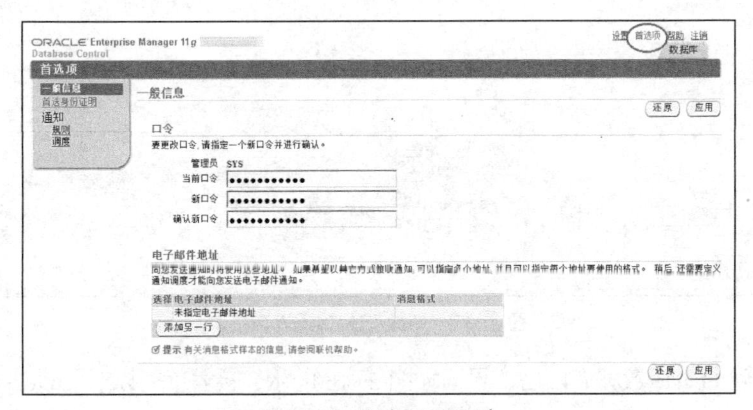

图 2-13　更改 SYS 口令

## 2.3 Oracle SQL Developer

### 2.3.1 Oracle SQL Developer 简介

Oracle SQL Developer 是一款基于 Oracle 的数据库，功能强大、拥有直观导航式界面的图形管理和开发工具，通过该工具的导航树结构可以很容易地搜索到数据库对象。

Oracle SQL Developer 可以连接到任何 Oracle 数据库，并且能在 Windows 和 Linux 等系统上运行。使用 Oracle SQL Developer 可以提高开发人员和超级用户的工作效率，单击一下鼠标就可以显示有用的信息，从而消除了输入一长串名称的烦恼，也无需了解整个应用程序中究竟用到了哪些列。

Oracle SQL Developer 简化了 Oracle 数据库的开发和管理工作。使用 Oracle SQL Developer 可以浏览数据库对象、运行 SQL 语句和脚本、编辑和调试 PL/SQL 语句、数据导出导入，另外还可以创建、执行和保存报表。

Oracle SQL Developer 支持将第三方数据库迁移至 Oracle，极大地扩展了 Oracle 迁移的功能和可用性，可以将 Access、SQL Server 和 MySQL 数据库迁移到 Oracle 中。

### 2.3.2 Oracle SQL Developer 连接数据库

按以下步骤将 Oracle SQL Developer 连接到 Oracle 数据库。

（1）在 Oracle SQL Developer 程序的菜单栏上单击【文件】→【新建】，打开如图 2-14 所示对话框，选择【数据库连接】，然后单击【确定】按钮。

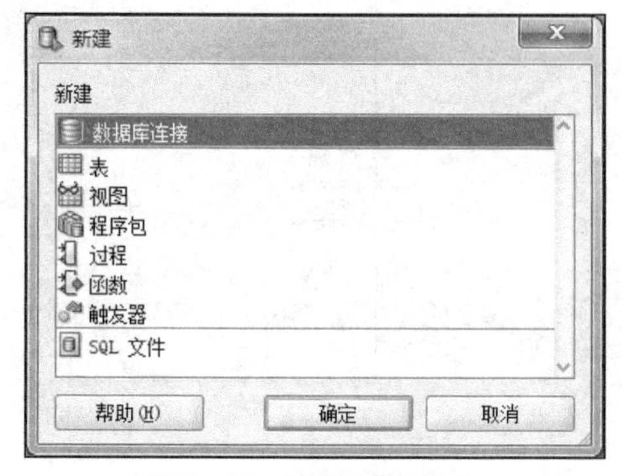


图 2-14　选择数据库连接

（2）在图 2-15 所示界面中，指定连接名、用户名、口令、连接类型、角色、主机名（也可以指定 IP 地址）、端口、SID 或服务器名，然后单击【连接】。如果以 SYS 用户进行连接，角色必须指定为 SYSDBA。如果需要测试连接，则单击【测试】按钮。

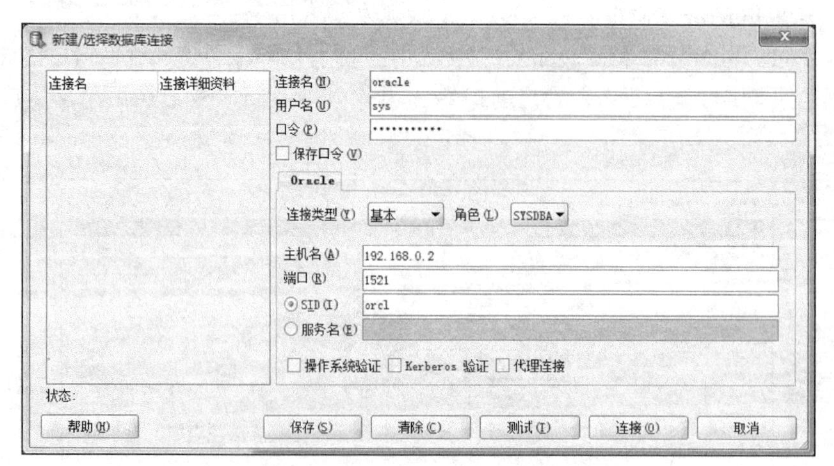


图 2-15　新建/选择数据库连接

（3）连接到 Oracle 数据库以后，界面如图 2-16 所示，接着就可以对 Oracle 数据库进行操作和管理了。

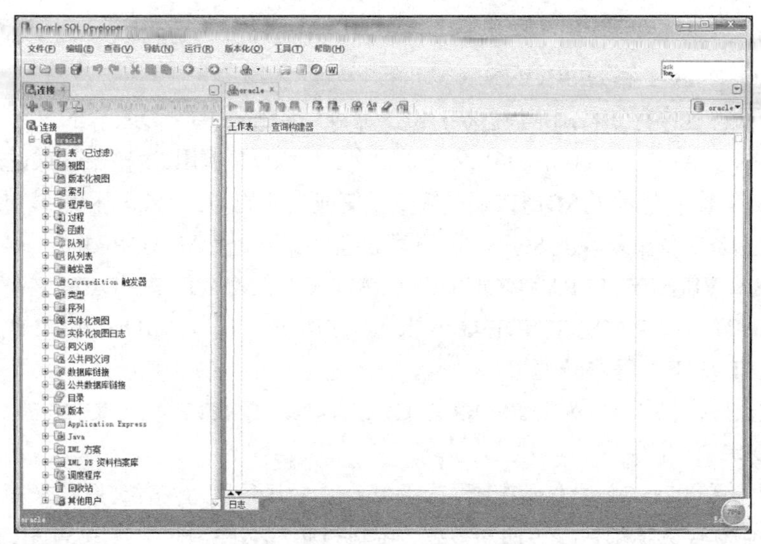


图 2-16 Oracle SQL Developer 界面

（4）在 SQL 工作表中，输入 SQL 语句，然后在 SQL 工作表的工具栏上单击【运行语句】图标，出现查询结果，如图 2-17 所示。

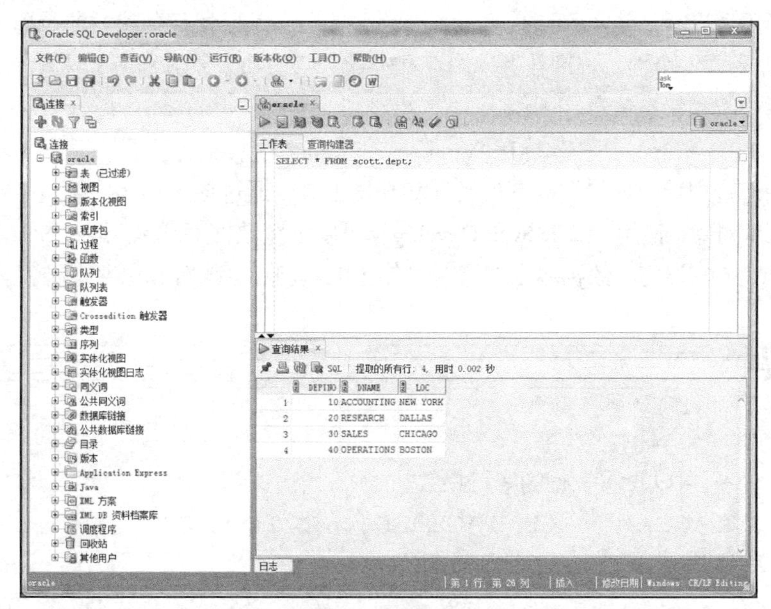


图 2-17 数据查询

## 2.4 小结

SQL*Plus 是与 Oracle 进行交互的常用客户端工具。在 SQL*Plus 中，可以运行 SQL*Plus 命令和 SQL 语句。SQL 语句执行完之后，可以保存在 SQL 缓冲区的内存区域中，并且只能保存最近执行的一条 SQL 语句。可以对保存在 SQL 缓冲区中的 SQL 语句进行修改，然后再次执行。SQL*Plus 命令执行完之后，不保存在 SQL 缓冲区的内存区域中，它们一般用来对输出的结果进行格式化显示，以便于制作报表。

要连接 Oracle 数据库，在操作系统命令行界面中使用 SQLPLUS 命令。登录 SQL*Plus 以后，也可以使用 CONNECT 和 DISCONNECT 进行登录和注销。

SQL*Plus 缓冲区中存储着用户最近执行过的命令，通过 LIST、DEL、INPUT、CHANGE、APPEND、RUN、SAVE、EDIT 和 CLEAR 这些命令，可以反复调用、编辑那些最近输入过的命令。

使用 SHOW 命令显示了 SQL*Plus 系统变量值或当前的 SQL*Plus 环境值。使用 SET 命令为当前会话设置系统变量来改变 SQL*Plus 环境设置。可以设置 AUTOPRINT、AUTOTRACE、ECHO、PAUSE、VERIFY、SERVEROUTPUT、AUTOCOMMIT、FEEDBACK、ARRAYSIZE、COLSEP、HEADING、TIME、UNDERLINE、SQLPROMPT、TIMING、NULL、NEWPAGE、PAGESIZE 和 LINESIZE 等系统变量。

Oracle 数据库提供了 HOST、SPOOL、COLUMN、TTITLE、DESCRIPT、PROMPT 和 STORE 等 SQL*Plus 命令。

把 SQL 语句和 PL/SQL 块存储在脚本文件中，然后运行脚本文件，以此来简化操作。还可以在脚本文件中存储数据项目要传递的参数。要运行脚本文件，通常使用 START、@和@@ 3 种方式。

Oracle Enterprise Manager 是基于 Web 界面的管理 Oracle 数据库的主要工具。Oracle Enterprise Manager 是一个基于 Java 的框架系统，该系统集成了多个组件，为用户提供了一个功能强大的图形用户界面。使用 Oracle Enterprise Manager，可以执行创建方案对象（表、视图、索引等）、管理用户安全性、管理数据库内存和存储、备份和恢复数据库、导入和导出数据，以及查看数据库性能和状态信息等工作。

Oracle SQL Developer 是一款能在 Windows 和 Linux 等系统上运行、基于 Oracle 数据库、功能强大、拥有直观导航式界面的图形管理和开发工具，通过该工具的导航树结构可以很容易地搜索到数据库对象。使用 Oracle SQL Developer 可以浏览数据库对象，运行 SQL 语句和脚本，编辑和调试 PL/SQL 语句，数据导出导入，另外还可以创建、执行和保存报表。

## 2.5 习题

**一、选择题**

1. 使用_____可以设置一行的字符总数。

   A. NEWPAGE　　B. PAGESIZE　　C. LINESIZE　　D. FEEDBACK

2. 默认登录到 Oracle Enterprise Manager 的端口号是_____。

   A. 1520　　B. 1158　　C. 1258　　D. 1150

3. 如果以 sys 用户登录 Oracle Enterprise Manager，连接身份必须使用_____。

   A. SYSDBA　　B. SYSMAN　　C. SYSTEM　　D. SYSOPER

4. 首选身份证明目标类型不包含_____。

   A. 数据库实例　　B. 主机　　C. 监听程序　　D. 后台进程

5. _____不能运行存储 SQL 语句和 PL/SQL 块的脚本文件。

   A. START　　B. RUN　　C. @　　D. @@

**二、简答题**

1. 简述 SQL*Plus 具有的功能。
2. 简述 Oracle Enterprise Manager。

PART 3

# 第 3 章 管理 Oracle 环境



## 3.1 配置 Oracle 网络环境

在 Oracle 数据库中，经常使用图形化界面的 Net Manager 和 Oracle Net Configuration Assistant 工具来配置监听程序和本地网络服务名。这两种工具的配置方法差不多，在此只讲述 Oracle Net Configuration Assistant。

### 3.1.1 添加监听程序

监听程序（也称为监听器）是 Oracle 数据库基于服务器端的一种网络服务，主要用于监听客户端向数据库服务器端提出的连接请求，并创建数据库连接。既然是基于服务器端的服务，那么它也只存在于数据库服务器端，进行监听程序的设置也是在数据库服务器端完成的。在 Oracle 服务器端可以配置监听程序，如添加、重新配置、删除和重命名监听程序。默认 Oracle 会自动创建名称为 LISTENER 的监听程序。

按以下步骤在 Oracle 服务器上添加监听程序。

（1）单击【开始】→【所有程序】→【Oracle - OraDb11g_home1】→【配置和移植工具】→【Net Configuration Assistant】，也可以在操作系统命令行中输入命令 netca，打开图 3-1 所示对话框。选择【监听程序配置】单选框，然后单击【下一步】按钮。

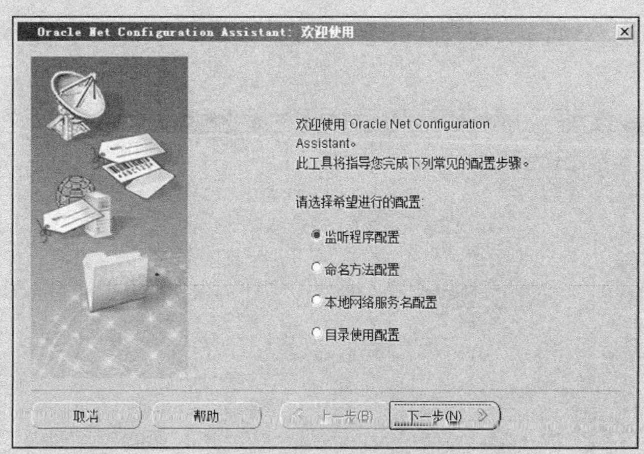


图 3-1 监听程序配置

（2）在图 3-2 所示界面中，对监听程序进行配置，在此选择【添加】单选框，然后单击【下一步】按钮。

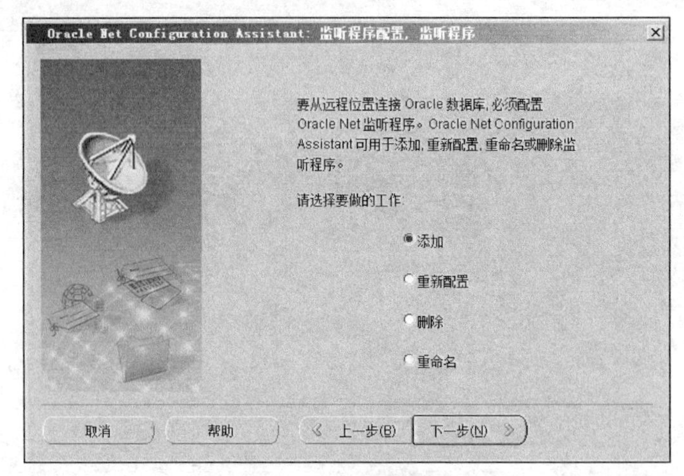


图 3-2　添加监听程序

（3）在图 3-3 所示界面中，指定监听程序的名称，在此指定名称为 LISTENER，然后单击【下一步】按钮。如果监听程序 LISTENER 名称已经存在，则必须要指定其他名称。

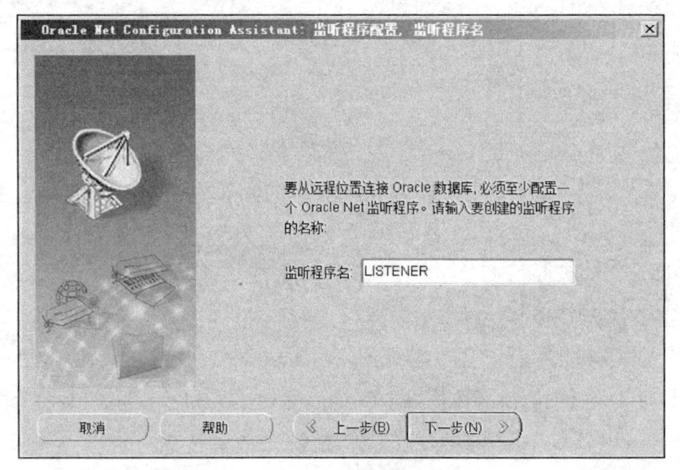


图 3-3　指定监听程序名

（4）在图 3-4 所示界面中，指定监听程序接受连接的协议，这里选择协议为 TCP，然后单击【下一步】按钮。

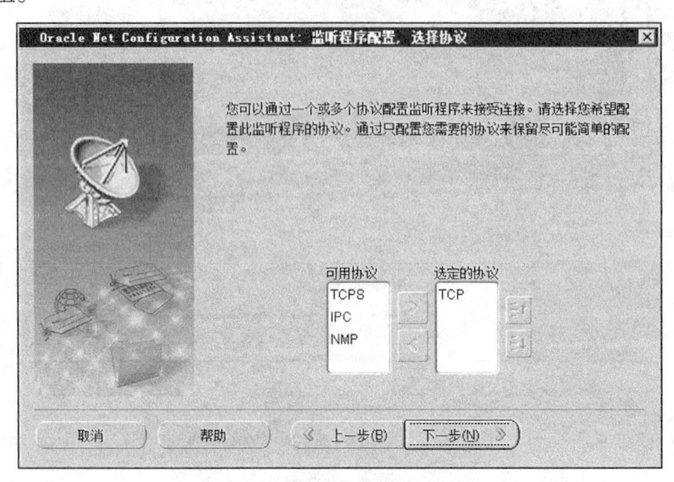


图 3-4　指定监听程序的协议

（5）在图 3-5 所示界面中，指定监听程序使用的 TCP/IP 端口号，在此选择【使用标准端口号 1521】单选框，然后单击【下一步】按钮。如果 1521 端口号不能使用，选择【请使用另一个端口号】单选框，然后在文本框中输入一个端口号。

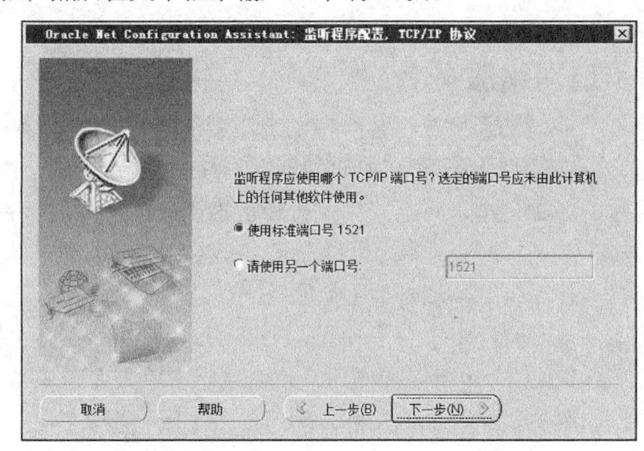


图 3-5　指定监听程序使用的 TCP/IP 端口号

（6）在图 3-6 所示界面中，指定是否要配置另外一个监听程序，在此选择【否】单选框不再配置，然后单击【下一步】按钮。

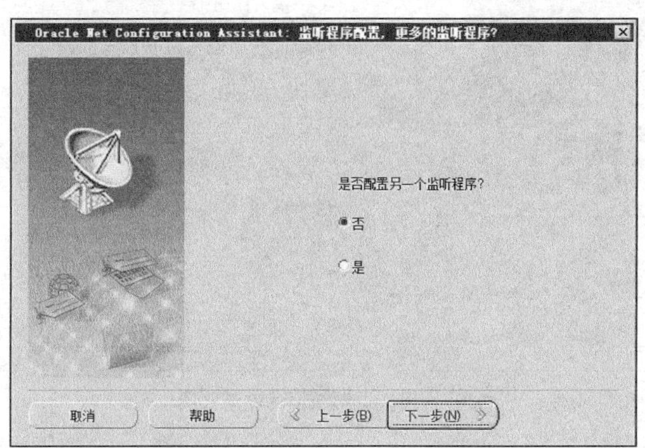


图 3-6　是否配置另一个监听程序

（7）在图 3-7 所示界面中，显示监听程序配置完成，单击【下一步】按钮结束。

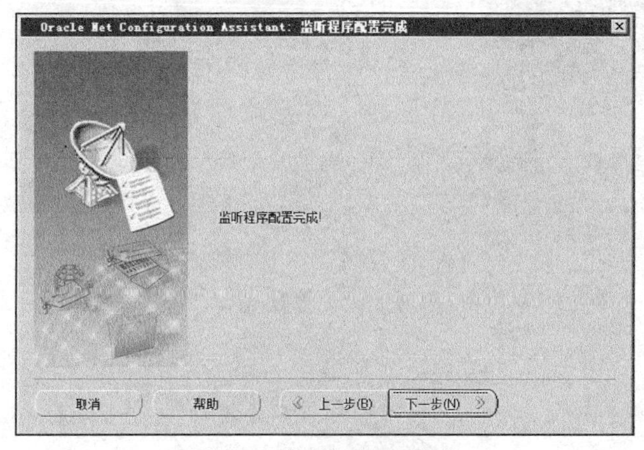


图 3-7　监听程序配置完成

默认监听程序文件名为 C:\app\Administrator\product\11.2.0\dbhome_1\network\admin\listener.ora，可以使用文本编辑器进行查看。

### 3.1.2 添加本地网络服务名

Oracle 客户端与服务器端的连接通过客户端发出连接请求，由服务器端监听器对客户端连接请求进行合法检查，如果连接请求有效，则进行连接，否则拒绝该连接。网络服务名是 Oracle 数据库服务器在客户端的名称，用来将连接标识符解析为连接描述符。当需要连接数据库时，格式为“用户名/密码@网络服务名”。本地网络服务名需要在 Oracle 客户端上配置。

按以下步骤在客户端计算机上添加本地网络服务名。

（1）单击【开始】→【所有程序】→【Oracle - OraDb11g_home1】→【配置和移植工具】→【Net Configuration Assistant】，也可以在操作系统命令行中输入命令 netca，打开图 3-8 所示对话框。选择【本地网络服务名配置】单选框，然后单击【下一步】按钮。

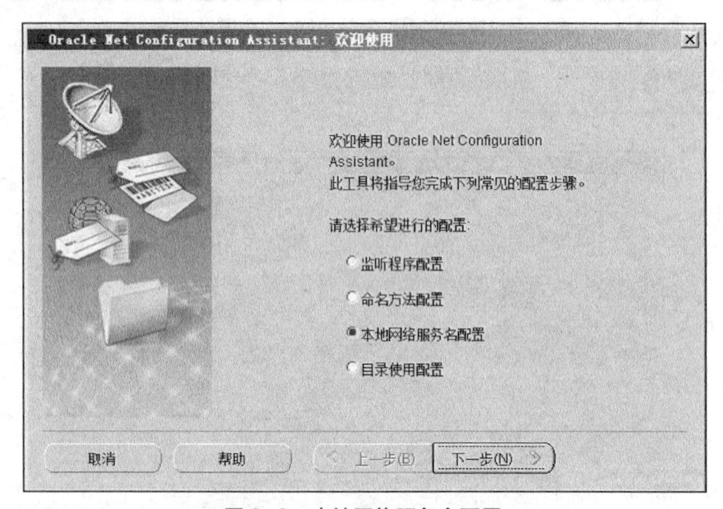


图 3-8 本地网络服务名配置

（2）在图 3-9 所示界面中，选择【添加】单选框，然后单击【下一步】按钮。

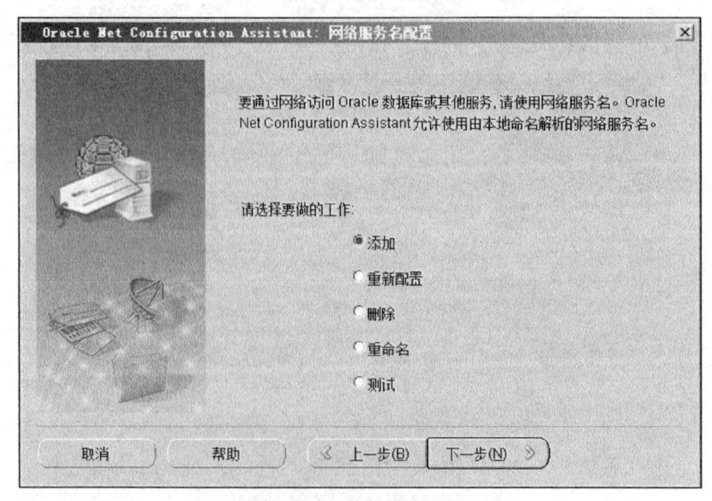


图 3-9 添加网络服务名

（3）在图 3-10 所示界面中，指定服务名为 orcl，然后单击【下一步】按钮。

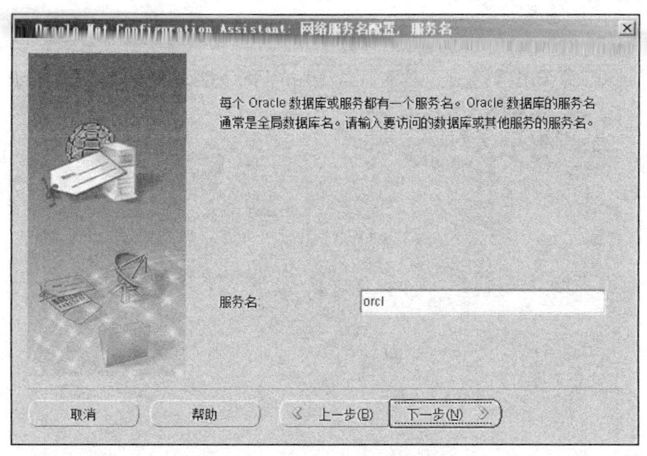


图 3-10　指定网络服务名

（4）在图 3-11 所示界面中，选择用于访问数据库的协议为 TCP，然后单击【下一步】按钮，通过网络与数据库进行通信必须使用协议。

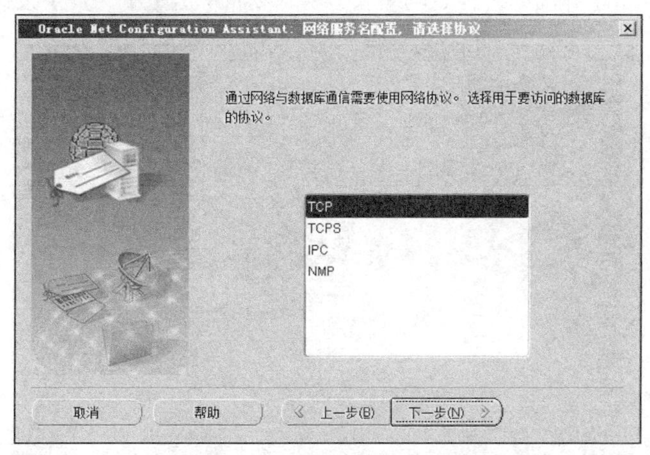


图 3-11　指定要访问数据库的协议

（5）在图 3-12 所示界面中，指定数据库计算机的主机名，当然也可以使用 IP 地址，在此输入 192.168.0.2，接着选择【使用标准端口号 1521】单选框，然后单击【下一步】按钮。

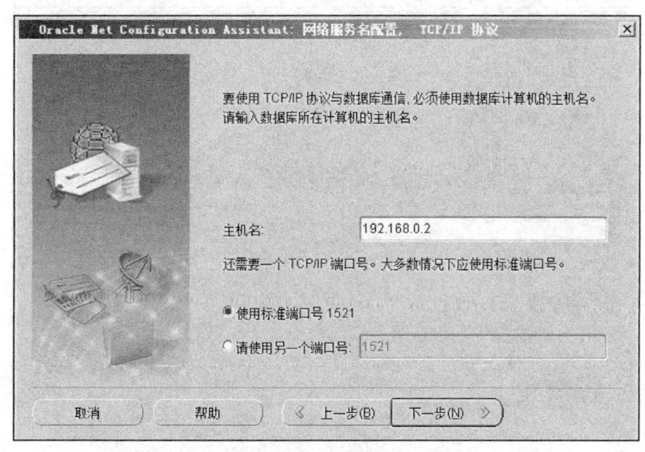


图 3-12　指定数据库计算机的主机名和端口号

（6）在图 3-13 所示界面中，在此选择【不，不进行测试】单选框，然后单击【下一步】按钮。

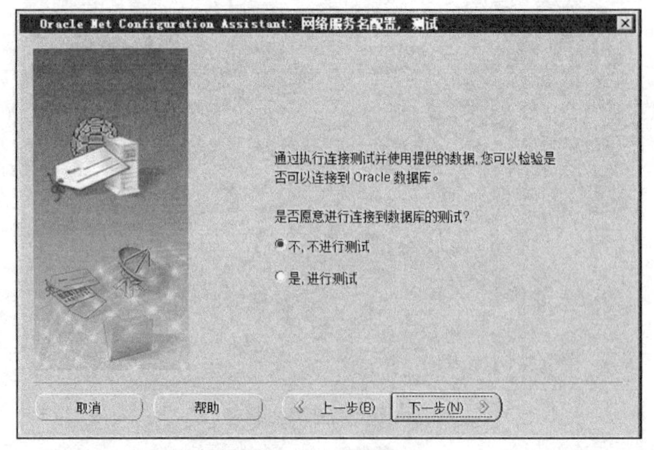


图 3-13　连接测试

（7）在图 3-14 所示界面中，指定网络服务名，然后单击【下一步】按钮。

图 3-14　指定网络服务名

（8）在图 3-15 所示界面中，选择【否】单选框，然后单击【下一步】按钮。

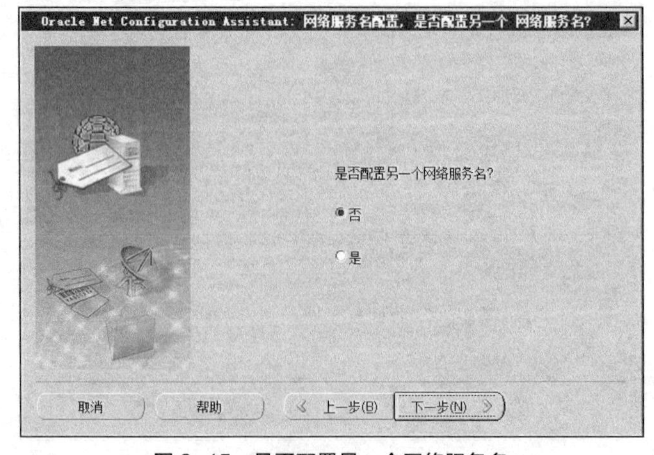


图 3-15　是否配置另一个网络服务名

（9）在图3-16所示界面中，显示网络服务名配置完毕，单击【下一步】按钮结束。

图3-16 网络服务名配置完毕

注 意

默认网络服务名文件名为C:\app\Administrator\product\11.2.0\dbhome_1\network\admin\tnsnames.ora，可以使用文本编辑器进行查看。

### 3.1.3 管理监听程序

lsnrctl命令用来管理监听程序，比如启动监听程序、停止监听程序、查看监听程序状态等。如果管理的是默认的LISTENER监听程序，则无需指定监听程序名称。如果管理LISTENER之外的监听程序，则需要指定监听程序的名称。

语法：

```
lsnrctl [选项] [监听程序名称]
```

表3-1列出了lsnrctl命令各选项的含义。

表3-1 lsnrctl命令选项

| 选项 | 描述 |
|---|---|
| start | 启动监听程序 |
| stop | 停止监听程序 |
| status | 显示监听程序的当前状态 |
| services | 显示监听程序的服务信息 |
| version | 显示监听程序的版本信息 |
| reload | 重新加载参数文件和SID，相当于lsnrctl stop和lsnrctl start |
| save_config | 保存配置更改到listener.ora文件 |
| trace | 设置跟踪的监听级别 |
| change_password | 更改监听程序密码 |
| quit | 退出lsnrctl |

续表

| 选项 | 描述 |
| --- | --- |
| quit | 退出 lsnrctl |
| exit | 退出 lsnrctl |
| set | 设置相应的参数 |
| show | 显示日志文件和其他相关的监听信息 |

**例 3-1**：停止监听程序。

```
c:\>lsnrctl stop

LSNRCTL for 32-bit Windows: Version 11.2.0.1.0 - Production on 18-5 月 -2014 23:5
7:23

Copyright (c) 1991, 2010, Oracle.    All rights reserved.

正在连接到 (DESCRIPTION=(ADDRESS=(PROTOCOL=TCP)(HOST=win2008.sh.com)(PORT=
1521)))
命令执行成功
```

**例 3-2**：启动监听程序。

```
c:\>lsnrctl start

LSNRCTL for 32-bit Windows: Version 11.2.0.1.0 - Production on 18-5 月 -2014 23:58:32

Copyright (c) 1991, 2010, Oracle.    All rights reserved.

启动 tnslsnr: 请稍候...

TNSLSNR for 32-bit Windows: Version 11.2.0.1.0 - Production
系统参数文件为 C:\app\Administrator\product\11.2.0\dbhome_1\network\admin\listener.ora
写入 C:\app\administrator\diag\tnslsnr\win2008\listener\alert\log.xml 的日志信息
监听: (DESCRIPTION=(ADDRESS=(PROTOCOL=tcp)(HOST=win2008.sh.com)(PORT=1521)))
监听: (DESCRIPTION=(ADDRESS=(PROTOCOL=ipc)(PIPENAME=\\.\pipe\EXTPROC1521ipc)))

正在连接到 (DESCRIPTION=(ADDRESS=(PROTOCOL=TCP)(HOST=win2008.sh.com)(PORT=
1521)))
LISTENER 的 STATUS
------------------------
别名                      LISTENER
版本                      TNSLSNR for 32-bit Windows: Version 11.2.0.1.0 - Production
启动日期                  18-5 月 -2014 23:58:35
```

```
正常运行时间                0 天 0 小时 0 分 5 秒
跟踪级别                    off
安全性                      ON: Local OS Authentication
SNMP                        OFF
监听程序参数文件          C:\app\Administrator\product\11.2.0\dbhome_1\network\admin\
                          listener.ora
监听程序日志文件          C:\app\administrator\diag\tnslsnr\win2008\listener\alert\log.xml
监听端点概要...
  (DESCRIPTION=(ADDRESS=(PROTOCOL=tcp)(HOST=win2008.sh.com)(PORT=1521)))
  (DESCRIPTION=(ADDRESS=(PROTOCOL=ipc)(PIPENAME=\\.\pipe\EXTPROC1521ipc)))
服务摘要..
服务"CLRExtProc"包含 1 个实例。
  实例"CLRExtProc", 状态 UNKNOWN, 包含此服务的 1 个处理程序……
命令执行成功
```

**例 3-3**：显示监听程序的当前状态。

```
c:\>lsnrctl status

LSNRCTL for 32-bit Windows: Version 11.2.0.1.0 - Production on 19-5 月 -2014 01:12:10


Copyright (c) 1991, 2010, Oracle.  All rights reserved.

正在连接到 (DESCRIPTION=(ADDRESS=(PROTOCOL=TCP)(HOST=win2008.sh.com)(PORT=
1521)))
LISTENER 的 STATUS
------------------------
别名                        LISTENER
版本                        TNSLSNR for 32-bit Windows: Version 11.2.0.1.0 - Production
启动日期                    18-5 月 -2014 23:58:35
正常运行时间                0 天 1 小时 13 分 36 秒
跟踪级别                    off
安全性                      ON: Local OS Authentication
SNMP                        OFF
监听程序参数文件          C:\app\Administrator\product\11.2.0\dbhome_1\network\admin\
                          listener.ora
监听程序日志文件          C:\app\administrator\diag\tnslsnr\win2008\listener\alert\log.xml
监听端点概要...
  (DESCRIPTION=(ADDRESS=(PROTOCOL=tcp)(HOST=win2008.sh.com)(PORT=1521)))
  (DESCRIPTION=(ADDRESS=(PROTOCOL=ipc)(PIPENAME=\\.\pipe\EXTPROC1521ipc)))
服务摘要..
服务"CLRExtProc"包含 1 个实例。
```

```
    实例“CLRExtProc”，状态 UNKNOWN，包含此服务的 3 个处理程序……
服务“orcl”包含 1 个实例。
    实例“orcl”，状态 READY，包含此服务的 1 个处理程序……
服务“orclXDB”包含 1 个实例。
    实例“orcl”，状态 READY，包含此服务的 1 个处理程序……
命令执行成功
//可以在命令输出中获取监听程序的启动时间、运行时间、参数文件 listener.ora 的位置、日志文件的位置等信息
```

# 3.2 启动数据库

## 3.2.1 启动数据库步骤

在一个典型的 Oracle 使用过程中，通过 STARTUP 命令手动启动一个实例，然后装载并打开数据库，使其能让用户使用。

图 3-17 显示了将数据库的进展从关闭（SHUTDOWN）状态到打开（OPEN）状态的步骤。

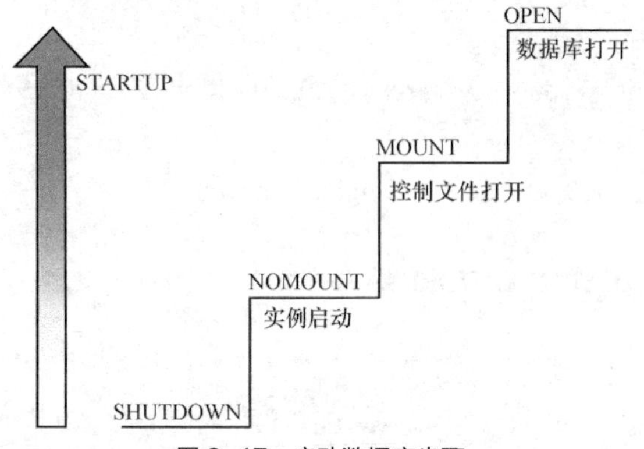


图 3-17 启动数据库步骤

当 Oracle 数据库从 SHUTDOWN 状态进入到 OPEN 状态，需经历以下 3 个模式。

1．NOMOUNT

实例启动但是不装载数据库，尚未与数据库相关联。

2．MOUNT

实例启动，并通过读取数据库的控制文件装载数据库，与数据库相关联。

3．OPEN

实例启动，并通过读取控制文件装载数据库，读取数据文件和联机重做日志文件打开一个相关联的数据库。授权用户可以访问包含在数据文件中的数据。

## 3.2.2 启动数据库选项

使用 STARTUP 命令结合不同选项来启动 Oracle 数据库，从而进入不同的模式中。要启动数据库，必须要拥有 SYSDBA 或 SYSOPER 系统权限。

1．NOMOUNT 选项

使用 NOMOUNT 选项可以启动一个实例，而无需装载和打开数据库，此时将读取参数文件。这将不允许访问数据库，通常只用于创建数据库或重新创建控制文件。

```
SQL> STARTUP NOMOUNT
ORACLE 例程已经启动。

Total System Global Area  431038464 bytes
Fixed Size                  1375088 bytes
Variable Size             318768272 bytes
Database Buffers          104857600 bytes
Redo Buffers                6037504 bytes
```

### 2. MOUNT 选项

使用 MOUNT 选项可以启动实例并装载数据库，但不打开数据库，允许执行特定的维护操作，但一般不允许对数据库进行访问，此时将读取控制文件。

MOUNT 选项启动实例并装载数据库以后，可以执行以下操作。

- 启用和禁用重做日志归档选项。
- 执行完整的数据库恢复。

```
SQL> STARTUP MOUNT
ORACLE 例程已经启动。

Total System Global Area  431038464 bytes
Fixed Size                  1375088 bytes
Variable Size             318768272 bytes
Database Buffers          104857600 bytes
Redo Buffers                6037504 bytes
数据库装载完毕。
```

### 3. OPEN 选项

使用 OPEN 选项可以启动一个实例，并且装载和打开数据库，此时将读取数据文件和联机重做日志文件。此时将允许任何有效用户连接到数据库，然后执行数据访问操作。

```
SQL> STARTUP OPEN
ORACLE 例程已经启动。

Total System Global Area  431038464 bytes
Fixed Size                  1375088 bytes
Variable Size             318768272 bytes
Database Buffers          104857600 bytes
Redo Buffers                6037504 bytes
数据库装载完毕。
数据库已经打开。
```

### 4. FORCE 选项

使用 FORCE 选项可以强制启动一个实例，并且装载和打开数据库。在正常启动数据库实例时遇到问题，可以尝试使用 FORCE 选项。如果一个实例正在运行，使用 FORCE 选项会在重新启动之前使用 ABORT 模式关闭它。在这种情况下，警告日志中显示消息“Shutting down instance (abort)”，其次是“Starting ORACLE instance (normal)。”

不应该强制数据库启动，除非出现以下情况。

- 不能使用 SHUTDOWN NORMAL、SHUTDOWN IMMEDIATE 或 SHUTDOWN TRANSACTIONAL 命令关闭当前实例。
- 启动实例时遇到问题。

```
SQL> STARTUP FORCE
ORACLE 例程已经启动。

Total System Global Area    431038464 bytes
Fixed Size                    1375088 bytes
Variable Size               318768272 bytes
Database Buffers            104857600 bytes
Redo Buffers                  6037504 bytes
数据库装载完毕。
数据库已经打开。
```

### 5．RESTRICT 选项

使用 RESTRICT 选项可以在限制模式下启动一个实例，并选择性地装载并打开一个数据库，此时该实例只提供给管理人员（而不是一般数据库用户）使用。可以结合 MOUNT、NOMOUNT 和 OPEN 模式使用 RESTRICT 选项。

当实例处于限制模式下时，数据库管理员无法通过远程 Oracle 监听程序访问实例，但只能在本地系统上访问实例。

```
SQL> STARTUP RESTRICT
ORACLE 例程已经启动。

Total System Global Area    431038464 bytes
Fixed Size                    1375088 bytes
Variable Size               318768272 bytes
Database Buffers            104857600 bytes
Redo Buffers                  6037504 bytes
数据库装载完毕。
数据库已经打开。
```

### 6．PFILE 选项

使用 PFILE 选项在启动数据库时将读取文本初始化参数文件。在不指定 PFILE 时，读取默认路径下的服务器参数文件。如果没有找到默认路径下的服务器参数文件，将读取默认路径下的文本初始化参数文件。如果还没有找到，数据库启动会失败。

```
SQL> STARTUP PFILE='c:\initorcl'
ORACLE 例程已经启动。

Total System Global Area    431038464 bytes
Fixed Size                    1375088 bytes
```

```
Variable Size             318768272 bytes
Database Buffers          104857600 bytes
Redo Buffers                6037504 bytes
数据库装载完毕。
数据库已经打开。
```

注 意

需要预先存在文件初始化参数文件 c:\initorcl。

### 3.2.3 转换数据库启动模式

在执行数据库管理和维护工作时，需要转换数据库启动模式。ALTER DATABASE 语句用于转换数据库启动模式，在数据库的不同启动模式之间进行切换，如从 NOMOUNT 模式切换到 MOUNT 模式，从 MOUNT 模式切换到 OPEN 模式。要转换数据库启动模式，必须要拥有 ALTER DATABASE 系统权限。

以下情况必须指定 RESETLOGS。

- 使用备份控制文件进行不完全介质恢复或介质恢复以后。
- 执行 OPEN RESETLOGS 操作之后没有完成。
- FLASHBACK DATABASE 操作以后。

语法：

```
ALTER DATABASE
  { MOUNT | OPEN { [ READ WRITE ] [ RESETLOGS | NORESETLOGS ] | READ ONLY } };
```

表 3-2 列出了 ALTER DATABASE 语句各参数的描述信息。

表 3-2 ALTER DATABASE 语句参数

| 参数 | 描述 |
| --- | --- |
| MOUNT | 装载数据库 |
| OPEN | 使得数据库可以正常使用。必须装载数据库，然后才能打开数据库。如果只指定 OPEN，没有任何其他的关键字，那么默认就是 OPEN READ WRITE NORESETLOGS |
| OPEN READ WRITE | 以读写模式打开数据库，允许用户生成重做日志 |
| OPEN READ ONLY | 以只读模式打开数据库，防止它们产生重做日志 |
| RESETLOGS | Oracle 数据库重置当前日志序列号为 1，归档任何未存档日志（包括当前日志），并丢弃所有重做信息，不在恢复过程中应用，确保它永远不会被应用 |
| NORESETLOGS | Oracle 数据库不重置当前日志序列号为 1 |

**例 3-4**：转换 Oracle 启动模式。

```
SQL> STARTUP NOMOUNT
ORACLE 例程已经启动。
```

```
Total System Global Area    431038464 bytes
Fixed Size                    1375088 bytes
Variable Size               327156880 bytes
Database Buffers             96468992 bytes
Redo Buffers                  6037504 bytes
SQL> ALTER DATABASE MOUNT;

数据库已更改。
//装载 Oracle 数据库
SQL> ALTER DATABASE OPEN;

数据库已更改。
//以默认方式打开数据库
```

**例 3-5**：以只读模式打开数据库。

```
SQL> ALTER DATABASE OPEN READ ONLY;
```

**例 3-6**：以读写模式打开数据库。

```
SQL> ALTER DATABASE OPEN READ WRITE;
```

# 3.3 关闭数据库

## 3.3.1 关闭数据库步骤

在一个典型的 Oracle 使用过程中，可以使用 SHUTDOWN 命令手动关闭数据库。

图 3-18 显示了将数据库从打开（OPEN）状态到关闭（SHUTDOWN）状态的步骤。

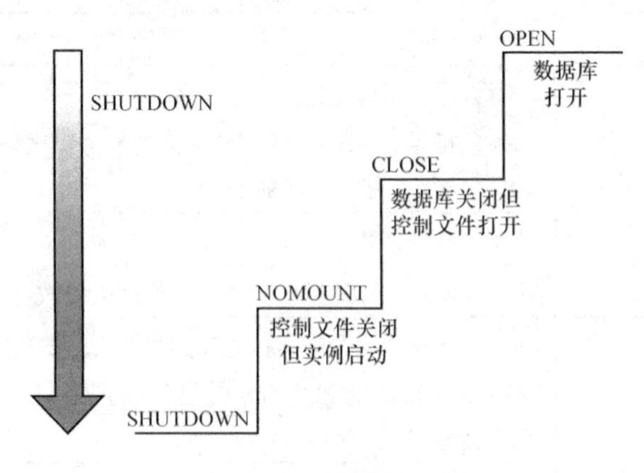


图 3-18 关闭数据库步骤

在实例出现故障或 SHUTDOWN ABORT 命令中，Oracle 数据库不经过前面所有步骤中的一个，并立即终止实例。

当关闭一个打开的数据库时，Oracle 数据库自动执行以下步骤。

**1．数据库关闭（CLOSE）**

数据库是装载的，但是联机数据文件和重做日志文件是关闭的。

**2．数据库卸载（NOMOUNT）**

实例是启动的，但是不再与数据库的控制文件关联。

**3．数据库实例关闭（SHUTDOWN）**

数据库实例不再启动。

### 3.3.2 关闭数据库选项

使用 SHUTDOWN 命令结合不同选项来关闭 Oracle 数据库，从而进入到不同的模式中。要关闭数据库，必须要拥有 SYSDBA 或 SYSOPER 系统权限。

表 3-3 总结了不同 SHUTDOWN 关闭选项下的数据库行为。

表 3-3 SHUTDOWN 关闭选项

| 数据库行为 | ABORT | IMMEDIATE | TRANSACTIONAL | NORMAL |
|---|---|---|---|---|
| 允许新用户连接 | No | No | No | No |
| 等待直到当前会话结束 | No | No | No | Yes |
| 等待直到当前事务结束 | No | No | Yes | Yes |
| 执行一个检查点并关闭打开的文件 | No | Yes | Yes | Yes |

**1．NORMAL 选项**

NORMAL 选项是默认的数据库关闭方法，数据库在下一次启动时将不需要任何实例的恢复过程。也可以在执行 SHUTDOWN 命令时不带 NORMAL 选项。

以 NORMAL 选项关闭数据库时会发生以下情况。

- 发出命令之后不允许新的连接。
- 在数据库关闭之前，数据库会等待所有当前连接的用户与数据库断开连接。

```
SQL> SHUTDOWN NORMAL
数据库已经关闭。
已经卸载数据库。
ORACLE 例程已经关闭。
```

**2．TRANSACTIONAL 选项**

使用 TRANSACTIONAL 选项结束当前事物，防止客户端失去工作。数据库下次启动时将不需要任何实例恢复过程。

以 TRANSACTIONAL 选项关闭数据库时会发生以下情况。

- 发出命令之后不允许新的连接，也不允许启动新的事务。
- 当所有事物已经完成之后，仍连接到该实例的任何客户端将断开连接。
- 其他 SHUTDOWN IMMEDIATE 语句发生的情况。

```
SQL> SHUTDOWN TRANSACTIONAL
数据库已经关闭。
已经卸载数据库。
ORACLE 例程已经关闭。
```

3．IMMEDIATE 选项

只有在以下情况下使用 IMMEDIATE 选项关闭数据库。

- 要启动一个自动化和无人值守备份。
- 当电源关闭即将发生时。
- 当数据库或一个应用程序运行不正常，不能与用户联系，要求他们注销或他们无法注销。

以 IMMEDIATE 选项关闭数据库时会发生以下情况。

- 发出命令之后不允许新的连接，也不允许启动新的事务。
- 任何未提交的事务将被回滚。
- Oracle 数据库不等待用户当前数据库连接断开。数据库隐式回滚活动的事务，并断开所有连接的用户。

```
SQL> SHUTDOWN IMMEDIATE
数据库已经关闭。
已经卸载数据库。
ORACLE 例程已经关闭。
```

4．ABORT 选项

使用 ABORT 选项可以通过中止数据库实例立即关闭数据库。如果可能的话，只在以下情况下执行 ABORT 选项。

- 必须立即关闭数据库（如知道要在一分钟内发生停电）。
- 在关闭数据库实例时遇到问题。

以 ABORT 选项关闭数据库时会发生以下情况。

- 发出命令之后不允许新的连接，也不允许启动新的事务。
- 通过 Oracle 数据库，正在处理的当前客户端的 SQL 语句会立即终止。
- 未提交的事务不会回滚。
- Oracle 数据库不等待断开用户当前连接到数据库的连接。数据库隐式断开所有连接的用户。

```
SQL> SHUTDOWN ABORT
ORACLE 例程已经关闭。
```

## 3.4 使用 OEM 启动和关闭数据库

以 sys 用户登录 Oracle Enterprise Manager 页面以后，可以非常方便地启动和关闭数据库。

### 3.4.1 使用 OEM 关闭数据库

使用 Oracle Enterprise Manager 按以下步骤关闭数据库。

（1）登录 Oracle Enterprise Manager 页面后，在图 3-19 所示的【主目录】页面中，单击【关闭】按钮。

（2）在图 3-20 所示页面中，指定主机身份证明和数据库身份证明，如果数据库身份验证使用 sys 用户，则必须指定连接身份为 SYSDBA，然后单击【确定】按钮。

（3）在图 3-21 所示页面中，单击【是】按钮确认关闭数据库。

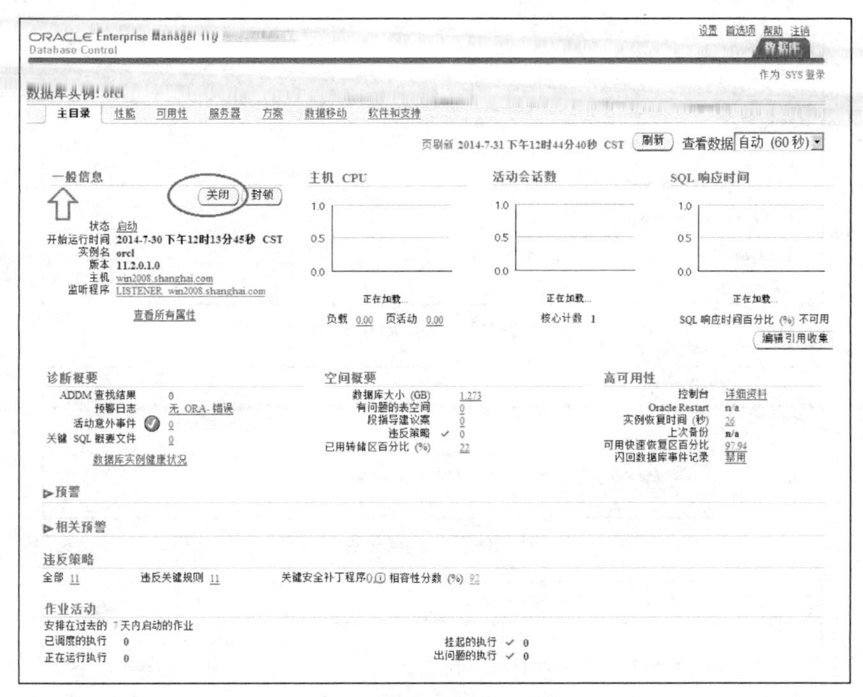

图 3-19 【主目录】页面

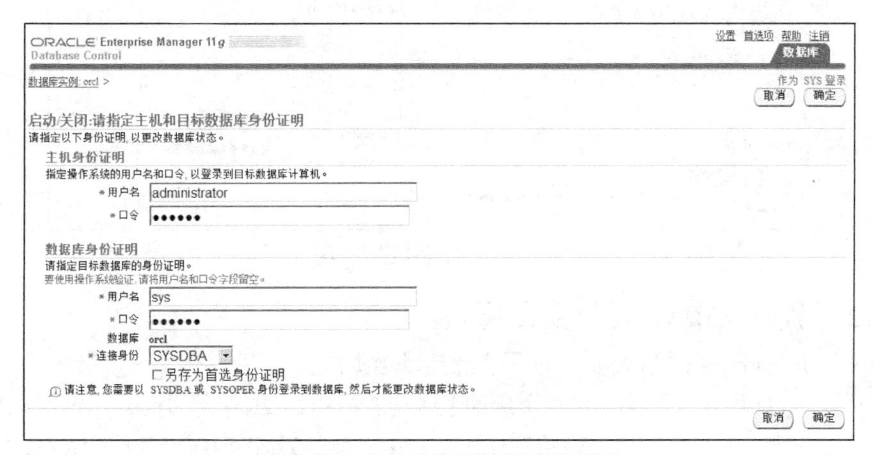

图 3-20 指定主机和数据库身份证明

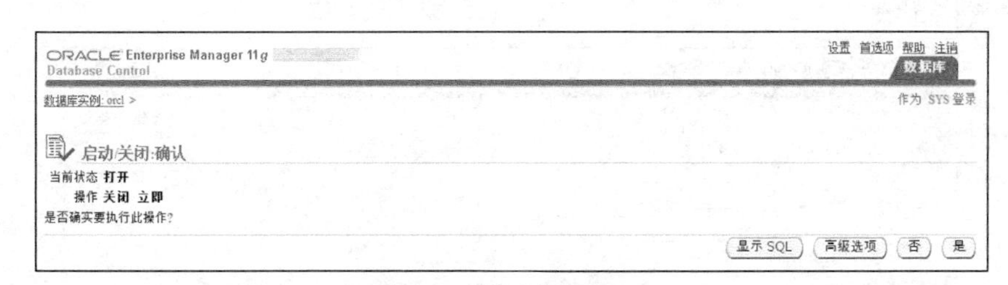

图 3-21 确认关闭数据库

（4）如果需要指定高级关闭选项，则单击图 3-21 中的【高级选项】按钮，打开图 3-22 所示页面，指定关闭方式，选择【立即】单选框，然后单击【确定】按钮。

（5）在图 3-23 所示页面中，显示当前正在关闭数据库。

（6）在图 3-24 所示页面中，显示数据库实例的状态为关闭。

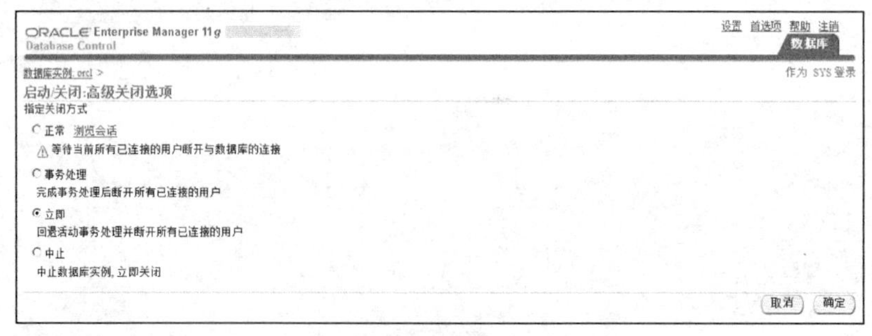


图 3-22　高级关闭选项

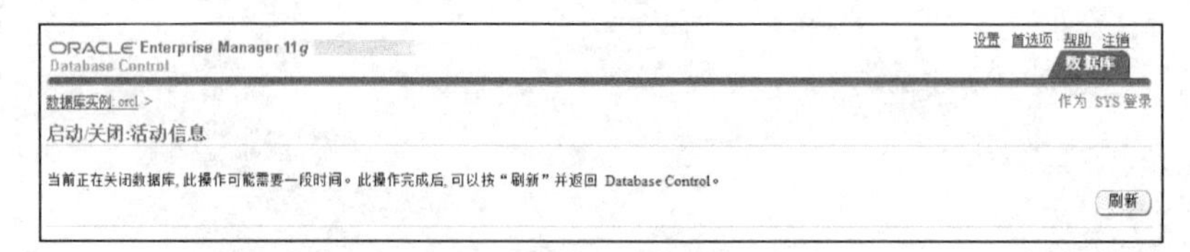


图 3-23　活动信息

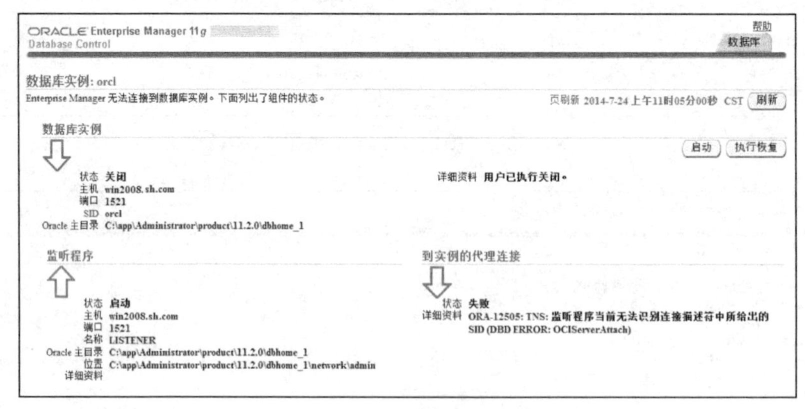


图 3-24　数据库已经关闭

## 3.4.2　使用 OEM 启动数据库

使用 Oracle Enterprise Manager 按以下步骤启动数据库。

（1）在图 3-24 所示页面中，单击【启动】按钮。在图 3-25 所示页面，指定主机身份证明和数据库身份证明，如果数据库身份验证使用 sys 用户，则必须指定连接身份为 SYSDBA，然后单击【确定】按钮。

图 3-25　指定主机和数据库身份证明

（2）在图 3-26 所示页面中，单击【是】按钮确认启动数据库。

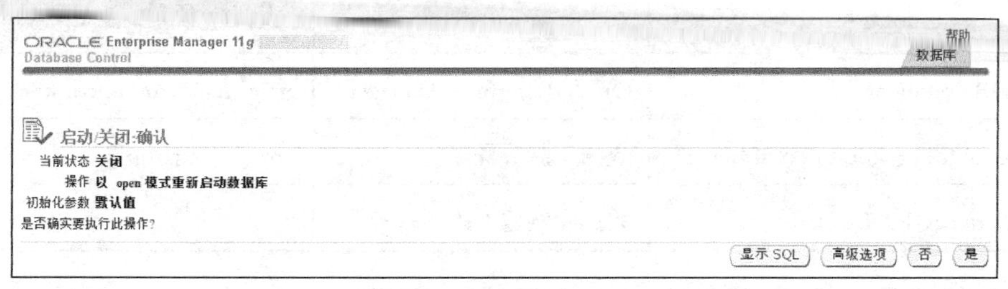


图 3-26 确认启动数据库

（3）如果需要指定高级启动选项，则单击图 3-27 所示界面【高级选项】按钮，指定启动模式、初始化参数和其他启动选项。在此选择【打开数据库】单选框，然后单击【确定】按钮。

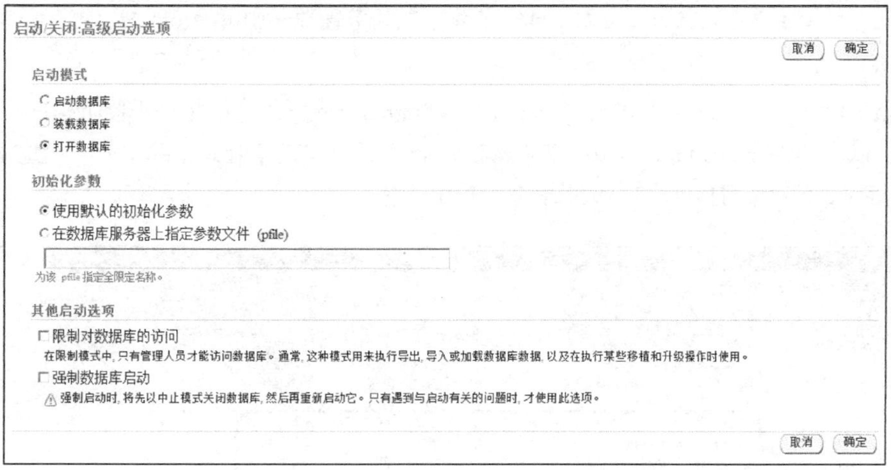

启动/关闭:高级启动选项

取消 确定

启动模式

○ 启动数据库

○ 装载数据库

◉ 打开数据库

初始化参数

◉ 使用默认的初始化参数

○ 在数据库服务器上指定参数文件 (pfile)

为该 pfile 指定全限定名称。

其他启动选项

□ 限制对数据库的访问

在限制模式中，只有管理人员才能访问数据库。通常，这种模式用来执行导出，导入或加载数据库数据，以及在执行某些移植和升级操作时使用。

□ 强制数据库启动

⚠ 强制启动时，将先以中止模式关闭数据库，然后再重新启动它。只有遇到与启动有关的问题时，才使用此选项。

取消 确定

图 3-27 高级启动选项

（4）在图 3-28 所示页面中，显示正在进行数据库启动。

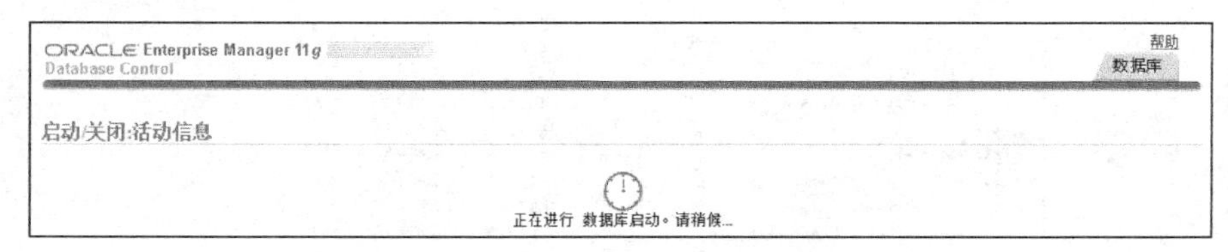


图 3-28 正在进行数据库启动

## 3.5 使用【服务】工具管理 Oracle 服务

在 Windows 操作系统中，Oracle 将数据库的启动过程写入到注册表中，并将其设置成自动启动方式，当 Windows 系统启动的时候也会启动这些服务，当 Windows 系统关闭的时候也会关闭这些服务。所以一般不需要单独启动数据库。在 Windows 系统中，可以使用系统自带的【服务】工具来启动或停止 Oracle 服务。

表 3-4 列出了 Windows 操作系统中常用的 Oracle 服务。

表 3-4　　常用 Oracle 服务

| 服务名 | 描述 | 类似命令（操作系统中执行） |
| --- | --- | --- |
| OracleDBConsoleorcl | Oracle Enterprise Manager | emctl start\|stop dbconsole |
| OracleOraDb11g_home1TNSListener | 数据库监听程序 | lsnrctl start\|stop |
| OracleServiceORCL | 数据库例程（数据库实例） | |

在启动这些服务时，建议先启动 OracleOraDb11g_home1TNSListener，接着启动 OracleService-ORCL，最后启动 OracleDBConsoleorcl。在停止这些服务时，建议先停止 OracleDBConsoleorcl，接着停止 OracleServiceORCL，最后停止 OracleOraDb11g_home1TNSListener。

注　意

停止 OracleServiceORCL 服务之后，在任务管理器中就没有了 oracle.exe 进程。启动 OracleServiceORCL 服务之后，在任务管理器中就有 oracle.exe 进程。

按以下步骤停止 OracleOraDb11g_home1TNSListener 服务（也就是停止监听程序）。

（1）以系统管理员 administrator 登录 Windows 系统。单击【开始】→【所有程序】→【管理工具】→【服务】，打开图 3-29 所示【服务】控制台。

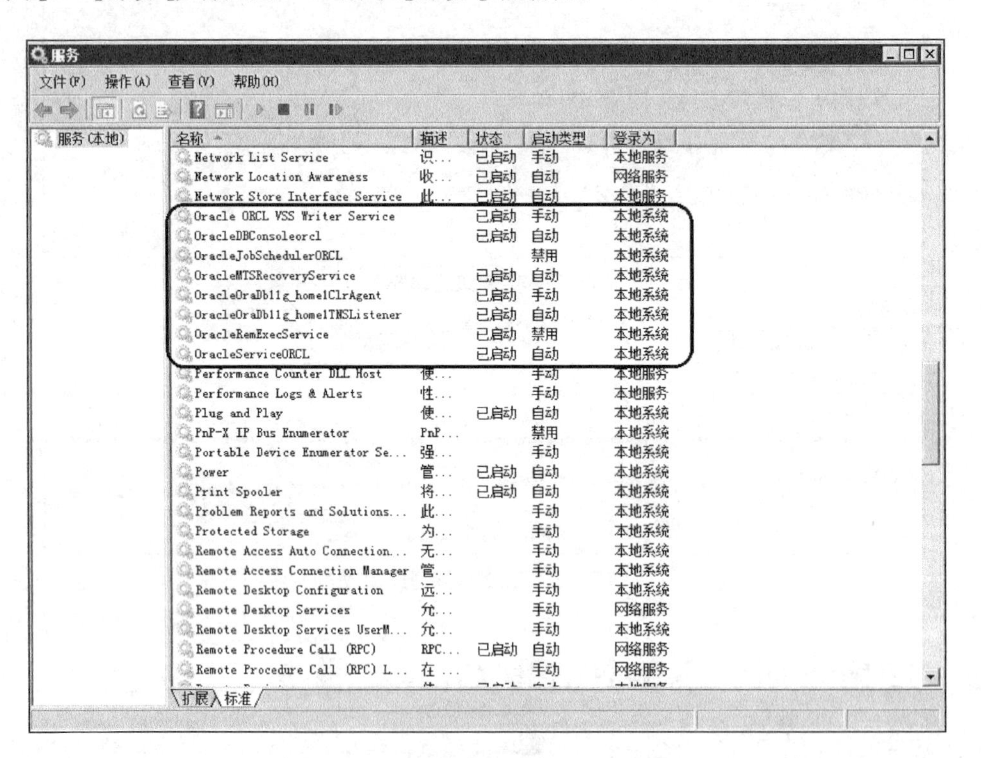


图 3-29　服务

（2）双击 OracleOraDb11g_home1TNSListener 服务，打开图 3-30 所示界面，单击【停止】按钮。

（3）如图 3-31 所示，界面显示正在停止服务。

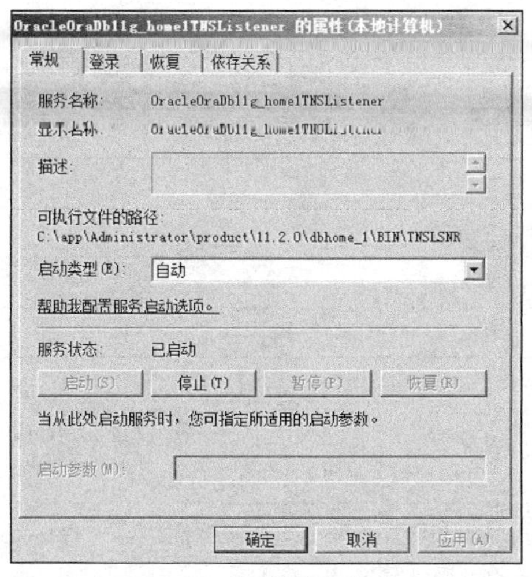


图 3-30　服务的属性

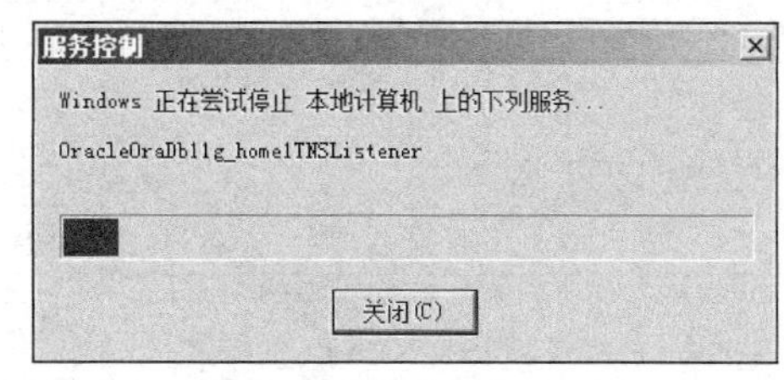


图 3-31　停止服务

## 3.6　初始化参数

### 3.6.1　初始化参数简介

初始化参数是影响实例的基本操作的配置参数。实例在启动时从文件中读取初始化参数。Oracle 数据库提供了许多初始化参数，在不同的环境中优化其操作。只有少数参数必须被明确设置，因为在大多数情况下默认值就足够了。

初始化参数分为两组：基本参数和高级参数。在大多数情况下，只有约 30 个基本参数必须设置和调整，以获得合理的性能。比如数据库名、控制文件的位置、数据库块大小和 UNDO 表空间等是基本参数。在极少数情况下，可能需要修改高级参数以获得最佳性能。高级参数由专家 DBA 修改来适应 Oracle 数据库的性能，以满足独特的需求。对于不包含在参数文件中的相关的初始化参数，Oracle 数据库提供默认值。

在 Oracle 11g 数据库中，总共将近有几百个初始化参数，常用初始化参数如表 3-5 所示。

表 3-5　常用初始化参数

| 参数 | 描述 |
| --- | --- |
| DB_NAME | 指定数据库标识符（数据库名称），最多 8 个字符 |
| DB_DOMAIN | 数据库域名，用于区分同名的数据库。在分布式数据库系统中，指定网络结构内的数据库的逻辑位置 |
| DB_UNIQUE_NAME | 指定数据库全局唯一名称，最多 30 个字符 |
| GLOBAL_NAME | 对于数据库的唯一标识，Oracle 建议使用这种方法命名数据库。该值是在创建数据库时决定的，缺省值为 DB_NAME. DB_DOMAIN。对参数文件中 DB_NAME 和 DB_DOMAIN 参数的任何修改都不会影响 GLOBAL_NAME 的值。如果要修改 GLOBAL_NAME，只能用 ALTER DATABASE RENAME GLOBAL_NAME TO <DB_NAME. DB_DOMAIN>命令进行修改，然后修改相应参数 |

续表

| 参数 | 描述 |
| --- | --- |
| INSTANCE_NAME | 实例名称 |
| SERVICE_NAMES | 服务名 |
| LOG_ARCHIVE_STAR | 启用自动归档进程 |
| LOG_ARCHIVE_DEST | 归档日志文件存储目录 |
| LOG_ARCHIVE_FORMAT | 归档日志文件的默认文件存储格式 |
| LOG_ARCHIVE_DEST_n | 定义多达 31 个（其中，$n$=1，2，3，…，31）不同的归档日志文件存储目录。通过设置关键词 LOCATION 或 SERVICE，指向的路径可以是本地或远程的 |
| LOG_ARCHIVE_DEST_STATE_n | 指定 LOG_ARCHIVE_DEST_n 设置的相应的归档日志文件存储目录的可用性状态 |
| LOG_ARCHIVE_MAX_PROCESSES | 自动归档进程的数量 |
| LOG_ARCHIVE_MIN_SUCCEED_DEST | 指定归档到本地位置的最小成功次数。当设置该参数之后，只有归档到本地位置个数达到该参数值时，重做日志才能被覆盖 |
| LOG_CHECKPOINT_INTERVAL | 指定两次检查点之间重做日志块数，当重做日志块数量达到设定值时将触发检查点 |
| LOG_CHECKPOINT_TIMEOUT | 检查点频率的时间间隔，将该值设置成 0 时将禁用该参数 |
| LOCAL_LISTENER | 指定解析到 Oracle Net 本地监听的地址或地址列表的网络名称。地址或地址列表从 tnsnames.ora 文件或其他地址资源库中指定 |
| DB_BLOCK_SIZE | 指定标准 Oracle 数据块的大小，单位为字节 |
| DB_nk_CACHE_SIZE | 非标准数据块 nK 缓冲区大小 |
| DB_CACHE_SIZE | 标准数据块 DEFAULT 缓冲区大小 |
| MEMORY_MAX_TARGET | 指定可以设置 MEMORY_TARGET 初始化参数的最大值 |
| MEMORY_TARGET | 指定 Oracle 系统范围的可用内存 |
| SGA_MAX_SIZE | 指定 SGA 的最大值 |
| SGA_TARGET | 指定所有 SGA 组件的总大小 |
| PGA_AGGREGATE_TARGET | 指定所有服务器进程的目标总 PGA 内存 |
| LOG_BUFFER | 日志缓冲区大小 |
| SHARED_POOL_SIZE | 共享池大小 |
| SORT_AREA_SIZE | 排序区大小 |
| LARGE_POOL_SIZE | 大池大小 |
| JAVA_POOL_SIZE | Java 池大小 |
| STREAMS_POOL_SIZE | 流池大小 |
| LICENSE_MAX_SESSIONS | 数据库可以连接的最大会话数 |
| LICENSE_MAX_USERS | 数据库支持的最大用户数量 |
| USER_DUMP_DEST | 用户跟踪文件的存储目录 |

续表

| 参数 | 描述 |
| --- | --- |
| BACKGROUND_DUMP_DEST | 后台进程跟踪文件的存储目录 |
| CORE_DUMP_DEST | 指定 Oracle 核心转储文件的存储目录，支持在 UNIX/Linux 系统上使用 |
| SQL_TRACE | 设置 SQL 跟踪 |
| AUDIT_TRAIL | 启用数据库审计功能 |
| CONTROL_FILES | 指定控制文件的名称。如果有多个控制文件，使用逗号隔开 |
| SHARED_SERVERS | 指定实例启动时要创建的服务器进程的数量 |
| REMOTE_LISTENER | 指定解析 Oracle Net 远程监听程序的地址或地址列表的网络名称 |
| DB_CREATE_FILE_DEST | 指定 Oracle 管理数据文件的默认位置 |
| DB_CREATE_ONLINE_LOG_DEST_n | 指定 Oracle 管理控制文件和联机重做日志的默认位置 |
| UNDO_MANAGEMENT | 指定 UNDO 表空间管理方式 |
| UNDO_TABLESPACE | 指定当实例启动时使用的 UNDO 表空间。如果省略该参数，选择在数据库中的第一个可用的 UNDO 表空间 |
| UNDO_RETENTION | 指定 UNDO 保留的最低阈值，单位为秒 |
| ROLLBACK_SEGMENTS | 按名称分配到这个实例的一个或多个回滚段 |
| OPEN_CURSORS | 指定打开游标的最大数量 |
| PROCESSES | 指定可以同时连接到 Oracle 的操作系统用户进程的最大数量 |
| DB_RECOVERY_FILE_DEST | 指定快速恢复区的默认位置。快速恢复区包含当前的控制文件和联机重做日志，以及归档重做日志、闪回日志和 RMAN 备份。如果不同时指定 DB_RECOVERY_FILE_DEST_SIZE 初始化参数，指定此参数是不允许的 |
| DB_RECOVERY_FILE_SIZE | 指定在快速恢复区中使用目标数据库创建恢复文件的总空间硬限制，单位为字节 |
| DB_WRITER_PROCESSES | 为实例指定数据库写进程（DBWn）的初始数量 |
| COMPATIBLE | 指定 Oracle 版本 |
| REMOTE_LOGIN_PASSWORDFILE | 指定 Oracle 是否检查密码文件，可以指定以下值。<br>➢ shared：一个或多个数据库可以使用密码文件。密码文件可以包含 SYS 以及非 SYS 用户<br>➢ exclusive：密码文件只能被一个数据库使用。密码文件可以包含 SYS 以及非 SYS 用户<br>➢ none：省略任何密码文件。因此，特权用户必须通过操作系统进行身份验证 |
| NLS_LANGUAGE | 指定数据库的默认语言 |
| NLS_TERRITORY | 指定日期和货币等本地化参数的现实格式 |
| NLS_DATE_FORMAT | 指定 TO_CHAR 和 TO_DATE 函数使用的默认日期格式 |
| DISPATCHERS | 在共享服务器体系结构中配置调度程序进程 |

续表

| 参数 | 描述 |
| --- | --- |
| MAX_DISPATCHERS | 指定允许同时运行的调度进程的最大数目 |
| SESSIONS | 指定可以在系统中创建的会话的最大数目 |
| AUDIT_FILE_DEST | 指定审计文件存储目录 |
| FAST_START_MTTR_TARGET | 指定数据库需要执行单一实例崩溃恢复的时间，单位为秒 |
| DB_KEEP_CACHE_SIZE | 指定 KEEP 缓冲池的大小 |
| DB_RECYCLE_CACHE_SIZE | 指定 RECYCLE 缓冲池的大小 |
| DB_FLASH_CACHE_SIZE | 指定数据库闪存高速缓存（flash cache）的大小。这个参数只能在实例启动时指定。将此参数更改为 0 时，将禁用闪存高速缓存 |
| DB_FLASHBACK_RETENTION_TARGET | 指定数据库可以被闪回的时间上限，单位为分钟，默认值为 1440 分钟（一天） |
| CONTROL_FILE_RECORD_KEEP_TIME | 控制文件里可重复使用的记录所能保存的最小天数。如果设置为 0，那么控制文件可以重复使用的部分将永远不会扩展 |

### 3.6.2 查看初始化参数

要查看初始化参数，最常使用 SHOW PARAMETERS 命令和 V$PARAMETER 动态性能视图。

**1．SHOW PARAMETER 命令**

使用 SHOW PARAMETER 命令可以显示一个或多个初始化参数的当前值。不带 parameter_name 将显示所有的初始化参数。

语法：

```
SHOW PARAMETERS [parameter_name]
```

**例 3-7**：查看参数 db_name。

```
SQL> SHOW PARAMETER db_name;

NAME                                 TYPE        VALUE
------------------------------------ ----------- ------------------------------
db_name                              string      orcl
```

**2．V$PARAMETER 动态性能视图**

V$PARAMETER 动态性能视图显示目前在实际会话中的初始化参数的信息，该动态性能视图各列的描述如表 3-6 所示。

表 3-6 V$PARAMETER 动态性能视图

| 列名 | 描述 |
| --- | --- |
| NUM | 参数号 |
| NAME | 参数名称 |

续表

| 列名 | 描述 |
| --- | --- |
| TYPE | 参数类型：<br>➢ 布尔值<br>➢ 字符串<br>➢ 整数<br>➢ 参数文件<br>➢ 保留<br>➢ 大整数 |
| VALUE | 会话参数值 |
| DISPLAY_VALUE | 以用户友好的格式显示参数值。比如 VALUE 列显示值为 262144，那么 DISPLAY_VALUE 列将显示值为 256K |
| ISDEFAULT | 指示参数是否被设置为默认值（TRUE）或者被设置为指定参数文件中的参数值（FALSE） |
| ISSES_MODIFIABLE | 指示参数是否可以使用 ALTER SESSION 命令进行更改 |
| ISSYS_MODIFIABLE | 指示参数是否可以通过 ALTER SYSTEM 命令进行更改，并在更改后生效。<br>➢ IMMEDIATE：参数可以使用 ALTER SYSTEM 命令进行更改，更改会立即生效<br>➢ DEFERRED：参数可以通过 ALTER SYSTEM 命令进行更改，更改在以后的会话中生效<br>➢ FALSE：参数不能使用 ALTER SYSTEM 命令进行更改 |
| ISINSTANCE_MODIFIABLE | 表示参数值在每个实例下可以是不同的，FALSE 表示所有实例必须具有相同的值。如果 ISSYS_MODIFIABLE 列为 FALSE，则此列始终为 FALSE |
| ISMODIFIED | 指示实例启动后参数是否进行了修改。<br>➢ MODIFIED：参数通过 ALTER SESSION 已被修改<br>➢ SYSTEM_MOD：参数通过 ALTER SYSTEM 已被修改<br>➢ FALSE：实例启动后参数没有被修改 |
| ISADJUSTED | 指示是否调整输入值到一个更合适的值 |
| ISDEPRECATED | 指示参数是否已经被弃用了 |
| ISBASIC | 指示参数是否是一个基本参数 |
| DESCRIPTION | 参数描述 |
| UPDATE_COMMENT | 最近的相关更新注释 |
| HASH | 参数名称的哈希值 |

**例 3-8**：查看初始化参数 db_name。

```
SQL> COLUMN NAME FORMAT A10
SQL> COLUMN VALUE FORMAT A20
SQL>    SELECT NAME,VALUE,ISDEFAULT,ISSES_MODIFIABLE,
```

```
  2  ISSYS_MODIFIABLE,ISMODIFIED
  3  FROM V$PARAMETER
  4  WHERE NAME='db_name';

NAME       VALUE                ISDEFAULT ISSES ISSYS_MOD ISMODIFIED
---------- -------------------- --------- ----- --------- ----------
db_name    orcl                 FALSE     FALSE FALSE     FALSE
```

## 3.7 参数文件

要启动数据库实例，Oracle 数据库必须读取任何一个服务器参数文件（SPFILE）或文本初始化参数文件（PFILE），这些文件包含配置参数列表。要手动创建数据库时，必须使用参数文件启动一个实例，然后才能发出 CREATE DATABASE 命令。因此，即使数据库本身不存在，实例和参数文件也可以存在。

### 3.7.1 服务器参数文件

服务器参数文件是一个由 Oracle 数据库管理的初始化参数的资源库。服务器参数文件无需为客户端应用程序维护多个文本初始化参数文件。服务器参数文件最初是使用 CREATE SPFILE 语句从一个文本初始化参数文件中创建的，也可以通过 DBCA（数据库配置助手）直接创建。

服务器参数文件持久修改各个参数。当使用服务器参数文件时，可以在 ALTER SYSTEMSET 语句中指定新的参数值。传统的纯文本参数文件不需要持久地修改参数值。

服务器参数文件具有以下主要特点。

- 只有一个服务器参数文件存在于数据库中，此文件必须驻留在数据库主机上。
- 服务器参数文件只能由 Oracle 数据库写入和读取，而不是由客户端应用程序。
- 服务器参数文件是二进制文件，不能使用文本编辑器来修改。
- 存储在服务器参数文件中的初始化参数是持久的。

### 3.7.2 文本初始化参数文件

文本初始化参数文件是一个包含初始化参数列表的文本文件。这种参数文件类型是一个传统的执行参数文件。

文本初始化参数文件具有以下主要特点。

- 当启动或关闭数据库时，文本初始化参数文件必须驻留在相同主机上，客户端应用程序连接到数据库上。
- 文本初始化参数文件是基于文本的文件，不是二进制文件。
- Oracle 数据库可以读取但不能写入文本初始化参数文件。要更改参数值，则必须使用文本编辑器手动更改文件。
- 通过 ALTER SYSTEM 命令来为当前实例更改初始化参数值。更改以后必须手动更新文本初始化参数文件并重新启动实例。

文本初始化参数文件包含一系列 key=value 对，每行一个。以下是一个文本初始化参数文件（PFILE）的示例内容。

```
ORACLE_BASE='C:\app\Administrator'
DB_NAME=orcl
```

```
DB_BLOCK_SIZE=8192
CONTROL_FILES='C:\app\Administrator\oradata\orcl\control01.ctl','C:\app\Administrator\flash_recovery_area\orcl\control02.ctl'
MEMORY_TARGET=428867584
COMPATIBLE='11.2.0.0.0'
UNDO_TABLESPACE=UNDOTBS1
OPEN_CURSORS=300
PROCESSES=150
REMOTE_LOGIN_PASSWORDFILE=EXCLUSIVE
AUDIT_FILE_DEST='C:\app\Administrator\admin\orcl\adump'
AUDIT_TRAIL=db
DB_ RECOVERY_FILE_DEST ='C:\app\Administrator\flash_recovery_area'
DB_RECOVERY_FILE_DEST_SIZE=4039114752
NLS_LANGUAGE='SIMPLIFIED CHINESE'
NLS_TERRITORY='CHINA'
```

## 3.8 修改初始化参数

可以在系统级或会话级修改初始化参数。系统级参数影响数据库和所有会话，会话级参数只影响当前用户会话。比如 MEMORY_TARGET 是一个系统级参数，而 NLS_DATE_FORMAT 是一个会话级参数。

### 3.8.1 修改系统级初始化参数

ALTER SYSTEM 语句用于修改系统级初始化参数。

语法：

```
ALTER SYSTEM
  SET parameter_name=parameter_value [, parameter_value ]...
  { SCOPE = { MEMORY | SPFILE | BOTH } };
```

表 3-7 列出了 ALTER SYSTEM 语句各参数的描述信息。

表 3-7　　ALTER SYSTEM 语句参数

| 参数 | 描述 |
| --- | --- |
| MEMORY | 表示只在内存中更改，然后设置将立即生效，并一直持续到数据库关闭 |
| SPFILE | 表示只在服务器参数文件（SPFILE）中更改，新的设置在数据库下一次关闭并再次启动后生效 |
| BOTH | 表示同时在内存和服务器参数文件中更改，新设置将立即生效，在数据库关闭并再次启动后持续生效 |

**例 3-9**：只在服务器参数文件（SPFILE）中修改 SESSIONS 参数。

```
SQL> ALTER SYSTEM SET SESSIONS=300 SCOPE=SPFILE;

系统已更改。
```

**例 3-10**：修改 OPEN_CURSORS 参数（默认为 SPFILE）。

```
SQL> ALTER SYSTEM SET OPEN_CURSORS=350;

系统已更改。
```

**例 3-11**：只在内存中修改 OPEN_CURSORS 参数。

```
SQL> ALTER SYSTEM SET OPEN_CURSORS=350 SCOPE=MEMORY;

系统已更改。
```

**例 3-12**：同时在内存和服务器参数文件中修改 OPEN_CURSORS 参数。

```
SQL> ALTER SYSTEM SET OPEN_CURSORS=350 SCOPE=BOTH;

系统已更改。
```

### 3.8.2 修改会话级初始化参数

ALTER SESSION 语句用于修改会话级初始化参数。

语法：

```
ALTER SESSION
  SET { { parameter_name = parameter_value }...};
```

**例 3-13**：在会话级修改 NLS_DATE_FORMAT 初始化参数。

```
SQL> ALTER SESSION SET NLS_DATE_FORMAT='YYYY MM DD HH24:MI:SS';

会话已更改。
```

## 3.9 创建参数文件

### 3.9.1 创建文本初始化参数文件

CREATE PFILE 语句用于导出二进制服务器参数文件或当前内存中的参数设置到一个文本初始化参数文件（PFILE）。创建文本参数文件可以方便地获得正在使用的数据库中的当前参数设置列表，它可以轻松地在文本编辑器中编辑文件，然后使用 CREATE SPFILE 语句转换回服务器参数文件。

在成功执行 CREATE PFILE 语句之后，Oracle 数据库在服务器上创建一个文本初始化参数文件。必须要拥有 SYSDBA 或 SYSOPER 角色才能执行此语句。可以在实例启动之前或之后执行 CREATE PFILE 语句。

语法：

```
CREATE PFILE [= 'pfile_name' ]
  FROM { SPFILE [= 'spfile_name'] | MEMORY };
```

表 3–8 列出了 CREATE PFILE 语句各参数的描述信息。

表 3-8　　CREATE PFILE 语句参数

| 参数 | 描述 |
|---|---|
| MEMORY | 使用当前系统范围的参数设置创建 pfile 文件 |

**例 3-14**：使用 SPFILE 创建文本初始化参数文件。

```
SQL> CREATE PFILE FROM SPFILE;

文件已创建。
```

**例 3-15**：使用 SPFILE 创建文本初始化参数文件 c:\initorcl。

```
SQL> CREATE PFILE='c:\initorcl' FROM SPFILE;

文件已创建。
```

**例 3-16**：使用当前系统范围的参数设置创建文本初始化参数文件。

```
SQL> CREATE PFILE FROM MEMORY;

文件已创建。
```

### 3.9.2 创建服务器参数文件

使用 CREATE SPFILE 语句，可以从传统的纯文本初始化参数文件或从当前系统范围的设置来创建服务器参数文件（SPFILE）。必须要拥有 SYSDBA 或 SYSOPER 系统权限才能执行 CREATE SPFILE 语句。可以在实例启动之前或之后执行该语句。如果已经使用 spfile_name 启动了一个实例，不能在此语句中指定相同的 spfile_name。

语法：

```
CREATE SPFILE [= 'spfile_name' ]
  FROM { PFILE [= 'pfile_name' ] | MEMORY };
```

表 3-9 列出了 CREATE SPFILE 语句各参数的描述信息。

表 3-9 CREATE SPFILE 语句参数

| 参数 | 描述 |
| --- | --- |
| MEMORY | 使用当前系统范围的参数设置来创建一个 SPFILE 文件 |

**例 3-17**：使用 PFILE 创建默认服务器参数文件。

```
SQL> CREATE SPFILE FROM PFILE;

文件已创建。
```

**例 3-18**：使用 PFILE 创建服务器参数文件 c:\spfileorcl。

```
SQL> CREATE SPFILE='c:\spfileorcl' FROM PFILE;

文件已创建。
```

**例 3-19**：使用当前系统范围的参数设置创建服务器参数文件。

```
SQL> CREATE SPFILE='c:\spfileorcl' FROM MEMORY;

文件已创建。
```

## 3.10 小结

监听程序主要用于监听客户端向数据库服务器端提出的连接请求，并创建数据库连接，它只存在于数据库服务器端，进行监听程序的设置也是在数据库服务器端完成的。默认 Oracle 会自动创建名称为“LISTENER”的监听程序。网络服务名是 Oracle 数据库服务器在客户端的名称，用来将连接标识符解析为连接描述符。本地网络服务名需要在 Oracle 客户端上配置。lsnrctl 命令用来管理监听程序，比如启动监听程序、停止监听程序、查看监听程序状态等。

Oracle 数据库从 SHUTDOWN 状态进入到 OPEN 状态，共经历 NOMOUNT、MOUNT 和 OPEN 3 个模式。使用 STARTUP 命令结合 NOMOUNT、MOUNT、OPEN、FORCE、RESTRICT 和 PFILE 选项来启动 Oracle 数据库，从而进入到不同的模式中。

ALTER DATABASE 语句用于转换数据库启动模式，在数据库的不同启动模式之间进行切换，如从 NOMOUNT 模式切换到 MOUNT 模式，从 MOUNT 模式切换到 OPEN 模式。

当关闭一个打开的数据库时，Oracle 数据库自动执行数据库关闭（CLOSE）、数据库卸载（NOMOUNT）和数据库实例关闭（SHUTDOWN）步骤。

以 sys 用户登录 Oracle Enterprise Manager 页面以后，可以非常方便地启动和关闭数据库。

在 Windows 系统中，可以使用系统自带的【服务】工具来启动或停止 Oracle 服务，如 OracleOraDb11g_home1TNSListener、OracleServiceORCL 和 OracleDBConsoleorcl。

初始化参数是影响实例的基本操作的配置参数。实例在启动时从文件中读取初始化参数。Oracle 数据库提供了许多初始化参数，在不同的环境中优化其操作。要查看初始化参数，最常使用 SHOW PARAMETERS 命令和 V$PARAMETER 动态性能视图。

要启动数据库实例，Oracle 数据库必须读取任何一个服务器参数文件或文本初始化参数文件，这些文件包含配置参数列表。

可以在系统级或会话级修改初始化参数。系统级参数影响数据库和所有会话，会话级参数只影响当前用户会话。ALTER SYSTEM 语句用于修改系统级初始化参数。ALTER SESSION 语句用于修改会话级初始化参数。

CREATE PFILE 语句用于导出二进制服务器参数文件或当前内存中的参数设置到一个文本初始化参数文件。使用 CREATE SPFILE 语句，可以从传统的纯文本初始化参数文件或从当前系统范围的设置来创建服务器参数文件。

## 3.11 习题

**一、选择题**

1. Oracle 监听程序的默认名称是______。

   A. tnsnames.ora　　B. orapworcl　　C. listener.ora　　D. sqlnet.ora

2. 指定实例名称的初始化参数是______。

   A. DB_NAME　　B. INSTANCE_NAME

   C. SERVICE_NAMES　　D. DB_UNIQUE_NAME

3. ______不是 Oracle 实例启动模式。

   A. NOMOUNT　　B. MOUNT

   C. OPEN　　D. ARCHIVELOG

4. 启动实例，装载数据库，但是不打开数据库，此时 Oracle 处于______状态。

A. NOMOUNT　　B. MOUNT

C. OPEN　　D. SHUTDOWN

## 二、简答题

1. 简述监听程序的作用。
2. 简述 Oracle 数据库关闭选项。
3. 简述文本初始化参数文件和服务器参数文件的区别。

PART 4

# 第 4 章 Oracle 体系结构

## 4.1 内存结构

Oracle 服务器由 Oracle 实例和 Oracle 数据库两部分组成。而 Oracle 实例又由后台进程和共享内存组成，所以 Oracle 的结构又包含了内存结构和进程结构；而 Oracle 数据库由物理文件和逻辑结构组成，所以 Oracle 结构也包含了物理存储结构和逻辑存储结构。

Oracle 内存结构是由 SGA 和 PGA 两大部分组成的。要设置内存结构的总大小可以通过修改 MEMORY_TARGET 初始化参数来实现，但是 MEMORY_TARGET 初始化参数的值不能大于 MEMORY_MAX_TARGET 初始化参数。

### 4.1.1 系统全局区

系统全局区（System Global Area，SGA）是一块容量较大的共享的内存结构，包含一个 Oracle 实例的数据或控制信息，可以被 Oracle 服务器进程和后台进程所共享使用。当 Oracle 实例启动时，SGA 的内存会被自动分配。当 Oracle 实例关闭时，SGA 的内存会被回收。

因为 Oracle 11G 中使用自动共享内存管理（Automatic Shared Memory Management，ASMM），可以自动调整 SGA 中各内存组件的大小。只需要设置 SGA_TARGET 初始化参数，则其他组件就能够根据 Oracle 的负载和历史信息自动地调整各个部分的大小。SGA_TARGET 初始化参数的值不能大于 SGA_MAX_SIZE 初始化参数。

SGA 结构如图 4-1 所示。

**1．数据库缓冲区高速缓存**

数据库缓冲区高速缓存（Database Buffer Cache）也称为缓冲区高速缓存（Buffer Cache），是由许多小缓冲区组成的，其主要作用是缓存最近访问的数据块信息，Oracle 数据库中对数据的所有修改操作都是在该内存中进行的。数据库的所有操作都必须先将物理文件上的数据块读取到数据库缓冲区高速缓存中，然后才能进行各种操作。数据库缓冲区高速缓存的大小可以通过 DB_CACHE_SIZE 初始化参数来进行设置。

Oracle 11G 还提供了可以设置多种数据块大小（2、4、8、16 或 32）的数据库缓冲区高速缓存，以便存储不同数据块大小的表空间中的对象。使用 DB_nk_CACHE_SIZE 初始化参数来指定不同数据块大小的数据库缓冲区高速缓存，这里的 *n* 就是 2、4、8、16 或 32。创建数据库时，使用 DB_BLOCK_SIZE 初始化参数指定默认的标准数据块尺寸，标准数据块尺寸用于 SYSTEM 表空间。然后可以指定最多 4 个不同的、非标准数据块尺寸的表空间。每种数据块尺寸的表空间必须对应一种不同尺寸的数据库缓冲区高速缓存，否则不能创建不同数据块尺寸的表空间。

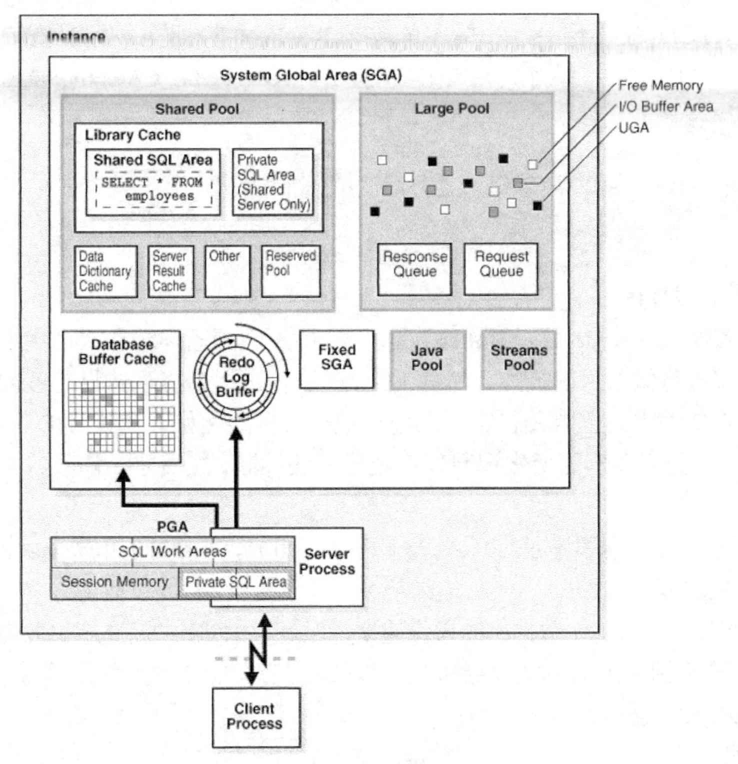


图 4-1 SGA 结构

（1）缓冲区状态

数据库使用内部算法在数据库缓冲区高速缓存中管理缓冲区。

缓冲区可以是以下任何一种状态。

➢ 未使用（Unused）：表示缓冲区从未被使用或当前未使用，缓冲区可供使用。这种类型的缓冲区是数据库中最容易使用的。

➢ 干净（Clean）：表示块中包含的数据是干净的，所以它并不需要被执行检查点，数据库可以固定该块并重用它。

➢ 脏（Dirty）：表示缓冲区包含还没有被写入磁盘文件的修改数据。

（2）缓冲池

缓冲池是缓冲区的集合，可以在数据库缓冲区高速缓存中配置多个缓冲池，以便实现在数据库缓冲区高速缓存中保留数据，或使数据缓冲区在其中的数据块被使用后可以立即写入新数据。用户可以指定方案对象使用相应的缓冲池。

数据库缓冲区高速缓存可以分为以下 3 种缓冲池。

➢ DEFAULT 池（Default Pool）：它是一个必须要存在的缓冲池，池中存储的是没有被指定使用其他缓冲池的方案对象的数据，以及被显式地指定使用 DEFAULT 池的方案对象的数据。如果不是人为设置初始化参数，Oracle 将默认使用 DEFAULT 池。用于配置 DEFAULT 池大小的初始化参数为 DB_CACHE_SIZE。

➢ KEEP 池（Keep Pool）：它是一个可选缓冲池，用于保存那些经常被访问的对象，主要目的是将方案对象的数据一直保留在内存中，从而避免 I/O 操作。用于配置 KEEP 池大小的初始化参数为 DB_KEEP_CACHE_SIZE。

➢ RECYCLE 池（Recycle Pool）：它是一个可选缓冲池，用于存储不常使用的大表，将随时清除存储在 RECYCLE 池中不再被用户需要的数据。RECYCLE 池防止对象在缓存中占用不必要的空间。用于配置 RECYCLE 池大小的初始化参数为 DB_RECYCLE_CACHE_SIZE。

注　意

KEEP 池和 RECYCLE 池只能使用标准块大小。

**2．重做日志缓冲区**

重做日志缓冲区（Redo Log Buffer）是一个 SGA 中的循环缓冲区，用于按顺序存储对数据库所做更改的重做条目的描述，然后 LGWR 后台进程会将重做日志缓冲区中的记录写到联机重做日志文件中。重做日志缓冲区用于记载实例的变化，在执行 DDL 或 DML 语句时，服务器进程首先将事物的变化记载到重做日志缓冲区，然后才会修改数据库缓冲区高速缓存。

重做日志缓冲区由许多重做记录（Redo Record）组成，并且每条重做记录记载了被修改数据块的位置以及变换后的数据。

重作日志缓冲区可以加快数据库的操作速度，但是考虑到数据库的一致性与可恢复性，数据在重做日志缓冲区中的滞留时间不会很长。重做日志缓冲区的大小可以通过 LOG_BUFFER 初始化参数来进行设置。

**3．共享池**

共享池（Shared Pool）是 SGA 中最重要的内存区域，主要用于提高 SQL 和 PL/SQL 语句的执行效率，包括执行计划及运行 SQL 语句的语法分析树。在第二次运行相同的 SQL 语句时，可以利用共享池中可用的语法分析信息来加快执行速度。共享池的大小可以通过 SHARED_POOL_SIZE 初始化参数来进行设置。

共享池通过 LRU（最近最少使用）算法来进行管理。当共享池存满时，将从库缓存中删除 LRU 的执行路径和语法分析树，以便为新的条目腾出空间。如果共享池太小，SQL 语句将被连续不断地再装入库缓存，从而影响操作性能。

共享池的结构如图 4-2 所示。

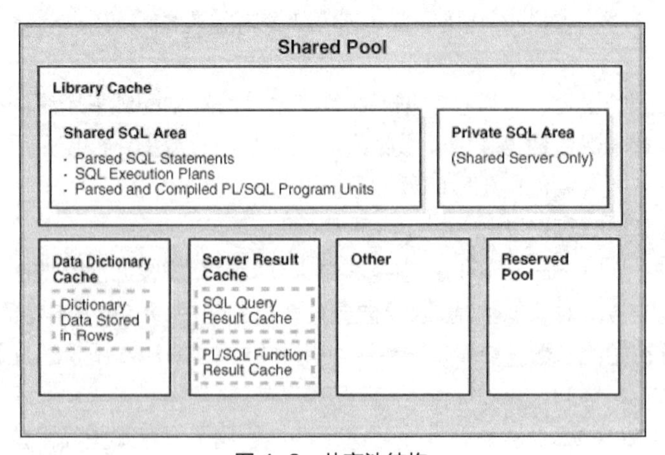


图 4-2　共享池结构

（1）库缓存

库缓存（Library Cache）用于存储最近执行的 SQL 和 PL/SQL 语句的信息，包括 SQL 语句文本、解析代码值和执行计划，以及PL/SQL语句的代码块、执行码等。当用户提交一个SQL语句时，Oracle会将这条SQL语句进行分析，会耗费比较多的时间。在分析完这个SQL语句以后，Oracle会把分析结果保存在共享池的库缓存中，当数据库第二次执行该SQL语句时，Oracle自动跳过这个分析过程，从而减少了系统运行的时间。

库缓存是存储可执行的 SQL 和 PL/SQL 代码共享池的内存结构，包含共享 SQL 和PL/SQL区以及控制结构，比如锁和库缓存处理。在共享服务器体系结构中，库缓存中还包含专用SQL区。

（2）数据字典缓存

数据字典缓存（Data Dictionary Cache）用于存储在编译SQL和PL/SQL语句时参照的数据字典的信息，其大小是动态变化的，不是固定的。在语法分析阶段，服务器进程会在数据字典中查找用于对象解析和验证访问的信息。将数据字典信息高速缓存到内存中，可以缩短数据查询和DML操作的响应时间。

（3）服务器结果缓存

服务器结果缓存（Server Result Cache）用来保存结果集，而不是数据块。服务器结果缓存包含SQL查询结果缓存和PL/SQL函数结果缓存，它们共享相同的架构。

（4）保留池

保留池（Reserved Pool）用来保留一部分内存空间以备需要时使用。通常情况下，Oracle会将大的内存请求分割成小的内存块来满足需求。而对于大的内存且为连续的内存空间请求，如果在共享池中未找到，则会动用共享池中的保留池。共享池在内存压力的情况下，也会使用保留池中的部分。保留池部分能更高效地满足较大的内存需求。默认情况下，Oracle会配置较小的保留池，这部分可以用于PL/SQL、触发器编译或用于装载Java对象的临时空间。这些分配出去的内存一旦释放后将返回给保留池。

保留池大小不能超过共享池的 50%，一般情况下建议为共享池的 5%~10%。保留池的大小可以通过SHARED_POOL_RESERVED_SIZE初始化参数来进行设置。

**4．大池**

大池（Large Pool）是一个可选的内存池，供一次性大量的内存分配使用，为共享SQL分配会话内存，数据库避免了因收缩共享SQL缓存的性能开销。通过为RMAN操作、I/O服务器进程、并行缓冲区分配内存，大池比共享池更好地满足大内存要求。

大池的主要作用是分担共享池的一部分工作。某些情况（如RMAN备份恢复）如果没有分配大池，则会从共享池中分配内存，这样会增加共享池的负担。大池的大小可以通过LARGE_POOL_SIZE初始化参数来进行设置。与共享池相同，大型池不使用LRU列表管理其中内存的分配与回收。

**5．Java池**

Java池（Java Pool）是用于存储所有特定于会话的Java代码和Java虚拟机（JVM）内数据的内存区域。Java池的大小可以通过JAVA_POOL_SIZE初始化参数来进行设置。

**6．流池**

流池（Streams Pool）存储缓冲队列消息，并为Oracle流捕获进程和应用进程提供内存。流池是数据库在流工作时使用的内存区域，为Oracle流专用。除非特别配置，流池的大小从零开始。所要求的Oracle流池的大小动态地增长。流池的大小可以通过STREAMS_POOL_SIZE初始化参数来进行设置。

### 4.1.2 程序全局区

程序全局区（Program Global Area，PGA）是一个用于存储服务器进程的数据和控制信息的内存区域，当用户连接到 Oracle 服务器时，Oracle 服务器会为每个服务器进程分配相应的 PGA。一个 PGA 也只能被拥有它的服务器进程所访问，只有这个进程中的 Oracle 代码才能读写它。要设置 PGA 的总大小可以通过修改 PGA_AGGREGATE_TARGET 初始化参数来实现。

PGA 主要包含排序区、会话区、堆栈区和游标区 4 个部分，以此完成用户进程和数据库之间的会话。

**1．排序区**

当用户需要对某些数据进行排序时，首先会将需要排序的数据保存到 PGA 中的排序区内，然后再在排序区内对这些数据进行排序。如果需要排序的数据有 4MB，那么排序区内必须至少要有 2MB 的空间来容纳这些数据。然后排序过程中又需要有 4MB 的空间来保存排序后的数据。由于 Oracle 从内存中读取数据比从硬盘中读取数据的速度要快很多倍，因此如果这个数据排序与读取的操作都能够在内存中完成，无疑可以在很大程度上提高数据库排序和访问的性能。在数据库管理中，如果发现用户的很多操作都需要用到排序，那么设置一个比较大的排序区，可以提高用户访问数据的效率。

在 Oracle 数据库中，排序区主要用来存放排序操作产生的临时数据，排序区的大小占据 PGA 的大部分空间，这是影响 PGA 大小的主要因素。在小型数据库应用中，可以直接采用其默认的值。但是在一些大型的数据库应用中，或者需要进行大量记录排序操作的数据库系统中，可以手工调整排序区的大小，以提高排序的性能。如果需要调整排序区大小，可以通过修改 SORT_AREA_SIZE 初始化参数来实现。

**2．会话区**

会话区内保存了连接会话所具有的权限、角色和性能统计等信息，大部分情况下用户不需要维护会话区，可以让 Oracle 自动进行维护。当用户进程与数据库建立会话时，Oracle 会将这个用户的相关权限查询出来，然后保存在会话区内。用户进程在访问数据时，Oracle 就会核对会话区内的用户权限信息，查看其是否具有相关的访问权限。由于 Oracle 将这个用户的权限信息存放在内存上，所以其核对用户权限的速度非常快。Oracle 不用再从硬盘中读取数据，而直接从内存中读取，而从内存读取数据的效率要比硬盘快很多。

**3．游标区**

游标区是一个动态的区域，当用户执行游标语句时，Oracle 会在程序缓存区中为其分配游标区。当关闭游标时，这个区域就会被释放。创建和释放这个区域需要占用一定的系统资源，花费一定的时间。如果频繁地打开和关闭游标，就会降低语句的执行性能。游标用来完成一些比较特殊的功能，采用游标的语句要比其他语句的执行效率低一点。

在 Oracle 数据库中，还可以通过限制游标的数量来提高数据库的性能，如在 Oracle 中设置 OPEN_CURSORS 初始化参数，控制用户能够同时打开游标的数目。在确实需要游标的情况下，如果硬件资源能够支持，那么就需要放宽这个限制。这可以避免用户进程频繁地打开和关闭游标。因为频繁地打开和关闭游标对游标的操作是不利的，会影响数据库的性能。

**4．堆栈区**

为了提高 SQL 语句的重用性，会在语句中使用绑定变量，使得 SQL 语句可以接受用户传入的变量。从而用户只需要输入不同的变量值，就可以满足不同的查询需求，如现在用户需要查询所有员工的信息，然后又要查询所有工龄在 3 年以上的员工，此时其实他们采用的是同一个 SQL 语句，只是传递给系统的变量不同而已。这可以在很大程度上降低数据库开发的工作量。这个变量在 Oracle 数据库中就叫做绑定变量。利用绑定变量可以加强与用户的互动性。另外在这个堆栈区内还保存着会话变量、SQL 语句运行时的内存结构等重要的信息。

通常情况下，堆栈区和会话区一样，都可以让 Oracle 根据实际情况来进行自动分配，而不需要用户进行维护。当这个用户会话结束时，Oracle 会自动释放堆栈区所占用的空间。

## 4.2 进程结构

Oracle 进程主要由用户进程、服务器进程和后台进程组成。用户进程通过监听器来访问 Oracle 实例，触发生成一个服务器进程，用来处理该用户进程的请求进程。后台进程主要用来对 Oracle 数据库进行各种维护和操作。

### 4.2.1 用户进程

用户进程运行于客户端，将用户的 SQL 语句传递给服务器进程，是一个需要与 Oracle 服务器进行交互的程序。用户进程向 Oracle 服务器发出调用，但它并不与 Oracle 服务器直接交互，而是通过服务器进程与 Oracle 服务器进行交互。

当用户运行一个 Oracle 工具或应用程序（如 SQL*Plus）时创建用户进程，当用户退出应用程序时结束用户进程。

连接（Connection）与会话（Session）这两个概念与用户进程之间具有紧密的关系，但二者又具有不同的含义。连接是用户进程和服务器进程之间的通信通道。这个通信通道是通过进程间的通信机制（在同一主机上运行用户进程和 Oracle 进程）或网络软件（当数据库应用程序与 Oracle 服务器运行在不同的主机上时，就需要通过网络来通信）来建立的。

会话是用户通过用户进程与 Oracle 实例创建的连接，如当用户启动 SQL*Plus 时必须提供有效的用户名和密码，服务器经过认证后开始创建会话。从用户开始连接到用户断开连接，或退出数据库应用程序期间，会话一直持续。同一个用户可以同时创建多个会话，如图 4-3 所示，以用户 hr 两次连接到同一个 Oracle 实例，创建两个会话。

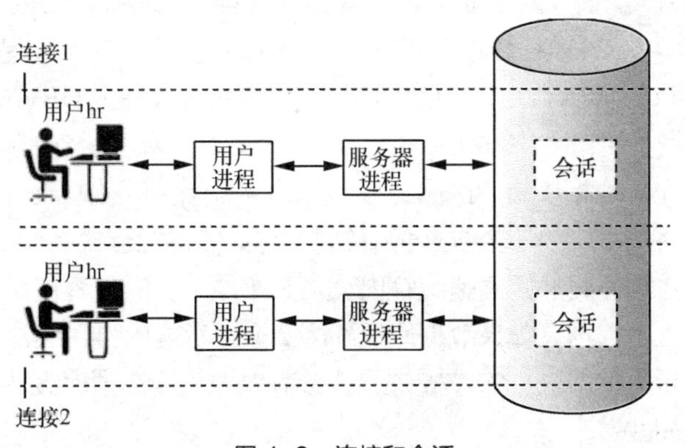


图 4-3 连接和会话

当 Oracle 运行在专用服务器模式下时，为每一个用户会话创建一个服务器进程。而当 Oracle 运行在共享服务器模式下时，多个用户会话可以共享同一个服务器进程。

### 4.2.2 服务器进程

服务器进程用来处理连接到 Oracle 实例的用户进程提交的请求，是一个直接与 Oracle 服务器交互的程序。在应用程序和 Oracle 服务器运行在一台主机的情况下，可以将用户进程和对应的服务器进程合并来降低系统开销。但是当应用程序和 Oracle 服务器运行在不同的主机时，用户进程必须通过一个服务器进程来连接 Oracle 服务器。

服务器进程可以执行以下工作内容。

➢ 解析和执行应用程序提交的 SQL 语句。

➢ 如果数据在 SGA 中不存在，则将所需的数据块从磁盘上的数据文件读入 SGA 的数据库缓冲区高速缓存。

➢ 以应用程序可以理解的形式返回 SQL 语句的执行结果。

服务器进程可以分为以下两类。

（1）专用服务器进程

一个服务器进程对应一个用户进程，主要运行在专用服务器模式下。

（2）共享服务器进程

一个服务器进程对应多个用户进程，轮流为用户进程提供服务，主要运行在共享服务器模式下。

### 4.2.3 后台进程

后台进程是 Oracle 的程序，用来管理数据库的读写、恢复和监视等相关工作。服务器进程主要是通过后台进程和用户进程进行联系和沟通的，并由后台进程和用户进程进行数据的交换。在 Linux 系统上，Oracle 后台进程相对于操作系统进程，一个 Oracle 后台进程将启动一个操作系统进程；在 Windows 系统上，Oracle 后台进程相对于操作系统线程，打开任务管理器，只能看到一个 oracle.exe 进程（但是通过其他工具，可以看到包含在该进程中的线程）。数据库的物理结构与内存结构之间的交互需要通过后台进程来完成。

一个 Oracle 实例中可以包含多种后台进程，这些进程不一定全部出现在实例中。系统中运行的后台进程数量非常多，可以通过 V$BGPROCESS 动态性能视图查询后台进程的信息。

#### 1．DBWn

DBWn（数据库写入进程）将数据库缓冲区高速缓存（Database Buffer Cache）中修改后的数据块写入数据文件中。Oracle 数据库最多允许 36 个数据库写入进程（DBW0~DBW9 和 DBWa~DBWj）。使用 DB_WRITER_PROCESSES 初始化参数指定 DBWn 进程的进程数量。

Oracle 采用最近最少使用（Least Recently Used，LRU）算法保持内存中的数据块是最近使用的，使 I/O 操作最小。数据库缓冲区高速缓存内的某个缓冲区被修改过以后，将被标记为脏缓冲区。DBWn 进程将 LRU 的脏缓冲区写入磁盘文件，使得能够找到 LRU 的干净缓冲区，用于将新数据块写入到数据库缓冲区高速缓存内。当某个缓冲区的内容被用户进程修改后，此缓冲区将不能再用于写入新数据。如果数据库缓冲区高速缓存内的可用缓冲区数量过少，就无法找到足够的空间写入新的数据块。DBWn 进程能够有效地管理数据库缓冲区高速缓存，保证总是能够获得可用的缓冲区。

DBWn 进程总是将 LRU 的脏缓冲区写入磁盘文件，这样既减少了找到可用缓冲区的时间，同时令最近使用较频繁的缓冲区能够保留在内存中。例如，存储访问频率较高的小表或索引的数据块能够被保留在内存中，而不需要反复地从磁盘文件中读取。

以下是 DBWn 后台进程工作触发条件。

- 出现检查点。
- 脏数据块的数量达到阈值。
- 不能找到任何空闲的缓冲区。
- 出现超时。
- 使表空间处于脱机状态。
- 使表空间处于只读模式。
- 删除或截断表。
- 开始备份表空间。

### 2. LGWR

LGWR（日志写入进程）是一个负责管理重做日志缓冲区的 Oracle 后台进程，它将重做日志缓冲区（Redo Log Buffer）中的重做日志条目按照一定的条件顺序写入联机重做日志文件。LGWR 是一个必须和用户进程通信的进程。

当 LGWR 将日志缓冲区的重做日志条目写入联机重做日志文件以后，服务器进程可以将新的重做日志条目写入到重做日志缓冲区。通常 LGWR 写入非常快，确保重做日志缓冲区总有空间可写入新的重做日志条目。

以下是 LGWR 后台进程工作触发条件。

- 通过 COMMIT 语句提交当前事物。
- 每隔 3 秒钟。
- 当重做日志缓冲区中的记录超过 1 MB。
- 当重做日志缓冲区中的记录超过三分之一。
- 在 DBWn 进程将数据库缓冲区高速缓存中修改的块写入到数据文件时。

### 3. CKPT

CKPT（检查点进程）进程用于发出检查点，同步控制文件、数据文件和联机重做日志文件。CKPT 进程会更新控制文件和数据文件的头信息，同时会促使 DBWn 进程将所有的脏缓冲区写入到数据文件中。CKPT 进程写入控制文件和数据文件头部的检查点信息包括检查点位置、SCN（系统更改号）、重做日志中恢复操作的起始位置以及有关日志的信息等。

当发出检查点时，不仅后台进程 CKPT 和 DBWn 要开始工作，LGWR 也会将重做日志缓冲区写入到联机重做日志文件，从而确保数据文件、控制文件、联机重做日志文件的一致性。

以下是 CKPT 后台进程工作触发条件。

- 发生日志切换。
- 关闭实例（SHUTDOWN ABORT 语句除外）。
- 手动执行检查点操作（执行 ALTER SYSTEM CHECKPOINT 语句）。
- 执行热备份。
- 将表空间或数据文件设置为只读模式。
- 手动设置 FAST_START_MTTR_TARGET 初始化参数。

### 4. SMON

SMON（系统监视器）主要作用是在实例启动时，判断实例上次是否正常关闭，如果是不正常关闭，则完成系统实例的恢复，清理不再使用的临时段。另外 SMON 还会合并数据文件中相连的空闲空间。

在实例恢复过程中，如果由于文件读取错误或所需文件处于脱机状态而导致某些异常终止的事务未被恢复，SMON 将在表空间或文件恢复联机状态后再次恢复这些事务。SMON 将定期地检查系统中是否存在问题。系统内的其他进程需要服务时也能够调用 SMON 进程。

5．PMON

PMON（进程监视器）用于清除失效的用户进程，执行进程恢复，清理缓存，并释放用户进程所使用的资源。PMON 将回滚未提交的工作，释放锁，释放分配给失败进程的 SGA 资源。

6．ARCn

ARCn（归档进程）用于将重做日志的事务变化复制到归档日志文件中，并重做日志的备份，这样就保留了数据库的全部更改记录，ARCn 是一个可选的后台进程。当数据库以归档日志（ARCHIVELOG）模式运行时，Oracle 就会启动 ARCn 进程。当联机重做日志文件被写满时，日志文件会进行切换，旧的联机重做日志文件就会被一个或多个 ARCn 进程复制到指定的归档存储目录。

一个 Oracle 实例中最多可以运行 30 个 ARCn 进程（ARC0～ARCt），可以通过 LOG_ARCHIVE_MAX_PROCESSES 初始化参数设置 ARCn 进程的数量。实际上用户无需修改此参数的值，因为系统能够自动地决定需要多少个 ARCn 进程，而且当数据库负载增大时，LGWR 进程能够自动地启动新的 ARCn 进程。

7．RECO

RECO（恢复进程）是在分布式数据库环境中自动解决分布式事务错误的后台进程。RECO 进程连接到出现了不可信的分布式事务的数据库以后，将负责对此事务进行处理，并从相关数据库的活动事务表中移除与此事务有关的数据。

如果远程服务器不可用或网络连接不能建立时，RECO 进程无法连接到远程数据库，该进程将在一定时间间隔后尝试再次连接。每次重新连接的时间间隔会以指数级的方式增长。只有实例允许分布式事务时才会启动 RECO 进程，实例中不会限制并发的分布式事务的数量。

8．Dnnn

Dnnn（调度进程）是一个可选的后台进程，目前只在共享服务器配置上使用。该进程允许用户进程共享有限的服务器进程。没有 Dnnn 时，每个用户进程需要一个专用的服务器进程。在一个数据库实例中可以创建多个 Dnnn。数据库管理员根据操作系统中每个进程可连接数目的限制，来决定启动的 Dnnn 的最优数量，在实例运行时可以动态地增加或删除 Dnnn。

## 4.3 物理存储结构

Oracle 物理存储结构是指数据库物理文件的组成结构，物理存储结构主要是由控制文件、数据文件和联机重做日志文件组成的，这 3 类文件是组成数据库不可或缺的关键性文件。除这 3 种文件之外，数据库还可以具有归档日志文件、参数文件、密码文件、警告日志文件和跟踪文件等。

### 4.3.1 控制文件

控制文件（Control File）是一个很小的二进制文件，包含了数据库物理结构的信息，如各数据文件和重做日志文件的存储位置、数据库名称、检查点信息、数据库创建的时间戳、当前日志序列号和 RMAN 备份信息等。当数据库的物理组成更改时，Oracle 自动更改数据库的控制文件。当进行数据恢复时，也需要使用控制文件。

如果没有控制文件，数据库实例不能启动。控制文件非常重要，一般采用多个镜像，同时维护多个完全相同的控制文件，以防止控制文件损坏造成的数据库故障。控制文件的丢失将使数据库的恢复变得很复杂。

控制文件会在创建数据库的同时一起创建。默认情况下，在数据库创建过程中至少要创建两个控制文件。如果失去了控制文件或要更改控制文件中特定的设置，也可以在以后创建控制文件。

备　注

可以通过查询 V$CONTROLFILE 动态性能视图，来获知控制文件的信息。

### 4.3.2 数据文件

每一个表空间都是由一个或多个数据文件（Datafile）组成的，一个数据文件只能存在于一个表空间中。逻辑数据库结构（如表、索引等）的数据物理地存储在数据文件中。

数据文件中的数据在需要时可以读取并存储在数据库缓冲区高速缓存中，如用户要存取表的某些数据，如果请求的信息不在数据库缓冲区高速缓存中，则从相应的数据文件中读取并存储在内存中。当需要修改或插入新的数据时，不必立刻写入数据文件。为了减少磁盘输出的总数，提高数据库读写性能，数据存储在内存中，然后由 DBWn 进程决定将其写入到相应的数据文件中。

备　注

可以通过查询 DBA_DATA_FILES 数据字典和 V$DATAFILE 动态性能视图，来获知数据文件的信息。

### 4.3.3 联机重做日志文件

联机重做日志文件（Online Redo Log File）是用于存储重做日志的文件，可以维护数据库的一致性，进行数据库的恢复。重做日志是由重做条目构成的（也称为重做记录），主要功能是记录对数据所作的全部修改。

Oracle 数据库至少需要有两组联机重做日志文件，联机重做日志文件循环使用，当一组联机重做日志文件写满后，就要切换到另一组联机重做日志文件，后者的内容就会被覆盖，这个过程叫做日志切换，在日志切换时会触发检查点。

每一个联机重做日志文件组中至少要有一个日志成员，一个联机重做日志文件组中的多个日志成员是镜像关系，可以在不同磁盘上维护两个或多个日志成员，这样有利于联机重做日志文件的保护，因为联机重做日志文件的损坏，特别是当前联机日志的损坏，对数据库的影响是非常大的。

如图 4-4 所示例子，Oracle 具有两个联机重做日志文件组，每一个联机重做日志文件组具有两个联机重做日志文件，分别处于不同的磁盘上（磁盘 A 和磁盘 B）。

数据库的修改操作要记录到联机重做日志文件中，并且这个记录动作是在修改数据之前进行的，正因为联机重做日志文件中记录了所有的修改历史，所以如果有过去某个时间点的备份文件，并且有从那时到当前的所有联机重做日志文件，就可以通过在备份文件上重演这些日志的方式，把数据文件恢复到当前状态或者之间的任何时间点的状态。

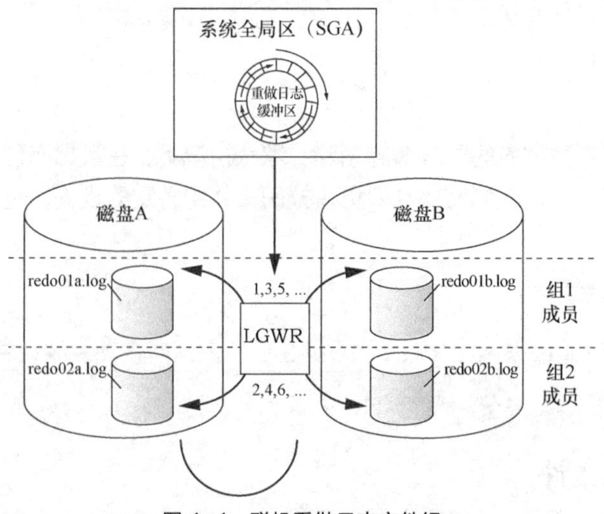


图 4-4　联机重做日志文件组

重做日志中的信息只能用于恢复由于系统或介质故障导致的不能被写入数据文件的数据，如突然的断电导致数据库操作停止，则内存中的数据不能被写入数据文件，因此造成数据丢失。当电力恢复时，数据库再次打开时可以恢复丢失的数据。将最新的联机重做日志文件中的信息应用于数据文件，Oracle 可以将数据库恢复到断电时的状态。

备　注　可以通过查询 V$LOG 和 V$LOGFILE 动态性能视图，来获知联机重做日志文件的信息。

### 4.3.4　归档日志文件

为了避免联机重做日志文件重写时丢失重做记录，需要对联机重做日志文件进行归档。归档日志文件是处于非活动（INACTIVE）状态的重做日志文件的备份，它对 Oracle 数据库的备份和恢复起到非常重要的作用。归档日志文件是联机重做日志文件的一个副本，与被复制的成员完成一样，即重做记录相同，日志序列号也相同。

Oracle 数据库具有两种模式：归档日志（ARCHIVELOG）模式和非归档日志（NOARCHIVELOG）模式。当数据库处于非归档日志模式时，不会对联机重做日志文件进行归档，直接覆盖旧的联机重做日志文件，此时数据库只能从实例失败中进行恢复。而当数据库处于归档日志模式时，Oracle 通过 ARCn 进程来自动对联机重做日志文件进行归档，归档之后才会覆盖旧的联机重做日志文件，并将其复制到一个指定的位置，成为归档日志文件，此时数据库还能进一步从介质失败中恢复。这样可以将数据的损失减少到最小，提高可用性。

备　注　可以通过查询 V$ARCHIVED_LOG 动态性能视图，来获知归档日志文件的信息。

### 4.3.5　参数文件

参数文件记录了 Oracle 数据库的基本参数信息，主要包括数据库名、控制文件所在路径、进程信息等内容。要启动数据库实例，Oracle 数据库必须读取任何一个服务器参数文件（SPFILE）或文本初始化参数文件（PFILE），这些文件包含配置参数列表。要手动创建数据库时，必须使用参数文件启动一个实例，然后才能发出 CREATE DATABASE 命令。

Oracle 建议数据库管理员创建服务器参数文件，以便动态地维护初始化参数。服务器参数文件使用户可以在服务器端磁盘的文件中保存初始化参数，并进行管理。

服务器参数文件在安装 Oracle 数据库系统时由系统自动创建，文件的名称格式为 spfilesid.ora（如 spfileorcl.ora），sid 为所创建的数据库实例名。服务器参数文件中的参数是由 Oracle 系统自动管理的，如果想要对数据库的某些参数进行设置，则可以使用 ALTER SYSTEM 命令来修改。

### 4.3.6 密码文件

Oracle 密码文件的作用是存放所有以 SYSDBA 或 SYSOPER 系统权限连接数据库的用户的口令，如果要以 SYSDBA 系统权限远程连接数据库，必须使用密码文件，否则不能连接。即使数据库不处于打开（OPEN）状态，依然可以通过密码文件验证来连接数据库。

安装完 Oracle 之后，没有为普通用户授予 SYSDBA 系统权限，密码文件中只存放了 sys 用户的口令，如果之后把 SYSDBA 系统权限授予了普通用户，那么此时会把普通用户的口令从数据库中读到密码文件中保存。

由于只被授予 SYSOPER 和 SYSDBA 系统权限的用户才能存在于密码文件中，所以当向某一用户授予或撤销 SYSOPER 或 SYSDBA 系统权限时，他们的账号也将相应地被加入到密码文件或从密码文件中删除。

在创建数据库实例时，在 C:\app\Administrator\product\11.2.0\dbhome_1\database 目录下还自动创建了一个与之对应的密码文件，文件名为 PWDSID.ora（如 PWDorcl.ora），其中，SID 代表相应的 Oracle 数据库系统标识符（SID）。管理员也可以根据需要，使用 orapwd 命令手动创建密码文件。

如果数据库的 SYSDBA 是通过数据库身份验证的，那么密码的信息就保存在密码文件中，如果不小心把 sys 用户的密码忘记了，只需重新创建密码文件即可。

使用 orapwd 命令可以在操作系统中创建密码文件。

语法：

```
orapwd file=<fname> entries=<users> force=<y|n> ignorecase=<y|n> nosysdba=<y|n>
```

orapwd 命令选项如表 4-1 所示。

表 4-1　　orapwd 命令选项

| 选项 | 描述 |
|---|---|
| file=<密码文件> | 指定密码文件的名称 |
| password=<密码> | 设置 SYS 用户的密码，如果在命令行中没有指定，会提示输入 SYS 密码 |
| entries=<数量> | 指定密码文件中最多可以有多少条记录，也就是最多允许多少个用户拥有 SYSDBA 或 SYSOPER 权限 |
| force=<y\|n> | 是否覆盖已存在的密码文件 |
| ignorecase=<y\|n> | 密码区分大小写（可选） |
| nosysdba=<y\|n> | 是否关闭 SYSDBA 登录 |

**例 4-1**：创建密码文件。

```
C:\>orapwd file=C:\app\Administrator\product\11.2.0\dbhome_1\database\PWDorcl.ora password=
WNB123kol entries=50 force=y
```

备　注

要列出在密码文件中的所有用户，并指示用户是否已被授予 SYSDBA、SYSOPER 和 SYSASM 权限，可以查看 V$PWFILE_USERS 动态性能视图。

### 4.3.7　警告日志文件

警告日志文件是一个文本文件，用来在 Oracle 数据库运行的时候，按时间顺序记录实例的信息和错误信息。如果一项管理性操作成功执行，那么 Oracle 将在警告日志文件中记录一条“完成”消息和当时的时间戳。

警告日志文件经常记录的信息有实例打开和关闭、创建表空间、添加数据文件、数据块损坏和一些重要的出错信息等。作为数据库管理员应该经常查看这个文件，并对出现的问题作出及时反应。

警告日志文件的名称为 alert_orcl.log（默认存储目录为 C:\app\administrator\diag\rdbms\orcl\orcl\trace），其中，orcl 是数据库实例的名称。

### 4.3.8　跟踪文件

跟踪文件是 Oracle 实例在系统出现异常的时候，由 Oracle 系统自动创建的文件，它与警告日志文件一起构成完整的故障信息描述体系。跟踪文件包括后台跟踪文件或用户跟踪文件两种。

每一个服务器进程和后台进程都可以向自己的跟踪文件写入信息。当一个进程检查到内部错误时，能够将错误信息写入到跟踪文件，可以向 Oracle 支持服务提交此信息。跟踪文件的文件名中包含产生此文件进程的 ID 号（如 orcl_ora_2916.trc）。跟踪文件中的附加信息还可以为应用程序和实例的调优提供指导，后台进程经常在适当时机向跟踪文件写入此类信息。

后台跟踪文件的存储目录是由 BACKGROUND_DUMP_DEST 初始化参数指定的，默认是 C:\app\administrator\diag\rdbms\orcl\orcl\trace。用户跟踪文件的存储目录是由 USER_DUMP_DEST 初始化参数指定的，默认是 C:\app\administrator\diag\rdbms\orcl\orcl\trace。

使用以下命令可以获知执行 Oracle 操作的跟踪文件的文件名。

```
SQL> ORADEBUG SETMYPID
已处理的语句
SQL> ALTER DATABASE BACKUP CONTROLFILE TO TRACE;

数据库已更改。
//执行 Oracle 操作
SQL> ORADEBUG TRACEFILE_NAME
C:\app\administrator\diag\rdbms\orcl\orcl\trace\orcl_ora_2916.trc
```

## 4.4　逻辑存储结构

Oracle 数据库为数据库中的所有数据分配逻辑空间。Oracle 数据库的逻辑存储结构是一种层次结构，数据库空间分配的逻辑单位是数据块、区、段和表空间。逻辑存储结构是面向用户的，用户使用 Oracle 开发应用程序使用的就是逻辑存储结构。

在 Oracle 数据库中，逻辑存储结构和物理存储结构之间的关系如图 4-5 所示。

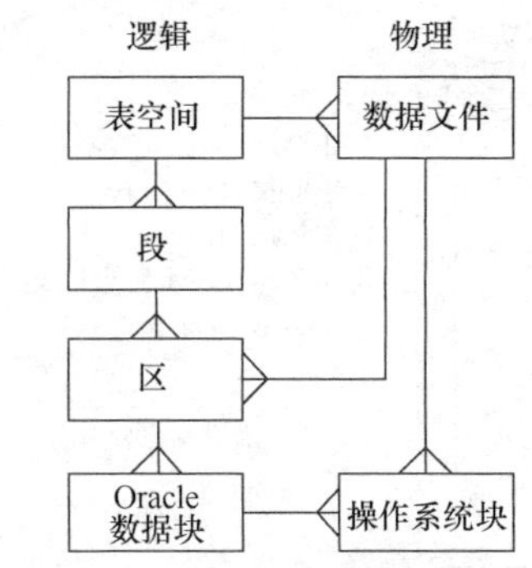


图 4-5　逻辑存储结构和物理存储结构

### 4.4.1　数据块

数据块（Data Block）是 Oracle 数据库中最小的存储单位，存储 Oracle 数据。一个数据块占用一定的磁盘空间。特别注意的是，这里的数据块是 Oracle 的数据块，而不是操作系统的块。数据块是 Oracle 在数据文件上执行 I/O 的最小单位，其大小一般是操作系统块的整数倍。

Oracle 数据块和操作系统块之间的关系如图 4-6 所示。

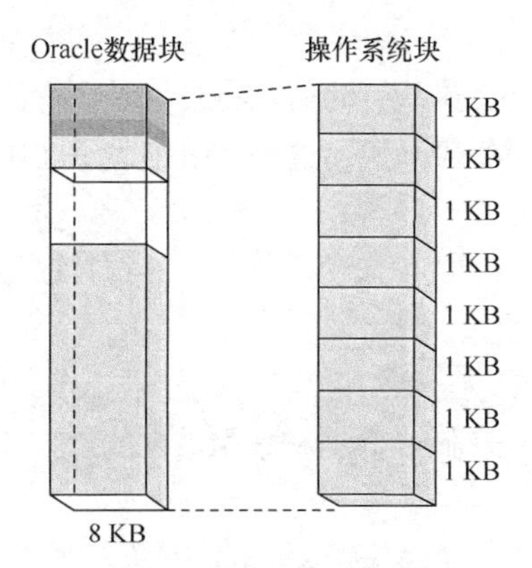


图 4-6　数据块和操作系统块

Oracle 每次请求数据的时候，都是以数据块为单位。也就是说，Oracle 每次请求的数据是数据块的整数倍。如果 Oracle 请求的数据量不到一块，Oracle 也会读取整个数据块。所以说，数据块是 Oracle 读写数据的最小单位或者最基本的单位。操作系统每次执行 I/O 的时候，是以操作系统块为单位的；Oracle 每次执行 I/O 的时候，都是以 Oracle 数据块为单位的。

具有标准大小的块称为标准块，标准块的大小由 DB_BLOCK_SIZE 初始化参数来指定，默认大小是 8192 字节（8KB）。块大小不是标准块大小的块叫做非标准块，如块大小为 16KB 的块，其大小由 DB_16K_CACHE_SIZE 初始化参数来指定。

**1．数据块格式**

块中存放表的数据和索引的数据，无论存放哪种类型的数据，块的格式都是相同的，数据块是由块头、表目录、行目录、空余空间和行数据 5 部分组成的，如图 4-7 所示。把块头、表目录和行目录这 3 部分合称为头部信息区（Overhead）。头部信息区不存放数据，它存放整个块的信息。头部信息区的大小是可变的。一般来说，头部信息区的大小介于 84~107 字节。

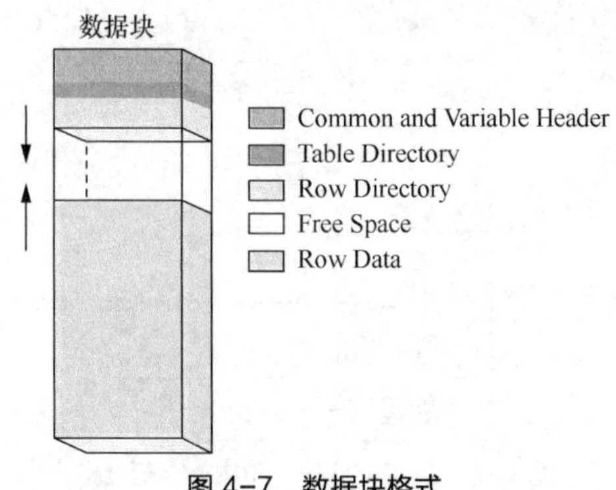


图 4-7　数据块格式

（1）块头

块头（Common and Variable Header）用来存储块的基本信息，如块的物理磁盘地址、块所属段的类型。

（2）表目录

表目录（Table Directory）用来存储表的信息，如果一些表的数据被存储在这个块中，那么这些表的相关信息将被存放在表目录中。多个表可以在同一个块中存储行。

（3）行目录

如果块中有行数据存在，那么这些行的信息将被记录在行目录（Row Directory）中。这些信息包括行的地址等。对于堆组织表来说，这个目录描述了在块的数据部分中行的位置。

（4）空余空间

空余空间（Free Space）是一个块中未使用的区域，这片区域用于新行的插入和已经存在的行的更新。

（5）行数据

行数据（Row Data）是真正存储表数据和索引数据的地方。这部分空间是已被数据行占用的空间。

**2．行链接和行迁移**

当出现行链接和行迁移两种情况时，会导致表中某行数据过大，一个数据块无法容纳，Oracle 在读取这样记录的时候，会扫描多个数据块，执行更多的 I/O 操作，这样会引起数据库性能降低。

（1）行链接

如果往数据库中插入一行数据，这行数据非常大，以至于一个数据块不能存储一整行，Oracle 就会把一行数据分作几段存储在几个数据块中，这个过程称为行链接（Row Chaining）。

（2）行迁移

数据块中存在一条记录，用户更新这条记录时，更新操作使这条记录变长，此时 Oracle 在该数据块中进行查找，但是找不到能够容纳下这条记录的空间，Oracle 只能把整行数据移到一个新的数据块。原来的数据块中保留一个“指针”，这个“指针”指向新的数据块。被移动的这条记录的 ROWID 保持不变。

### 4.4.2 区

区（Extent）是一组连续的数据块，是 Oracle 进行空间分配的逻辑单元，它是由相邻的数据块组成的。当一个表创建或需要附加空间时，Oracle 总是为它分配一个新的区。一个区不能跨越多个文件，因为它包含连续的数据块。使用区的目的是保存特定数据类型的数据，也是表中数据增长的基本单位。在 Oracle 数据库中，分配空间就是以区为单位的。一个 Oracle 对象至少包含一个区。设置一个表或索引的存储参数时可以设置它的区大小。

在一个段中可以存在多个区，区是为数据一次性预留的一个较大的存储空间，直到那个区被存满，数据库会继续申请一个新的区，直到段的最大区数或没有可用的磁盘空间可以申请。理论上一个段可以有无穷个区，但是多个区对 Oracle 的性能是有影响的，Oracle 建议把数据分布在尽量少的区上，以减少 Oracle 的管理与磁头的移动。

备　注

可以通过查询 DBA_EXTENTS 数据字典，来获知区的信息。

### 4.4.3 段

段（Segment）是由多个数据区组成的，它是为特定的数据库对象分配的一系列数据区。段内包含的数据区可以不连续，并且可以跨越多个文件。使用段的目的是保存特定对象。

段是对象在数据库中占用的空间，虽然段和数据库对象是一一对应的，但段是从数据库存储的角度来看的。一个段只能属于一个表空间，当然一个表空间可以有多个段。

表空间和数据文件是物理存储上的一对多的关系，表空间和段是逻辑存储上的一对多的关系，段不直接和数据文件发生关系。一个段可以属于多个数据文件。

Oracle 数据库具有以下 4 种类型的段。

**1．数据段**

数据段也称为表段，它包含数据并且与表和簇相关。当创建一个表时，Oracle 将自动创建一个以该表的名称命名的数据段。

**2．索引段**

索引段包含了用于提高系统性能的索引。当创建一个索引时，Oracle 将自动创建一个以该索引的名称命名的索引段。

**3．临时段**

临时段是 Oracle 在运行过程中自行创建的段。当 Oracle 处理一个查询时，经常需要为 SQL 语句解析和执行的中间结果准备临时段，如 Oracle 在进行排序操作时就需要使用临时段。当排序操作可以在内存中执行，或可以使用索引执行时，就不必创建临时段。一旦语句执行完毕，临时段的区间便退回给系统。

**4．UNDO 段**

UNDO 段（撤销段）包含了 UNDO 信息，并在数据库恢复期间使用，以便为数据库提供读一致性和回滚未提交的事务，即用来 UNDO 事务的数据空间。当一个事务开始处理时，系统为其分配 UNDO 段，UNDO 段可以动态创建和撤销。系统有个默认的 UNDO 段，其管理方式既可以是自动的，也可以是手动的。

可以通过查询 DBA_SEGMENTS 数据字典，来获知段的信息。

### 4.4.4 表空间

表空间是用于存储段的逻辑存储容器。一个数据库必须要具有 SYSTEM 和 SYSAUX 表空间。在物理层，表空间将数据存储在一个或多个数据文件/临时文件中。表空间是数据库中的基本逻辑结构，是一系列数据文件的集合，表空间的大小等于所有从属于它的数据文件大小的总和。一个表空间可以包含多个数据文件，但是一个数据文件只能属于一个表空间。

可以通过查询 DBA_TABLESPACES 数据字典和 V$TABLESPACE 动态性能视图，来获知表空间的信息。

图 4-8 显示了一个典型的 Oracle 数据库中的表空间类型。

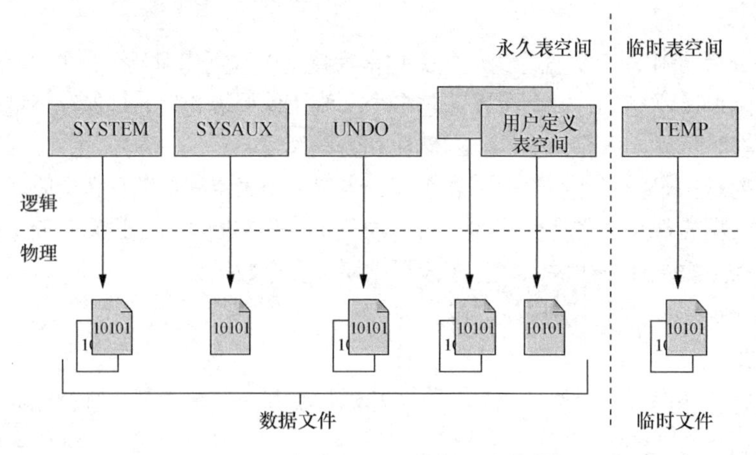


图 4-8 表空间类型

#### 1．SYSTEM 表空间

SYSTEM 表空间是在创建数据库时创建的一个管理表空间，其所有者是 sys 用户。Oracle 数据库使用 SYSTEM 表空间来管理其他表空间。SYSTEM 表空间必须在任何时候都可以使用，这也是数据库运行的必要条件。因此SYSTEM表空间是不能脱机的。不能重命名或删除SYSTEM 表空间。

为避免 SYSTEM 表空间产生存储碎片以及争用系统资源的问题，应该创建一个独立的表空间来单独存储用户数据。在默认情况下，Oracle 数据库设置所有新创建的用户表空间为本地管理表空间。

SYSTEM 表空间包含以下信息。

- 数据字典。
- 表和包含有关数据库的管理信息的视图。
- 编译存储对象，如触发器、存储过程和包。

注　意　强烈建议使用 DBCA 工具来创建数据库，使所有的表空间（包括 SYSTEM 表空间）默认情况下是由本地管理。



**2．SYSAUX 表空间**

SYSAUX 表空间是在创建数据库时自动创建的，它充当 SYSTEM 表空间的辅助表空间，主要存储除数据字典以外的其他对象。此外，SYSAUX 表空间还被用来集中存储所有不应放在 SYSTEM 表空间的数据库元数据。SYSAUX 也是许多 Oracle 数据库的默认表空间，它减少了管理的表空间的数量，降低了 SYSTEM 表空间的负荷。Oracle Enterprise Manager 和 Oracle Streams 等数据库组件使用 SYSAUX 表空间作为它们的默认存储位置。

在正常的数据库操作中，数据库不允许 SYSAUX 表空间被删除或重新命名。如果 SYSAUX 表空间不可用，则核心数据库功能保持运行，使用 SYSAUX 表空间的数据库功能可能会失败。

**3．UNDO 表空间**

UNDO 表空间（撤销表空间）是一个特殊的表空间，是保留给系统管理 UNDO 数据的本地管理表空间，用户不能在该表空间中创建段。像其他永久性表空间一样，UNDO 表空间包含数据文件。

一个数据库中可以没有 UNDO 表空间，也可以包含多个。在自动撤销管理模式下，每个 Oracle 实例只有一个撤销表空间。Oracle 在撤销表空间内自动地创建和维护撤销段，对撤销数据进行管理。

UNDO 表空间是由一组 UNDO 文件构成的，且为本地管理。与其他表空间的结构类似，UNDO 表空间中也存在由 UNDO 数据块构成的区，这些区的状态由位图表示。在任何时间点上，一个区或者被分配给一个事务表（被使用状态），或者处于可用状态。

**4．临时表空间**

临时表空间用于存储 Oracle 数据库运行期间所产生的临时数据，主要用于保存数据库排序操作、分组时产生的临时数据。临时表空间中不能存储永久性对象。临时表空间可以提高多个排序操作，不适合在内存中的并发性。

当数据库关闭以后，临时表空间中数据将全部被清除。在数据库中可以创建多个临时表空间。除临时表空间之外，其他表空间都属于永久性表空间。

当 SYSTEM 表空间是本地管理时，默认的临时表空间是数据库创建过程中默认包含在数据库中的。本地管理的 SYSTEM 表空间不能作为默认的临时存储。

**5．USERS 表空间**

USERS 表空间（用户定义表空间）用于存储永久性用户对象的数据和私有信息。可以在 USERS 表空间上创建各种数据库对象，如表和索引等。

## 4.5　数据字典

### 4.5.1　数据字典简介

数据字典是由 Oracle 服务器创建和维护的一组只读的系统表，它存储了有关数据库和数据库对象的信息，Oracle 服务器依赖这些信息来管理和维护数据库。数据字典是一组表和视图结构，它们存储在 SYSTEM 表空间中。当用户对数据库中的数据进行操作时，如果遇到问题就可以访问数据字典来查看详细的信息。所有的数据字典的名称都存储在 DICTIONARY 里。

数据字典中存储了以下数据库信息。

- 数据库中所有方案对象的信息，如表、视图、同义词和索引等。
- 数据库的逻辑结构和物理结构，如表空间和数据文件的信息。
- 列的默认值。
- 完整性约束的信息。
- Oracle 用户的名称。
- 用户和角色被授予的权限。
- 用户访问或使用的审计信息。
- 数据库对象的磁盘空间分配信息，如对象所分配的和当前使用的磁盘空间。
- 其他产生的数据库信息。

注　意

在创建数据库时会运行 catalog.sql 和 catrpoc.sql 脚本文件。首先运行 catalog.sql 脚本文件来创建数据库的内部字典表。然后再运行 catrpoc.sql 脚本文件来创建数据库内建的存储过程、包等 PL/SQL 对象。如果使用 DBCA 工具来创建数据库，则 DBCA 会自动调用这两个脚本文件。否则执行 CREATE DATABASE 命令来创建数据库时，需要手工运行这两个脚本文件。

### 4.5.2　数据字典内容

数据字典中包含数据字典基表和数据字典视图两种内容。

（1）数据字典基表

数据字典基表存储相关的数据库的信息。只有 Oracle 数据库才能读写数据字典基表，用户很少直接访问它们，因为大部分数据被存储在一个加密格式中，而且大部分数据太过复杂，是普通用户无法理解的。Oracle 服务器在创建数据库时自动生成数据字典基表，在任何数据库中，数据字典基表都是 Oracle 数据库中创建的第一个对象。

（2）数据字典视图

数据字典视图用于对数据字典基表内存储的数据进行汇总与展示，使用 JOIN 和 WHERE 子句来简化数据字典基表中的数据，将数据字典基表数据解码为用户较为容易理解的信息，如用户名或表名。在数据字典中，这些视图包含所有对象的名称和描述。有些数据字典视图所有的用户都可以访问，而另外一些仅用于管理员访问。Oracle 数据库为许多数据字典视图创建公用同义词，使用户可以方便地访问它们。

### 4.5.3　数据字典分类

数据字典组织方式是先基于数据字典基表创建数据字典视图，然后再基于数据字典视图创建同义词，以便用户能够方便地对其进行访问。并将该同义词授权给 PUBLIC，从而使得所有用户都可以通过同义词查看数据字典信息。

数据字典主要包括三大类，它们分别用前缀来区别，其前缀分别为 USER、ALL 和 DBA，如表 4-2 所示。这 3 类数据字典的列几乎是相同的，只是以前缀为 ALL 和 DBA 开始的数据字典比 USER 多了一些列。

表 4-2 数据字典分类

| 前缀 | 用户访问 | 内容 | 描述 |
| --- | --- | --- | --- |
| USER | 所有用户 | 用户创建的对象 | 有关用户所拥有的对象的信息，即用户自己创建的对象的信息 |
| ALL | 所有用户 | 用户有权限的对象 | 有关用户可以访问的对象的信息，即用户自己创建的对象的信息以及授权给 PUBLIC 所拥有的对象的信息 |
| DBA | 数据库管理员 | 所有对象 | 整个数据库中所有对象的信息 |

在 Oracle 数据库中，常用的数据字典如表 4-3 所示。

表 4-3 常用数据字典

| 数据字典 | 描述 |
| --- | --- |
| DBA_TABLESPACES | 显示数据库中的所有表空间 |
| DBA_DATA_FILES | 显示数据库中的所有数据文件 |
| DBA_TEMP_FILES | 显示数据库中的所有临时文件 |
| DBA_FREE_SPACE | 显示在数据库所有表空间中的空闲区 |
| DBA_USERS | 显示数据库中的所有用户 |
| DBA_EXTENTS | 显示包括在数据库的所有表空间中构成段的区 |
| DBA_SEGMENTS | 显示分配给数据库中所有段的存储空间 |
| DBA_ROLES | 显示数据库中的所有角色 |
| DBA_SYS_PRIVS | 显示授予用户和角色的系统权限 |
| DBA_TAB_PRIVS | 显示数据库中所有对象的授权 |
| DBA_COL_PRIVS | 显示数据库中所有列的对象授权 |
| DBA_ROLE_PRIVS | 显示数据库中所有用户和角色被授予的角色 |
| USER_RESOURCE_LIMITS | 显示当前用户的资源限制 |
| DBA_PROFILES | 显示所有概要文件和它们的限制 |
| DBA_TABLES | 显示数据库中的所有表 |
| DBA_VIEWS | 显示数据库中的所有视图 |
| DBA_INDEXES | 显示数据库中的所有索引 |
| DBA_SYNONYMS | 显示数据库中的所有同义词 |
| DBA_SEQUENCES | 显示数据库中的所有序列 |
| DBA_CONSTRAINTS | 显示数据库中的所有约束定义 |
| DBA_TAB_COLUMNS | 显示所有数据库中的表和视图的列 |
| DBA_CONS_COLUMNS | 显示在约束条件中指定数据库中的所有列 |
| DBA_UPDATABLE_COLUMNS | 显示连接视图中所有可更新的列 |
| DBA_IND_COLUMNS | 显示数据库中所有表的索引中的列 |
| DBA_HIST_SNAPSHOT | 显示有关工作负载信息库的快照信息 |

续表

| 数据字典 | 描述 |
| --- | --- |
| DBA_DATAPUMP_JOBS | 显示在数据库中的所有活跃的数据泵作业，而不管其状态如何 |
| DBA_DATAPUMP_SESSIONS | 显示标识附加到数据泵作业的用户会话 |

# 4.6 动态性能视图

## 4.6.1 动态性能视图简介

动态性能视图是指将内存里的数据或控制文件里的数据以表的形式展现出来，动态性能视图的主要用途是获取有关数据库的信息以及进行性能监视和调试，这样能够更好地管理数据库的性能。动态性能视图实际上都是虚表，并不是真正的表。只要数据库还在运行，就会不断更新动态性能视图。一旦数据库关闭或崩溃，动态性能视图里的数据就会全部丢失，下次重新启动时则会重新产生。

动态性能视图提供有关内部磁盘结构和内存结构的数据。动态性能视图有时被称为固定视图，可以从动态性能视图中查询，但永远无法更新或修改它们。

因为动态性能视图并不是真正的表，数据是依赖于数据库和实例的状态。如当数据库启动但没有装载时，可以查询 V$INSTANCE 和 V$BGPROCESS，但是不能查询 V$DATAFILE，直到数据库已装载才可以。

所有的动态性能视图的所有者都是 sys。V$FIXED_TABLE 动态性能视图里存储了所有的动态性能视图的名称，动态性能视图的名称都是以 V_$和 GV_$开头的，Oracle 数据库为动态性能视图创建公用同义词。公用同义词的名称都以 V$和 GV$开头，这样可以使用户方便地访问动态性能视图。

动态性能视图包含以下信息。

- 系统和会话参数。
- 内存使用和分配。
- 文件状态（包括 RMAN 备份文件）。
- 作业和任务进度。
- SQL 执行。
- 统计数据和指标。

注　意

必须运行 catalog.sql 脚本文件创建动态性能视图和动态性能的同义词。只有用户 sys 或拥有 SYSDBA 系统权限的用户可以访问动态性能视图。当使用 DBCA 工具创建数据库时，Oracle 会自动创建动态性能视图。

## 4.6.2 动态性能视图分类

动态性能视图包含 V_$动态性能视图和 GV_$动态性能视图两类。

**1．V_$动态性能视图**

V_$动态性能视图是当前实例的动态性能视图，这些视图的公用同义词的前缀是 V$。数据库管理员和其他用户只能访问 V$对象，而不是 V_$对象。一个实例启动后，从内存中读取 V$

视图进行访问。从磁盘读取数据的动态性能视图要求数据库处于装载（MOUNT）状态，有的要求数据库处于打开（OPEN）状态。

**2．GV_$动态性能视图**

GV_$动态性能视图是分布式环境下所有实例的动态性能视图，这些视图的公用同义词的前缀是 GV$。对于几乎每一个 V_$动态性能视图，Oracle 有一个对应的 GV_$动态性能视图。在 RAC 环境中，查询 GV_$视图，从所有可用的实例中查询 V_$视图的信息。

在 Oracle 数据库中，常用的动态性能视图如表 4-4 所示。

表 4-4 常用动态性能视图

| 动态性能视图 | 描述 |
| --- | --- |
| V$INSTANCE | 显示当前实例的状态 |
| V$DATABASE | 显示有关数据库的信息 |
| V$TABLESPACE | 显示表空间信息 |
| V$CONTROLFILE | 显示控制文件的详细信息 |
| V$CONTROLFILE_RECORD_SECTION | 显示关于控制文件记录部分的信息 |
| V$DATAFILE | 显示数据文件的信息 |
| V$DATAFILE_HEADER | 显示数据文件的数据文件头信息 |
| V$TEMPFILE | 显示临时文件信息 |
| V$THREAD | 显示线程信息 |
| V$LOG | 显示日志文件的信息 |
| V$LOGFILE | 显示重做日志文件的信息 |
| V$LOG_HISTORY | 显示控制文件中的日志历史信息 |
| V$ARCHIVED_LOG | 显示归档日志信息 |
| V$ACTIVE_INSTANCE | 显示当前数据库下活动的实例的信息 |
| V$PARAMETER | 显示目前有效会话中的初始化参数 |
| V$SPPARAMETER | 显示有关服务器参数文件的内容信息 |
| V$SGA | 显示有关系统全局区（SGA）的摘要信息 |
| V$SGASTAT | 显示系统全局区（SGA）上详细的信息 |
| V$SGAINFO | 显示关于 SGA 大小的信息 |
| V$SQL | 在共享 SQL 区上（排除 GROUP BY 子句）列出统计数据 |
| V$SQLTEXT | 显示在 SGA 中属于共享 SQL 游标的 SQL 语句的文本 |
| V$SQLAREA | 显示共享 SQL 区的统计数据 |
| V$SGA_TARGET_ADVICE | 显示关于 SGA_TARGET 初始化参数的信息 |
| V$DB_OBJECT_CACHE | 显示缓存在库缓存中的数据库对象 |
| V$PGASTAT | 显示 PGA 内存使用情况的统计数据 |
| V$BGPROCESS | 显示关于后台进程的信息 |
| V$PROCESS | 显示当前活动进程的信息 |

续表

| 动态性能视图 | 描述 |
| --- | --- |
| V$SESSION | 显示当前会话的详细信息 |
| V$SESSION_LONGOPS | 显示超过 6 秒钟（绝对时间）时各种操作的状态 |
| V$CONTEXT | 列出当前会话中设置的属性 |
| V$LATCH | 显示 latch 统计数据 |
| V$LOCK | 显示锁信息 |
| V$ACCESS | 显示正在对库缓存中的对象实行锁的信息 |
| V$RMAN_CONFIGURATION | 显示有关 RMAN 永久性配置设置的信息 |
| V$RMAN_STATUS | 显示完成的和正在进行的 RMAN 作业 |
| V$BACKUP_SET | 显示有关备份集的信息 |
| V$BACKUP_PIECE | 显示有关备份片的信息 |
| V$OBJECT_USAGE | 显示有关索引使用的统计数据，可以用来监视索引的使用 |
| V$SYSSTAT | 显示系统的统计数据 |

## 4.7 小结

Oracle 内存结构是由 SGA 和 PGA 两大部分组成的。SGA 是一块容量较大的共享的内存结构，包含一个 Oracle 实例的数据或控制信息，可以被 Oracle 服务器进程和后台进程共享使用。当 Oracle 实例启动时，SGA 的内存会被自动分配。当 Oracle 实例关闭时，SGA 的内存会被回收。SGA 主要有数据库缓冲区高速缓存、重做日志缓冲区、共享池、大池、Java 池和流池。

PGA 是一个用于存储服务器进程的数据和控制信息的内存区域，当用户连接到 Oracle 服务器时，Oracle 服务器会为每个服务器进程分配相应的 PGA。一个 PGA 也只能被拥有它的那个服务器进程所访问，只有这个进程中的 Oracle 代码才能读写它。PGA 主要包含排序区、会话区、堆栈区和游标区 4 个部分，以此完成用户进程和数据库之间的会话。

Oracle 进程主要由用户进程、服务器进程和后台进程组成。用户进程通过监听器来访问 Oracle 实例，触发生成一个服务器进程，用来处理该用户进程的请求进程。后台进程主要用来对 Oracle 数据库进行各种维护和操作。Oracle 实例中可以包含多种后台进程，主要有 DBWn、LGWR、CKPT、SMON、PMON、ARCn、RECO 和 Dnnn。

Oracle 物理存储结构是指数据库物理文件的组成结构，物理存储结构主要是由控制文件、数据文件和联机重做日志文件组成的，这 3 类文件是组成数据库不可或缺的关键性文件。除这 3 种文件之外，数据库还可以具有归档日志文件、参数文件、密码文件、警告日志文件和跟踪文件等。

Oracle 数据库为数据库中的所有数据分配逻辑空间。Oracle 数据库的逻辑存储结构是一种层次结构，数据库空间分配的逻辑单位是数据块、区、段和表空间。逻辑存储结构是面向用户的，用户使用 Oracle 开发应用程序使用的就是逻辑存储结构。

数据字典是由 Oracle 服务器创建和维护的一组只读的系统表，它存储了有关数据库和数据库对象的信息，Oracle 服务器依赖这些信息来管理和维护数据库。当用户对数据库中的数据进行操作时，如果遇到问题就可以访问数据字典来查看详细的信息。

在数据字典中包含数据字典基表和数据字典视图两种内容。数据字典组织方式是先基于数据字典基表创建数据字典视图，然后再基于数据字典视图创建同义词，以便用户能够方便地对其进行访问。并将该同义词授权给 PUBLIC，从而使得所有用户都可以通过同义词查看数据字典信息。数据字典主要包括三大类，它们分别用前缀来区别，其前缀分别为 USER、ALL 和 DBA。

动态性能视图是指将内存里的数据或控制文件里的数据以表的形式展现出来，动态性能视图的主要用途是获取有关数据库的信息以及进行性能监视和调试，这样能够更好地管理数据库的性能。只要数据库还在运行，就会不断更新动态性能视图。一旦数据库关闭或崩溃，动态性能视图里的数据就会全部丢失，下次重新启动时则会重新产生，可以从动态性能视图中查询，但永远无法更新或修改它们。

动态性能视图的名称都是以 V_$和 GV_$开头，Oracle 数据库为动态性能视图创建公用同义词，公用同义词的名称都以 V$和 GV$开头，这样可以使用户方便地访问动态性能视图。

## 4.8 习题

**一、选择题**

1. ______不是 Oracle 数据库必须要存在的文件。
   A. 数据文件　B. 联机重做日志文件　C. 归档日志文件　D. 控制文件
2. ______是一个可选的内存区域。
   A. Database Buffer Cache　B. Redo Log Buffer
   C. Large Pool　D. Shared Pool
3. ______是一个可选的后台进程。
   A. CKPT　B. LGWR　C. DBWn　D. ARCn
4. ______是 DBWn 后台进程工作触发条件。（多选题）
   A. 不能找到任何空闲的缓冲区　B. 脏数据块的数量达到阈值
   C. 出现检查点　D. 使表空间处于联机状态

**二、简答题**

1. 简述 Oracle 后台进程的构成。
2. 简述 SGA 内存的构成。
3. 简述 Oracle 数据块的组成。
4. 简述表空间类型。
5. 简述 Oracle 物理存储结构。

# PART 5 第 5 章 管理 Oracle 存储结构

## 5.1 管理控制文件

### 5.1.1 控制文件简介

每一个 Oracle 数据库都至少有一个控制文件，这是一个很小的二进制文件，大小一般为几 MB，它记录着数据库的物理结构。Oracle 数据库实例启动时，控制文件用于标识数据库和日志文件，当进行数据库操作时控制文件必须被打开。当数据库的物理组成更改时，Oracle 自动更改数据库的控制文件。数据恢复时，也要使用控制文件。如果没有控制文件，数据库不能装载和恢复。

Oracle 数据库的控制文件，在数据库创建的同时一起创建。默认情况下，在数据库创建过程中至少要创建两个控制文件。如果失去了控制文件或要更改控制文件中特定的设置，也可以在以后创建控制文件。

控制文件中主要包含以下信息。

- 数据库名称。
- 相关的数据文件和重做日志文件的名称和位置。
- 数据库创建的时间戳。
- 当前日志序列号。
- 检查点信息。
- 恢复管理器（Recovery Manager，RMAN）备份信息。

在创建控制文件（使用 CREATE CONTROLFILE 语句）时，需要指定如表 5-1 所示的参数。

表 5-1　　控制文件参数

| 参数 | 描述 |
| --- | --- |
| MAXLOGFILES | 指定最大重做日志文件的数量 |
| MAXDATAFILES | 指定最大数据文件的数量 |
| MAXLOGMEMBERS | 指定重做日志文件中每组成员数量 |
| MAXLOGHISTORY | 指定控制文件可以记录的重做日志历史的最大数量 |
| MAXINSTANCES | 指定可以同时访问数据库的最大实例的数量 |

### 5.1.2 备份控制文件

为了保证数据库的安全，在数据文件或日志文件发生变化时（如在表空间中添加了新的数据文件），控制文件会自动进行更改，此时需要对控制文件进行备份。使用ALTER DATABASE BACKUP CONTROLFILE语句来备份当前控制文件。在备份控制文件时，数据库必须处于打开（OPEN）或装载（MOUNT）状态。

**1．备份控制文件为二进制文件**

备份控制文件为二进制文件，也就是产生现有控制文件的副本。

语法：

```
ALTER DATABSE
  BACKUP CONTROLFILE TO 'filename' [ REUSE ];
```

**例5-1**：备份控制文件为二进制文件c:\control.bkp。

```
SQL> ALTER DATABASE BACKUP CONTROLFILE TO 'c:\control.bkp';

数据库已更改。
```

**2．备份控制文件为SQL语句**

备份控制文件为SQL语句，Oracle数据库写入SQL语句到跟踪文件，而不是进行控制文件的物理备份。产生的SQL语句以后可以用来重新创建控制文件。如果写入SQL语句到标准跟踪文件，那么需要查看USER_DUMP_DEST初始化参数，来确定标准跟踪文件的位置（默认在C:\app\administrator\diag\rdbms\orcl\orcl\trace目录中），在该目录中找到最近修改时间的文件，打开该文件，记录下CREATE CONTROLFILE语句。

语法：

```
ALTER DATABASE
  BACKUP CONTROLFILE TO
  TRACE [ AS 'filename' [ REUSE ] ] [ RESETLOGS | NORESETLOGS ];
```

表5–2列出了ALTER DATABASE语句各参数的描述信息。

表5-2　LTER DATABASE语句参数

| 参数 | 描述 |
| --- | --- |
| filename | Oracle数据库放置脚本到一个文件名，而不是到标准跟踪文件 |
| REUSE | 让Oracle数据库覆盖任何现有文件 |
| RESETLOGS | 为ALTER DATABASE OPEN RESETLOGS启动数据库，SQL语句写入跟踪文件。如果联机日志不可用，此设置才有效 |
| NORESETLOGS | 为ALTER DATABASE OPEN NORESETLOGS启动数据库，SQL语句写入跟踪文件。如果所有的联机日志可用，此设置才有效 |

**例5-2**：备份控制文件为SQL语句，文件为c:\control。

```
SQL> ALTER DATABASE BACKUP CONTROLFILE TO TRACE AS 'c:\control';

数据库已更改。
//在c:\control文件中直接查看CREATE CONTROLFILE语句，CREATE CONTROLFILE
```

### 5.1.3 创建新控制文件

在 Oracle 中，有以下两种方法创建控制文件。

➢ 创建数据库时会自动创建控制文件，控制文件名称是由 CONTROL_FILES 初始化参数指定的。

➢ 创建数据库以后创建控制文件，此时需要使用 CREATE CONTROLFILE 语句进行创建。

当出现以下情况时，需要创建新控制文件。

➢ 所有控制文件都不能使用，并且没有任何控制文件的备份。

➢ 需要修改数据库参数的永久设置，如 MAXLOGFILES 或 MAXDATAFILES 等。

按以下步骤在数据库中创建新控制文件。

**1．关闭数据库**

使用以下命令关闭数据库。

```
SQL> SHUTDOWN IMMEDIATE
数据库已经关闭。
已经卸载数据库。
ORACLE 例程已经关闭。
```

**2．启动数据库到 NOMOUNT 状态**

使用以下命令启动数据库到 NOMOUNT 状态。

```
SQL> STARTUP NOMOUNT
ORACLE 例程已经启动。

Total System Global Area    431038464 bytes
Fixed Size                    1375088 bytes
Variable Size               327156880 bytes
Database Buffers             96468992 bytes
Redo Buffers                  6037504 bytes
```

**3．创建新控制文件**

CREATE CONTROLFILE 语句用于为数据库创建新控制文件。在创建新控制文件时，需要指定联机重做日志文件和数据文件的信息。这些信息需要事先通过 V$LOGFILE 和 V$DATAFILE 动态性能视图查询。

使用以下命令创建新控制文件。

```
SQL> CREATE CONTROLFILE REUSE DATABASE "ORCL" NORESETLOGS    NOAR
CHIVELOG
      MAXLOGFILES 16
      MAXLOGMEMBERS 3
      MAXDATAFILES 100
      MAXINSTANCES 8
      MAXLOGHISTORY 292
LOGFILE
   GROUP 1 'C:\APP\ADMINISTRATOR\ORADATA\ORCL\REDO01.LOG'    SIZE 50M
```

```
DLOCKSIZE 512,
    GROUP 2 'C:\APP\ADMINISTRATOR\ORADATA\ORCL\REDO02.LOG'   SIZE 50M
BLOCKSIZE 512,
    GROUP 3 'C:\APP\ADMINISTRATOR\ORADATA\ORCL\REDO03.LOG'   SIZE 50M
BLOCKSIZE 512
  DATAFILE
    'C:\APP\ADMINISTRATOR\ORADATA\ORCL\SYSTEM01.DBF',
    'C:\APP\ADMINISTRATOR\ORADATA\ORCL\SYSAUX01.DBF',
    'C:\APP\ADMINISTRATOR\ORADATA\ORCL\UNDOTBS01.DBF',
    'C:\APP\ADMINISTRATOR\ORADATA\ORCL\USERS01.DBF',
  CHARACTER SET AL32UTF8;

  控制文件已创建。
```

**4．打开数据库**

使用以下命令转换数据库启动模式为 OPEN，即打开数据库。

```
SQL> ALTER DATABASE OPEN;

数据库已更改。
```

注　意

如果在 CREATE CONTROLFILE 语句中使用 RESETLOGS，那么需要使用 ALTER DATABASE OPEN RESETLOGS 命令打开数据库。

### 5.1.4　删除控制文件

当某个控制文件损坏时，或者一个控制文件的位置不再合适时，可以从数据库中删除控制文件。

注　意

在生产环境中，为了数据库的安全，建议数据库在任何时候都应该至少有两个控制文件。

按以下步骤在数据库中删除控制文件。

**1．查看 CONTROL_FILES 初始化参数**

使用以下命令查看 CONTROL_FILES 初始化参数，显示当前 Oracle 数据库存在两个控制文件。

```
SQL> SHOW PARAMETER CONTROL_FILES

NAME                                 TYPE        VALUE
------------------------------------ ----------- ------------------------------
control_files                        string      C:\APP\ADMINISTRATOR\ORADATA\O
                                                 RCL\CONTROL01.CTL, C:\APP\ADMI
```

```
NISTRATOR\FLASH_RECOVERY_AREA\
ORCL\CONTROL02.CTL
```

**2．修改 CONTROL_FILES 初始化参数**

使用以下命令修改 CONTROL_FILES 初始化参数，只指定需要的控制文件。

```
SQL> ALTER SYSTEM SET
    CONTROL_FILES='C:\APP\ADMINISTRATOR\ORADATA\ORCL\CONTROL01.CTL'
    SCOPE=SPFILE;

系统已更改。
```

注　意　此操作不会实际从磁盘中删除不需要的控制文件。使用操作系统命令删除不必要的文件后，才最终从数据库中删除控制文件。

**3．关闭数据库**

使用以下命令关闭数据库。

```
SQL> SHUTDOWN IMMEDIATE
数据库已经关闭。
已经卸载数据库。
ORACLE 例程已经关闭。
```

**4．删除不需要的控制文件**

使用操作系统命令 del 删除不需要的控制文件。

```
C:\>del C:\APP\ADMINISTRATOR\FLASH_RECOVERY_AREA\ORCL\CONTROL02.CTL
```

**5．启动数据库**

使用以下命令启动数据库。

```
SQL> STARTUP
ORACLE 例程已经启动。

Total System Global Area  431038464 bytes
Fixed Size                  1375088 bytes
Variable Size             335545488 bytes
Database Buffers           88080384 bytes
Redo Buffers                6037504 bytes
数据库装载完毕。
数据库已经打开。
```

**6．查看 CONTROL_FILES 初始化参数**

使用以下命令查看 CONTROL_FILES 初始化参数，当前只存在一个控制文件。

```
SQL> SHOW PARAMETER CONTROL_FILES

NAME                                 TYPE        VALUE
------------------------------------ ----------- ------------------------------
```

```
control_files                        string        C:\APP\ADMINISTRATOR\ORADATA\O
                                                   RCL\CONTROL01.CTL
```

### 5.1.5 添加控制文件

为了 Oracle 数据库的安全，允许在数据库中添加多个控制文件。

按以下步骤在数据库中添加控制文件。

**1．查看 CONTROL_FILES 初始化参数**

使用以下命令查看 CONTROL_FILES 初始化参数，显示当前 Oracle 数据库存在一个控制文件。

```
SQL> SHOW PARAMETER CONTROL_FILES

NAME                                 TYPE        VALUE
------------------------------------ ----------- ------------------------------
control_files                        string      C:\APP\ADMINISTRATOR\ORADATA\O
                                                 RCL\CONTROL01.CTL
```

**2．修改 CONTROL_FILES 初始化参数**

使用以下命令修改 CONTROL_FILES 初始化参数，添加需要指定的控制文件。

```
SQL> ALTER SYSTEM SET
     CONTROL_FILES='C:\APP\ADMINISTRATOR\ORADATA\ORCL\CONTROL01.CTL',
     'C:\APP\ADMINISTRATOR\ORADATA\ORCL\CONTROL02.CTL' SCOPE=SPFILE;

系统已更改。
```

**3．关闭数据库**

使用以下命令关闭数据库。

```
SQL> SHUTDOWN IMMEDIATE
数据库已经关闭。
已经卸载数据库。
ORACLE 例程已经关闭。
```

**4．复制控制文件**

使用操作系统命令 copy 复制控制文件。

```
C:\>copy C:\APP\ADMINISTRATOR\ORADATA\ORCL\CONTROL01.CTL
C:\APP\ADMINISTRATOR\ORADATA\ORCL\CONTROL02.CTL
已复制 1 个文件。
```

**5．启动数据库**

使用以下命令启动数据库。

```
SQL> STARTUP
ORACLE 例程已经启动。

Total System Global Area  431038464 bytes
Fixed Size                  1375088 bytes
Variable Size             335545488 bytes
```

```
Database Buffers              88080384 bytes
Redo Buffers                   6037504 bytes
数据库装载完毕。
数据库已经打开。
```

**6．查看 CONTROL_FILES 初始化参数**

使用以下命令查看 CONTROL_FILES 初始化参数，当前已经存在两个控制文件。

```
SQL> SHOW PARAMETER CONTROL_FILES

NAME                                 TYPE        VALUE
------------------------------------ ----------- ------------------------------
control_files                        string      C:\APP\ADMINISTRATOR\ORADATA\O
                                                 RCL\CONTROL01.CTL, C:\APP\ADMI
                                                 NISTRATOR\ORADATA\ORCL\CONT
                                                 ROL02.CTL
```

## 5.2 表空间简介

表空间是 Oracle 数据库中的逻辑结构。一个 Oracle 数据库能够有一个或多个表空间，而一个表空间则对应着一个或多个物理的数据库文件。表空间中容纳着许多数据库实体，如表、视图、索引等。

### 5.2.1 逻辑空间管理

Oracle 数据库必须使用逻辑空间管理来跟踪和分配表空间中的区。当一个数据库对象需要一个区的时候，该数据库必须具有查找和提供它的方法。

表空间具有以下两种逻辑空间管理方式。

**1．字典管理表空间**

字典管理表空间（Dictionary-Managed Tablespace）使用数据字典来管理区。Oracle 数据库更新数据字典，在一个区上被分配或释放以供重用。如当一个表需要一个区时，数据库查询数据字典，以及搜索空闲区。如果数据库找到空间，那么它会修改一个数据字典，并插入一行到另一个数据字典。在这种方式中，数据库通过修改和移动数据开管理空间。数据库所有的空间分配都存储在数据字典中，容易引起字典争用，而导致性能问题。

**2．本地管理表空间**

本地管理表空间（Locally Managed Tablespace）是指数据库在表空间中使用位图来管理区，这是 Oracle 数据库默认的区管理方式。支持在一个表空间里进行更多并发操作，并减少了对数据字典的依赖。在一个表空间中，数据库可以使用自动段空间管理（ASSM）或手动段空间管理（MSSM）来管理段。

本地管理表空间的空间分配不存储在数据字典中，而是使用每个数据文件头部的第 3~第 8 个块的位图块，来管理空间分配。每一个位对应于一组块。当空间分配或释放时，Oracle 数据库更改位图值，以反映块的新状态。

本地管理表空间具有以下优点。

➢ 本地管理表空间避免了递归的空间管理操作。而这种情况在字典管理表空间是经常出现的，当表空间里区的使用状况发生改变时，数据字典的表的信息发生改变，同时也使用了在系统表空间里的 UNDO 段。

➢ 本地管理表空间避免了在数据字典相应表里面写入空闲空间、已使用空间的信息，从而减少了数据字典表的竞争，提高了空间管理的并发性。

➢ 本地管理表空间自动跟踪表空间里的空闲块，减少了手工合并自由空间的需要。

➢ 本地管理表空间里的区的大小可以选择由 Oracle 系统来决定，或者由数据库管理员指定一个统一的大小，避免了字典管理表空间的碎片问题。

➢ 从由数据字典来管理空闲块改为由数据文件的头部记录来管理空闲块，能够避免产生 UNDO 信息，不再使用系统表空间里的 UNDO 段。因为由数据字典来管理的话，它会把相关信息记在数据字典的表里，从而产生 UNDO 信息。

### 5.2.2 段空间管理

段空间管理是从包含该段的表空间继承的属性，是指 Oracle 用来管理段中已用数据块和空闲数据块的机制。

在本地管理表空间中，数据库可以自动或手动管理段。

**1. 自动段空间管理**

自动段空间管理（Automatic Segment Space Management，ASSM）使用位图来管理空间。当数据块发生变化时，Oracle 会自动更新位图，以反映这个数据块是否允许插入操作。

**2. 手动段空间管理**

手动段空间管理（Manual Segment Space Management，MSSM）是指 Oracle 使用空闲列表（Free List）管理段中的数据块，空闲列表列出允许进行插入操作的数据块。Oracle 通过 PCT_FREE 和 PCT_USED 两个参数来控制一个数据块是否允许插入数据。当对一个块进行 INSERT 或者 UPDATE 操作后，Oracle 会把这个块中剩余的空闲空间和 PCT_FREE 进行对比，如果这个数据块中的空闲空间小于 PCT_FREE 的设置，Oracle 将把这个块从空闲列表中取出，此时这个块不再允许进行 INSERT 操作，但这个块仍然允许 UPDATE 操作。当对一个块进行 DELETE 或者 UPDATE 操作以后，Oracle 会把这个块中已经使用的空间和 PCT_USED 进行对比，如果这个数据块中已经使用的空间小于 PCT_USED 的设置，则 Oracle 把这个块重新放回空闲列表中，此时这个块又可以进行 INSERT 了。

用户在创建方案对象时使用 PCTFREE、PCTUSED、FREELISTS 和 FREELIST GROUPS 参数来为段设置存储管理方式。

### 5.2.3 大文件表空间和小文件表空间

表空间可以是一个大文件表空间或小文件表空间。

**1. 小文件表空间**

小文件表空间可以包含多个数据文件或临时文件。数据库默认创建的是小文件表空间，即 Oracle 中传统的表空间类型。

**2. 大文件表空间**

大文件表空间只能包含一个非常大的数据文件或临时文件，可以降低管理多个数据文件和临时文件的负担。只有自动段空间管理的本地管理表空间支持大文件表空间。当数据库文件由 Oracle 管理（OMF），且使用大文件表空间时，数据文件对用户完全透明，用户只需针对表空间执行管理操作，而无需关心处于底层的数据文件。使用大文件表空间，使表空间成为磁盘空间管理、备份和恢复等操作的主要对象。

大文件表空间只能支持用于使用 ASSM（自动段空间管理）的本地管理表空间。本地管理 UNDO 表空间和临时表空间即使是手动段管理空间也可以是大文件表空间。

## 5.3 创建表空间

### 5.3.1 创建永久表空间

CREATE TABLESPACE 语句用于创建永久表空间。永久表空间包含持久的方案对象，其对象存储在数据文件中。当创建一个永久表空间时，其最初是一个读/写表空间。要创建永久表空间，必须要拥有 CREATE TABLESPACE 系统权限。在可以创建一个永久表空间之前，必须先创建包含该表空间的数据库，并且数据库必须处于打开状态。

语法：

```
CREATE
  [ BIGFILE | SMALLFILE ]
  { TABLESPACE tablespace
  [ DATAFILE [ 'filename']
  [ SIZE integer [ K | M | G | T | P | E ] ]
  [ REUSE ]
  [AUTOEXTEND { OFF | ON [ NEXT integer [ K | M | G | T | P | E ] ]
  [MAXSIZE { UNLIMITED | integer [ K | M | G | T | P | E ] } ] } ]
  [,[ 'filename']
  [ SIZE integer [ K | M | G | T | P | E ] ]
  [ REUSE ]
  [AUTOEXTEND { OFF | ON [ NEXT integer [ K | M | G | T | P | E ] ]
  [MAXSIZE { UNLIMITED | integer [ K | M | G | T | P | E ] } ] } ] ]... ]
  { MINIMUM EXTENT integer [ K | M | G | T | P | E ]
  | BLOCKSIZE integer [ K ]
  | { LOGGING | NOLOGGING }
  | STORAGE
  ({ INITIAL integer [ K | M | G | T | P | E ]
  | NEXT integer [ K | M | G | T | P | E ]
  | MINEXTENTS integer
  | MAXEXTENTS { integer | UNLIMITED }
  | MAXSIZE { UNLIMITED | integer [ K | M | G | T | P | E ] }
  | PCTINCREASE integer
  | FREELISTS integer
  | FREELIST GROUPS integer
  | BUFFER_POOL { KEEP | RECYCLE | DEFAULT } } ...)
  | { ONLINE | OFFLINE }
  | EXTENT MANAGEMENT LOCAL
```

```
    [ AUTOALLOCATE | UNIFORM [ SIZE integer [ K | M | G | T | P | E ]]]
    | SEGMENT SPACE MANAGEMENT { AUTO | MANUAL } }...};
```

表 5–3 列出了 CREATE TABLESPACE 语句各参数的描述信息。





表 5-3 CREATE TABLESPACE 语句参数

| 参数 | 描述 |
|---|---|
| BIGFILE | 创建大文件表空间 |
| SMALLFILE | 创建小文件表空间 |
| SIZE integer [ K \| M \| G \| T \| P \| E ] | 表空间中数据文件的初始大小 |
| REUSE | 当数据文件在磁盘上已经存在时，覆盖磁盘上的文件 |
| AUTOEXTEND { OFF \| ON } | 启动或停止表空间自动扩展功能 |
| NEXT integer [ K \| M \| G \| T \| P \| E ] | 当超过数据文件的初始大小时，下一次扩展数据文件的大小 |
| MAXSIZE { UNLIMITED \| integer [ K \| M \| G \| T \| P \| E ] } | 表空间中数据文件的最大大小 |
| BLOCKSIZE integer [ K ] | 指定一个非标准块大小的表空间。为了使用该子句，必须事先设置好 DB_CACHE_SIZE 和至少一个 DB_nK_CACHE_SIZE 初始化参数（*n* 为数字，*n* 可以为 2、4、8、16 或 32） |
| LOGGING \| NOLOGGING | Oracle 数据库会记录所有表空间中所有对象的变更所产生的重做日志 |
| SEGMENT SPACE MANAGEMENT AUTO | 自动段空间管理 |
| SEGMENT SPACE MANAGEMENT MANUAL | 手动段空间管理 |
| EXTENT MANAGEMENT LOCAL AUTOALLOCATE | 指定区管理方式，自动分配区大小，默认会按递增算法分配区的空间 |
| EXTENT MANAGEMENT LOCAL UNIFORM [ SIZE integer [ K \| M \| G \| T \| P \| E ] ] | 指定区管理方式，指定手动分配区大小，如果没有指定区大小，区大小默认为 64K |
| ONLINE \| OFFLINE | 表空间处于联机状态或脱机状态 |

**例 5-3**：创建表空间 tablespace_1（默认为小文件表空间）。

```
SQL> CREATE TABLESPACE tablespace_1
     DATAFILE 'c:\tbs1.dbf' SIZE 10M;

表空间已创建。
```

**例 5-4**：创建表空间 tablespace_2，拥有两个数据文件。

```
SQL> CREATE TABLESPACE tablespace_2
     DATAFILE 'c:\tbs2a.dbf' SIZE 10M,'c:\tbs2b.dbf' SIZE 10M;

表空间已创建。
```

**例 5-5**：创建大文件表空间 tablespace_3。

```
SQL> CREATE BIGFILE TABLESPACE tablespace_3
     DATAFILE 'c:\tbs3.dbf' SIZE 20M;

表空间已创建。
```

**例 5-6**：创建自动扩展的表空间 tablespace_4。

```
SQL> CREATE TABLESPACE tablespace_4
     DATAFILE 'c:\tbs4.dbf ' SIZE 500K REUSE
     AUTOEXTEND ON NEXT 500K MAXSIZE 100M;

表空间已创建。
```

**例 5-7**：创建表空间 tablespace_5，表空间处于脱机状态。

```
SQL> CREATE TABLESPACE tablespace_5
     DATAFILE 'c:\tbs5.dbf' SIZE 40M
     OFFLINE;

表空间已创建。
```

**例 5-8**：创建表空间 tablespace_6，日志记录属性为 LOGGING。

```
SQL> CREATE TABLESPACE tablespace_6
     DATAFILE 'c:\tbs6.dbf' SIZE 20M
     LOGGING;

表空间已创建。
```

**例 5-9**：创建本地管理表空间 tablespace_7。

```
SQL> CREATE TABLESPACE tablespace_7
     DATAFILE 'c:\tbs7.dbf' SIZE 10M
     EXTENT MANAGEMENT LOCAL;

表空间已创建。
```

**例 5-10**：创建本地管理表空间 tablespace_8，自动分配区大小。

```
SQL> CREATE TABLESPACE tablespace_8
     DATAFILE 'c:\tbs8.dbf' SIZE 100M REUSE
     EXTENT MANAGEMENT LOCAL AUTOALLOCATE;

表空间已创建。
```

**例 5-11**：创建本地管理表空间 tablespace_9，区大小为 128K。

```
SQL> CREATE TABLESPACE tablespace_9
     DATAFILE 'c:\tbs9.dbf' SIZE 10M
     EXTENT MANAGEMENT LOCAL UNIFORM SIZE 128K;
```

```
表空间已创建。
```

**例 5-12**：创建具有自动段空间管理的表空间 tablespace_10。

```
SQL> CREATE TABLESPACE tablespace_10
        DATAFILE 'c:\tbs10.dbf' SIZE 10M
        EXTENT MANAGEMENT LOCAL
        SEGMENT SPACE MANAGEMENT AUTO;

表空间已创建。
```

**例 5-13**：创建具有手动段空间管理的表空间 tablespace_11。

```
SQL> CREATE TABLESPACE tablespace_11
        DATAFILE 'c:\tbs11.dbf' SIZE 10M
        EXTENT MANAGEMENT LOCAL
        SEGMENT SPACE MANAGEMENT MANUAL;

表空间已创建。
```

**例 5-14**：创建非标准块（16K）表空间 tablespace_12。

```
SQL> ALTER SYSTEM SET DB_16K_CACHE_SIZE=10M;

系统已更改。
//设置 DB_16K_CACHE_SIZE 初始化参数
SQL> CREATE TABLESPACE tablespace_12
        DATAFILE 'c:\tbs12.dbf' SIZE 100M BLOCKSIZE 16K;

表空间已创建。
```

### 5.3.2 创建临时表空间

CREATE TEMPORARY TABLESPACE 语句用于创建临时表空间。临时表空间只为一个会话持续时间包含方案对象。临时表空间中的对象存储在临时文件中。要创建临时表空间，必须要拥有 CREATE TABLESPACE 系统权限。在可以创建一个临时表空间之前，必须先创建包含该表空间的数据库，并且数据库必须处于打开状态。

语法：

```
CREATE
   [ BIGFILE | SMALLFILE ]
   { TEMPORARY TABLESPACE tablespace
   [ TEMPFILE [ 'filename']
   [ SIZE integer [ K | M | G | T | P | E ] ]
   [ REUSE ]
   [AUTOEXTEND { OFF | ON [ NEXT integer [ K | M | G | T | P | E ] ]
   [MAXSIZE { UNLIMITED | integer [ K | M | G | T | P | E ] } ] } ]
   [,[ 'filename']
   [ SIZE integer [ K | M | G | T | P | E ] ]
```

```
[ REUSE ]
[AUTOEXTEND { OFF | ON [ NEXT integer [ K | M | G | T | P | E ] ]
[MAXSIZE { UNLIMITED | integer [ K | M | G | T | P | E ] } ] } ] ]... ]
[TABLESPACE GROUP { tablespace_group_name | '' } ]
[ EXTENT MANAGEMENT LOCAL
[ AUTOALLOCATE | UNIFORM [ SIZE integer [ K | M | G | T | P | E ] ] ] ] };
```

表 5-4 列出了 CREATE TEMPORARY TABLESPACE 语句各参数的描述信息。

表 5-4　　CREATE TEMPORARY TABLESPACE 语句参数

| 参数 | 描述 |
|---|---|
| TEMPORARY TABLESPACE tablespace | 指定临时表空间的名称 |
| TABLESPACE GROUP { tablespace_group_name \| '' } | 指定临时表空间组的名称，一个临时表空间组中可以包含一个或多个临时表空间 |

**例 5-15**：创建临时表空间 temp1。

```
SQL> CREATE TEMPORARY TABLESPACE temp1
     TEMPFILE 'c:\temp1.dbf'
     SIZE 5M AUTOEXTEND ON;

表空间已创建。
```

### 5.3.3 创建 UNDO 表空间

CREATE UNDO TABLESPACE 语句用于创建 UNDO 表空间。如果在自动 UNDO 管理模式下运行数据库，UNDO 表空间使用 Oracle 数据库来管理 UNDO 数据的永久表空间类型。Oracle 强烈建议使用自动 UNDO 管理模式。

要创建 UNDO 表空间，必须要拥有 CREATE TABLESPACE 系统权限。在可以创建一个 UNDO 表空间之前，必须先创建包含该表空间的数据库，并且数据库必须处于打开状态。

语法：

```
CREATE
  [ BIGFILE | SMALLFILE ]
  { UNDO TABLESPACE tablespace
  [ DATAFILE [ 'filename']
  [ SIZE integer [ K | M | G | T | P | E ] ]
  [ REUSE ]
  [AUTOEXTEND { OFF | ON [ NEXT integer [ K | M | G | T | P | E ] ]
  [MAXSIZE { UNLIMITED | integer [ K | M | G | T | P | E ] } ] } ]
  [,[ 'filename']
  [ SIZE integer [ K | M | G | T | P | E ] ]
  [ REUSE ]
  [AUTOEXTEND { OFF | ON [ NEXT integer [ K | M | G | T | P | E ] ]
  [MAXSIZE { UNLIMITED | integer [ K | M | G | T | P | E ] } ] } ]]... ]
```

```
    [ EXTENT MANAGEMENT LOCAL
    [ AUTOALLOCATE | UNIFORM [ SIZE integer [ K | M | G | T | P | E ] ] ] ] };
```

表5–5列出了CREATE UNDO TABLESPACE语句各参数的描述信息。

表5-5　CREATE UNDO TABLESPACE语句参数

| 参数 | 描述 |
| --- | --- |
| UNDO TABLESPACE tablespace | 指定UNDO表空间名称 |

**例5-16**：创建UNDO表空间undo1。

```
SQL> CREATE UNDO TABLESPACE undo12
        DATAFILE 'c:\undo12.dbf'
        SIZE 10M AUTOEXTEND ON NEXT 2M MAXSIZE 100M;

表空间已创建。
```

## 5.4　修改表空间

ALTER TABLESPACE语句用于修改现有的表空间或它的一个文件。要修改SYSAUX表空间，必须要拥有SYSDBA系统权限。如果拥有ALTER TABLESPACE系统权限，那么就可以执行任何修改表空间的操作。

如果拥有MANAGE TABLESPACE系统权限，那么只能执行下列操作。

- 将表空间联机或脱机。
- 开始或结束备份表空间。
- 使得表空间只读或读/写。

### 5.4.1　更改表空间大小

使用RESIZE子句更改表空间大小，该操作只适用于大文件表空间。它以绝对大小来增加或减少单个数据文件的大小。使用K、M、G或T来分别指定KB、MB、GB或TB大小。

语法：

```
ALTER TABLESPACE tablespace
  RESIZE integer [ K | M | G | T | P | E ];
```

**例5-17**：更改大文件表空间tablespace_3大小为500M。

```
SQL> ALTER TABLESPACE tablespace_3 RESIZE 500M;

表空间已更改。
```

### 5.4.2　表空间联机或脱机

当数据库打开时，表空间可以进行联机（允许访问）或脱机（无法访问）。表空间通常是处于联机状态的，这样它的数据就能提供给用户使用。可以把一个表空间脱机以便进行维护或备份、恢复。当表空间脱机时，数据库不允许后续DML语句引用脱机表空间中的对象。脱机表空间不能被读取，或使用Oracle数据库之外的任何工具编辑。

使用ONLINE或OFFLINE对表空间进行联机或脱机，会使表空间中所有的数据文件或临时文件进行联机或脱机。如果表空间是 SYS 表空间、UNDO 表空间或者是默认临时表空间，则数据库不必打开。当一个表空间脱机时，数据库会将该表空间中的所有相关文件进行脱机。不能将 SYSTEM 表空间、UNDO 表空间和临时表空间进行脱机。

将表空间进行脱机可能出于以下原因。

- 为了使数据库的一部分不可用，同时允许正常访问数据库的其余部分。
- 要执行脱机表空间备份。
- 为了使应用程序及其表暂时无法更新或维护应用程序。
- 要重命名或重定位表空间的数据文件。

语法：

```
ALTER TABLESPACE tablespace
  { { ONLINE | OFFLINE [ NORMAL | TEMPORARY | IMMEDIATE ] } };
```

可以使用表 5-6 所示的 3 个参数来控制表空间的脱机方式。

表 5-6　　　　表空间脱机方式

| 参数 | 描述 |
| --- | --- |
| NORMAL | 将表空间以正常方式切换到脱机状态，在进入脱机状态过程中会执行一次检查点，将 SGA 中与该表空间相关的脏缓存块写入到数据文件中，然后再关闭表空间的所有数据文件。如果在这过程中没有发生任何错误，则可以使用 NORMAL 参数，这是默认的表空间脱机模式 |
| TEMPORARY | 将表空间以临时方式切换到脱机状态。这时在执行检查点时并不会检查各个数据文件的状态，即使某些数据文件处于不可用状态，也会忽略这些错误。这样将表空间设置为联机状态时，可能需要进行介质恢复 |
| IMMEDIATE | 表空间可以立即采取脱机，数据库无需在任何数据文件上执行检查点。表空间在联机之前需要使用 RECOVER DATAFILE 命令进行介质恢复。如果数据库运行在 NOARCHIVELOG 模式，不能将表空间立即脱机 |

**例 5-18**：将表空间 tablespace_1 进行脱机。

```
SQL> ALTER TABLESPACE tablespace_1 OFFLINE;

表空间已更改。
```

**例 5-19**：将表空间 tablespace_1 进行联机。

```
SQL> ALTER TABLESPACE tablespace_1 ONLINE;

表空间已更改。
```

**例 5-20**：将表空间 tablespace_1 进行立即脱机。

```
SQL> ALTER TABLESPACE tablespace_1 OFFLINE IMMEDIATE;
```

```
表空间已更改。
//表空间在下一次联机之前，需要使用 RECOVER DATAFILE 命令对该表空间中的所有数据文件执行介质恢复
```

### 5.4.3 更改表空间读写模式

表空间模式决定了表空间的访问能力，有只读模式和读/写模式两种。

**1．只读模式**

只读模式将阻止在表空间的数据文件中进行写入操作。只读表空间可以驻留在只读介质上，不再需要执行备份和恢复。如果介质故障后需要恢复数据库，那么就需要恢复只读表空间。

**2．读/写模式**

读/写模式允许用户可以读取和写入表空间。所有表空间最初都创建为读/写模式。SYSTEM 表空间、SYSAUX 表空间和临时表空间都将被永久设置为读/写模式，这意味着它们不能被设置为只读模式。

指定 READ ONLY 可以将表空间更改为只读模式。当表空间为只读时，不能对存储在该表空间中的表进行任何 DML 操作，但是能删除该表。将表空间更改为只读模式，必须要拥有 ALTER TABLESPACE 或 MANAGE TABLESPACE 系统权限。

设置表空间为只读模式之前，必须满足以下条件。

- 表空间必须联机，以确保有一个必须被应用到的表空间没有撤销信息。
- 表空间不能是有效 UNDO 表空间或 SYSTEM 表空间。
- 当前不得参与联机备份的表空间，因为备份结束时将更新该表空间的所有数据文件的头文件。

指定 READ WRITE，表示将表空间更改为读/写模式。所有的表空间在最初创建时都设置为读/写模式。

语法：

```
ALTER TABLESPACE tablespace
  READ { ONLY | WRITE };
```

**例 5-21**：将表空间 tablespace_1 设置为只读模式。

```
SQL> ALTER TABLESPACE tablespace_1 READ ONLY;

表空间已更改。
```

**例 5-22**：将表空间 tablespace_1 设置为读/写模式。

```
SQL> ALTER TABLESPACE tablespace_1 READ WRITE;

表空间已更改。
```

### 5.4.4 修改表空间名称

使用 RENAME TO 子句可以修改表空间的名称，可以重新命名永久表空间和临时表空间。如果表空间和它的所有数据文件是联机的，RENAME TO 子句才有效。如果表空间是只读的，那么 Oracle 数据库不更新数据文件头以反映新的名称，警告日志会指明该数据文件头尚未更新。

注　意

不能重命名 SYSTEM 表空间或 SYSAUX 表空间。

语法：

```
ALTER TABLESPACE tablespace
  RENAME TO new_tablespace_name;
```

**例 5-23**：将表空间 tablespace_1 的名称修改为 tablespace_1a。

```
SQL> ALTER TABLESPACE tablespace_1 RENAME TO tablespace_1a;

表空间已更改。
```

## 5.5 删除表空间

DROP TABLESPACE 语句用于删除表空间。如果表空间包含持有活跃事物的任何回滚段，则不能删除表空间。要删除表空间，必须要拥有 DROP TABLESPACE 系统权限。数据库的默认表空间不能删除，只有将默认表空间指向其他表空间之后才可以删除。当用户的默认表空间被删除之后，用户的默认表空间会自动指向数据库的默认表空间。

除 SYSTEM 表空间之外，可以删除数据库中的任何表空间。当删除表空间时，Oracle 只是在控制文件和数据字典中，删除与表空间和数据文件相关的信息。如果在删除表空间的同时要删除对应的数据文件，则必须显示指定的 INCLUDING CONTENTS AND DATAFILES 子句。

注　意

当前数据库级别的默认表空间不能删除，用户级别的默认表空间可以删除。

语法：

```
DROP TABLESPACE tablespace
  [ INCLUDING CONTENTS [ {AND | KEEP } DATAFILES ]
  [ CASCADE CONSTRAINTS ] ];
```

表 5−7 列出了 DROP TABLESPACE 语句各参数的描述信息。

表 5-7　　DROP TABLESPACE 语句参数

| 参数 | 描述 |
| --- | --- |
| INCLUDING CONTENTS | 删除表空间中包含的任何数据库对象。如果省略，而表空间不是空的，那么数据库会返回一个错误，并且不会删除表空间 |
| AND DATAFILES | 在删除表空间的同时，也删除数据文件相关的操作系统文件 |
| KEEP DATAFILES | 在删除表空间的同时，不删除数据文件相关的操作系统文件 |
| CASCADE CONSTRAINTS | 删除表空间的同时，也删除引用该表空间上表的主键和唯一键的其他表空间上的表的外键约束 |

**例 5-24**：删除表空间 tablespace_1。

```
SQL> DROP TABLESPACE tablespace_1;

表空间已删除。
```

**例 5-25**：删除表空间 tablespace_1，包括表空间中的所有内容。

```
SQL> DROP TABLESPACE tablespace_1 INCLUDING CONTENTS;

表空间已删除。
```

**例 5-26**：删除表空间 tablespace_1，同时删除数据文件相关的操作系统文件。

```
SQL> DROP TABLESPACE tablespace_1 INCLUDING CONTENTS AND DATAFILES;

表空间已删除。
```

## 5.6 管理数据文件

### 5.6.1 数据文件简介

一个表空间由一个或多个数据文件组成，而一个数据文件只能与一个表空间关联，逻辑数据库结构（如表、索引）的数据物理地存储在数据文件中。

在 Oracle 数据库中，数据文件可以分为以下几类。

**1．系统数据文件**

系统数据文件用来存储系统表和数据字典，主要是指 SYSTEM 表空间中的数据文件，是 Oracle 数据库中必须要存在的数据文件。

**2．UNDO 数据文件**

如果数据库对数据进行修改，那么就必须使用 UNDO 段，UNDO 段用来临时存储修改前的数据。UNDO 段通常都存储在一个单独的表空间上（UNDO 表空间），避免表空间碎片化，这个表空间包含的数据文件就是 UNDO 数据文件。

**3．临时数据文件**

临时数据文件主要用来存储排序操作等临时数据，必须为用户指定一个临时表空间。临时段容易引起表空间碎片化，而且不能在一个永久表空间上开辟临时段，所以就必须有一个临时表空间，该表空间所包含的数据文件就是临时数据文件。

**4．用户数据文件**

用户数据文件主要用来存储用户数据，主要是表数据和索引数据。如果条件允许，可以考虑将表数据和索引数据存储到不同的磁盘上。

### 5.6.2 添加数据文件

指定 ALTER TABLESPACE ... ADD DATAFILE 语句添加指定的数据文件到表空间中。当表空间的存储空间不足时，可以为该表空间添加新的数据文件，来扩展表空间大小。建议预先估计表空间所需的存储空间大小，然后为它创建若干适当大小的数据文件。不能为大文件表空间添加数据文件，因为大文件表空间受到限制，只能有一个数据文件。

在添加新的数据文件时，如果同名的操作系统文件已经存在，添加新的数据文件将失败。

如果要覆盖同名的操作系统文件，则必须指定 REUSE。

语法：

```
ALTER TABLESPACE tablespace
   ADD DATAFILE [[ 'filename']
   [ SIZE integer [ K | M | G | T | P | E ] ]
   [ REUSE ]
   [AUTOEXTEND { OFF | ON [ NEXT integer [ K | M | G | T | P | E ] ]
   [MAXSIZE { UNLIMITED | integer [ K | M | G | T | P | E ] } ] } ]
    [,[ 'filename']
   [ SIZE integer [ K | M | G | T | P | E ] ]
   [ REUSE ]
   [AUTOEXTEND { OFF | ON [ NEXT integer [ K | M | G | T | P | E ] ]
   [MAXSIZE { UNLIMITED | integer [ K | M | G | T | P | E ] } ] } ] ]... ];
```

**例 5-27**：添加数据文件 c:\tbs1b.dbf 到表空间 tablespace_1 中。

```
SQL> ALTER TABLESPACE tablespace_1
       ADD DATAFILE 'c:\tbs1b.dbf' SIZE 10M;

表空间已更改。
```

**例 5-28**：添加数据文件 c:\tbs1c.dbf 到表空间 tablespace_1 中。

```
SQL> ALTER TABLESPACE tablespace_1
       ADD DATAFILE 'c:\tbs1c.dbf' SIZE 10M
       AUTOEXTEND ON
       NEXT 1M
       MAXSIZE 50M;

表空间已更改。
```

### 5.6.3 启用或禁用数据文件自动扩展

使用 ALTER DATABASE ... AUTOEXTEND 语句启用或禁用数据文件的自动扩展功能。

语法：

```
ALTER DATABASE
   DATAFILE { 'filename' | filenumber } [, 'filename' | filenumber ]...}
   AUTOEXTEND
   { OFF | ON [ NEXT integer [ K | M | G | T | P | E ] ]
   [MAXSIZE { UNLIMITED | integer [ K | M | G | T | P | E ] } ] };
```

**例 5-29**：禁用数据文件 c:\tbs1b.dbf 的自动扩展功能。

```
SQL> ALTER DATABASE
       DATAFILE 'c:\tbs1b.dbf'
       AUTOEXTEND OFF;

数据库已更改。
```

**例 5-30**：启用数据文件 c:\tbs1b.dbf的自动扩展功能。

```
SQL> ALTER DATABASE
        DATAFILE 'c:\tbs1b.dbf'
        AUTOEXTEND ON NEXT 5M MAXSIZE 100M;

数据库已更改。
```

### 5.6.4 更改数据文件大小

使用 ALTER DATABASE...RESIZE 语句指定绝对值来增加或减小数据文件的大小，默认单位为字节。

语法：

```
ALTER DATABASE
   DATAFILE { { 'filename' | filenumber } [, 'filename' | filenumber ]...
   RESIZE integer [ K | M | G | T | P | E ] };
```

**例 5-31**：将数据文件 c:\tbs1b.dbf的大小更改为 40M。

```
SQL> ALTER DATABASE
        DATAFILE 'c:\tbs1b.dbf '
        RESIZE 40M;

数据库已更改。
```

### 5.6.5 数据文件联机或脱机

使用 ALTER DATABASE ... ONLINE 或 ALTER DATABASE ... OFFLINE 语句可以将数据文件进行联机或脱机。如果数据库运行在归档日志（ARCHIVELOG）模式下，则 Oracle 数据库会忽略 FOR DROP 子句。

语法：

```
ALTER DATABASE
   DATAFILE { 'filename' | filenumber } [, 'filename' | filenumber ]...
   { ONLINE | OFFLINE [ FOR DROP ] };
```

表 5-8 列出了 ALTER DATABASE 语句各参数的描述信息。

表 5-8　　ALTER DATABASE 语句参数

| 参数 | 描述 |
| --- | --- |
| ONLINE | 使得数据文件联机 |
| OFFLINE | 使得数据文件脱机。如果数据库是打开的，那么必须在它重新联机之前在数据文件上执行介质恢复，因为在它脱机之前，没有在数据文件上执行一个检查点。执行介质恢复使用 RECOVER DATAFILE 命令 |
| FOR DROP | 如果数据库处于 NOARCHIVELOG 模式，那么必须指定 FOR DROP，以将数据文件脱机。然而这不会删除数据库中的数据文件 |

**例 5-32**：将数据文件 c:\tbs1b.dbf 进行脱机。

```
SQL> ALTER DATABASE
        DATAFILE 'c:\tbs1b.dbf '
        OFFLINE;

数据库已更改。
```

**例 5-33**：将数据文件 c:\tbs1b.dbf 进行联机。

```
SQL> RECOVER DATAFILE 11;
完成介质恢复。
//进行介质恢复，这里的 11 表示数据文件的文件号，可以查看 DBA_DATA_FILES 数据
字典的 FILE_ID 列
SQL> ALTER DATABASE
        DATAFILE 'c:\tbs1b.dbf '
        ONLINE;

数据库已更改。
```

### 5.6.6 更改数据文件的位置和名称

使用 ALTER TABLESPACE ... RENAME DATAFILE 语句重命名一个或多个数据文件。该数据库必须是打开的，并且在重命名数据文件之前必须将数据文件所在的表空间进行脱机。每个 filename 必须在操作系统上使用约定的文件名来完全指定数据文件。

ALTER TABLESPACE ... RENAME DATAFILE 语句实际上并没有改变操作系统文件的文件名。必须通过操作系统命令更改文件的名称。

语法：

```
ALTER TABLESPACE tablespace
    RENAME DATAFILE 'filename' [, 'filename' ]...
    TO 'filename' [, 'filename' ];
```

**例 5-34**：更改表空间 tablespace_1 中的数据文件 c:\tbs1.dbf 名称为 c:\tbs1y.dbf。

（1）将表空间进行脱机

使用以下命令将表空间 tablespace_1 进行脱机。

```
SQL> ALTER TABLESPACE tablespace_1 OFFLINE NORMAL;

表空间已更改。
```

（2）移动文件

使用操作系统命令移动文件 C:\TBS1.DBF 为 C:\TBS1Y.DBF。

```
C:\>move C:\TBS1.DBF C:\TBS1Y.DBF
移动了         1 个文件。
```

（3）重命名数据文件

使用以下命令重命名数据文件 c:\tbs1.dbf 为 c:\tbs1y.dbf。

```
SQL> ALTER TABLESPACE tablespace_1
        RENAME DATAFILE 'c:\tbs1.dbf'
```

```
        TO 'c:\tbs1y.dbf';

表空间已更改。
```

（4）将表空间进行联机

使用以下命令将表空间 tablespace_1 进行联机。

```
SQL> ALTER TABLESPACE tablespace_1 ONLINE;

表空间已更改。
```

### 5.6.7 删除数据文件

使用 ALTER TABLESPACE...DROP DATAFILE 语句从表空间中删除一个指定的空数据文件。DROP DATAFILE 子句使数据文件从数据字典中删除，并且从操作系统中删除。数据库必须在指定该子句时打开。

要删除数据文件，数据文件必须达到以下要求。

- 数据文件必须是空的。
- 数据文件不能是表空间中创建的第一个文件。出现这种情况时，以删除表空间来代替。
- 可以从只读表空间中删除数据文件。
- 数据文件不能脱机。

语法：

```
ALTER TABLESPACE tablespace
  DROP DATAFILE { 'filename' | file_number };
```

**例 5-35**：删除表空间 tablespace_1 中的数据文件 c:\tbs1b.dbf。

```
SQL> ALTER TABLESPACE tablespace_1 DROP DATAFILE 'c:\tbs1b.dbf';

表空间已更改。
```

**例 5-36**：删除表空间 tablespace_1 中的数据文件 c:\tbs1b.dbf。

```
SQL> COLUMN FILE_NAME FORMAT A60
SQL> SELECT FILE_NAME,FILE_ID FROM DBA_DATA_FILES
        WHERE FILE_NAME LIKE '%TBS1B%';

           FILE_NAME                                                      FILE_ID
           ------------------------------------------------------------ ----------
           C:\TBS1B.DBF                                                        11
     //数据文件 C:\TBS1B.DBF 的文件号是 11
SQL> ALTER TABLESPACE tablespace_1 DROP DATAFILE 11;

表空间已更改。
```

## 5.7 管理联机重做日志文件

### 5.7.1 联机重做日志文件简介

联机重做日志文件是存储重做日志的文件，可以维护数据库的一致性，用于恢复数据库。每一个数据库有两个或多个重做日志文件组，每一个重做日志文件组用于收集数据库日志。对数据库所作的全部修改记录在日志中。在出现故障时，如果不能将修改数据永久地写入数据文件，则可以利用日志得到该修改，所以不会丢失已有操作数据。

联机重做日志为数据库实例调用重做线程。在单实例配置中，只有一个实例访问一个数据库，所以只有一个重做线程存在。在 Oracle RAC 的配置中，有两个或多个实例同时访问一个数据库，每个实例都有自己的重做线程。单独重做线程使每个实例可以避免争用一组联机重做日志文件。

联机重做日志包含两个或两个以上的联机重做日志文件。Oracle 数据库至少需要两个文件，以保证一个总是可以写，而其他被存档（如果数据库在 ARCHIVELOG 模式下）。

数据库保持联机重做日志文件，以防止数据丢失。具体来说，实例失败之后，联机重做日志文件使 Oracle 数据库恢复尚未写入到数据文件中的提交的数据。

Oracle 数据库写的每一个事物同步到重做日志缓冲区中，然后再写入到联机重做日志。日志的内容包括未提交的事务、UNDO 数据，以及方案和对象管理语句。

Oracle 数据库使用联机重做日志仅用于恢复。但是管理员可以通过 Oracle LogMiner 工具中的 SQL 接口查询联机重做日志文件。联机重做日志文件是获取有关数据库活动历史信息的有用来源。

Oracle 数据库在同一时间只使用一个联机重做日志文件从重做日志缓冲区写入存储记录。联机重做日志文件通过 LGWR 进程写入。

当数据库停止写一个联机重做日志文件，并开始写另一个联机重做日志文件时，就会发生日志切换。通常情况下，当前联机重做日志文件已满时，写必须继续才会发生切换。可以配置定期发生日志切换，也可以手动强制日志切换，这样不管当前联机重做日志文件是否填满都发生日志切换。

当日志写入填满最后一个可用的联机重做日志文件，进程写入到第一个联机重做日志文件，日志写入联机重做日志文件开始循环。

### 5.7.2 创建重做日志文件组

使用 ALTER DATABASE ADD LOGFILE GROUP 语句创建一个或多个重做日志文件组。

语法：

```
ALTER DATABASE
  ADD LOGFILE { [ GROUP integer ] redo_log_file_spec [, [ GROUP integer ] redo_log_file_spec ]...};
```

**例 5-37**：创建组号为 4 的重做日志文件组，该组拥有两个成员。

```
SQL> ALTER DATABASE
     ADD LOGFILE GROUP 4 ('C:\APP\ADMINISTRATOR\ORADATA\ORCL\redo04a.log',
     'C:\APP\ADMINISTRATOR\ORADATA\ORCL\redo04b.log') SIZE 100M;
```

```
数据库已更改。
```

### 5.7.3 创建重做日志文件

使用 ALTER DATABASE ADD LOGFILE MEMBER 语句将新成员（重做日志文件）添加到现有的重做日志文件组中。每个新成员指定为 filename。如果该文件已经存在，那么必须指定 REUSE。如果该文件不存在，则 Oracle 数据库创建正确大小的文件。

重做日志文件组可能已经存在，但是不完整，如该组的一个或多个成员被丢弃（因为磁盘故障）。在这种情况下，可以添加新成员到现有的重做日志文件组中。

语法：

```
ALTER DATABASE
  ADD LOGFILE { MEMBER 'filename' [ REUSE ] [, 'filename' [ REUSE ] ]...
  TO logfile_descriptor [, logfile_descriptor ]...};
```

**例 5-38**：创建重做日志文件到组号为 4 的重做日志文件组。

```
SQL> ALTER DATABASE
     ADD LOGFILE MEMBER 'C:\APP\ADMINISTRATOR\ORADATA\ORCL\redo04c.log'
     TO GROUP 4;

数据库已更改。
```

### 5.7.4 删除重做日志文件

使用 ALTER DATABSE DROP LOGFILE MEMBER 语句删除一个或多个重做日志文件。每一个 filename 必须在操作系统上使用约定的文件名来完全指定重做日志文件。不能使用该语句删除包含有效数据的重做日志文件组的所有成员。要在当前日志中删除一个重做日志文件，必须先发出 ALTER SYSTEM SWITCH LOGFILE 语句。

语法：

```
ALTER DATABSE
  DROP LOGFILE { MEMBER 'filename' [, 'filename' ]...};
```

**例 5-39**：删除重做日志文件。

```
SQL> ALTER DATABASE
     DROP LOGFILE MEMBER 'C:\APP\ADMINISTRATOR\ORADATA\ORCL\redo04c.log';

数据库已更改。
```

### 5.7.5 重命名重做日志文件

使用 ALTER DATABSE RENAME FILE 语句重新命名重做日志文件。

语法：

```
ALTER DATABASE
  RENAME FILE 'filename' [, 'filename' ]...
  TO 'filename';
```

**例 5-40**：重命名重做日志文件。

（1）查看重做日志组的状态

使用以下命令查看重做日志组的状态，如果是 INACTIVE 和 UNUSED，则可以重命名重做日志文件。

```
SQL> SELECT GROUP#,STATUS FROM V$LOG;

    GROUP# STATUS
---------- --------------------------------
         1 CURRENT
         2 INACTIVE
         3 INACTIVE
         4 UNUSED
```

注　意　如果重做日志组的状态不是 INACTIVE 和 UNUSED，则需要使用 ALTER SYSTEM SWITCH LOGFILE 命令切换重做日志文件，然后才能重命名重做日志文件。

（2）移动文件

使用操作系统命令 move 将 C:\APP\ADMINISTRATOR\ORADATA\ORCL\redo04a.log 改名为 C:\APP\ADMINISTRATOR\ORADATA\ORCL\redo04aa.log。

```
C:\>move C:\APP\ADMINISTRATOR\ORADATA\ORCL\redo04a.log C:\APP\ADMINISTRATOR\ORADATA\ORCL\redo04aa.log
移动了 1 个文件。
```

（3）重命名重做日志文件

使用以下命令重命名重做日志文件 C:\APP\ADMINISTRATOR\ORADATA\ORCL\redo04a.log 为 C:\APP\ADMINISTRATOR\ORADATA\ORCL\redo04aa.log。

```
SQL> ALTER DATABASE
     RENAME FILE 'C:\APP\ADMINISTRATOR\ORADATA\ORCL\redo04a.log'
     TO 'C:\APP\ADMINISTRATOR\ORADATA\ORCL\redo04aa.log'

数据库已更改。
```

### 5.7.6　删除重做日志文件组

使用 ALTER DATABSE DROP LOGFILE GROUP 语句删除重做日志文件组（也将删除该组中的所有成员）。要删除当前重做日志文件组，必须先发出 ALTER SYSTEM SWITCH LOGFILE 语句切换日志文件。

删除重做日志文件组将受到以下限制。

- 如果需要归档，不能删除重做日志文件组。
- 如果导致重做线程包含少于两个重做日志文件组，不能删除重做日志文件组。

语法：

```
ALTER DATABSE
  DROP LOGFILE { GROUP integer | ('filename' [, 'filename' ]...) | 'filename' };
```

**例 5-41**：删除组号为 4 的重做日志文件组。

```
SQL> SELECT GROUP#,ARCHIVED,STATUS FROM V$LOG;
```

```
    GROUP# ARC STATUS
--------- --- ----------------
         1 YES ACTIVE
         2 NO  CURRENT
         3 YES INACTIVE
         4 YES UNUSED
//先查看重做日志文件组状态，状态为 UNUSED 可以删除
SQL> ALTER DATABASE DROP LOGFILE GROUP 4;

数据库已更改。
```

### 5.7.7 清除重做日志文件

数据库在打开的时候，重做日志文件可能会损坏，并最终停止数据库的活动，因而导致归档无法继续。在这种情况下，ALTER DATABASE CLEAR LOGFILE 语句用于清除重做日志文件（重新初始化重做日志文件），而无需关闭数据库。

语法：

```
ALTER DATABASE
  CLEAR [ UNARCHIVED ] LOGFILE logfile_descriptor [, logfile_descriptor ]...
  [ UNRECOVERABLE DATAFILE ];
```

表 5−9 列出了 ALTER DATABASE 语句各参数的描述信息。

表 5-9　　ALTER DATABASE 语句参数

| 参数 | 描述 |
|---|---|
| UNARCHIVED | 清除损坏的重做日志文件并且不归档这些日志 |
| UNRECOVERABLE DATAFILE | 清除未归档的重做日志文件，而该日志可以将脱机表空间变成联机状态 |

**例 5-42**：清除组号为 3 的重做日志文件组的日志文件。

```
SQL> ALTER DATABASE CLEAR LOGFILE GROUP 3;
SQL> SELECT GROUP#,SEQUENCE#,ARCHIVED,STATUS,FIRST_CHANGE#,FIRST_TIME
     FROM V$LOG;

    GROUP#   SEQUENCE# ARC STATUS            FIRST_CHANGE# FIRST_TIME
---------- ---------- --- ---------------- ------------ --------------
         1          7 NO  INACTIVE              996773 22-7 月 -14
         2          8 NO  CURRENT              1017157 22-7 月 -14
         3          0 NO  UNUSED                989230 04-10 月-11
//清除重做日志文件后，状态（STATUS 列）将会更改为 UNUSED
```

### 5.7.8 强制执行日志切换

当 LGWR 停止写一个重做日志文件组，并开始写另一个重做日志文件组时，发生日志切换。

在默认情况下，当前的重做日志文件组满时自动进行日志切换。

使用 ALTER SYSTEM SWITCH LOGFILE 语句可以显式地强制 Oracle 数据库开始写入一个新的重做日志文件组，而不管当前重做日志文件组中的文件是否写满。当强制进行日志切换时，Oracle 数据库开始执行检查点，并且立即返回控制，而不是当检查点完成才返回控制。要使用 SWITCH LOGFILE 子句，实例必须打开数据库。要强制进行日志切换，必须要拥有 ALTER SYSTEM 权限。

语法：

```
ALTER SYSTEM
   SWITCH LOGFILE;
```

**例 5-43**：强制执行日志切换。

```
SQL> SELECT GROUP#,SEQUENCE#,ARCHIVED,STATUS,FIRST_CHANGE#,NEXT_CH
ANGE#
        FROM V$LOG;

    GROUP#   SEQUENCE# ARC STATUS              FIRST_CHANGE# NEXT_CHANGE#
---------- ---------- --- ---------------- ------------- ------------
         1         73 NO  INACTIVE              1113264       1113569
         2         74 NO  CURRENT               1113569    2.8147E+14
         3         72 NO  INACTIVE              1112954       1113264
SQL> ALTER SYSTEM SWITCH LOGFILE;

系统已更改。
SQL> SELECT GROUP#,SEQUENCE#,ARCHIVED,STATUS,FIRST_CHANGE#,NEXT_CH
ANGE#
        FROM V$LOG;

    GROUP#   SEQUENCE# ARC STATUS              FIRST_CHANGE# NEXT_CHANGE#
---------- ---------- --- ---------------- ------------- ------------
         1         73 NO  INACTIVE              1113264       1113569
         2         74 NO  ACTIVE                1113569       1124505
         3         75 NO  CURRENT               1124505    2.8147E+14ALTER
SYSTEM SWITCH LOGFILE;
    //状态为 CURRENT 的重做日志文件组由组号 2 切换为组号 3
```

### 5.7.9 更改数据库归档模式

根据是否将联机重做日志文件进行归档，可以将 Oracle 数据库的日志操作模式分为 NOARCHIVELOG（非归档）和 ARCHIVELOG（归档）两种类型。

当创建数据库的时候，如果不指定日志操作模式，则默认的操作模式为 NOARCHIVELOG。NOARCHIVELOG 是指不保留重做历史记录的日志操作模式，在这种模式下，如果进行日志切换，那么在不保留原有重做日志内容的情况下，日志组的新内容会直接覆盖其原有内容。ARCHIVELOG 则保留重做日志的历史记录。在执行 RMAN 备份和恢复之前，需要先将数据库的日志操作模式更改为 ARCHIVELOG。

按以下步骤为 Oracle 数据库设置归档模式。

### 1．显示数据库归档信息

使用以下命令显示数据库归档信息，查看数据库是否处于归档模式，可以看到当前处于非归档模式（非存档模式）。

```
SQL> ARCHIVE LOG LIST
数据库日志模式              非存档模式
自动存档              禁用
存档终点            USE_DB_RECOVERY_FILE_DEST
最早的联机日志序列        6
当前日志序列              8
```

### 2．设置归档日志文件存储目录

使用 LOG_ARCHIVE_DEST_1 参数来为归档日志指定归档日志文件存储目录。使用如表 5-10 所示的关键字为 LOG_ARCHIVE_DEST_1 指定位置。

表 5-10　　LOG_ARCHIVE_DEST_1 关键字

| 举例 | 描述 |
| --- | --- |
| LOG_ARCHIVE_DEST_1='LOCATION=c:\arch' | 本地文件系统位置或 Oracle ASM 磁盘组 |
| LOG_ARCHIVE_DEST_1='LOCATION=USE_DB_RECOVERY_FILE_DEST' | 快速恢复区 |
| LOG_ARCHIVE_DEST_1='SERVICE=standby1' | 通过 Oracle Net 服务名称远程归档 |

使用以下命令设置归档日志文件存储目录为 c:\arch。

```
SQL> ALTER SYSTEM SET LOG_ARCHIVE_DEST_1='LOCATION=c:\arch' SCOPE=SPFILE;

系统已更改。
SQL> SHOW PARAMETER LOG_ARCHIVE_DEST_1


NAME                                 TYPE        VALUE
------------------------------------ ----------- ------------------------------
log_archive_dest_1                   string      LOCATION=c:\arch
```

### 3．关闭数据库

使用以下命令关闭数据库。

```
SQL> SHUTDOWN IMMEDIATE
数据库已经关闭。
已经卸载数据库。
ORACLE 例程已经关闭。
```

### 4．启动数据库到装载状态

使用以下命令启动数据库到装载（MOUNT）状态。

```
SQL> STARTUP MOUNT
ORACLE 例程已经启动。

Total System Global Area    431038464 bytes
Fixed Size                    1375088 bytes
Variable Size               327156880 bytes
Database Buffers             96468992 bytes
Redo Buffers                  6037504 bytes
数据库装载完毕。
```

**5．设置数据库归档模式**

使用以下命令设置数据库归档（ARCHIVELOG）模式。

```
SQL> ALTER DATABASE ARCHIVELOG;

数据库已更改。
```

**6．打开数据库**

使用以下命令打开数据库。

```
SQL> ALTER DATABASE OPEN;

数据库已更改。
```

**7．显示数据库归档信息**

使用 ARCHIVE LOG LIST 命令显示数据库归档信息，查看数据库是否处于归档模式，可以看到当前处于归档模式（存档模式）。

```
SQL> ARCHIVE LOG LIST;
数据库日志模式              存档模式
自动存档                启用
存档终点                c:\arch
最早的联机日志序列        6
下一个存档日志序列        8
当前日志序列              8
```

表 5-11 显示 ARCHIVE LOG LIST 命令输出信息的描述。

表 5-11　　ARCHIVE LOG LIST 命令输出信息

| 输出信息 | | 描述 |
|---|---|---|
| 数据库日志模式 | 存档模式 | 数据库目前在 ARCHIVELOG 模式中操作 |
| 自动存档 | 启用 | 自动归档是启用的 |
| 存档终点 | c:\arch | 归档重做日志目标是 c:\arch |
| 最早的联机日志序列 | 6 | 最早的重做日志组的序列号 |
| 下一个存档日志序列 | 8 | 下一个将要归档的重做日志组的序列号 |
| 当前日志序列 | 8 | 当前重做日志文件的序列号 |

8．查看数据库归档模式

使用以下命令查看数据库的归档模式。

```
SQL> SELECT DBID,NAME,LOG_MODE FROM V$DATABASE;

      DBID NAME      LOG_MODE
---------- --------- ------------
1291454245 ORCL      ARCHIVELOG
//数据库当前处于 ARCHIVELOG 模式
```

备 注

可以通过 V$ARCHIVED_LOG 动态性能视图，查看归档日志文件的信息。

# 5.8 使用 OEM 管理存储结构

## 5.8.1 使用 OEM 创建表空间

使用 Oracle Enterprise Manager 按以下步骤创建表空间。

（1）在 Oracle Enterprise Manager 页面中单击【服务器】→【存储】→【表空间】，如图 5-1 所示，单击【创建】按钮。

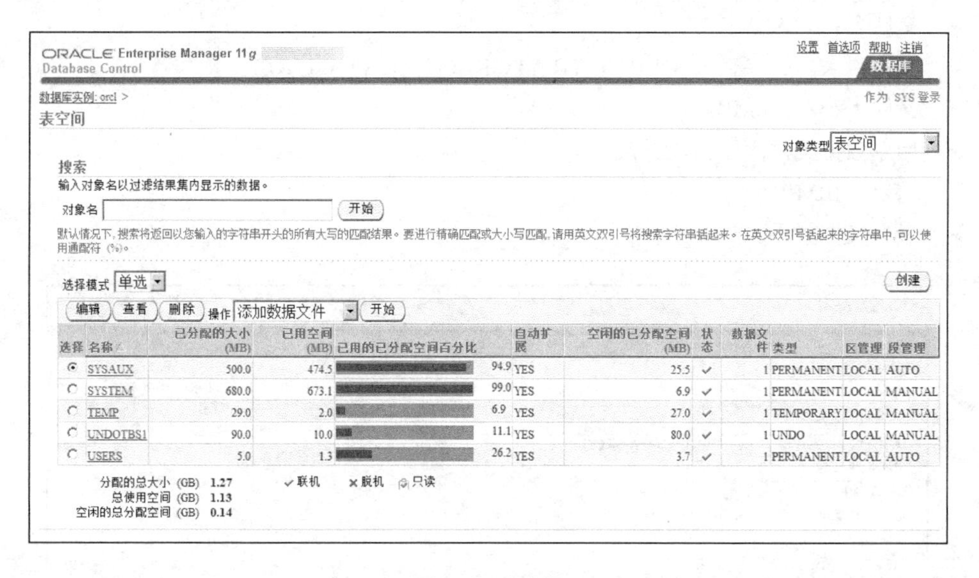


图 5-1 表空间

（2）在图 5-2 所示【一般信息】页面中，按以下要求输入内容。

➢ 名称：TBS1。
➢ 区管理：本地管理。
➢ 类型：永久。
➢ 状态；读写。

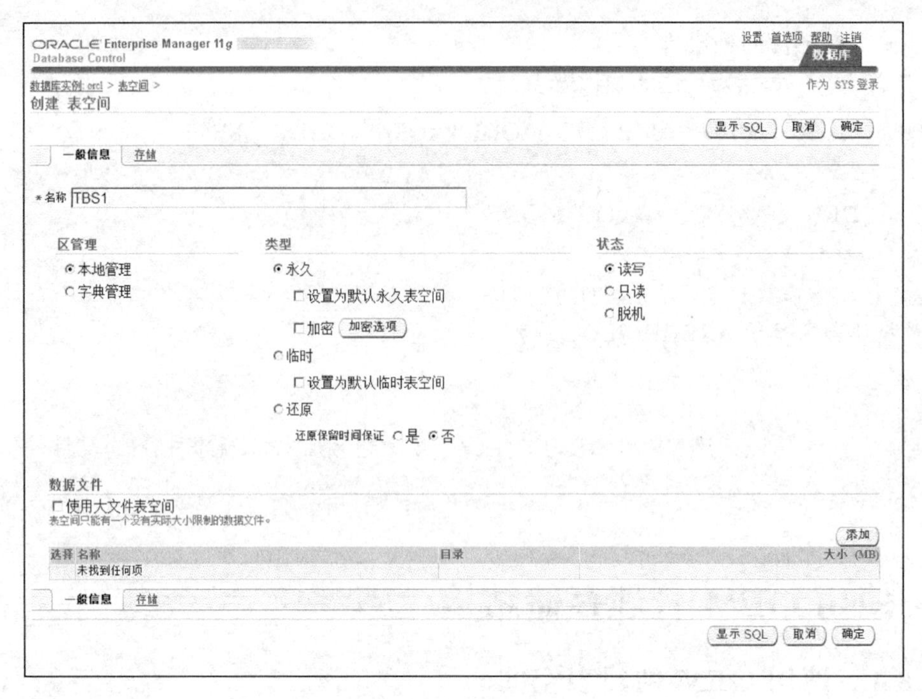


图 5-2 【一般信息】页面

（3）单击图 5-2 所示页面中的【添加】按钮，如图 5-3 所示，按以下要求输入内容，然后单击【继续】按钮。

- 文件名：TBS1A.DBF。
- 文件目录：C:\APP\ADMINISTRATOR\ORADATA\ORCL。
- 文件大小：100MB。
- 启用数据文件满后自动扩展。
- 增量：10MB。
- 最大文件大小：500MB。

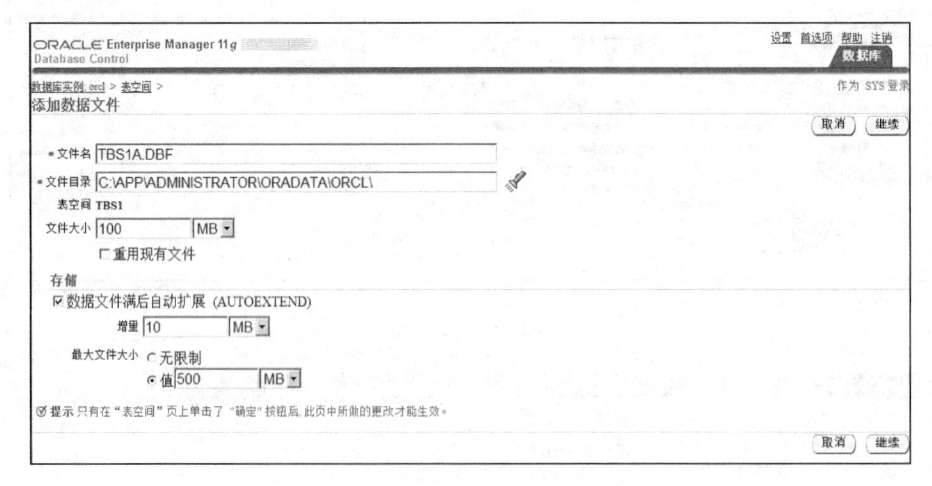


图 5-3 添加数据文件

（4）在图 5-4 所示【一般信息】页面中，显示表空间已经添加了一个数据文件。

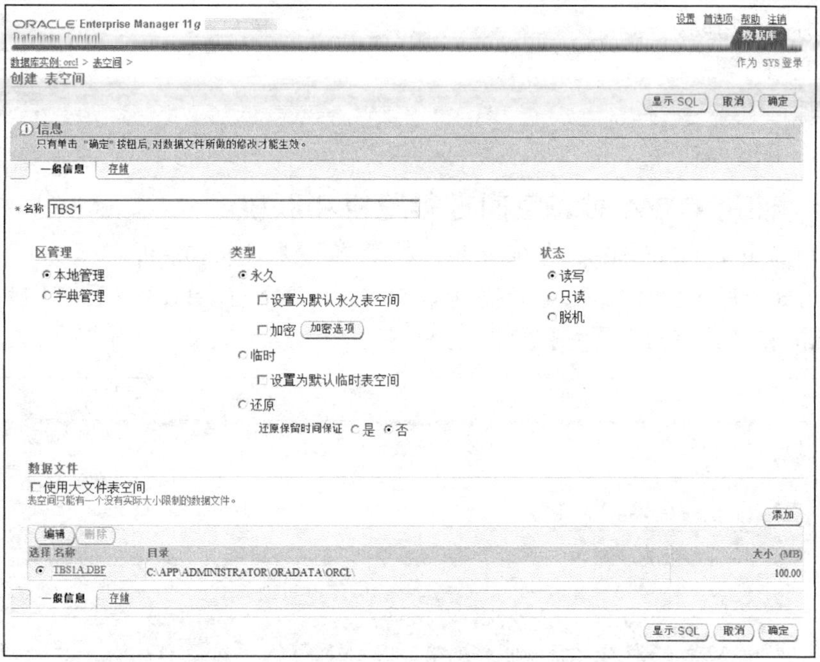

ORACLE Enterprise Manager 11g
Database Control
设置 首选项 帮助 注销
数据库
数据库实例: orcl > 表空间 >
作为 SYS 登录
创建 表空间
显示 SQL 取消 确定
信息
只有单击 "确定" 按钮后, 对数据文件所做的修改才能生效。
一般信息 存储
* 名称 TBS1
区管理
本地管理
字典管理
类型
永久
设置为默认永久表空间
加密 加密选项
临时
设置为默认临时表空间
还原
还原保留时间保证 是 否
状态
读写
只读
脱机
数据文件
使用大文件表空间
表空间只能有一个没有实际大小限制的数据文件。
添加
编辑 删除
选择 名称 目录 大小 (MB)
TBS1A.DBF C:\APP\ADMINISTRATOR\ORADATA\ORCL\ 100.00
一般信息 存储
显示 SQL 取消 确定

图 5-4 【一般信息】页面

（5）在图 5-5 所示【存储】页面中，按以下要求输入内容，然后单击【确定】按钮。

ORACLE Enterprise Manager 11g
Database Control
设置 首选项 帮助 注销
数据库
数据库实例: orcl > 表空间 >
作为 SYS 登录
创建 表空间
显示 SQL 取消 确定
一般信息 存储
区分配
自动
统一
大小 KB
段空间管理
自动
表空间中的对象将自动管理其空闲空间。这将提高空闲空间管理的性能。
手动
表空间中的对象将使用空闲列表来管理其空闲空间。这是为了确保向后兼容。
压缩选项
启用数据段压缩可降低磁盘和高速缓存占用率。这可以在 OLTP 和数据仓库环境中使用。
压缩 不压缩
基本压缩
仅用于直接加载操作的基于字典的压缩。支持有限的数据类型和操作。
OLTP 压缩
用于所有 SQL 操作的基于字典的压缩
数据仓库压缩
针对查询性能而优化的 Hybrid Columnar 压缩。仅 Oracle Exadata Storage Server 功能支持此压缩。
联机归档压缩
针对最大限度节省磁盘空间而优化的 Hybrid Columnar 压缩。仅 Oracle Exadata Storage Server 功能支持该压缩。
提示 基于字典的压缩能够提供较好的压缩。Hybrid Columnar 压缩在直接加载操作期间提供最高压缩级别并实现最佳压缩。
启用事件记录
是
为表, 索引和分区的创建以及随后的插入生成重做日志。可恢复
否
重做日志条目较小, 将不会记录上述操作, 上述操作是不可恢复的。
块信息
块大小 (字节) 8192
一般信息 存储
显示 SQL 取消 确定

图 5-5 【存储】页面

- 区分配：自动。
- 段空间管理：自动。
- 压缩选项：不压缩。
- 启用事件记录：是。

## 5.8.2 使用 OEM 对表空间进行脱机和联机

使用 Oracle Enterprise Manager 按以下步骤对表空间进行脱机和联机。

① 在图 5-6 所示页面中，搜索表空间 TBS1。选择表空间 TBS1，然后在【操作】下拉框中选择【脱机】，然后单击【开始】按钮。

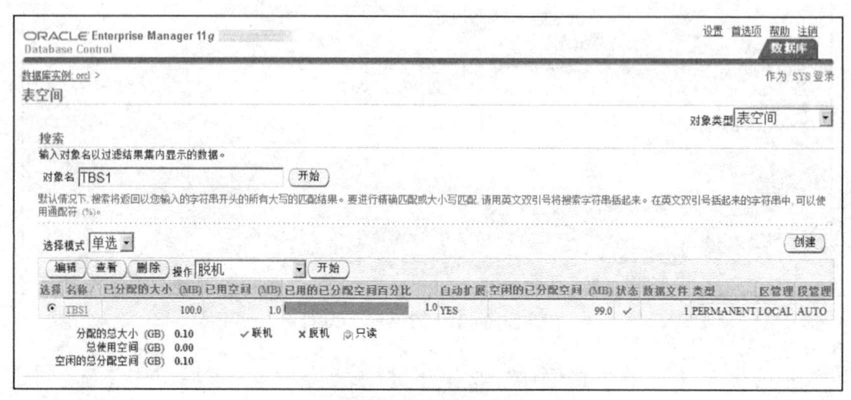

图 5-6 搜索表空间

② 在图 5-7 所示页面中，选择表空间的脱机模式，在此选择【正常】单选框，然后单击【确定】按钮。

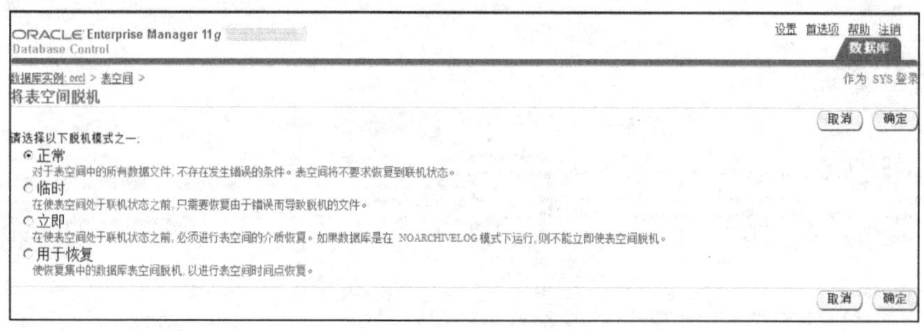

图 5-7 将表空间脱机

③ 在图 5-8 所示页面中，单击【是】按钮确认将表空间联机。

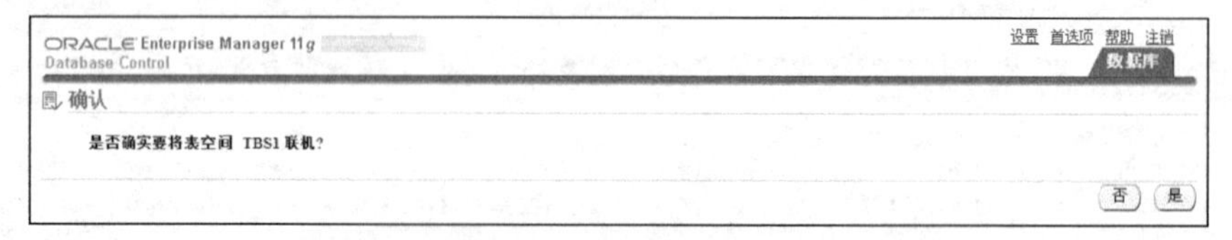

图 5-8 确认将表空间联机

## 5.8.3 使用 OEM 删除表空间

使用 Oracle Enterprise Manager 按以下步骤删除表空间。

① 在图 5-9 所示页面中，搜索表空间 TBS1。选择表空间 TBS1，然后单击【删除】按钮。

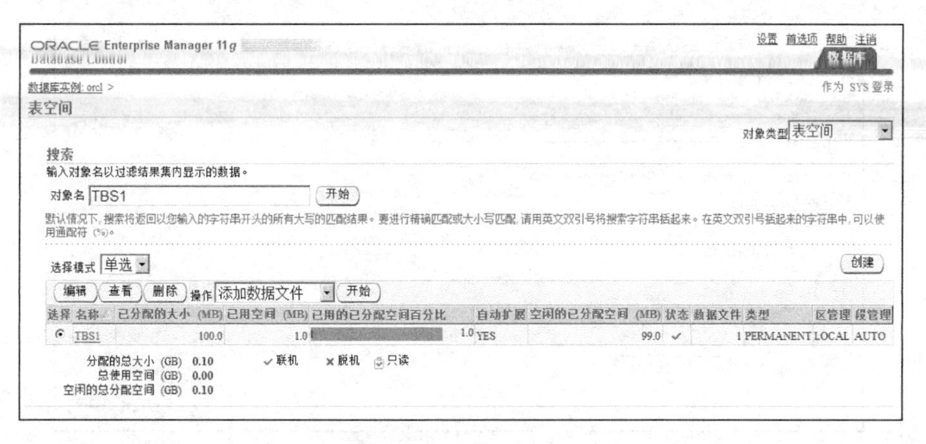


图 5-9　搜索表空间

② 在图 5-10 所示页面中，选择【从存储删除相关联的数据文件】复选框，单击【是】按钮确认删除表空间。

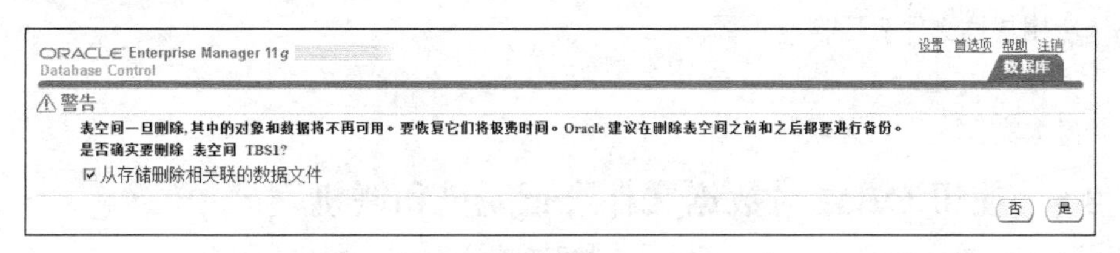


图 5-10　确认删除表空间

## 5.8.4　使用 OEM 创建数据文件

使用 Oracle Enterprise Manager 按以下步骤创建数据文件。

① 在 Oracle Enterprise Manager 页面中单击【服务器】→【存储】→【数据文件】，如图 5-11 所示，显示所有的数据文件，单击【创建】按钮。

图 5-11　数据文件

② 在图 5-12 所示页面中，按以下要求输入内容，然后单击【确定】按钮。

➢ 文件名：TBS1B.DBF。

➢ 文件目录：C:\APP\ADMINISTRATOR\ORADATA\ORCL。

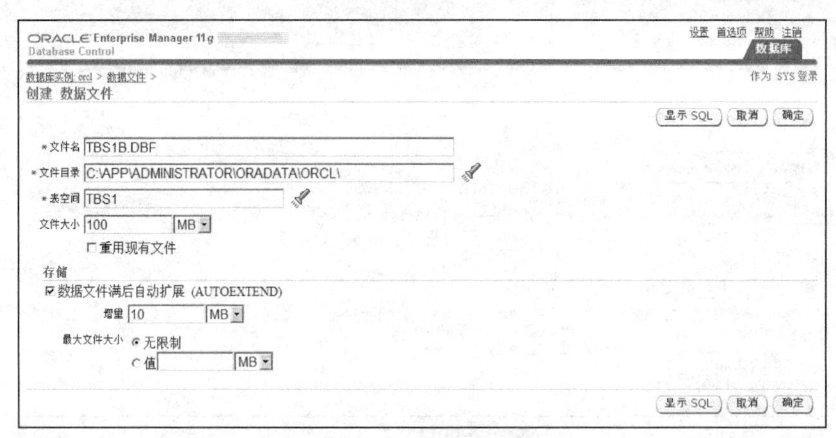

图 5-12　创建数据文件

➢ 表空间：TBS1。
➢ 文件大小：100MB。
➢ 启用数据文件满后自动扩展。
➢ 增量：10MB。
➢ 最大文件大小：无限制。

### 5.8.5　使用 OEM 对数据文件进行脱机和联机

使用 Oracle Enterprise Manager 按以下步骤对数据文件进行脱机和联机。

① 在图 5-13 所示页面中，搜索数据文件 TBS1B.DBF。选择数据文件 C:\APP\ADMINISTRATOR\ORADATA\ORCL\TBS1B.DBF，在【操作】下拉框中选择【脱机】，然后单击【开始】按钮。

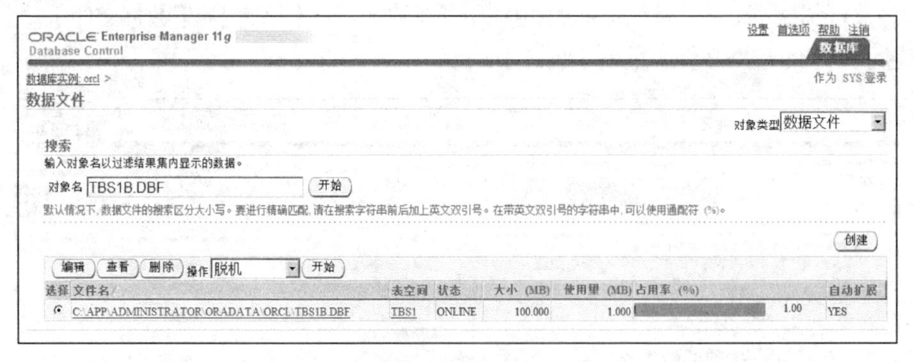

图 5-13　搜索数据文件

② 在图 5-14 所示页面中，单击【是】按钮确认脱机数据文件。

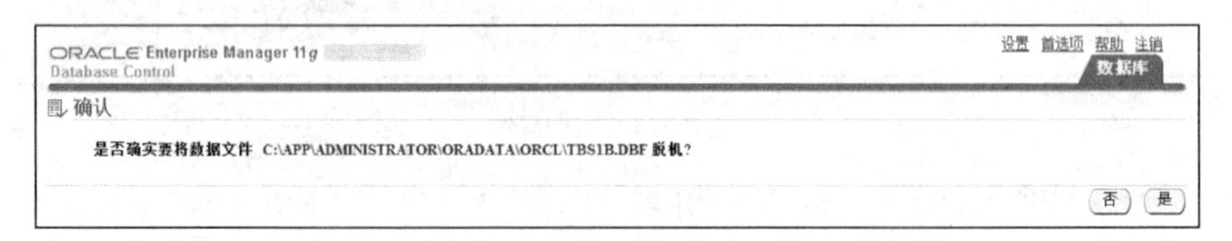

图 5-14　确认脱机数据文件

③ 在图 5-15 所示页面中，单击【是】按钮确认联机数据文件。

图 5-15　确认联机数据文件

## 5.8.6　使用 OEM 删除数据文件

使用 Oracle Enterprise Manager 按以下步骤删除数据文件。

① 在图 5-16 所示页面中，搜索数据文件 TBS1B.DBF。选择数据文件 C:\APP\ADMINISTRATOR\ORADATA\ORCL\TBS1B.DBF，然后单击【删除】按钮。

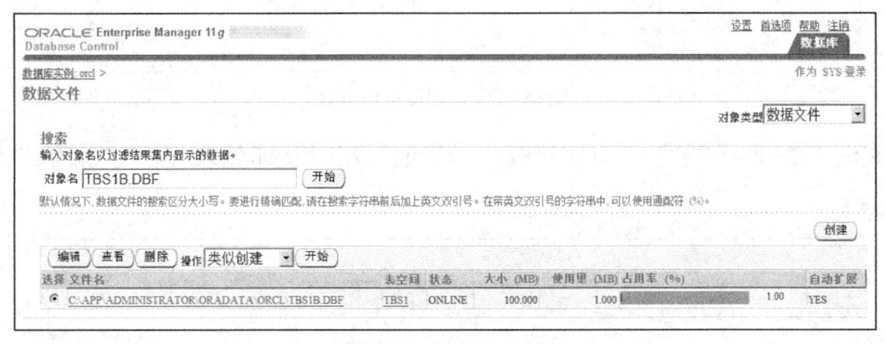


图 5-16　搜索数据文件

② 在图 5-17 所示页面中，单击【是】按钮确认删除数据文件。

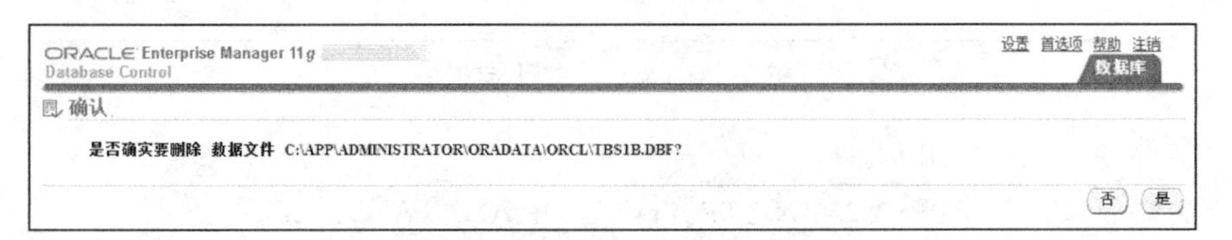


图 5-17　确认删除数据文件

## 5.8.7　使用 OEM 创建重做日志组

使用 Oracle Enterprise Manager 按以下步骤创建重做日志组。

① 在 Oracle Enterprise Manager 页面中单击【服务器】→【存储】→【重做日志组】，如图 5-18 所示，单击【创建】按钮。

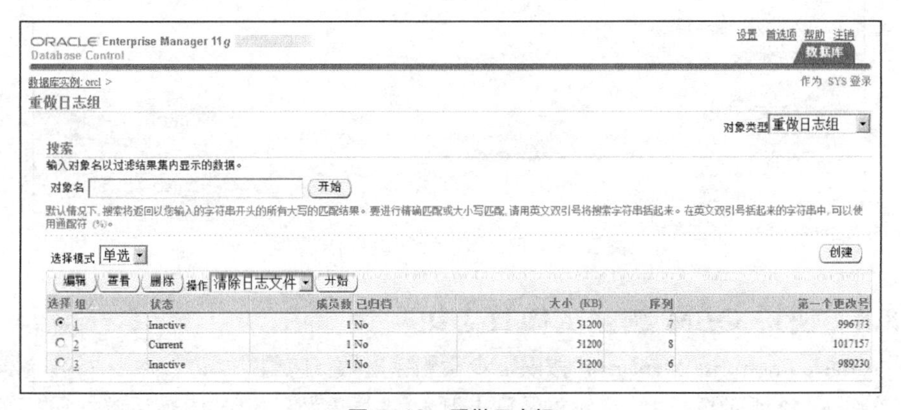


图 5-18　重做日志组

② 在图 5-19 所示页面中，指定重做日志组的组号和文件大小，然后单击【添加】按钮。

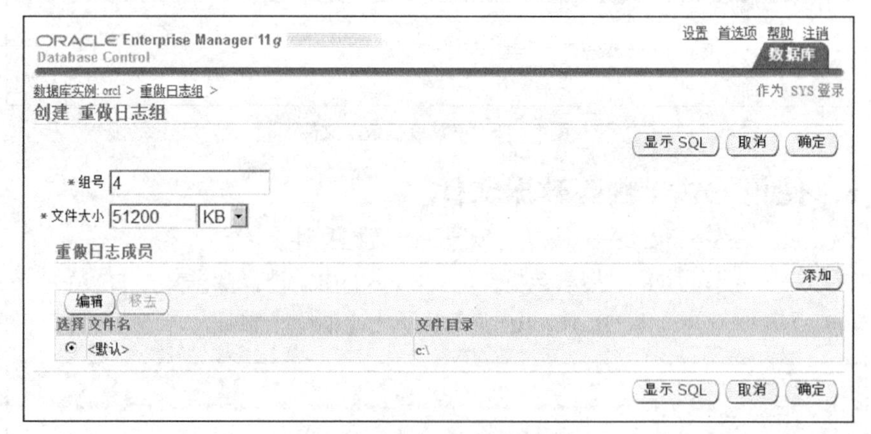


图 5-19 创建重做日志组

③ 在图 5-20 所示页面中，添加重做日志成员，按以下要求输入内容，然后单击【继续】按钮。

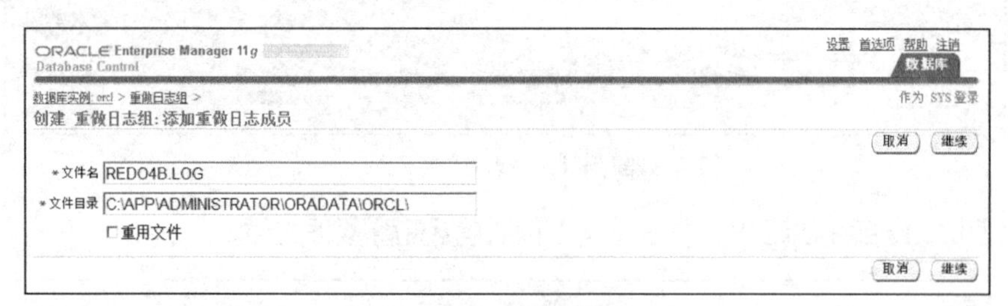


图 5-20 添加重做日志成员

➢ 文件名：REDO4B.LOG。

➢ 文件目录：C:\APP\ADMINISTRATOR\ORADATA\ORCL。

④ 在图 5-21 所示页面中，已经为该重做日志组指定了两个重做日志文件，最后单击【确定】按钮。

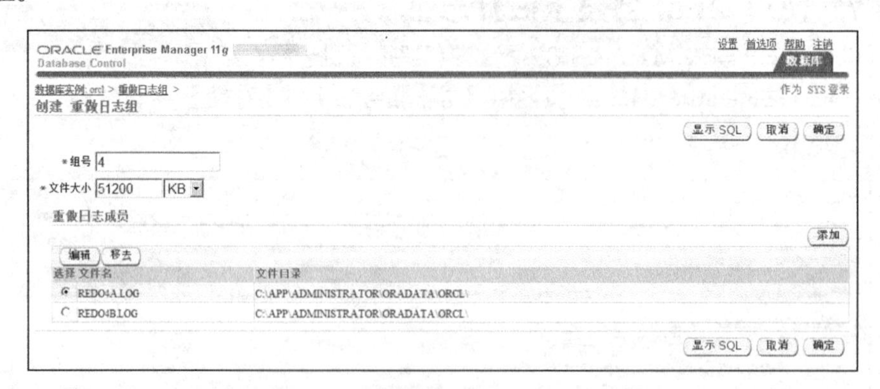


图 5-21 已经指定两个重做日志文件

### 5.8.8 使用 OEM 删除重做日志组

使用 Oracle Enterprise Manager，按以下步骤删除重做日志组。

① 在图 5-22 所示页面中，搜索重做日志组 4。选择重做日志组 4，然后单击【删除】按钮。

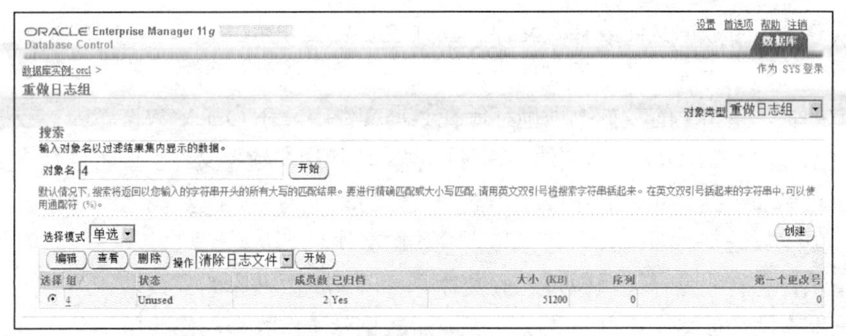


图 5-22　搜索重做日志组

② 在图 5-23 所示页面中，单击【是】按钮确认删除重做日志组。

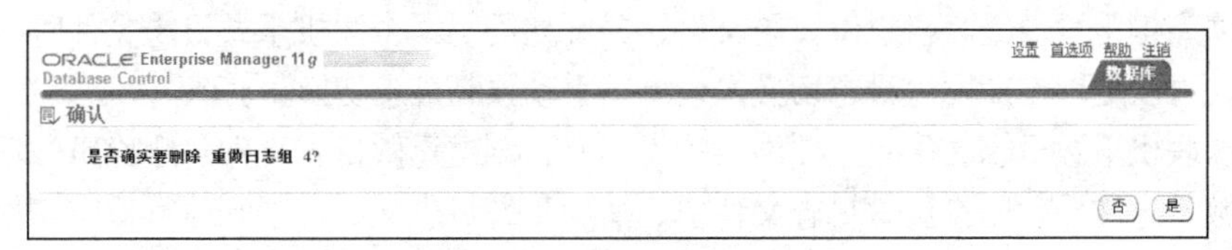


图 5-23　确认删除重做日志组

## 5.9　小结

每一个 Oracle 数据库都至少有一个控制文件，这是一个很小的二进制文件，它记录着数据库的物理结构。Oracle 数据库实例启动时，控制文件用于标识数据库和日志文件。当数据库的物理组成更改时，Oracle 自动更改数据库的控制文件。

为了保证数据库的安全，在数据文件或日志文件发生变化时，控制文件会自动进行更改，此时需要对控制文件进行备份。使用 ALTER DATABASE BACKUP CONTROLFILE 语句来备份当前控制文件。可以将控制文件备份为二进制文件 SQL 语句。

当所有控制文件都不能使用，并且没有任何控制文件的备份，以及需要修改数据库参数（如 MAXLOGFILES 或 MAXDATAFILES 等）的永久设置时，需要创建新控制文件。创建数据库以后创建控制文件，此时需要使用 CREATE CONTROLFILE 语句进行创建。

当某个控制文件损坏时，或者一个控制文件的位置不再合适时，可以从数据库中删除控制文件。为了 Oracle 数据库的安全，允许在数据库中添加多个控制文件。

表空间是 Oracle 数据库中的逻辑结构。一个 Oracle 数据库能够有一个或多个表空间，而一个表空间则对应着一个或多个物理的数据库文件。表空间中容纳着许多数据库实体，如表、视图、索引等。

Oracle 数据库必须使用逻辑空间管理来跟踪和分配表空间中的区。表空间具有字典管理表空间和本地管理表空间两种逻辑空间管理方式。

段空间管理是从包含该段的表空间继承的属性，是指 Oracle 用来管理段中已用数据块和空闲数据块的机制。在本地管理表空间中，数据库可以使用自动段空间管理或手动段空间管理。

小文件表空间可以包含多个数据文件或临时文件。数据库默认创建的是小文件表空间，即 Oracle 中传统的表空间类型。大文件表空间只能包含一个非常大的数据文件或临时文件，可以降低管理多个数据文件和临时文件的负担。

CREATE TABLESPACE 语句用于创建表空间。ALTER TABLESPACE 语句用于修改现有

的表空间或它的一个数据文件或临时文件。DROP TABLESPACE 语句用于删除表空间。

一个表空间由一个或多个数据文件组成，而一个数据文件只能与一个表空间关联，逻辑数据库结构（如表、索引）的数据物理地存储在数据文件中。在 Oracle 数据库中，数据文件可以分为系统数据文件、UNDO 数据文件、临时数据文件和用户数据文件。要管理数据文件，主要涉及的操作有添加数据文件、启用或禁用数据文件自动扩展、更改数据文件大小、数据文件联机或脱机、更改数据文件的位置和名称和删除数据文件。

联机重做日志文件是存储重做日志的文件，可以维护数据库的一致性，用于恢复数据库。每一个数据库有两个或多个重做日志文件组。对数据库所作的全部修改是记录在重做日志中。在出现故障时，如果不能将修改数据永久地写入数据文件，则可以利用日志得到该修改，所以不会丢失已有操作数据。

当数据库停止写一个联机重做日志文件，并开始写另一个联机重做日志文件时，就会发生日志切换。可以配置定期发生日志切换，也可以手动强制日志切换。

要管理联机重做日志文件，主要涉及的操作有：创建重做日志文件、删除重做日志文件、重命名重做日志文件、删除重做日志文件组、清除重做日志文件、强制执行日志切换和更改数据库归档模式。

## 5.10　习题

**一、选择题**

1. 控制文件中不包含______内容。

   A. RMAN 备份信息　　B. 数据库名称

   C. 数据文件名称和位置　　D. 数据导入信息

2. 表空间脱机方式不包括______。

   A. NORMAL　　B. TEMPORARY　　C. ABORT　　D. IMMEDIATE

3. ______表示当前正在使用的联机重做日志文件的状态。

   A. ACTIVE　　B. CURRENT　　C. INACTIVE　　D. UNUSED

4. 在表空间中，手动段空间管理方式使用______。

   A. MANUAL　　B. AUTO

   C. AUTOALLOCATE　　D. LOCAL

**二、简答题**

1. 简述表空间的段空间管理方式。
2. 简述备份控制文件的方法。
3. 简述数据文件分类。
4. 简述控制文件中包含的信息。

# 第6章 SQL语言

## 6.1 SQL语言简介

结构化查询语言（Structure Query Language，SQL）是关系数据库中定义和操作数据的标准语言，最早在1974年发布。SQL采用集合操作的方式，对数据成组进行处理，而不是一条一条处理，从而可以加快数据的处理速度。第一个SQL语言标准SQL-86是在1986年由美国国家标准化组织（American National Standards Institute，ANSI）颁布的，之后又颁布了SQL-89、SQL-92、SQL-99标准。

在Oracle数据库中，SQL语言分为DML、DDL、DCL、SELECT和TCL 5种。

### 1．DML语言

数据操作语言（Data Manipulation Language，DML）使用户能够操作已有数据库中的数据。基本的数据操作语言有INSERT（插入）、UPDATE（更新）和DELETE（删除）。

### 2．DDL语言

数据定义语言（Data Definition Language，DDL）用来创建、修改和删除数据库对应的逻辑结构（如创建表、修改视图、删除索引等操作）。基本的数据定义语言有 CREATE（创建）、ALTER（修改）和DROP（删除）。

### 3．DCL语言

数据控制语言（Data Control Language，DCL）用来执行权限授予和撤销操作。基本的数据控制语言有GRANT（授权）和REVOKE（撤销）。

### 4．SELECT语言

SELECT 语言（数据查询语言）用于从数据库中查询数据。SELECT 语言相比其他语言来说更加复杂。

### 5．TCL语言

事物控制语言（Transactional Control Language，TCL）用于维护数据的一致性，将一组DML语句组合起来形成一个事物并进行事物控制。基本的事物控制语言有COMMIT（提交事物）、ROLLBACK（回滚事物）、SAVEPOINT（设置事物保存点）和SET TRANSACTION（设置事物属性）。

## 6.2 SQL基本语法

SELECT 语句用于从一个或多个表中查询数据。从表中查询数据，必须在自己的方案中，或者必须在表上拥有 SELECT 权限。如果拥有 SELECT ANY TABLE 系统权限，还可以从任何表中查询数据。一个基本的 SQL 语法由 SELECT、FROM、WHERE、ORDER BY、GROUP BY 和 HAVING 子句组成。

### 6.2.1 SELECT 子句

SELECT 子句用于指定需要在查询返回的结果集中包含的属性（列）。SELECT 列表中的表达式可以直接基于正在查询的表的各个列，也可以在此基础上做进一步的处理。使用 AS 子句，可以选择为目标列分配自定义的名称（别名）。如果不为表达式起一个别名，在查询的结果集中就不能拥有列名。如果需要选择表中所有的列，则可以使用星号（*）来表示。在表中可能会存在重复的数据，如果希望只列出不同的数据，使用 DISTINCT 返回唯一不同的值。

语法：

```
SELECT [ { { DISTINCT | UNIQUE } | ALL } ] select_list
```

在 SELECT 子句中使用表达式时需要用到算术运算符，算术运算符是用来处理四则运算的，尤其是对数字的运算，几乎都会使用到算术运算符。算术运算符描述如表 6-1 所示。

表 6-1　算术运算符

| 算术运算符 | 描述 |
|---|---|
| + | 加法 |
| - | 减法 |
| * | 乘法 |
| / | 除法 |

**例 6-1**：查询表 scott.dept 中的 deptno 列数据。

```
SQL> SELECT deptno FROM scott.dept;

    DEPTNO
----------
        10
        20
        30
        40
```

**例 6-2**：查询表 scott.dept 中的 deptno 和 dname 列数据。

```
SQL> SELECT deptno,dname FROM scott.dept;

    DEPTNO DNAME
---------- --------------
        10 ACCOUNTING
        20 RESEARCH
        30 SALES
        40 OPERATIONS
```

**例 6-3**：查询表 scott.dept 中的所有数据。

```
SQL> SELECT * FROM scott.dept;

    DEPTNO DNAME          LOC
---------- -------------- -------------
        10 ACCOUNTING     NEW YORK
        20 RESEARCH       DALLAS
        30 SALES          CHICAGO
        40 OPERATIONS     BOSTON
```

**例 6-4**：查询表 scott.dept 中的 deptno 列数据，取消重复行。

```
SQL> SELECT DISTINCT deptno FROM scott.dept;
```

**例 6-5**：查询表 scott.dept 中的 deptno 列数据，为该列指定别名为 a。

```
SQL> SELECT deptno a FROM scott.dept;

         A
----------
        10
        20
        30
        40
```

**例 6-6**：查询表 scott.dept 中的 deptno 列数据，为该列指定别名为 a。

```
SQL> SELECT deptno AS a FROM scott.dept;

         A
----------
        10
        20
        30
        40
```

**例 6-7**：计算 100 加 200 的值。

```
SQL> SELECT 100+200 FROM DUAL;

   100+200
----------
       300
```

备　注

DUAL 是一个虚拟表，有一行一列，供所有用户使用。一般用来选择系统变量或求一个表达式的值。

**例 6-8**：计算 100 乘以 200 的值。

```
SQL> SELECT 100*200 FROM DUAL;
```

```
    100*200
----------
      20000
```

### 6.2.2 FROM 子句

FROM 子句用于指定一个或多个需要查询的表或视图，多个表或视图之间使用逗号分隔。在 FROM 子句中可以为表或视图指定别名。在 FROM 子句中同时指定多个表或视图时，如果选择列表中存在名称相同的列，这时需要使用对象名限定这些列所属的表或视图。如在 table_1 和 table_2 表中同时存在 id 列，在查询 table_1 表中的 id 列时使用的格式为 table_1.id。

语法：

```
FROM { table_reference | join_clause | ( join_clause ) }
   [ , { table_reference | join_clause | (join_clause) } ] ...
```

**例 6-9**：查询表 scott.dept 中的 dname 列数据。

```
SQL> SELECT dname FROM scott.dept;

DNAME
----------------------------
ACCOUNTING
RESEARCH
SALES
OPERATIONS
```

**例 6-10**：查询表 scott.dept 中所有数据，为表 scott.dept 指定别名 dept。

```
SQL> SELECT * FROM scott.dept dept;

    DEPTNO DNAME          LOC
---------- -------------- -------------
        10 ACCOUNTING     NEW YORK
        20 RESEARCH       DALLAS
        30 SALES          CHICAGO
        40 OPERATIONS     BOSTON
```

### 6.2.3 WHERE 子句

在查询数据时往往不需要查询表中全部的数据，而只需要查询其中一部分满足指定条件的信息，此时需要在 SELECT 语句中加入条件，以选择其中的部分数据。这就需要使用 WHERE 子句来指定查询返回数据的条件，在条件中可以使用众多的运算符。

语法：

```
WHERE condition
```

在 WHERE 子句中可以使用如表 6-2 所示的运算符。

表 6-2　　运算符

| 分类 | 运算符 | 描述 |
|---|---|---|
| 比较 | = | 等于 |
| | <> | 不等于 |
| | != | 不等于 |
| | > | 大于 |
| | >= | 大于等于 |
| | !> | 不大于 |
| | < | 小于 |
| | <= | 小于等于 |
| | !< | 不小于 |
| 逻辑 | AND | 当任何一个指定查询条件为真时返回结果 |
| | OR | 当所有指定查询条件为真时返回结果 |
| | NOT | 否定其后的表达式 |
| 其他 | IN | 属于列表值之一，IN 后面需要使用括号 |
| | BETWEEN ... AND ... | 在指定范围内 |
| | IS NULL | 查找空值 |
| | IS NOT NULL | 查找非空值 |
| | LIKE | 模糊查询，使用“%”匹配多个字符，“_”匹配一个字符 |

**例 6-11**：查询表 scott.dept 中 deptno 列大于 15 的数据。

```
SQL> SELECT * FROM scott.dept WHERE deptno>15;

    DEPTNO DNAME          LOC
---------- -------------- -------------
        20 RESEARCH       DALLAS
        30 SALES          CHICAGO
        40 OPERATIONS     BOSTON
```

**例 6-12**：查询表 scott.dept 中 deptno 列大于 15，并且 dname 为 SALES 的数据。

```
SQL> SELECT * FROM scott.dept WHERE deptno>15 AND dname='SALES';

    DEPTNO DNAME          LOC
---------- -------------- -------------
        30 SALES          CHICAGO
```

注　意

在 SQL 语句的条件值中使用单引号来引用文本值。如果是数值不需要使用单引号。SQL 语句对大小写不敏感，但是此处在引用 WHERE 子句的条件值时必须大写。这里只能使用 dname='SALES'，而不能使用 dname='sales'，或 dname='Sales'。

**例 6-13**：查询表 scott.dept 中 deptno 列在 17 和 34 之间的数据。

```
SQL> SELECT * FROM scott.dept WHERE deptno BETWEEN 17 AND 34;

    DEPTNO DNAME          LOC
---------- -------------- -------------
        20 RESEARCH       DALLAS
        30 SALES          CHICAGO
```

**例 6-14**：查询表 scott.dept 中 deptno 列为 10 或 30 的数据。

```
SQL> SELECT * FROM scott.dept WHERE deptno IN(10,30);

    DEPTNO DNAME          LOC
---------- -------------- -------------
        10 ACCOUNTING     NEW YORK
        30 SALES          CHICAGO
```

**例 6-15**：查询表 scott.dept 中 deptno 列为非空的数据。

```
SQL> SELECT * FROM scott.dept WHERE deptno IS NOT NULL;

    DEPTNO DNAME          LOC
---------- -------------- -------------
        10 ACCOUNTING     NEW YORK
        20 RESEARCH       DALLAS
        30 SALES          CHICAGO
        40 OPERATIONS     BOSTON
```

**例 6-16**：查询表 scott.dept 中 deptno 列以 SAL 开头的数据。

```
SQL> SELECT * FROM scott.dept WHERE dname LIKE 'SAL%';

    DEPTNO DNAME          LOC
---------- -------------- -------------
        30 SALES          CHICAGO
```

**例 6-17**：查询表 scott.emp 和 scott.dept 中 deptno 列相同的数据。

```
SQL> SELECT e.empno,e.ename,e.job,d.dname,d.loc
     FROM scott.emp e,scott.dept d
     WHERE e.deptno=d.deptno;
//这样操作可以消除笛卡儿乘积
```

注　意

当从多个表中查询数据时，使用“表.列”的形式来指定列名，否则会引起查询错误。

备 注

什么是笛卡儿乘积?

当从两个或多个表中查询数据，并且在 WHERE 子句中没有指定连接条件时就会产生笛卡儿乘积。假设集合 A={a,b}，集合 B={0,1,2}，则两个集合的笛卡儿乘积为{(a,0),(a,1),(a,2),(b,0),(b,1), (b,2)}。

在进行多表联合查询时，如果出现以下情况，将形成笛卡儿积现象。

（1）联接条件被省略。

（2）联接条件无效。

（3）第一个表中的所有行被联接到第二个表中的所有行上。

### 6.2.4 ORDER BY 子句

ORDER BY 子句用于根据指定的列（或多列）对表中的结果集进行排序，默认按照升序（ASC）对数据进行排序。如果希望按照降序对数据进行排序，可以使用 DESC。

语法：

```
ORDER BY
  { expr | position | c_alias } [ ASC | DESC ]
  [, { expr | position | c_alias } [ ASC | DESC ] ]
```

**例 6-18**：按 deptno 列对表 scott.dept 进行排序。

```
SQL> SELECT * FROM scott.dept ORDER BY deptno;

    DEPTNO DNAME          LOC
---------- -------------- -------------
        10 ACCOUNTING     NEW YORK
        20 RESEARCH       DALLAS
        30 SALES          CHICAGO
        40 OPERATIONS     BOSTON
```

**例 6-19**：按 deptno 列对表 scott.dept 进行降序排序。

```
SQL> SELECT * FROM scott.dept ORDER BY deptno DESC;

    DEPTNO DNAME          LOC
---------- -------------- -------------
        40 OPERATIONS     BOSTON
        30 SALES          CHICAGO
        20 RESEARCH       DALLAS
        10 ACCOUNTING     NEW YORK
```

**例 6-20**：按 deptno 和 dname 列对表 scott.dept 进行排序。

```
SQL> SELECT * FROM scott.dept ORDER BY deptno,dname;

    DEPTNO DNAME          LOC
---------- -------------- -------------
```

```
        10 ACCOUNTING        NEW YORK
        20 RESEARCH          DALLAS
        30 SALES             CHICAGO
        40 OPERATIONS        BOSTON
```

**例 6-21**：使用 dname 列的数字位置对表 scott.dept 进行排序。

```
SQL> SELECT deptno,dname FROM scott.dept ORDER BY 2;

    DEPTNO DNAME
---------- --------------
        10 ACCOUNTING
        40 OPERATIONS
        20 RESEARCH
        30 SALES
```

## 6.2.5 GROUP BY 子句

GROUP BY 子句可以将查询结果进行分组，并使用组函数返回每一个组的汇总信息。在带有 GROUP BY 子句的查询语句中，在 SELECT 列表中指定的列必须是 GROUP BY 子句中指定的列，或者是组函数，其他的列不能出现。

语法：

```
GROUP BY
  { expr | rollup_cube_clause | grouping_sets_clause }
  [, { expr | rollup_cube_clause | grouping_sets_clause } ]...
```

**例 6-22**：按照 deptno 列对表 scott.emp 进行分组查询。

```
SQL> SELECT deptno,COUNT(empno),AVG(sal)
     FROM scott.emp
     GROUP BY deptno;

    DEPTNO COUNT(EMPNO)    AVG(SAL)
---------- ------------ ----------
        30            6 1566.66667
        20            4    2518.75
        10            3 2916.66667
```

## 6.2.6 HAVING 子句

使用 HAVING 子句筛选满足条件的组，也就是在分组之后过滤数据，条件中经常包含组函数。在一个 SQL 语句中可以同时存在 WHERE 子句和 HAVING 子句。HAVING 与 WHERE 子句类似，均用于设置限定条件。

以下是条件筛选（WHERE）和分组筛选（HAVING）的区别。

➢ WHERE：在执行 GROUP BY 操作之前进行的过滤，表示从全部数据中筛选出部分数据，在 WHERE 中不能使用组函数（统计函数）。

➢ HAVING：在 GROUP BY 分组之后的再次过滤，可以在 HAVING 子句中使用组函数

（统计函数）。

语法：

```
GROUP BY
  { expr | rollup_cube_clause | grouping_sets_clause }
  [, { expr | rollup_cube_clause | grouping_sets_clause } ]...
  [ HAVING condition ]
```

**例 6-23**：按照 deptno 列对表 scott.emp 进行分组，并分组过滤 sal 列平均值大于 2000 的数据。

```
SQL> SELECT deptno,COUNT(empno),AVG(sal)
       FROM scott.emp
       GROUP BY deptno
       HAVING AVG(sal)>2000;

    DEPTNO COUNT(EMPNO)     AVG(SAL)
---------- ------------ ----------
        20            4    2518.75
        10            3 2916.66667
```

## 6.3 SQL 高级查询

### 6.3.1 组函数

Oracle 数据库提供了一些函数来对表中数据进行统计、汇总，这些函数称为组函数（也称为统计函数）。组函数不同于单行函数，组函数可以对分组的数据进行求和、求平均值、求最大值等运算。组函数只能应用于 SELECT 子句、HAVING 子句或 ORDER BY 子句中。

常用的组函数如表 6-3 所示。

表 6-3　　组函数

| 组函数 | 描述 |
|---|---|
| MAX | 列或表达式的最大值 |
| MIN | 列或表达式的最小值 |
| COUNT | 非 NULL 行的行数 |
| SUM | 列或表达式的总和 |
| AVG | 列或表达式的平均值 |
| VARIANCE | 列或表达式的方差 |
| STDDEV | 列或表达式的标准偏差 |

**例 6-24**：查询表 scott.dept 的行数。

```
SQL> SELECT COUNT(*) FROM scott.dept;

  COUNT(*)
```

```
----------
          4
```

例 6-25：查询表 scott.dept 中 deptno 列的非空值行的行数。

```
SQL> SELECT COUNT(deptno) FROM scott.dept;

COUNT(DEPTNO)
-------------
            4
```

例 6-26：查询表 scott.dept 中 deptno 列的最大值。

```
SQL> SELECT MAX(deptno) FROM scott.dept;

MAX(DEPTNO)
-----------
         40
```

例 6-27：查询表 scott.dept 中 deptno 列的总和。

```
SQL> SELECT SUM(deptno) FROM scott.dept;

SUM(DEPTNO)
-----------
        100
```

例 6-28：查询表 scott.dept 中 deptno 列的平均数。

```
SQL> SELECT AVG(deptno) FROM scott.dept;

AVG(DEPTNO)
-----------
         25
```

例 6-29：查询表 scott.dept 中 deptno 列的方差。

```
SQL> SELECT VARIANCE(deptno) FROM scott.dept;

VARIANCE(DEPTNO)
----------------
      166.666667
```

例 6-30：查询表 scott.dept 中 deptno 列标准偏差。

```
SQL> SELECT STDDEV(deptno) FROM scott.dept;

STDDEV(DEPTNO)
--------------
    12.9099445
```

### 6.3.2 子查询

子查询是指在一个查询中嵌套若干个其他的查询。子查询要比主查询先执行，结果作为主查询的条件，一般需要将子查询放在括号中，并放在比较运算符的右侧。子查询是一个 SELECT 语句，可以在 SELECT、INSERT、UPDATE 和 DELETE 等语句中使用。

使用子查询要比使用多表查询更能提高查询性能，所以在开发过程中经常使用。只有在执行排序 Top-N 分析时，子查询中才需要使用 ORDER BY 子句。

子查询可以多次嵌套使用，一个子查询能够包含另一个子查询，最里层的子查询先执行。在一个顶级的查询中，FROM 子句中没有限制子查询嵌套层数，WHERE 子句中最多嵌套 255 层子查询。

### 1．SELECT 语句中使用子查询

在 SELECT 语句中，子查询最常用于 FROM 子句、WHERE 子句或 HAVING 子句中。

**例 6-31**：在 FROM 子句中使用子查询。

```
SQL> SELECT empno,ename
      FROM (SELECT empno,ename FROM scott.emp WHERE deptno=20);

     EMPNO ENAME
--------- ----------
      7369 SMITH
      7566 JONES
      7788 SCOTT
      7876 ADAMS
      7902 FORD
```

**例 6-32**：在 WHERE 子句中使用子查询。

```
SQL> SELECT ename,job FROM scott.emp
      WHERE empno=(SELECT empno FROM scott.emp WHERE mgr=7902 );

ENAME          JOB
---------- ---------
SMITH         CLERK
```

**例 6-33**：在 HAVING 子句中使用子查询。

```
SQL> SELECT deptno,MIN(sal)
     FROM scott.emp
    GROUP BY DEPTNO
    HAVING MIN(sal)>(SELECT MIN(sal) FROM scott.emp WHERE DEPTNO=20);

     DEPTNO     MIN(SAL)
---------- ----------
         30          950
         10         1300
```

### 2．INSERT 语句中使用子查询

在 INSERT 语句中使用子查询可以往表中插入数据。

**例 6-34**：INSERT 语句中使用子查询。

```
SQL> INSERT INTO
      (SELECT empno FROM scott.emp)
      VALUES(2000);

已创建 1 行。
```

**3．UPDATE 语句中使用子查询**

在 UPDATE 语句中使用子查询可以更新表中数据。

**例 6-35**：UPDATE 语句中使用子查询。

```
SQL> UPDATE scott.emp
      SET empno= (SELECT AVG(empno) FROM scott.emp)
      WHERE empno= 2000;

已更新 1 行。
```

**4．DELETE 语句中使用子查询**

在 DELETE 语句中使用子查询可以删除表中数据。

**例 6-36**：DELETE 语句中使用子查询。

```
SQL> DELETE FROM (SELECT * FROM scott.emp)
      WHERE JOB='CLERK' AND SAL=800;

已删除 1 行。
```

### 6.3.3 合并查询

合并查询是指多个查询语句的结果可以执行集合运算，结果集的数据类型、数量和顺序应该一样。Oracle 数据库支持 UNION、UNION ALL、INTERSECT 和 MINUS 4 种集合操作。

1．UNION

UNION 运算符用来获得两个结果集合的并集（合并两个结果集合），并且自动地去除重复行，而且会以第一列的结果进行排序。

语法：

```
subquery
UNION
subquery
```

**例 6-37**：获得两个结果集合的并集，并且自动地去除重复行。

```
SQL> SELECT * FROM T1;

         ID
----------
          1
          2
          3
          4
//表 T1 中的数据
```

```
SQL> SELECT * FROM T2;

        ID
----------
         3
         4
         5
         6
//表 T2 中的数据
SQL> SELECT * FROM T1 UNION SELECT * FROM T2;

        ID
----------
         1
         2
         3
         4
         5
         6

已选择 6 行。
```

2．UNION ALL

UNION ALL 运算符用来获得两个结果集合的并集（合并两个结果集合），但是不会自动地去除重复行，并且不会对结果进行排序。

语法：

```
subquery
UNION ALL
subquery
```

**例 6-38**：获得两个结果集合的并集，但是不会自动地去除重复行。

```
SQL> SELECT * FROM T1 UNION ALL SELECT * FROM T2;

        ID
----------
         1
         2
         3
         4
         3
         4
         5
```

```
           6

已选择 8 行。
```

3．INTERSECT

INTERSECT 运算符用来获得两个结果集合的交集（取两个结果集合中相同的部分），只会显示同时存在于两个结果集合中的数据，并且会以第一列的结果进行排序。

语法：

```
subquery
INTERSECT
subquery
```

**例 6-39**：获得两个结果集合的交集，只会显示同时存在于两个结果集合中的数据。

```
SQL> SELECT * FROM T1 INTERSECT SELECT * FROM T2;

        ID
----------
         3
         4
```

4．MINUS

MINUS 运算符用来获得两个结果集合的差集，只会显示在第一个结果集中存在，但是在第二个结果集中不存在的数据，并且会以第一列的结果进行排序。

语法：

```
subquery
MINUS
subquery
```

**例 6-40**：获得两个结果集合的差集，只会显示在第一个结果集中存在，但是在第二个结果集中不存在的数据。

```
SQL> SELECT * FROM T1 MINUS SELECT * FROM T2;

        ID
----------
         1
         2
```

## 6.4 数据操作

### 6.4.1 插入数据

INSERT 语句用于添加数据到表中。插入数据到表中，该表必须在自己的方案中，或者必须在表上拥有 INSERT 对象权限。如果拥有 INSERT ANY TABLE 系统权限，那么也可以插入数据到任何表。

语法：

```
INSERT INTO
    { [ schema. ]{ table | view } }[ t_alias ]
    [ (column [, column ]...) ]
    VALUES ( { expr | DEFAULT } [, { expr | DEFAULT } ]...);
```

例 6-41：插入一行数据到 table_1 表中。

```
SQL> INSERT INTO table_1
          VALUES(14, 'Oracle');
```

注　意

如果表 table_1 还不存在，可以使用以下语句进行创建。
CREATE TABLE table_1(id INT,name VARCHAR2(20));

例 6-42：插入一列数据到 table_1 表中。

```
SQL> INSERT INTO table_1(id)
          VALUES(15);
```

### 6.4.2　更新数据

UPDATE 语句用于更新表中已存在的数据。为更新表中的数据，该表必须在自己的方案中，或者必须在表上拥有 UPDATE 对象权限。如果拥有 UPDATE ANY TABLE 系统权限，还可以在任何表上更新数据。

语法：

```
UPDATE
    { [ schema. ]{ table| view } } [ t_alias ]
    SET
    { { (column [, column ]...) = (subquery) | column = { expr | (subquery) | DEFAULT } }
    [, { (column [, column]...) = (subquery) | column = { expr | (subquery) | DEFAULT } } ]...
    | VALUE (t_alias) = { expr | (subquery) } }
    [WHERE condition ];
```

例 6-43：更新表 table_1 中 id 列为 1 的数据为 10。

```
SQL> UPDATE table_1
       SET id=10
       WHERE id=1;
```

例 6-44：更新表 table_1 中 id 列的所有数据为 10。

```
SQL> UPDATE table_1
       SET id=10;
```

### 6.4.3　删除数据

DELETE 语句用于从表中删除行。从一个表中删除行，该表必须在自己的方案中，或者必须在表上要拥有 DELETE 对象权限。如果拥有 DELETE ANY TABLE 系统权限，还可以从任何表中删除行。

语法：

```
DELETE [ FROM ]
```

```
{ [ schema. ]{ table| view } } [ t_alias ]
[WHERE condition ];
```

**例 6-45**：删除表 table_1 中 id 列为 10 的行。

```
SQL> DELETE FROM table_1
     WHERE id=10;
```

**例 6-46**：删除表 table_1 中的所有数据。

```
SQL> DELETE FROM table_1;
```

## 6.5 单行函数

单行函数是指输入一行，输出也是一行，以及直接对单个数据进行操作的函数。单行函数可以在 SQL 语句和 PL/SQL 语句中使用。单行函数可以在 SELECT 语句中的 SELECT、WHERE、ORDER BY 子句中使用，可以在 INSERT 语句中的 VALUES 子句中使用，也可以在 UPDATE 语句中的 SET 子句使用，还可以在 DELETE 语句中的 WHER 子句中使用。

### 6.5.1 字符函数

字符函数的输入是字符型数据，一般有一个或多个字符参数，并且返回字符值。

1．ASCII

ASCII 函数用来返回字符串 char 的第一个字符在 ASCII 码中对应的十进制数。char 的数据类型可以是 CHAR、VARCHAR2、NCHAR 或 NVARCHAR2。

```
ASCII(char)
```

**例 6-47**：返回字符串 A、a 和 ABC 的第一个字符在 ASCII 码中对应的十进制数。

```
SQL> SELECT ASCII('A'),ASCII('a'),ASCII('ABC') FROM DUAL;

ASCII('A') ASCII('A') ASCII('ABC')
---------- ---------- ------------
        65         97           65
```

2．CHR

CHR 函数用来返回十进制 ASCII 码 n 对应的字符。

```
CHR(n [ USING NCHAR_CS ])
```

**例 6-48**：返回十进制 ASCII 码 65 和 97 对应的字符。

```
SQL> SELECT CHR(65),CHR(97) FROM DUAL;

C C
- -
A a
```

3．CONCAT

CONCAT 函数用来返回将 char2 添加到 char1 后面而形成的字符串。char1 和 char2 可以是任何 CHAR、VARCHAR2、NCHAR、NVARCHAR2、CLOB 或 NCLOB 数据类型。

```
CONCAT(char1, char2)
```

**例 6-49**：返回将 b 添加到 a 后面而形成的字符串。

```
SQL> SELECT CONCAT('a','b') FROM DUAL;

CO
--
ab
```

4．INITCAP

INITCAP 函数用来返回将单词 char 的每个首字母大写、其他字母都小写的字符串。单词之间由空格或者非字母数字字符分隔。

```
INITCAP(char)
```

**例 6-50**：返回将单词 heLLO lINux 的每个首字母大写、其他字母都小写的字符串。

```
SQL> SELECT INITCAP('heLLO lINux') FROM DUAL;

INITCAP('HE
-----------
Hello Linux
```

5．INSTR

INSTR 函数用来在 string 中从 position 开始搜索 substring 第 occurrence 次出现的位置，并返回该位置的数字。如果 position 为负数，则搜索从右向左进行，但位置数字仍然从左向右计算。position 和 occurrence 默认都是 1。

```
INSTR(string , substring [, position [, occurrence ] ])
```

**例 6-51**：在 CORPORATE FLOOR 中从 3 开始搜索 OR 第 2 次出现的位置，并返回该位置的数字。

```
SQL> SELECT INSTR('CORPORATE FLOOR','OR', 3, 2) FROM DUAL;

INSTR('CORPORATEFLOOR','OR',3,2)
------------------------------- ---------------------------------
                                  14
```

6．LENGTH

LENGTH 函数用来返回字符 char 的长度。如果 char 的数据类型为 CHAR，则长度包括所有后缀空格。如果 char 为 NULL，则该函数返回 NULL。

```
LENGTH(char)
```

**例 6-52**：返回字符 HelloLinux 的长度。

```
SQL> SELECT LENGTH('HelloLinux') FROM DUAL;

LENGTH('HELLOLINUX')
--------------------
                  10
```

7．LOWER

LOWER 函数用来返回将字符 charr 所有字母都小写的字符串。

```
LOWER(char)
```

**例 6-53**：返回将字符 Hello Oracle 所有字母都小写的字符串。

```
SQL> SELECT LOWER('Hello Oracle') FROM DUAL;

LOWER('HELLO
------------
hello oracle
```

### 8．LPAD

LPAD 函数用来在 expr1 的右边填充 expr2，直到字符串的总长度达到 *n*。expr2 的默认值为空格。如果 expr1 的长度大于 *n*，则返回 expr1 左边的 *n* 个字符。

```
LPAD(expr1, n [, expr2 ])
```

**例 6-54**：在 Hello 的右边填充*，直到字符串的总长度达到 7。

```
SQL> SELECT LPAD('Hello',7,'*') FROM DUAL;

LPAD('H
-------
**Hello
```

### 9．RPAD

RPAD 函数用来在 expr1 的右边填充 expr2，直到字符串的总长度达到 *n*。expr2 的默认值为空格。如果 expr1 的长度大于 *n*，则返回 expr1 右边的 *n* 个字符。

```
RPAD(expr1 , n [, expr2 ])
```

**例 6-55**：在 Hello 的右边填充*，直到字符串的总长度达到 7。

```
SQL> SELECT RPAD('Hello',7,'*') FROM DUAL;

RPAD('H
-------
Hello**
```

### 10．LTRIM

LTRIM 函数用来去掉 char 左边包含的 set 中的任何字符，当遇到不是 set 中的字符时结束，然后返回剩余的字符串。set 默认是空格。如果 char 是字符文字，则必须将其括在单引号中。

```
LTRIM(char [, set ])
```

**例 6-56**：去掉 Hello 左边包含的 He 中的任何字符，然后返回剩余的字符串。

```
SQL> SELECT LTRIM('Hello','He') FROM DUAL;

LTR
---
llo
```

### 11．RTRIM

RTRIM 函数用来去掉 char 右边所包含的 set 中的任何字符，当遇到不是 set 中的字符时结束，然后返回剩余的字符串。set 默认是空格。如果 char 是字符文字，则必须将其括在单引号中。

```
RTRIM(char [, set ])
```

**例 6-57**：去掉 Hello 右边所包含的 llo 中的任何字符，然后返回剩余的字符串。

```
SQL> SELECT RTRIM('Hello','llo') FROM DUAL;

RT
--
He
```

## 12．REPLACE

REPLACE 函数用来把字符 char 中出现的 search_string 都替换成 replacement_string，然后返回剩余的字符串。如果 replacement_string 省略或者为 NULL，则所有出现 search_string 的字符都被删除；如果 search_string 为 NULL，则返回 char；如果 char 为 NULL，则返回 NULL。

REPLACE(*char*, *search_string* [, *replacement_string* ])

**例 6-58**：把字符 Hello 中出现的 el 都替换成 EL，然后返回剩余的字符串。

```
SQL> SELECT REPLACE('Hello','el','EL') FROM DUAL;

REPLA
-----
HELlo
```

## 13．SUBSTR

SUBSTR 函数用来返回 char 的子串，其中，position 是子串开始的位置，substring_length 是子串的长度。如果 position 为 0，则从 char 的首字符开始计数；如果 position 为负数，则从 char 的结尾开始计数。

SUBSTR(*char*, *position* [, *substring_length* ])

**例 6-59**：从第 3 个字符开始返回字符串 ABCDEFG 中连续的 4 个字符。

```
SQL> SELECT SUBSTR('ABCDEFG',3,4) FROM DUAL;

SUBS
----
CDEF
```

## 14．TRANSLATE

TRANSLATE 函数用来把所有在 from_string 中出现的字符，用对应在 to_string 中出现的字符代替，然后返回被替代之后的 expr 字符串。如果 expr、from_string 或 to_string 中有 NULL，则返回 NULL；如果 to_string 中的字符少于 from_string，则将 from_string 中不匹配的字符从 expr 中删除；如果 from_string 中的字符少于 to_string，则将 to_string 中不匹配的字符仍然保留在 expr 中。

TRANSLATE(*expr*, *from_string*, *to_string*)

**例 6-60**：把所有在 llo 中出现的字符，用对应在 LLO 中出现的字符代替，然后返回被替代之后的 Hello 字符串。

```
SQL> SELECT TRANSLATE('Hello','llo','LLO') FROM DUAL;

TRANS
-----
```

```
HeLLO
```

15．TRIM

TRIM 函数用来将字符串 trim_source 去除开头或结尾的字符（或两者）。如果 trim_character 或 trim_source 是字符文字，则必须将其括在单引号。



```
TRIM([ { { LEADING | TRAILING | BOTH }
  [ trim_character ] | trim_character }
  FROM ] trim_source )
```

**例 6-61**：返回将字符串 aabcdefgaa 去除开头、结尾和两者的字符。

```
SQL> SELECT TRIM(LEADING 'a' FROM 'aabcdefgaa'),
       TRIM(TRAILING 'a' FROM 'aabcdefgaa'),
       TRIM('a' FROM 'aabcdefgaa')
       FROM DUAL;

TRIM(LEA TRIM(TRA TRIM('
-------- -------- ------
bcdefgaa aabcdefg bcdefg
```

16．UPPER

UPPER 函数用来返回将字符 char 所有字母都大写的字符串。

```
UPPER(char)
```

**例 6-62**：返回将字符 Hello Oracle 所有字母都大写的字符串。

```
SQL> SELECT UPPER('Hello Oracle')
       FROM DUAL;

UPPER('HELL
-----------
HELLO ORACLE
```

### 6.5.2　数字函数

数字函数的输入和输出都是数字型数据，一般用来执行算术运算。

1．ABS

ABS 函数用来返回 *n* 的绝对值。

```
ABS(n)
```

**例 6-63**：返回数字−15 和 15 的绝对值。

```
SQL> SELECT ABS(-15),ABS(15) FROM DUAL;

  ABS(-15)     ABS(15)
---------- ----------
        15         15
```

2．ACOS

ACOS 函数用来返回 *n* 的反余弦值。参数 *n* 必须在−1~1 的范围内。

```
ACOS(n)
```

**例 6-64**：返回数字−1 和 1 的反余弦值。

```
SQL> SELECT ACOS(-1),ACOS(1) FROM DUAL;

  ACOS(-1)    ACOS(1)
---------- ----------
3.14159265          0
```

### 3．ASIN

ASIN 函数用来返回 *n* 的反正弦值。参数 *n* 必须在−1~1 的范围内。

```
ASIN(n)
```

**例 6-65**：返回 0.6 的反正弦值。

```
SQL> SELECT ASIN(0.6) FROM DUAL;

  ASIN(0.6)
----------
.643501109
```

### 4．ATAN

ATAN 函数用来返回 *n* 的反正切值。参数 *n* 可以在一个无限的范围内。

```
ATAN(n)
```

**例 6-66**：返回数字−1 和 1 的反正切值。

```
SQL> SELECT ATAN(-1),ATAN(1) FROM DUAL;

  ATAN(-1)    ATAN(1)
---------- ----------
-.78539816 .785398163
```

### 5．CEIL

CEIL 函数用来返回大于或等于 *n* 的最小整数。

```
CEIL(n)
```

**例 6-67**：返回大于或等于数字 5.7、−5.7 和 5.4 最小整数。

```
SQL> SELECT CEIL(5.7),CEIL(-5.7),CEIL(5.4) FROM DUAL;

 CEIL(5.7) CEIL(-5.7)  CEIL(5.4)
---------- ---------- ----------
         6         -5          6
```

### 6．COS

COS 函数用来返回 *n* 的余弦值。

```
COS(n)
```

**例 6-68**：返回数字 100 的余弦值。

```
SQL> SELECT COS(100) FROM DUAL;

  COS(100)
```

```
----------
.862318872
```

### 7．COSH

COSH 函数用来返回 *n* 的双曲余弦值。

```
COSH(n)
```

**例 6-69**：返回数字 0 的双曲余弦值。

```
SQL> SELECT COSH(0) FROM DUAL;

   COSH(0)
----------
         1
```

### 8．EXP

EXP 函数用来返回 e 的 *n* 次幂（其中，e=2.71828183…）。

```
EXP(n)
```

**例 6-70**：返回 e 的 1、−1 和 3 次幂。

```
SQL> SELECT EXP(1),EXP(-1),EXP(3) FROM DUAL;

    EXP(1)    EXP(-1)     EXP(3)
---------- ---------- ----------
2.71828183 .367879441 20.0855369
```

### 9．FLOOR

FLOOR 函数用来返回等于或小于 *n* 的最大整数。

```
FLOOR(n)
```

**例 6-71**：返回等于或小于数字 5.7、−5.7 和 5.4 的最大整数。

```
SQL> SELECT FLOOR(5.7),FLOOR(-5.7),FLOOR(5.4) FROM DUAL;

FLOOR(5.7) FLOOR(-5.7) FLOOR(5.4)
---------- ----------- ----------
         5          -6          5
```

### 10．LN

LN 函数用来返回 *n* 的自然对数，其中 *n* 大于 0。

```
LN(n)
```

**例 6-72**：返回数字 95 的自然对数。

```
SQL> SELECT LN(95) FROM DUAL;

    LN(95)
----------
4.55387689
```

### 11．LOG

LOG 函数用来返回以 *n*2 为底的 *n*1 的对数，*n*2 不能为 0。

```
LOG(n2, n1)
```

**例 6-73**：返回以 10 为底的 100 的对数，3 为底的 27 的对数。

```
SQL> SELECT LOG(10,100),LOG(3,27) FROM DUAL;

LOG(10,100)   LOG(3,27)
----------- ----------
          2           3
```

## 12．MOD

MOD 函数用来返回 *n*2 除以 *n*1 之后的余数。如果 *n*1 为 0，则返回 *n*2。

```
MOD(n2, n1)
```

**例 6-74**：返回 11 除以 4 之后的余数，−11 除以 4 之后的余数。

```
SQL> SELECT MOD(11,4),MOD(-11,4) FROM DUAL;

 MOD(11,4) MOD(-11,4)
---------- ----------
         3         -3
```

## 13．POWER

POWER 函数用来返回 *n*2 为底的 *n*1 次幂。*n*2 和 *n*1 可以为任意数字，但如果 *n*2 为负数，则 *n*1 必须为正数。

```
POWER(n2, n1)
```

**例 6-75**：返回以 2 为底的 6 次幂、2 为底的−3 次幂、−2 为底的 3 次幂。

```
SQL> SELECT power(2,6),power(2,-3),power(-2,3) FROM DUAL;

POWER(2,6) POWER(2,-3) POWER(-2,3)
---------- ----------- -----------
        64        .125          -8
```

## 14．ROUND

ROUND 函数用来返回对 *n* 进行四舍五入运算的结果。如果省略 integer，则四舍五入到整数位；如果 integer 为负数，则四舍五入到小数点左边的 integer 位；如果 integer 为正数，则四舍五入到小数点右边的 integer 位。

```
ROUND(n [, integer ])
```

**例 6-76**：返回对 25.182 进行四舍五入到小数点右边 1 位运算的结果。

```
SQL> SELECT ROUND(25.182,1) FROM DUAL;

ROUND(25.182,1)
---------------
           25.2
```

## 15．SIGN

SIGN 函数用来返回检测 *n* 的正负结果。如果 *n* 小于 0，则返回结果为−1；如果 *n* 等于 0，则返回结果为 0；如果 *n* 大于 0，则返回结果为 1。

```
SIGN(n)
```

**例 6-77**：检测−15、15.6 和 15 的正负。

```
SQL> SELECT SIGN(-15),SIGN(15.6),SIGN(15) FROM DUAL;

 SIGN(-15) SIGN(15.6)     SIGN(15)
---------- ---------- ----------
        -1              1              1
```

16．SIN

SIN 函数用来返回 *n* 的正弦值。

```
SIN(n)
```

**例 6-78**：返回 30 * 3.14159265359/180 的正弦值。

```
SQL> SELECT SIN(30 * 3.14159265359/180) FROM DUAL;

SIN(30*3.14159265359/180)
-------------------------
                       .5
```

17．SQRT

SQRT 函数用来返回 *n* 的平方根。*n* 必须大于 0。

```
SQRT(n)
```

**例 6-79**：返回 26 的平方根。

```
SQL> SELECT SQRT(26) FROM DUAL;

  SQRT(26)
----------
5.09901951
```

18．TRUNC

TRUNC 函数用来返回 *n1* 截断到 *n2* 位小数。如果省略 *n2*，则将 *n1* 的小数部分截取；如果 *n2* 是负数，则截取到小数点左边 *n2* 位；如果 *n2* 是正数，则截取到小数点右边 *n2* 位。

```
TRUNC(n1 [, n2 ])
```

**例 6-80**：返回 15.79 截断到 1 位小数、15.79 截断到−1 位小数、15.79 截断到 0 位小数。

```
SQL> SELECT TRUNC(15.79,1),TRUNC(15.79,-1),TRUNC(15.79) FROM DUAL;

TRUNC(15.79,1) TRUNC(15.79,-1) TRUNC(15.79)
-------------- --------------- ------------
          15.7              10           15
```

### 6.5.3 日期时间函数

日期时间函数的输入是 DATE 和 TIMESTAMP 型数据，除了 MONTHS_BETWEEN 函数返回数字值以外，其他函数都返回 DATE 型数据。

1．SYSDATE

SYSDATE 函数用来返回当前数据库的日期和时间。

```
SYSDATE
```

**例 6-81**：返回当前数据库的日期和时间。

```
SQL> SELECT SYSDATE FROM DUAL;

SYSDATE
--------------
28-6 月 -14
```

注意

Oracle 数据库的默认日期格式是 DD-MON-YY（如 28-6 月-14），如需日期格式中包含时、分、秒（如 28-6 月-2014 11:38:07），可以使用以下命令修改 NLS_DATE_FORMAT 初始化参数。

SQL> ALTER SESSION SET NLS_DATE_FORMAT='DD-MON-YYYY HH24:MI:SS';

## 2. SYSTIMESTAMP

SYSTIMESTAMP 函数用来返回数据库所在系统的系统日期，包括小数秒和时区。返回数据类型是 TIMESTAMP WITH TIME ZONE。

```
SYSTIMESTAMP
```

**例 6-82**：返回数据库所在系统的系统日期。

```
SQL> SELECT SYSTIMESTAMP FROM DUAL;

SYSTIMESTAMP
---------------------------------------------------------------------------
28-6 月 -14 02.54.13.945000 上午 +08:00
```

## 3. ADD_MONTHS

ADD_MONTHS 函数用来返回日期 date 加上 integer 个月所对应的日期时间。date 参数可以是一个日期时间值，或可以是隐式转换为 DATE 的任何值。integer 参数可以是整数或可以是隐式转换为整数的任意值。

如果 integer 为正数，那么表示 date 之后；如果 integer 为负数，那么表示 date 之前；如果 integer 为小数，那么自动删除小数部分。

```
ADD_MONTHS(date, integer)
```

**例 6-83**：返回当前日期，以及当前日期加上 3.9、2、−2 个月所对应的日期时间。

```
SQL> SELECT SYSDATE,ADD_MONTHS(SYSDATE,3.9),
        ADD_MONTHS(SYSDATE,2),ADD_MONTHS(SYSDATE,-2)
        FROM DUAL;

SYSDATE        ADD_MONTHS(SYS ADD_MONTHS(SYS ADD_MONTHS(SYS
-------------- -------------- -------------- --------------
28-6 月 -14    28-9 月 -14    28-8 月 -14    28-4 月 -14
```

### 4．CURRENT_DATE

CURRENT_DATE 函数用来返回在会话时区中的当前日期。

```
CURRENT_DATE
```

**例 6-84**：返回在会话时区中的当前日期。

```
SQL> SELECT CURRENT_DATE FROM DUAL;

CURRENT_DATE
--------------
28-6 月 -14
```

### 5．CURRENT_TIMESTAMP

CURRENT_TIMESTAMP 函数用来返回会话时区中的当前日期时间。precision 是可选参数，表示返回时间值的精度，如果省略精度，则默认值为 6。

```
CURRENT_TIMESTAMP [ (precision) ]
```

**例 6-85**：返回会话时区中的当前日期时间。

```
SQL> SELECT CURRENT_TIMESTAMP FROM DUAL;

CURRENT_TIMESTAMP
---------------------------------------------------------------------------
28-6 月 -14 03.03.55.664000 上午 +08:00
```

### 6．DBTIMEZONE

DBTIMEZONE 函数用来返回数据库所在时区的值。

```
DBTIMEZONE
```

**例 6-86**：返回数据库所在时区的值。

```
SQL> SELECT DBTIMEZONE FROM DUAL;

DBTIME
------
+00:00
```

### 7．EXTRACT

EXTRACT 函数用来返回日期时间 expr 中指定的日期时间字段的值。

```
EXTRACT( { YEAR
         | MONTH
         | DAY
         | HOUR
         | MINUTE
         | SECOND
         | TIMEZONE_HOUR
         | TIMEZONE_MINUTE
         | TIMEZONE_REGION
         | TIMEZONE_ABBR
```

```
        }
        FROM { expr })
```

**例 6-87**：返回当前日期时间，以及当前日期时间中指定的 YEAR、MONTH 和 DAY 字段的值。

```
SQL> SELECT SYSDATE,EXTRACT(YEAR FROM SYSDATE),
     EXTRACT(MONTH FROM SYSDATE),EXTRACT(DAY FROM SYSDATE)
     FROM DUAL;

SYSDATE          EXTRACT(YEARFROMSYSDATE) EXTRACT(MONTHFROMSYSDATE)
-------------- ---------------------- ------------------------
EXTRACT(DAYFROMSYSDATE)
----------------------
28-6 月 -14                          2014                          6
                         28
```

8．LAST_DAY

LAST_DAY 函数用来返回日期 date 所在月份的最后一天。

```
LAST_DAY(date)
```

**例 6-88**：返回当天日期所在月份的最后一天。

```
SQL> SELECT SYSDATE,LAST_DAY(SYSDATE) FROM DUAL;

SYSDATE          LAST_DAY(SYSDA
-------------- --------------
28-6 月 -14       30-6 月 -14
```

9．LOCALTIMESTAMP

LOCALTIMESTAMP 函数用来返回会话时区中的当前日期和时间，和 CURRENT_TIMESTAMP 的区别在于，LOCALTIMESTAMP 返回一个 TIMESTAMP 值，而 CURRENT_TIMESTAMP 返回一个 TIMESTAMP WITH TIME ZONE 值。timestamp_precision 指定返回时间值的小数第二精度。

```
LOCALTIMESTAMP [ (timestamp_precision) ]
```

**例 6-89**：返回在会话时区中的当前日期和时间。

```
SQL> SELECT CURRENT_TIMESTAMP, LOCALTIMESTAMP FROM DUAL;

LOCALTIMESTAMP
---------------------------------------------------------------------------
28-6 月 -14 03.09.50.992000 上午
```

10．MONTHS_BETWEEN

MONTHS_BETWEEN 函数用来返回日期 date1 和 date2 之间相差的月数。如果 date1 晚于 date2，则结果为正数；如果 date1 早于 date2，则结果为负数；如果 date1 和 date2 的月的天数相同或都是月的最后一天，那么结果总是一个整数。否则 Oracle 数据库根据每月 31 天计算结果的小数部分。

```
MONTHS_BETWEEN(date1, date2)
```

**例 6-90**：返回日期 02−02−2015 和 06−06−2016 之间相差的月数。

```
SQL> SELECT MONTHS_BETWEEN
        (TO_DATE('02-02-2015','MM-DD-YYYY'),TO_DATE('06-06-2016','MM-DD-YYYY') )
"Months"
        FROM DUAL;

      Months
----------
-16.129032
```

### 11．NEW_TIME

NEW_TIME 函数用来返回当日期和时间是时区 timezone1 中的 date 时，在时区 timezone2 中的日期和时间。使用此功能前，必须设置 NLS_DATE_FORMAT 参数来显示 24 小时制时间。

```
NEW_TIME(date, timezone1, timezone2)
```

**例 6-91**：返回当日期和时间是时区 AST 中的 11−10−16 01:23:45 时，在时区 PST 中的日期和时间。

```
SQL> SELECT NEW_TIME(TO_DATE('11-10-16 01:23:45', 'MM-DD-YY HH24:MI:SS'),
'AST', 'PST')
        FROM DUAL;

NEW_TIME(TO_DA
--------------
09-11 月-16
```

### 12．NEXT_DAY

NEXT_DAY 函数用来返回日期 date 后的下一个 char。char 必须是一周中的某一天，如星期一、星期三等。

```
NEXT_DAY(date, char)
```

**例 6-92**：返回日期 12−6 月−2015 后的下一个星期一。

```
SQL> SELECT NEXT_DAY('12-6 月-2015','星期一') FROM DUAL;

NEXT_DAY('12-6
--------------
15-6 月 -15
```

### 13．SESSIONTIMEZONE

SESSIONTIMEZONE 函数用来返回当前会话的时区。返回类型是一个时区偏移量（字符类型格式为'[+|]TZH:TZM'）或时区区域名称，具体取决于最近的 ALTER SESSION 语句中用户指定的会话时区的值。

```
SESSIONTIMEZONE
```

**例 6-93**：返回当前会话的时区。

```
SQL> SELECT SESSIONTIMEZONE FROM DUAL;
```

```
SESSIONTIMEZONE
------------------------------------------------------------------------
+08:00
```

14．SYS_EXTRACT_UTC

SYS_EXTRACT_UTC 函数用于从带有时区偏移的日期时间值或时区区域名称中提取 UTC（协调世界时，原格林尼治标准时间）。如果没有指定时区，时间与数据库的时区相关。

```
SYS_EXTRACT_UTC(datetime_with_timezone)
```

**例 6-94**：从带有时区偏移的日期时间值或时区区域名称中提取 UTC。

```
SQL> SELECT SYS_EXTRACT_UTC(TIMESTAMP '2000-03-28 11:30:00.00 -08:00')
        FROM DUAL;

SYS_EXTRACT_UTC(TIMESTAMP'2000-03-2811:30:00.00-08:00')
------------------------------------------------------------------------
28-3 月  -00 07.30.00.000000000 下午
```

15．TRUNC

TRUNC 函数用来返回根据 fmt 指定的精度截断后的日期 date。fmt 是一个指定日期精度的字符串，可以是 YEAR、MONTH 或 DAY。如果 fmt 为 YEAR，则为本年的 1 月 1 日；如果 fmt 为 MONTH，则为本月的 1 日；如果 fmt 为 DAY，则天的个位数为 0。

```
TRUNC(date [, fmt ])
```

**例 6-95**：返回当前日期，以及根据 YEAR、MONTH 和 DAY 指定的精度截断后的当前日期。

```
SQL> SELECT SYSDATE,TRUNC(SYSDATE, 'YEAR'),
        TRUNC(SYSDATE, 'MONTH'),TRUNC(SYSDATE, 'DAY')
        FROM DUAL;

   SYSDATE          TRUNC(SYSDATE, TRUNC(SYSDATE, TRUNC(SYSDATE,
-------------- -------------- -------------- --------------
04-11 月-14      01-1 月  -14      01-11 月-14      02-11 月-14
```

16．**ROUND**

ROUND 函数用来返回日期时间 date 四舍五入的结果。如果 fmt 是 YEAR，则以 7 月 1 日为分界线；如果 fmt 是 MONTH，则以 16 日为分界线；如果 fmt 是 DAY，则以中午 12 点钟为分界线。

```
ROUND(date [, fmt ])
```

**例 6-96**：返回当前日期时间，以及当前日期的四舍五入结果。

```
SQL> SELECT sysdate,ROUND(sysdate,'YYYY') from DUAL;

SYSDATE          ROUND(SYSDATE,
-------------- --------------
14-11 月-14      01-1 月  -15
```

17．TZ_OFFSET

TZ_OFFSET 函数用来返回时区名 time_zone_name 指定的时区与格林尼治相比的时区偏差。

```
TZ_OFFSET({ 'time_zone_name' | '{ + | - } hh : mi' | SESSIONTIMEZONE | DBTMEZONE })
```

**例 6-97**：返回时区名 US/Eastern 指定的时区与格林尼治相比的时区偏差。

```
SQL> SELECT TZ_OFFSET('US/Eastern') FROM DUAL;

TZ_OFFS
-------
-04:00
```

### 6.5.4　转换函数

转换函数用于将数据从一种数据类型转换为另外一种数据类型。

1．CHARTOROWID

CHARTOROWID 函数用来将字符串 char 转换为 ROWID 数据类型。字符串 char 可以是 CHAR、VARCHAR2、NCHAR 或 NVARCHAR2 数据类型。

```
CHARTOROWID(char)
```

**例 6-98**：将字符串 AAAR3qAAEAAAACHAAD 转换为 ROWID 数据类型。

```
SQL> SELECT CHARTOROWID('AAAR3qAAEAAAACHAAD') FROM DUAL;

CHARTOROWID('AAAR3
------------------
AAAR3qAAEAAAACHAAD
```

2．ROWIDTOCHAR

ROWIDTOCHAR 函数用来转换 rowid 值为 VARCHAR2 数据类型，转换结果为 18 个字符。

```
ROWIDTOCHAR(rowid)
```

**例 6-99**：转换 rowid 值 AAAR3qAAEAAAACHAAD 为 VARCHAR2 数据类型。

```
SQL> SELECT ROWIDTOCHAR('AAAR3qAAEAAAACHAAD') FROM DUAL;

ROWIDTOCHAR('AAAR3
------------------
AAAR3qAAEAAAACHAAD
```

3．CONVERT

CONVERT 函数用来将字符串 char 由 source _char_set 字符集转换为 dest_char_set 字符集。source_char_set 的默认值是数据库字符集。

```
CONVERT(char, dest_char_set[, source_char_set ])
```

**例 6-100**：将字符串 Ä Ê Í Õ Ø A B C D E 由 US7ASCII 字符集转换为 WE8ISO8859P1 字符集。

```
SQL> SELECT CONVERT('Ä Ê Í Õ Ø A B C D E', 'US7ASCII', 'WE8ISO8859P1')
        FROM DUAL;
```

```
CONVERT('?"N??ABCDE
-------------------
?"N??ABCDE
```

#### 4. TO_MULTI_BYTE

TO_MULTI_BYTE函数用来将单字节字符char转换成相应的多字节字符。字符char可以是CHAR、VARCHAR2、NCHAR或NVARCHAR2数据类型。

```
TO_MULTI_BYTE(char)
```

**例6-101**：将单字节字符A转换成相应的多字节字符。

```
SQL> SELECT TO_MULTI_BYTE('A') FROM DUAL;

TO
--
A
```

#### 5. TO_SINGLE_BYTE

TO_SINGLE_BYTE函数用来将多字节字符char转换成相应的单字节字符。字符char可以是CHAR、VARCHAR2、NCHAR或NVARCHAR2数据类型。

```
TO_SINGLE_BYTE(char)
```

**例6-102**：将多字节字符15711393转换成相应的单字节字符。

```
SQL> SELECT TO_SINGLE_BYTE( CHR(15711393)) FROM DUAL;

T
-
?
```

#### 6. ASCIISTR

ASCIISTR函数用来将字符串char转变为ASCII字符串。非ASCII字符转换为\xxxx，其中，xxxx表示一个UTF-16编码单元。

```
ASCIISTR(char)
```

**例6-103**：将字符串AB*计算机*CDE转变为ASCII字符串。

```
SQL> SELECT ASCIISTR('AB*计算机*CDE') FROM DUAL;

ASCIISTR('AB*计算机*CD E')
----------------------
AB*\8BA1\7B97\673A*CDE
```

#### 7. BIN_TO_NUM

BIN_TO_NUM函数用来将多个expr组成的二进制数转变为十进制数。每个expr必须为0或1。

```
BIN_TO_NUM(expr [, expr ]... )
```

**例6-104**：将1,0,1,0组成的二进制数转变为十进制数。

```
SQL> SELECT BIN_TO_NUM(1,0,1,0) FROM DUAL;
```

```
BIN_TO_NUM(1,0,1,0)
-------------------
                 10
```

8．NUMTODSINTERVAL

NUMTODSINTERVAL 函数用来将数字 *n* 转换成 interval_unit 指定的 INTERVAL DAY TO SECOND 数据类型的数据。参数 *n* 可以是任何 NUMBER 值，或者是可以隐式转换为 NUMBER 值的表达式。interval_unit 不区分大小写。

interval_unit 值必须解析为以下字符串值之一。

- 'DAY'
- 'HOUR'
- 'MINUTE'
- 'SECOND'

```
NUMTODSINTERVAL(n, 'interval_unit')
```

**例 6-105**：显示当前日期时间，以及当前日期时间加 2 小时的日期时间。

```
SQL> SELECT SYSTIMESTAMP,SYSTIMESTAMP+NUMTODSINTERVAL(2,'HOUR')
       FROM DUAL;

SYSTIMESTAMP
---------------------------------------------------------------------------
SYSTIMESTAMP+NUMTODSINTERVAL(2,'HOUR')
---------------------------------------------------------------------------
28-6 月  -14 03.35.55.383000  上午  +08:00
28-6 月  -14 05.35.55.383000000  上午  +08:00
```

9．NUMTOYMINTERVAL

NUMTOYMINTERVAL 函数用来将数字 *n* 转换成 interval_unit 指定的 INTERVAL DAY TO MONTH 数据类型的数据。参数 *n* 可以是任何 NUMBER 值，或者是可以隐式转换为 NUMBER 值的表达式。interval_unit 不区分大小写。

interval_unit 值必须解析为以下字符串值之一。

- 'YEAR'
- 'MONTH'

```
NUMTOYMINTERVAL(n, 'interval_unit')
```

**例 6-106**：显示当前日期时间，以及当前日期时间加 2 年的日期时间。

```
SQL> SELECT SYSTIMESTAMP,SYSTIMESTAMP+NUMTOYMINTERVAL(2,'YEAR')
       FROM DUAL;

SYSTIMESTAMP
---------------------------------------------------------------------------
SYSTIMESTAMP+NUMTOYMINTERVAL(2,'YEAR')
---------------------------------------------------------------------------
```

```
28-6 月 -14 03.37.00.867000 上午 +08:00
28-6 月 -16 03.37.00.867000000 上午 +08:00
```

## 10. TO_DSINTERVAL

TO_DSINTERVAL 函数用来将符合特定格式的字符串 sql_format 或 ds_iso_format 转换成 INTERVAL DAY TO SECOND 数据类型的数据。

```
TO_DSINTERVAL ( ' { sql_format | ds_iso_format } ' )
```

**例 6-107**：显示当前日期时间，以及当前日期时间加 20 天 10 小时的日期时间。

```
SQL> SELECT SYSTIMESTAMP,SYSTIMESTAMP+TO_DSINTERVAL('020 10:00:00')
        FROM DUAL;

SYSTIMESTAMP
---------------------------------------------------------------------------
SYSTIMESTAMP+TO_DSINTERVAL('02010:00:00')
---------------------------------------------------------------------------
28-6 月 -14 03.48.38.992000 上午 +08:00
18-7 月 -14 01.48.38.992000000 下午 +08:00
```

## 11. TO_YMINTERVAL

TO_YMINTERVAL 函数用来将符合特定格式的字符串 years – months 或 ym_iso_format 转换成 INTERVAL DAY TO MONTH 数据类型的数据。

```
TO_YMINTERVAL( ' { [+|-] years - months | ym_iso_format } ' )
```

**例 6-108**：显示当前日期时间，以及当前日期时间加 1 年 2 个月的日期时间。

```
SQL> SELECT SYSDATE,SYSDATE+TO_YMINTERVAL('01-02') FROM DUAL;

SYSDATE          SYSDATE+TO_YMI
-------------- --------------
28-6 月 -14      28-8 月 -15
```

## 12. TO_DATE

TO_DATE 函数用来将符合 fmt 指定的特定日期格式的字符串 char 转换成 DATE 数据类型的值。

```
TO_DATE(char [, fmt [, 'nlsparam' ] ])
```

**例 6-109**：将符合 DD–MON–YY 指定的特定日期格式的字符串 12–6 月–14 转换成 DATE 数据类型的值。

```
SQL> SELECT TO_DATE('12-6 月-14','DD-MON-YY') FROM DUAL;

TO_DATE('12-6
--------------
12-6 月 -14
```

## 13. TO_NUMBER

TO_NUMBER 函数用来将符合 fmt 指定的特定日期格式的字符串 expr 转换为 NUMBER 数据类型的值。expr 可以是 CHAR、VARCHAR2、NCHAR 或 NVARCHAR2 数据类型的值。

```
TO_NUMBER(expr [, fmt [, 'nlsparam' ] ])
```

**例 6-110**：将符合 9G999D99 指定的特定日期格式的字符串 100.00 转换为 NUMBER 数据类型的值。

```
SQL> SELECT TO_NUMBER('100.00','9G999D99') FROM DUAL;

TO_NUMBER('100.00','9G999D99')
------------------------------
                           100
```

## 14．TO_TIMESTAMP_TZ

TO_TIMESTAMP_TZ 函数用来将符合 fmt 指定的特定日期格式的字符串 char 转换为 TIMESTAMP WITH TIME ZONE 数据类型。char 可以是 CHAR、VARCHAR2、NCHAR 或 NVARCHAR2 数据类型的字符。

```
TO_TIMESTAMP_TZ(char [, fmt [, 'nlsparam' ] ])
```

**例 6-111**：将符合 YYYY-MM-DD HH:MI:SS TZH:TZM 指定的特定日期格式的字符串 2015-11-16 11:00:00 -8:00 转换为 TIMESTAMP WITH TIME ZONE 数据类型。

```
SQL> SELECT TO_TIMESTAMP_TZ('2015-11-16 11:00:00 -8:00',
        'YYYY-MM-DD HH:MI:SS TZH:TZM') FROM DUAL;

TO_TIMESTAMP_TZ('2015-11-1611:00:00-8:00','YYYY-MM-DDHH:MI:SSTZH:TZM')
---------------------------------------------------------------------------
16-11 月-15 11.00.00.000000000 上午 -08:00
```

## 15．UNISTR

UNISTR 函数用来返回字符串 string 对应的 Unicode 字符。

```
UNISTR( string )
```

**例 6-112**：显示字符串 abc\00e5\00f1\00f6 对应的 Unicode 字符。

```
SQL> SELECT UNISTR('abc\00e5\00f1\00f6') FROM DUAL;

UNISTR('ABC\
------------
abc? ? ?
```

## 16．CAST

CAST 函数用来将表达式 expr 转换成数据类型 type_name。type_name 必须是一个内置数据类型或集合类型的名称。

```
CAST( expr AS type_name)
```

**例 6-113**：将表达式 22-6 月-2015 转换成数据类型 VARCHAR2(25)。

```
SQL> SELECT CAST('22-6 月-2015' AS VARCHAR2(25)) FROM DUAL;

CAST('22-6 月-2015'ASVARCH
------------------------
22-6 月-2015
```

### 6.5.5 其他函数

在单行函数中，除了字符函数、数字函数、日期时间函数和转换函数以外，本节再介绍一些其他的函数。

1．GREATEST

GREATEST 函数用来从多个 expr 表达式中找出最大的数。Oracle 数据库使用第一个 expr 来确定返回类型。

```
GREATEST(expr [, expr ]...)
```

例 6-114：从数字 9、999 和 99 中找出最大的数。

```
SQL> SELECT GREATEST (9,999,99) FROM DUAL;

GREATEST(9,999,99)
------------------
               999
```

例 6-115：从字符 ABC、abc、abd 和 abda 中找出最大的数。

```
SQL> SELECT GREATEST ('ABC','abc','abd','abda') FROM DUAL;

GREA
----
abda
```

2．LEAST

LEAST 函数用来从多个 expr 表达式中找出最小的数。Oracle 数据库使用第一个 expr 来确定返回类型。

```
LEAST(expr [, expr ]...)
```

例 6-116：从数字 9、999 和 99 中找出最小的数。

```
SQL> SELECT LEAST (9,999,99) FROM DUAL;

LEAST(9,999,99)
---------------
              9
```

例 6-117：从字符 ABC、abc、abd 和 abda 中找出最小的数。

```
SQL> SELECT LEAST ('ABC','abc','abd','abda') FROM DUAL;

LEA
---
ABC
```

3．NVL

NVL 函数用来在查询的结果中以字符串替换 NULL（空值）。如果 expr1 是 NULL，则 NVL 返回 expr2。如果 expr1 不是 NULL，则 NVL 返回 expr1。参数 expr1 和 expr2 可以是任意的数据类型，但是两者必须匹配。

```
NVL(expr1, expr2)
```

**例 6-118**：NVL 函数使用示例。

```
SQL> SELECT NVL(1,2) FROM DUAL;


N
-
1
```

4．**NVL2**

NVL2 函数用来通过基于指定的表达式 expr1 是否为 NULL 或 NOT NULL，返回 expr2 或 expr3 的值。如果 expr1 不是 NULL，则 NVL2 返回 expr2。如果 expr1 是 NULL，则 NVL2 返回 expr3。参数 expr1 可以是任意的数据类型，参数 expr2 和 expr3 可以是除了 LONG 之外的任何数据类型，但是三者必须匹配。

```
NVL2(expr1, expr2, expr3)
```

**例 6-119**：NVL2 函数使用示例。

```
SQL> SELECT NVL2(1,2,3) FROM DUAL;


NVL2(1,2,3)
-----------
          2
```

## 6.6 小结

SQL 是关系数据库中定义和操作数据的标准语言，最早在 1974 年发布。在 Oracle 数据库中，SQL 语言分为 DML、DDL、DCL、SELECT 和 TCL 5 种。

SELECT 语句用于从一个或多个表中查询数据。一个基本的 SQL 语法由 SELECT、FROM、WHERE、ORDER BY、GROUP BY 和 HAVING 子句组成。

Oracle 数据库提供了一些函数来对表中数据进行统计、汇总，这些函数称为组函数（也称为统计函数）。组函数不同于单行函数，组函数可以对分组的数据进行求和、求平均值、求最大值等运算。组函数只能应用于 SELECT 子句、HAVING 子句或 ORDER BY 子句中。

子查询是指在一个查询中嵌套若干个其他的查询。子查询要比主查询先执行，结果作为主查询的条件，一般需要将子查询放在括号中，并放在比较运算符的右侧。子查询是一个 SELECT 语句，可以在 SELECT、INSERT、UPDATE 和 DELETE 等语句中使用。使用子查询要比使用多表查询更加能提高查询性能。

合并查询是指多个查询语句的结果可以执行集合运算，结果集的数据类型、数量和顺序应该一样。Oracle 数据库支持 UNION、UNION ALL、INTERSECT 和 MINUS 4 种集合操作。

INSERT 语句用于添加数据到表中。UPDATE 语句用于更新表中已存在的数据。DELETE 语句用于从表中删除行。

Oracle 数据库中的单行函数，可以使用字符函数、数字函数、日期时间函数、转换函数和其他函数。

## 6.7 习题

一、选择题

1. 要计算平均值，使用______组函数。

   A. COUNT　　B. AVG　　C. SUM　　D. VARIANCE

2. ______不是集合操作。

   A. UNION ALL　　B. UNIQUE　　C. INTERSECT　　D. MINUS

3. ______不是 SELECT 查询语句中的逻辑运算符。

   A. AND　　B. IN　　C. NOT　　D. OR

4. 使用______函数，可以将字符中的所有字母都转成大写。

   A. UPPER　　B. REPLACE　　C. INITCAP　　D. LOWER

二、简答题

1. 简述 SQL 语言分类。
2. 简述 SQL 基本语法。
3. 简述常用的组函数。

PART 7

# 第7章 表

## 7.1 表简介

### 7.1.1 什么是表

表是数据库中一个非常重要的方案对象，被用来存储数据，是 Oracle 数据库中数据组织的基本单位。表是其他对象的基础，如果没有表，约束、视图、索引等对象也就不能存在，因为这些对象都是基于表创建的。一个表描述一个实体，指定哪些信息必须被记录下来，如员工可以是一个实体。

一个表定义包括一个表名和列的集合。列标识表中描述的实体的属性，比如员工表中的 employee_id 列是指员工实体的员工 ID 属性。当创建表的时候，一般会为每一个列指定列名、数据类型、大小、小数位数、默认值等。如 employee_id 列指定 NUMBER(6)数据类型，表明该列只能包含高达 6 位数大小的数字数据。大小可以由数据类型预先确定。

一个表只能包含一个虚拟列，虚拟列不占用磁盘空间。数据库通过计算一组用户指定的表达式或函数生成派生需求上的虚拟列的值。

表创建好之后，可以使用 SQL 语句进行插入、查询、删除和更新行操作。行是列信息的集合，对应于一个表中的记录，比如员工表描述指定员工的所有属性。

### 7.1.2 表类型

在 Oracle 数据库中，表可以分为以下几种类型。

**1．普通表**

普通表（Heap-Organized Table，HOT）也称为堆组织表，是一种常用的表类型，是以堆的形式进行组织的表，表中的行没有按照任何特定的顺序存储。执行 CREATE TABLE 语句会默认创建一个堆组织表。当表中添加数据时，将使用段中第一个适合数据大小的空闲空间；当删除数据时，留下的空间允许以后的 DML 操作重用。

**2．索引组织表**

索引组织表（Index-Organized Table，IOT）是存储在一个索引结构中的表，根据主键的值排序行。存储在堆中的表是无组织的，而索引组织表中的数据则按主键存储和排序。对于某些应用程序，索引组织表提高性能，以及更有效地利用磁盘空间。使用普通表时，必须为表和表主键上的索引分别指定保存空间。而索引组织表则不存在主键的空间开销。

**3．临时表**

临时表用于保存事务或会话期间的中间结果集。临时表中保存的数据只对当前会话可见，所有会话都看不到其他会话的数据。即使当前会话已经提交了数据，别的会话也看不到它的数据。临时表不存在多用户并发问题，因为一个会话不会因为使用一个临时表而阻塞另一个会话。

**4．外部表**

外部表是元数据存储在数据库中的只读表，但它们的数据却存储在数据库之外。外部表位于文件系统之中，按一定的格式进行分割，如文本文件或者其他类型的表可以作为外部表。在外部表上不能够执行DML操作，也不能创建索引。

**5．分区表**

分区表使得数据被分解成更小、更易于管理的部分（分区，甚至是子分区）。每个分区可以有不同的物理属性，如压缩启用或禁用、压缩类型、物理存储设置和表空间，从而为可用性和性能更好地调整结构。此外，每一个分区可以单独管理，从而可以简化和降低用于备份和管理的时间。

**6．簇表**

簇表是由一组共享相同数据块的多个表组成的，这些表有着共同的列，并且经常一起使用。将经常一起使用的表组合在一起成簇，可以提高处理效率。

## 7.2 Oracle内置数据类型

创建表的时间需要为列指定数据类型，不同的数据类型存储不同类型的数据。Oracle内置数据类型有字符数据类型、数字数据类型、日期和时间数据类型、二进制数据类型和大对象数据类型。

### 7.2.1 字符数据类型

在Oracle数据库中，字符数据类型存储数字和字母等组成的字符，常用的字符数据类型有CHAR、NCHAR、VARCHAR2、NVARCHAR2和VARCHAR。

1．CHAR(size [BYTE | CHAR])

固定长度的字符串，长度为size个字节（BYTE）或字符（CHAR），默认是字节；最大长度为2000个字节或字符，默认最小长度为1个字节。如果列值比定义的长度短，那么会在列值的后面填充空格，直到定义的长度。

2．NCHAR(size)

固定长度的Unicode字符串，最大长度是由国家字符集定义确定的，以2000字节为上限，默认和最小长度为1个字符。

3．VARCHAR2(size [BYTE | CHAR])

可变长度的字符串，必须为VARCHAR2指定size，长度为size个字节（BYTE）或字符（CHAR），默认是字节；最大长度为4000字节或字符，最小长度为1字节或字符。如果列值比定义的长度短，那么不会在列值的后面填充空格。

4．NVARCHAR2(size)

可变长度的Unicode字符串，必须为NVARCHAR2指定size；最大长度是由国家字符集定义确定的，以4000字节为上限。

5．VARCHAR

同VARCHAR2，不建议使用。

### 7.2.2 数字数据类型

在 Oracle 数据库中，数字数据类型所有的数值数据，如整数、分数、双精度数和浮点数等，常用的数字数据类型有 NUMBER 和 FLOAT。

1．NUMBER [ (p [, s]) ]

以十进制格式进行储存的数字数据类型，p 是指精度（指数字的总位数），s 是指刻度范围（小数点右边的位数）。p 的范围可以是 1~38，s 的范围可以是-84~127。s 的默认值是 0，如 NUMBER(5)、NUMBER。

在指定精度和刻度范围的时候需要遵循以下规则。

- 当 s>0 时，s 表示小数点右边的数字的个数。
- 当一个数字的整数部分的长度 >p−s 时，Oracle 就会报错。
- 当一个数字的小数部分的长度 >s 时，Oracle 就会舍入。
- 当 s<0 时，s 表示小数点左边的数字的个数，Oracle 就对小数点左边的 s 个数字进行舍入。
- 当 s>p 时，p 表示小数点后第 s 位向左最多可以有多少位数字，如果大于 p 则 Oracle 报错，小数点后 s 位向右的数字被舍入。

2．FLOAT [(p)]

具有精度 p 的 NUMBER 数据类型的子类型。一个 FLOAT 值，在内部表示为 NUMBER。精度 p 的范围可以是 1~126 的二进制数字。一个 FLOAT 值是 1~22 字节。

3．INTEGER

简称 INT，相当于刻度范围为 0 的 NUMBER 数据类型。

### 7.2.3 日期和时间数据类型

在 Oracle 数据库中，日期和时间数据类型存储日期和时间值，常用的日期和时间数据类型有 DATE、TIMESTAMP 和 TIMESTAMP WITH TIME ZONE。

1．DATE

存储日期和时间信息，大小被固定为 7 字节。有效日期范围从公元前 4712 年 1 月 1 日到公元 9999 年 12 月 31 日。默认格式是由 NLS_DATE_FORMAT 参数或隐含 NLS_TERRITORY 参数明确决定的。此数据类型包含日期时间字段 YEAR、MONTH、DAY、HOUR、MINUTE 和 SECOND。它没有小数分秒或时区。

2．TIMESTAMP [(fractional_seconds_precision)]

用亚秒的粒度存储日期和时间信息，大小为 7 或 11 个字节，这取决于精度。有效日期范围从公元前 4712 年 1 月 1 日到公元 9999 年 12 月 31 日。fractional_seconds_precision 是亚秒粒度的范围，可接受的值是 0～9，默认是 6。默认格式是由 NLS_TIMESTAMP_FORMAT 参数或隐式的 NLS_TERRITORY 参数明确地确定的。此数据类型包含日期时间字段 YEAR、MONTH、DAY、HOUR、MINUTE 和 SECOND。它包含秒的小数部分，但没有时区。

3．TIMESTAMP [(fractional_seconds)] WITH TIMEZONE

存储 TIMESTAMP 的所有值以及时区位移值，大小是固定的 13 个字节。fractional_seconds 是数字在 SECOND 日期时间字段的小数部分的数，可接受的值是 0～9，默认是 6。默认格式是由 NLS_TIMESTAMP_FORMAT 参数或隐式 NLS_TERRITORY 参数明确地确定的。此数据类型包含日期时间字段 YEAR、MONTH、DAY、HOUR、MINUTE、SECOND、TIMEZONE_HOUR 和 TIMEZONE_MINUTE。它有小数分秒和明确的时区。

### 7.2.4 二进制数据类型

在 Oracle 数据库中，二进制数据类型存储非结构化数据，常用的二进制数据类型有 RAW 和 LONGRAW。

1．RAW(size)

非结构化数据的可变二进制数据，必须为 RAW 指定 size，最大尺寸为 2000 字节。

2．LONG RAW

非结构化数据的可变二进制数据，尺寸可达 2 GB。不建议使用 LONG RAW 数据类型，可以使用 BLOB 数据类型来代替。

### 7.2.5 行数据类型

在 Oracle 数据库中，表中每一行数据在数据库中的存储位置可以由行的物理地址和逻辑地址表示，这些地址存储在表的 ROWID 伪列中，常用的行数据类型有 ROWID 和 UROWID。

1．ROWID

以 64 位为基数的字符串，表示一条记录在表中相对唯一的地址值。该数据类型主要是 ROWID 伪列返回的值。

2．UROWID [(size)]

以 64 位为基数的字符串，表示索引组织表的一行的逻辑地址。可选的大小是 UROWID 类型的列的大小。最大尺寸和默认尺寸为 4000 字节。

### 7.2.6 大对象数据类型

在 Oracle 数据库中，大对象数据类型存储大对象（Large OBject，LOB），LOB 是为图像、视频、音频、文本、空间数据设计的，大对象最大尺寸是（4GB−1）*（数据库块大小），一般数据库块大小为 8K，常用的大对象数据类型有 CLOB、NCLOB、BLOB、BFILE 和 LONG。

1．CLOB

包含单字节和多字节字符的大对象字符，支持事务处理，最大尺寸是（4GB−1）*（数据库块大小）。

2．NCLOB

存储 Unicode 字符的大对象字符，支持事务处理，最大尺寸是（4GB−1）*（数据库块大小）。

3．BLOB

存储非结构化的二进制大对象，支持事务处理，最大尺寸是（4GB−1）*（数据库块大小）。

4．BFILE

用来把非结构化的二进制数据存储在数据库以外的操作系统文件中，不参与事务处理，只支持只读操作，最大尺寸为 4GB。

5．LONG

可变长度字符数据，最大为 2 GB，或 $2^{31}-1$ 字节。创建表时不建议使用该数据类型，Oracle 推荐使用 CLOB 和 NCLOB 数据类型。Oracle 11g 存在该数据类型，只是为了向后兼容。

## 7.3 创建表

CREATE TABLE 语句用于创建表。要在自己的方案中创建表，必须要拥有 CREATE TABLE 系统权限。要在另一个用户的方案中创建表，必须要拥有 CREATE ANY TABLE 系统权限。此外，该方案的所有者包含的表必须在表空间上拥有 UNLIMITED TABLESPACE 系统权限，或者拥有足够的表空间配额。

语法：

```
CREATE [ GLOBAL TEMPORARY ] TABLE [ schema. ] table
   {{ column datatype [ DEFAULT expr ] [ constraint ] }
   { column datatype [ DEFAULT expr ] [ constraint ] }...}
   { [ { PCTFREE integer | PCTUSED integer | INITRANS integer
   | STORAGE
   ({ INITIAL integer [ K | M | G | T | P | E ]
   | NEXT integer [ K | M | G | T | P | E ]
   | MINEXTENTS integer
   | MAXEXTENTS { integer | UNLIMITED }
   | MAXSIZE { UNLIMITED | integer [ K | M | G | T | P | E ] }
   | PCTINCREASE integer
   | FREELISTS integer
   | FREELIST GROUPS integer
   | BUFFER_POOL { KEEP | RECYCLE | DEFAULT }} ...) }...]
   | TABLESPACE tablespace
   | { LOGGING | NOLOGGING }
   | { NOPARALLEL | PARALLEL [ integer ] }
   | { COMPRESS [ integer ] | NOCOMPRESS }
   | [ AS subquery ] };
```

**例 7-1**：创建表 table_1。

```
SQL> CREATE TABLE table_1(id INT,name VARCHAR2(20));

表已创建。
```

注　意

表名以字母开头命名，而不能以数字开头命名。比如可以指定表名为 a2，而不能指定表名为 2a。

**例 7-2**：在表空间 users 上创建表 table_2。

```
SQL> CREATE TABLE table_2(id INT,name VARCHAR2(20)) TABLESPACE users;

表已创建。
```

**例 7-3**：创建表 table_4，开启并行功能加速表的创建。

```
SQL> CREATE TABLE table_4(id INT,name VARCHAR2(20)) PARALLEL;

表已创建。
```

**例 7-4**：创建表 table_5，记录重做日志。

```
SQL> CREATE TABLE table_5(id INT,name VARCHAR2(20)) LOGGING;
```

```
表已创建。
```

**例 7-5**：通过表 scott.dept 来创建表 table_6。

```
SQL> CREATE TABLE table_6
        AS
        SELECT * FROM scott.dept;

表已创建。
```

## 7.4 修改表

使用 ALTER TABLE 语句来改变表的定义。要修改表，该表必须在自己的方案中，或者必须在表上拥有 ALTER 对象权限，或者必须要拥有 ALTER ANY TABLE 系统权限。

### 7.4.1 设置表的读写模式

指定 READ ONLY 把表设置为只读模式。当表处于只读模式时，不能执行任何 DML 语句或 SELECT ... FOR UPDATE 语句来影响表。只要不修改任何表中的数据就可以执行 DDL 语句。指定 READ WRITE 把表设置为读/写模式。

语法：

```
ALTER TABLE [ schema. ] table
  { READ ONLY | READ WRITE };
```

**例 7-6**：将表 table_1 设置为只读模式。

```
SQL> ALTER TABLE table_1 READ ONLY;

表已更改。
SQL> SELECT TABLE_NAME,READ_ONLY
        FROM DBA_TABLES
        WHERE TABLE_NAME='TABLE_1' AND OWNER='SYS';

TABLE_NAME                              REA
------------------------------ ---
TABLE_1                                 YES
//在 DBA_TABLES 数据字典中可以看到表为只读模式（READ_ONLY 列显示 YES）
```

**例 7-7**：将表 table_1 设置为读/写模式。

```
SQL> ALTER TABLE table_1 READ WRITE;

表已更改。
```

### 7.4.2 为表指定并行处理

使用 PARALLEL 在表上为查询和 DML 操作更改默认并行度。

语法：

```
ALTER TABLE [ schema. ] table
  { NOPARALLEL | PARALLEL [ integer ] };
```

**例 7-8**：为表 table_1 指定并行操作。

```
SQL> ALTER TABLE table_1 PARALLEL;

表已更改。
```

**例 7-9**：将表 table_1 的并行度设置为 2。

```
SQL> ALTER TABLE table_1 PARALLEL 2;

表已更改。
```

**例 7-10**：为表 table_1 指定非并行。

```
SQL> ALTER TABLE table_1 NOPARALLEL;

表已更改。
```

### 7.4.3 启用或禁用与表相关联触发器

使用 ENABLE ALL TRIGGERS 或 DISABLE ALL TRIGGERS 来启用或禁用与表相关联的所有触发器。要启用或禁用触发器，触发器必须在自己的方案中，或者必须要拥有 ALTER ANY TRIGGER 系统权限。

语法：

```
ALTER TABLE [ schema. ] table
  { ENABLE | DISABLE } { ALL TRIGGERS };
```

**例 7-11**：启用与 table_1 表相关联的所有触发器。

```
SQL> ALTER TABLE table_1
          ENABLE ALL TRIGGERS;

表已更改。
```

**例 7-12**：禁用与 table_1 表相关联的所有触发器。

```
SQL> ALTER TABLE table_1
          DISABLE ALL TRIGGERS;

表已更改。
```

### 7.4.4 启用或禁用表锁定

如果在操作过程中表被锁定，Oracle 数据库只允许在表上进行 DDL 操作。在 DML 操作上不需要这样的表锁定。指定 ENABLE TABLE LOCK 启用表锁定，从而允许在表上进行 DDL 操作。Oracle 数据库启用表锁定之前，所有目前正在执行的事物必须提交或回滚；指定 DISABLE TABLE LOCK 禁用表锁定，从而防止在表上进行 DDL 操作。当目标表的表锁定被禁用时，不会执行并行 DML 操作。

注　意

在临时表上不能获得表锁定。



语法：

```
ALTER TABLE [ schema. ] table
  { ENABLE | DISABLE } { TABLE LOCK };
```

**例 7-13**：禁用表 table_1 的表锁定。

```
SQL> ALTER TABLE table_1
       DISABLE TABLE LOCK;

表已更改。
```

**例 7-14**：启用表 table_1 的表锁定。

```
SQL> ALTER TABLE table_1
       ENABLE TABLE LOCK;

表已更改。
```

### 7.4.5　解除分配未使用的空间

使用 DEALLOCATE UNUSED 子句明确地释放表的末尾未被使用的空间，以供在表空间中其他段的空间使用。禁用表锁定以后，不能解除分配未使用的空间。

语法：

```
ALTER TABLE [ schema. ] table
  DEALLOCATE UNUSED;
```

**例 7-15**：为表 table_1 解除分配未使用的空间。

```
SQL> ALTER TABLE table_1
             DEALLOCATE UNUSED;

表已更改。
```

### 7.4.6　标记列为未使用

使用 SET UNUSED 子句以标记表中的列为未使用。无法将属于 SYS 的表中的列标记为未使用。对于内部的堆组织表，指定 SET UNUSED 子句实际上并没有从表中的每一行中删除目标列。它不恢复使用这些列的磁盘空间，因此响应时间比执行 DROP 子句更快。SELECT 查询不会显示标记为未使用的列的数据。此外，标记为 UNUSED 的列的名称和类型将不会被 DESCRIBE 命令显示，可以使用相同的名称将新列添加到表中作为一个未使用的列。

可以稍后通过发出 ALTER TABLE ... DROP UNUSED COLUMNS 语句删除标记为未使用的列。USER_UNUSED_COL_TABS、ALL_UNUSED_COL_TABS 或 DBA_UNUSED_COL_TABS 数据字典可以用来列出包含未使用列的所有表。这些数据字典中的 COUNT 列显示在表中未使用的列的数量。

语法：

```
ALTER TABLE [ schema. ] table
   { SET UNUSED { COLUMN column | (column [, column ]...) }
   [ { CASCADE CONSTRAINTS | INVALIDATE }... ] };
```

**例 7-16**：标记表 scott.dept 中 dname 列为未使用。

```
SQL> CONN scott/triger
已连接。
//以用户 scott 连接数据库
SQL> ALTER TABLE dept SET UNUSED(dname);

表已更改。
SQL> SELECT * FROM USER_UNUSED_COL_TABS;

TABLE_NAME                                              COUNT
------------------------------ ----------
DEPT                                                        1
//USER_UNUSED_COL_TABS 数据字典中的 COUNT 列记录着标记为未使用的列的数量
```

### 7.4.7　在表中添加、修改和删除列

当修改表的时候，可以在表中添加、修改和删除列。

**1．添加列**

使用 ADD 子句在表中添加列。如果表中有数据，除非还指定了 DEFAULT，否则不能使用 NOT NULL 约束添加一列。

语法：

```
ALTER TABLE [ schema. ] table
   ADD { column datatype [ DEFAULT expr ] };
```

表 7−1 列出了 ALTER TABLE 语句各参数的描述信息。

表 7-1　ALTER TABLE 语句参数

| 参数 | 描述 |
| --- | --- |
| DEFAULT expr | 为新列指定一个默认值或为现有列指定新的默认值 |

**例 7-17**：为表 table_1 添加一列。

```
SQL> ALTER TABLE table_1 ADD kkk VARCHAR2(20);

表已更改。
```

**例 7-18**：为表 table_1 添加两列。

```
SQL> ALTER TABLE table_1
            ADD(duty NUMBER(2,2),visa VARCHAR2(30));

表已更改。
```

### 2．修改列

使用 MODIFY 子句修改现有列的属性。

语法：

```
ALTER TABLE [ schema. ] table
   MODIFY { (column [ datatype ] [ DEFAULT expr ] ) };
```

**例 7-19**：为表 table_1 修改 id 列的数据类型为 VARCHAR2(40)。

```
SQL> ALTER TABLE table_1 MODIFY id VARCHAR2(40);


表已更改。
```

### 3．删除列

使用 DROP 子句删除不再需要的列，或将它们标记为在未来某一时间删除。无法删除属于 SYS 的表中的列。

语法：

```
ALTER TABLE [ schema. ] table
   DROP { { COLUMN column | (column [, column ]...) }
   [ { CASCADE CONSTRAINTS | INVALIDATE }... ]
   | DROP UNUSED COLUMNS };
```

表 7–2 列出了 ALTER TABLE 语句各参数的描述信息。

表 7-2　　ALTER TABLE 语句参数

| 参数 | 描述 |
| --- | --- |
| CASCADE CONSTRAINTS | 删除列的同时，也删除所有引用该列上主键或唯一键的其他表的外键约束 |
| INVALIDATE | Oracle 数据库自动失效所有依赖的对象，比如视图、触发器和存储过程单元 |
| DROP UNUSED COLUMNS | 从表中删除当前标记为未使用的所有列，并回收磁盘空间 |

**例 7-20**：删除表 table_1 中的 id 列。

```
SQL> CONN scott/triger
已连接。
//以用户 scott 连接数据库
SQL> ALTER TABLE table_1 DROP(id);


表已更改。
```

注　意

如果在 SCOTT 方案中没有创建 table_1 表，请事先创建好。

**例 7-21**：删除表 table_1 中的 id 列和 name 列。

```
SQL> CONN scott/triger
```

```
已连接。
//以用户 scott 连接数据库
SQL> ALTER TABLE table_1 DROP(id,name);

表已更改。
```

**例 7-22**：删除表 table_1 中 id 列，同时也删除所有引用该列上主键或唯一键的其他表的外键约束。

```
SQL> CONN scott/triger
已连接。
//以用户 scott 连接数据库
SQL> ALTER TABLE table_1 DROP (id) CASCADE CONSTRAINTS;

表已更改。
```

**例 7-23**：从表 dept 中删除当前标记为未使用的所有列。

```
SQL> CONN scott/triger
已连接。
//以用户 scott 连接数据库
SQL> ALTER TABLE dept DROP UNUSED COLUMNS;

表已更改。
```

### 7.4.8 为表添加注释

COMMENT ON 语句用于为表添加描述性的注释信息，这样就可以充分地描述表的内容或用法。注释内容可以长达 4000 个字节，必须存储在单引号内。

语法：

```
COMMENT ON
  { TABLE [ schema. ]{ table } }
  IS 'text';
```

**例 7-24**：为表 table_1 添加注释为 Table name is table_1。

```
SQL> COMMENT ON TABLE table_1 IS 'Table name is table_1';

注释已创建。
SQL> COLUMN COMMENTS FORMAT A10
SQL> SELECT TABLE_NAME,TABLE_TYPE,COMMENTS
       FROM DBA_TAB_COMMENTS
       WHERE TABLE_NAME='TABLE_1';

TABLE_NAME                              TABLE_TYPE   COMMENTS
------------------------------ ----------- ----------
TABLE_1                                   TABLE          Table name is table_1
//查看 DBA_TAB_COMMENTS 数据字典中的 COMMENTS 列，显示表的注释
```

### 7.4.9 移动表到其他表空间

使用 MOVE 子句可以将表移动到其他的表空间中。

语法：

```
ALTER TABLE [ schema. ] table
  MOVE [TABLESPACE tablespace ];
```

表 7-3 列出了 ALTER TABLE 语句各参数的描述信息。

表 7-3 ALTER TABLE 语句参数

| 参数 | 描述 |
| --- | --- |
| TABLESPACE tablespace | 指定将表移动到的目标表空间 |

**例 7-25**：将表 table_1 移动到表空间 users 中。

```
SQL> ALTER TABLE table_1 MOVE TABLESPACE users;

表已更改。
```

### 7.4.10 更改表的日志记录属性

使用 LOGGING 和 NOLOGGING 可以更改表的日志记录属性，生成重做日志记录。

语法：

```
ALTER TABLE [ schema. ] table
  { LOGGING | NOLOGGING };
```

**例 7-26**：使得表 table_1 不记录日志。

```
SQL> ALTER TABLE table_1 NOLOGGING;

表已更改。
```

**例 7-27**：使得表 table_1 记录日志。

```
SQL> ALTER TABLE table_1 LOGGING;

表已更改。
```

### 7.4.11 压缩表

使用 COMPRESS 来指示 Oracle 数据库是否压缩数据段来减少磁盘和内存的使用。随着数据库的增长规模，可以考虑压缩表。压缩表将节省磁盘空间，减少数据库缓冲区高速缓存的使用，并在读取时可以显著加快查询执行。

压缩可能发生在数据被插入、更新或批量装载到表中。可以通过 COMPRESS 来压缩现有的表。在这种情况下，只有被插入或压缩后更新的数据才能进行压缩。同样地，可以使用 NOCOMPRESS 来禁用压缩现有的表。在这种情况下，已压缩的所有数据保持压缩。

语法：

```
ALTER TABLE [ schema. ] table
  { COMPRESS [ integer ] | NOCOMPRESS };
```

**例 7-28**：对表 table_1 不进行压缩。

```
SQL> ALTER TABLE table_1 NOCOMPRESS;

表已更改。
```

**例 7-29**：对表 table_1 进行压缩。

```
SQL> ALTER TABLE table_1 COMPRESS;

表已更改。
SQL> SELECT TABLE_NAME,COMPRESSION
        FROM DBA_TABLES
        WHERE TABLE_NAME='TABLE_1' AND OWNER='SYS';

TABLE_NAME                              COMPRESS
------------------------------ --------
TABLE_1                                 ENABLED
//DBA_TABLES 数据字典中的 COMPRESSION 列显示 ENABLED 表示表是经过压缩的
```

### 7.4.12 收缩表

使用 SHRINK SPACE 子句可以对表手动收缩空间，只适用于使用自动段管理的表空间中的段。在默认情况下，Oracle 数据库会压缩段，调整高水位，并立即释放空间。压缩段需要先进行行移动（Row Movement），因此必须在收缩表之前启用行移动。

收缩表具有以下限制。

- 不支持对带有基于函数的索引的表进行段收缩。
- 不能为压缩表指定 SHRINK SPACE 子句。

语法：

```
ALTER TABLE [ schema. ] table
   SHRINK SPACE [ COMPACT ] [ CASCADE ];
```

表 7-4 列出了 ALTER TABLE 语句各参数的描述信息。

表 7-4　　ALTER TABLE 语句参数

| 参数 | 描述 |
| --- | --- |
| COMPACT | 只对段空间进行碎片整理，并为后续版本压缩表的行。数据库不调整高水位（HWM），并不会立即释放空间 |
| CASCADE | 在表的所有依赖的对象上执行相同的操作，包括索引组织表上的辅助索引 |

**例 7-30**：对表 scott.dept 进行收缩。

```
SQL> CONNECT scott/triger
已连接。
//以用户 scott 连接到数据库
SQL> ALTER TABLE dept ENABLE ROW MOVEMENT;
```

```
表已更改。
//启用表 table_1 的行移动
SQL> ALTER TABLE dept SHRINK SPACE CASCADE;

表已更改。
```

注　　意

只能对非 SYS 用户的表进行收缩。



### 7.4.13　重命名列

使用 RENAME COLUMN 子句重命名表中的列。新的列名必须与表中其他列的名称不能相同。

语法：

```
ALTER TABLE [ schema. ] table
  RENAME COLUMN old_name TO new_name;
```

**例 7-31**：重命名表 table_1 的 name 列名称为 name2。

```
SQL> ALTER TABLE table_1
      RENAME COLUMN name TO name2;

表已更改。
```

### 7.4.14　重命名表

要对表进行重命名，可以通过 RENAME 和 ALTER TABLE ... RENAME TO 语句来实现。

#### 1．RENAME 语句

RENAME 语句用于重命名表。它会自动将旧对象上的约束、索引和权限传递到新对象。依赖于重命名对象的所有对象将无效，如视图、同义词和引用重命名表的存储过程和函数。使用 RENAME 语句，该表必须在自己的方案中。

语法：

```
RENAME old_name TO new_name;
```

**例 7-32**：重命名表 table_1 的名称为 table_11。

```
SQL> RENAME table_1 TO table_11;

表已重命名。
```

#### 2．ALTER TABLE ... RENAME TO 语句

使用 ALTER TABLE ... RENAME TO 语句可以对表进行重命名。

语法：

```
ALTER TABLE [ schema. ] table
  RENAME TO new_table_name;
```

**例 7-33**：重命名表 table_1 的名称为 table_11。

```
SQL> ALTER TABLE table_1 RENAME TO table_11;
```

```
表已更改。
```



## 7.5 截断表

TRUNCATE TABLE 语句用于从表中删除所有数据。使用这种方法删除数据，可以比删除并重新创建表更有效。TRUNCATE TABLE 语句执行以后不能回滚。使用 TRUNCATE TABLE 语句比使用 DELETE 语句删除所有数据更快，特别是如果表中有大量触发器、索引和其他依赖关系的时候。要截断表，该表必须在自己的方案中，或者必须要拥有 DROP ANY TABLE 系统权限。

语法：

```
TRUNCATE TABLE [schema.] table
  [ { DROP | REUSE } STORAGE ];
```

表 7-5 列出了 TRUNCATE TABLE 语句各参数的描述信息。

**表 7-5　　RUNCATE TABLE 语句参数**

| 参数 | 描述 |
| --- | --- |
| DROP STORAGE | 显式指明释放数据表和索引的空间 |
| REUSE STORAGE | 显式指明不释放数据表和索引的空间 |

**例 7-34**：截断表 table_1。

```
SQL> TRUNCATE TABLE table_1;

表被截断。
```

**例 7-35**：截断表 table_1，并释放空间。

```
SQL> TRUNCATE TABLE table_1
       DROP STORAGE;

表被截断。
```

## 7.6 删除表

DROP TABLE 语句用于删除表，将表移动到回收站或从数据库中完全删除表和它的所有数据。对于外部表，此语句只删除数据库中表的元数据。它的实际数据并没有影响，因为它驻留在数据库之外。要删除表，该表必须在自己的方案中，或者必须要拥有 DROP ANY TABLE 系统权限。

在删除表的时候，将会执行以下操作。

- 删除表中所有的数据。
- 删除与该表有关的索引、触发器和对象权限。
- 从数据字典中删除表的定义。
- 回收分配给表的存储空间。

语法：

```
DROP TABLE [ schema. ] table
   [ CASCADE CONSTRAINTS ] [ PURGE ];
```

表7-6列出了DROP TABLE语句各参数的描述信息。

表7-6　DROP TABLE语句参数

| 参数 | 描述 |
| --- | --- |
| CASCADE CONSTRAINTS | 在要删除的表中包含被其他表的外键引用的主键或唯一键，在删除该表的同时删除其他表中相关的外键约束。如果省略此子句，则数据库返回一个错误，并且不会删除表 |
| PURGE | 删除表，然后从回收站中清除表 |

**例7-36**：删除表table_1。

```
SQL> DROP TABLE table_1;

表已删除。
```

**例7-37**：删除表table_1，同时删除其他表中相关的外键约束。

```
SQL> DROP TABLE table_1 CASCADE CONSTRAINTS;

表已删除。
```

**例7-38**：删除表table_1，然后从回收站中清除表。

```
SQL> DROP TABLE table_1 PURGE;

表已删除。
```

# 7.7　使用OEM管理表

## 7.7.1　使用OEM创建表

使用Oracle Enterprise Manager按以下步骤创建表。

（1）在Oracle Enterprise Manager页面中，依次单击【方案】→【数据库对象】→【表】，如图7-1所示，单击【创建】按钮。

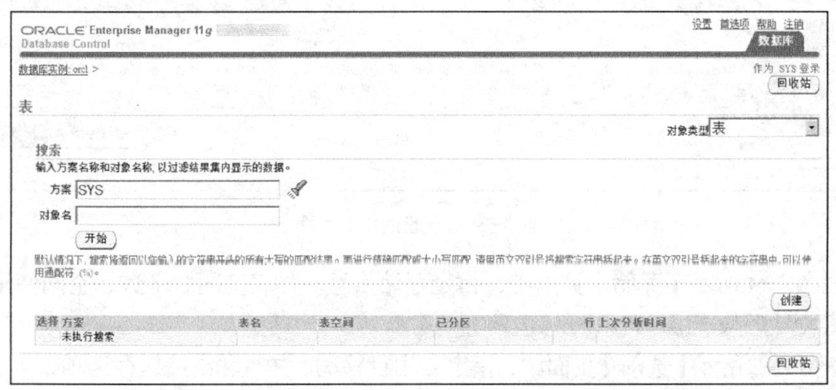


图7-1　表

（2）在图 7-2 所示页面中，指定表组织，在此选择【标准（按堆组织）】单选框，然后单击【继续】按钮。

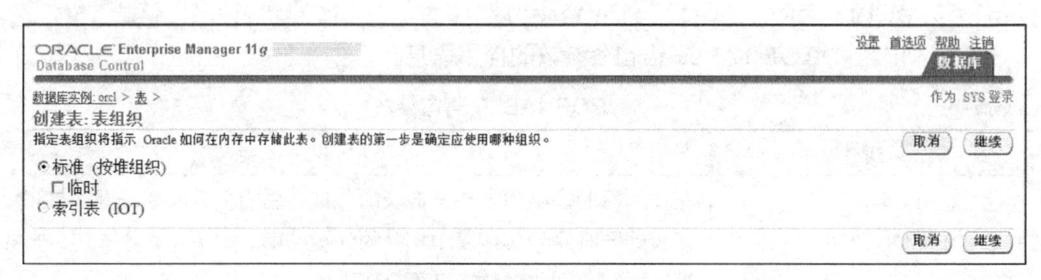


图 7-2 创建表：表组织

（3）在图 7-3 所示【一般信息】页面中，按以下要求输入内容。

➢ 名称：TABLE_1。

➢ 方案：SYS。

➢ 表空间：USERS。

➢ 列：ID 列，数据类型为 INT，不允许空值；NAME 列，数据类型为 VARCHAR(20)，允许空值。

图 7-3 【一般信息】页面

（4）在图 7-4 所示【存储】页面中，指定存储信息，如表空间、区数、空间使用情况、空闲列表、事物处理数、缓冲池和压缩选项等内容。

（5）在图 7-5 所示【选项】页面中，指定启用行移动、并行和高速缓存选项，然后单击【确定】按钮。

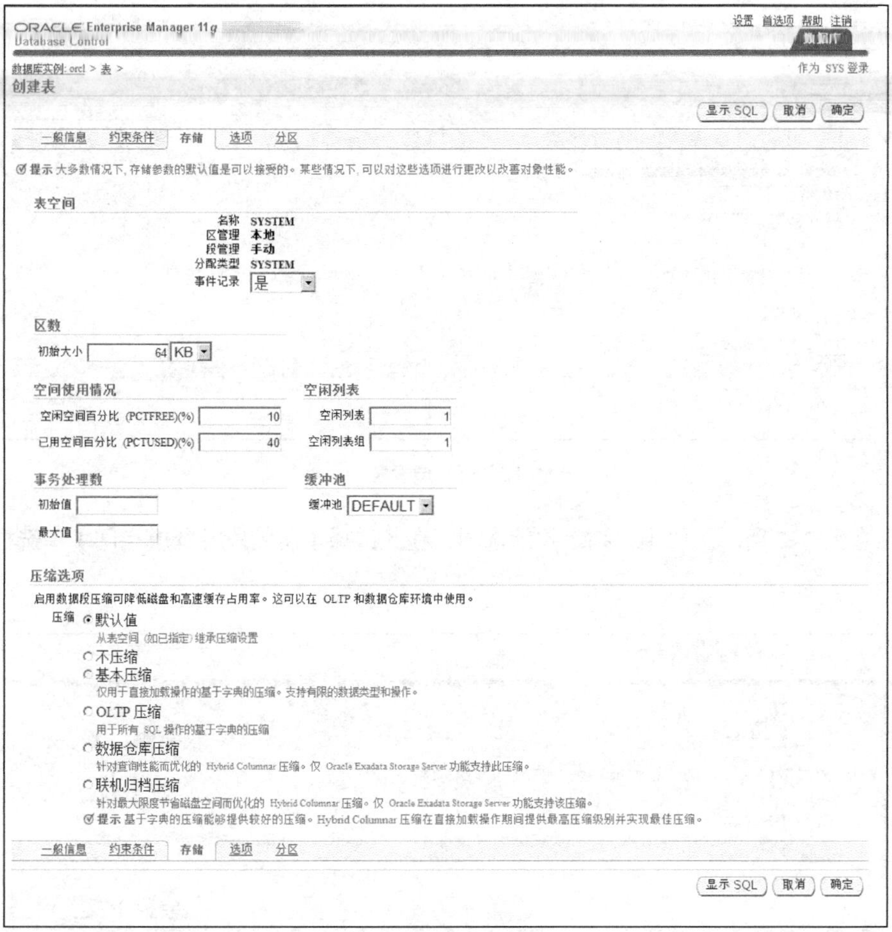

ORACLE Enterprise Manager 11g
Database Control
设置 首选项 帮助 注销
数据库
数据库实例: orcl > 表 >
作为 SYS 登录
创建表
显示 SQL 取消 确定
一般信息 约束条件 存储 选项 分区

提示 大多数情况下, 存储参数的默认值是可以接受的。某些情况下, 可以对这些选项进行更改以改善对象性能。

表空间
名称 SYSTEM
区管理 本地
段管理 手动
分配类型 SYSTEM
事件记录 是

区数
初始大小 64 KB

空间使用情况
空闲空间百分比 (PCTFREE)(%) 10
已用空间百分比 (PCTUSED)(%) 40

空闲列表
空闲列表 1
空闲列表组 1

事务处理数
初始值
最大值

缓冲池
缓冲池 DEFAULT

压缩选项
启用数据段压缩可降低磁盘和高速缓存占用率。这可以在 OLTP 和数据仓库环境中使用。
压缩 ◉默认值
从表空间 (如已指定) 继承压缩设置
○不压缩
○基本压缩
仅用于直接加载操作的基于字典的压缩。支持有限的数据类型和操作。
○OLTP 压缩
用于所有 SQL 操作的基于字典的压缩
○数据仓库压缩
针对查询性能而优化的 Hybrid Columnar 压缩。仅 Oracle Exadata Storage Server 功能支持此压缩。
○联机归档压缩
针对最大限度节省磁盘空间而优化的 Hybrid Columnar 压缩。仅 Oracle Exadata Storage Server 功能支持该压缩。
提示 基于字典的压缩能够提供较好的压缩。Hybrid Columnar 压缩在直接加载操作期间提供最高压缩级别并实现最佳压缩。

一般信息 约束条件 存储 选项 分区
显示 SQL 取消 确定

图 7-4 【存储】页面

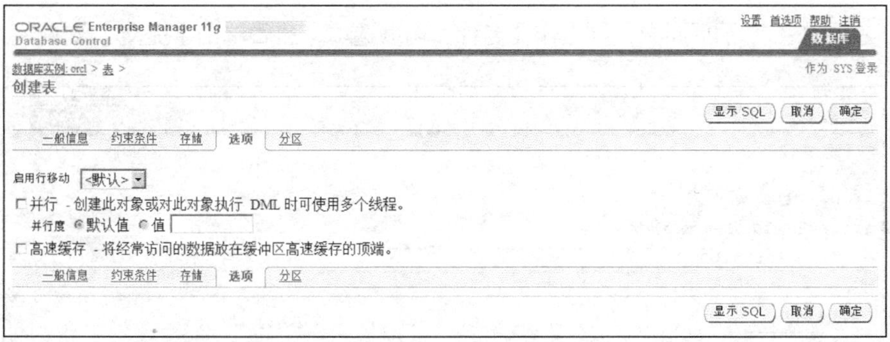

ORACLE Enterprise Manager 11g
Database Control
设置 首选项 帮助 注销
数据库
数据库实例: orcl > 表 >
作为 SYS 登录
创建表
显示 SQL 取消 确定
一般信息 约束条件 存储 选项 分区

启用行移动 <默认>
□并行 - 创建此对象或对此对象执行 DML 时可使用多个线程。
并行度 ◉默认值 ○值
□高速缓存 - 将经常访问的数据放在缓冲区高速缓存的顶端。

一般信息 约束条件 存储 选项 分区
显示 SQL 取消 确定

图 7-5 【选项】页面

### 7.7.2 使用 OEM 收缩段

对表进行收缩段操作可以压缩空间碎片，然后将恢复的空间释放到表空间，以此节约空间使用。

使用 Oracle Enterprise Manager 按以下步骤收缩段。

（1）在图 7-6 所示页面中，搜索方案 SYS 中的表 TABLE_1。选择表 TABLE_1，在【操作】下拉框中选择【收缩段】，然后单击【开始】按钮。

ORACLE Enterprise Manager 11g
Database Control
设置 首选项 帮助 注销
数据库
数据库实例: orcl >
作为 SYS 登录
回收站
表
对象类型 表
搜索
输入方案名称和对象名称, 以过滤结果集内显示的数据。
方案 SYS
对象名 TABLE_1
开始
选择模式 单选
创建
编辑 查看 使用选项删除 操作 收缩段 开始
选择 方案 表名 表空间 已分区 行 上次分析时间
SYS TABLE_1 USERS NO
回收站


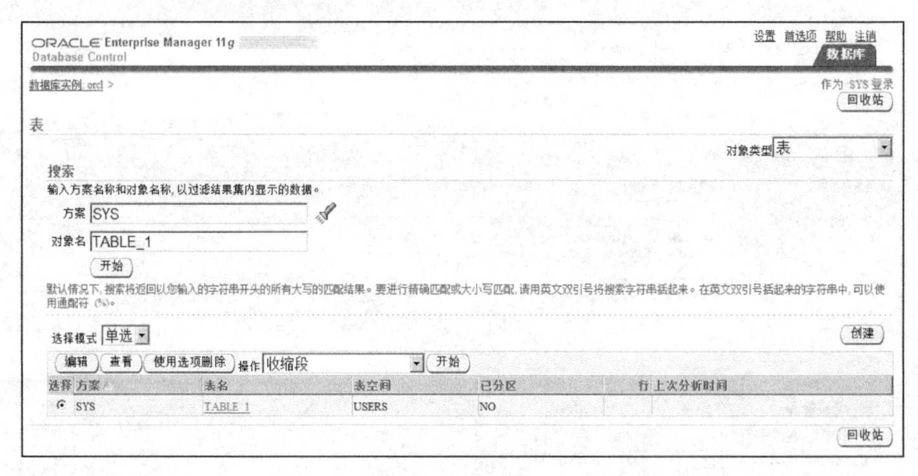

图 7-6　搜索表

（2）在图 7-7 所示页面中，指定收缩选项，在此选择【压缩段并释放空间】单选框，然后单击【继续】按钮。

ORACLE Enterprise Manager 11g
Database Control
设置 首选项 帮助 注销
数据库
数据库实例: orcl > 表 >
收缩段: SYS.TABLE_1
段名 SYS.TABLE_1
对象类型 表
显示 SQL 取消 继续
收缩操作可以压缩空间碎片, 还可以释放空间。收缩操作需要一段时间, 并将作为作业来调度。
收缩选项
压缩段并释放空间
压缩段
显示 SQL 取消 继续


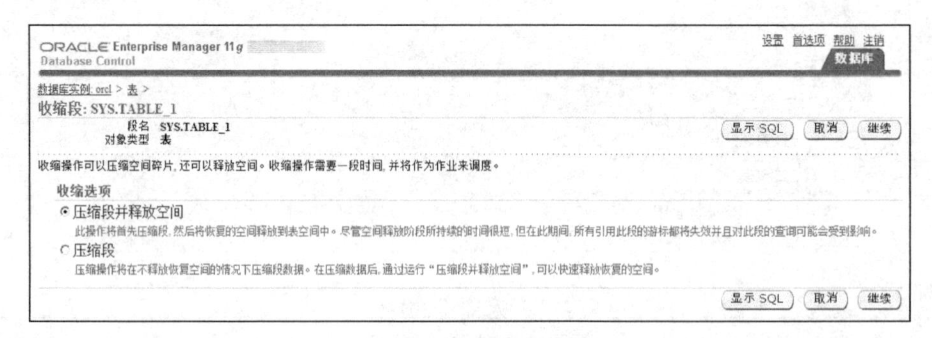

图 7-7　收缩段

（3）在图 7-8 所示页面中，指定作业名称和调度选项，然后单击【提交】按钮。

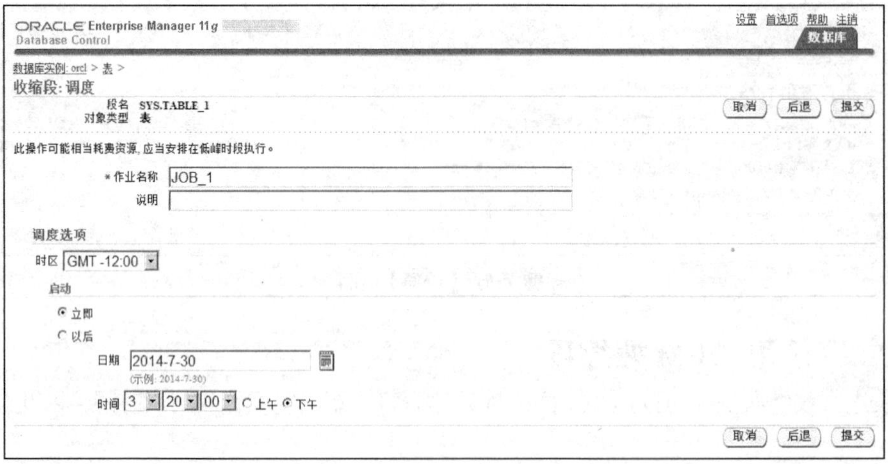

ORACLE Enterprise Manager 11g
Database Control
设置 首选项 帮助 注销
数据库
数据库实例: orcl > 表 >
收缩段: 调度
段名 SYS.TABLE_1
对象类型 表
取消 后退 提交
此操作可能相当耗费资源, 应当安排在低峰时段执行。
* 作业名称 JOB_1
说明
调度选项
时区 GMT -12:00
启动
立即
以后
日期 2014-7-30
(示例: 2014-7-30)
时间 3 20 00 上午 下午
取消 后退 提交


图 7-8　调度

（4）在图 7-9 所示页面中，显示已经成功创建作业，可以看到调度程序作业正在运行。

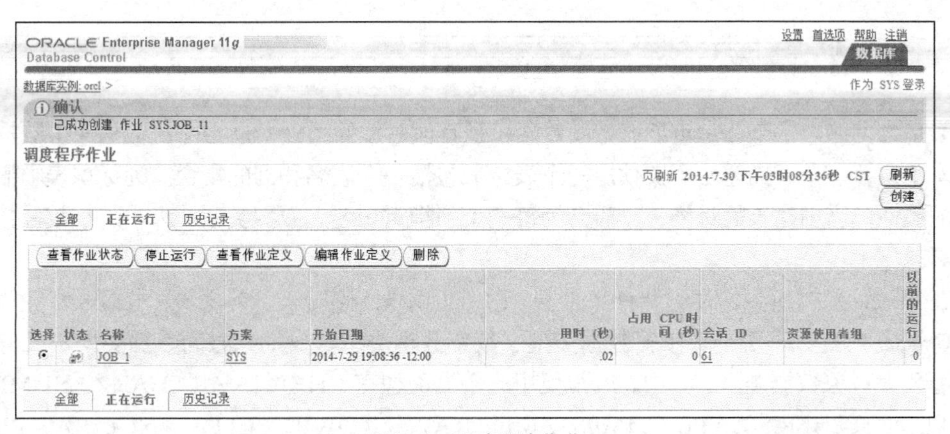


图 7-9　调度程序作业

## 7.7.3　使用 OEM 删除表

使用 Oracle Enterprise Manager 按以下步骤删除表。

（1）在图 7-10 所示页面中，搜索方案 SYS 中的表 TABLE_1。选择表 TABLE_1，然后单击【删除】按钮。

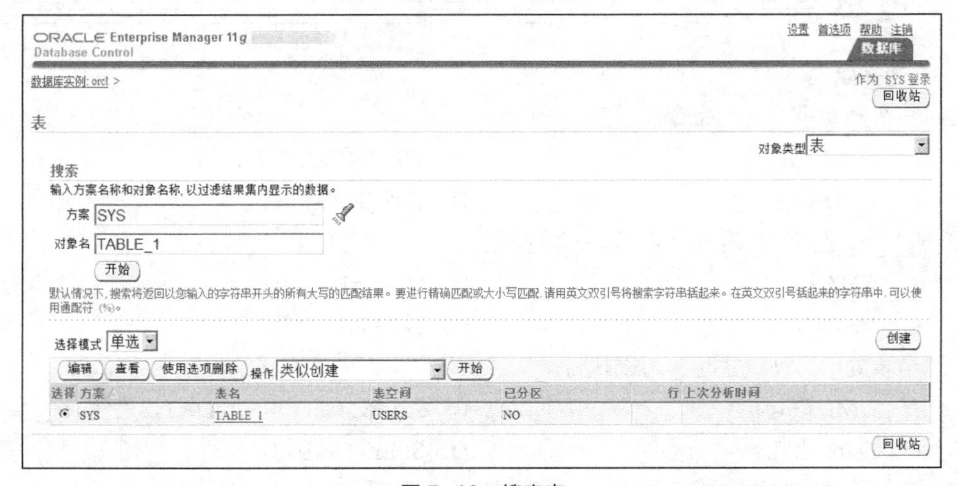


图 7-10　搜索表

（2）在图 7-11 所示页面中，选择【删除表定义，其中所有数据和从属对象（DROP）】单选框，然后单击【是】按钮。

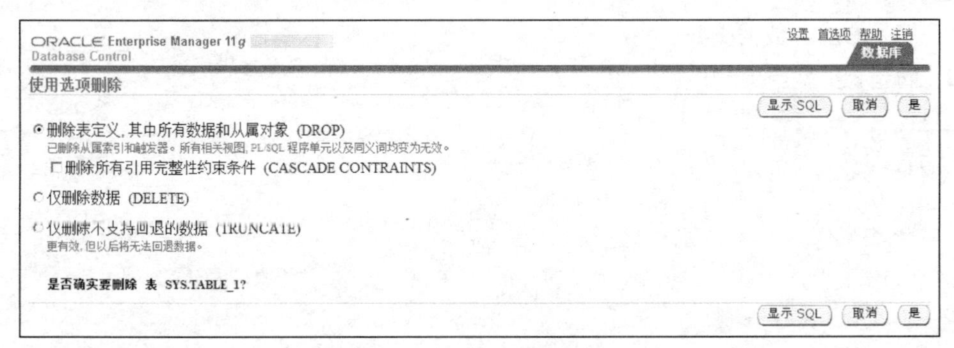


图 7-11　使用选项删除

## 7.8 小结

表是数据库中一个非常重要的方案对象，是其他对象的基础，是 Oracle 数据库中数据组织的基本单位，一个表描述一个实体。一个表定义包括一个表名和列的集合。列标识表中描述的实体的属性。当创建表的时候，一般会为每一个列指定列名、数据类型、大小、小数位数、默认值等。

在 Oracle 数据库中，表类型有普通表、索引组织表、临时表、外部表、分区表和簇表。

Oracle 内置数据类型有字符数据类型、数字数据类型、日期和时间数据类型、二进制数据类型和大对象数据类型。其中，最常使用的数据类型有 CHAR、VARCHAR2、NUMBER、FLOAT、INTEGER、DATE、TIMESTAMP、RAW、ROWID、CLOB、NCLOB 和 BLOB。

CREATE TABLE 语句用于创建表。ALTER TABLE 语句用于改变表的定义。TRUNCATE TABLE 语句用于从表中删除所有数据。使用 TRUNCATE TABLE 方法删除数据，可以比删除并重新创建表更有效。使用 TRUNCATE TABLE 语句比使用 DELETE 语句删除所有数据更快。DROP TABLE 语句用于删除表，将表移动到回收站或从数据库中完全删除表和它的所有数据。

## 7.9 习题

**一、选择题**

1. 截断表使用______命令。

   A. DELETE　　B. TRUNCATE TABLE

   C. UPDATE　　D. INSERT

2. ______是固定长度的字符串。（多选题）

   A. CHAR　　B. NCHAR

   C. VARCHAR2　　D. NVARCHAR2

3. 当表处于只读模式时，可以执行______操作。

   A. DML 语句　　B. SELECT...FOR UPDATE 语句

   C. DDL 语句　　D. SELECT 语句

4. 在删除表的时候，将会执行______操作。（多选题）

   A. 删除表中所有的数据　　B. 删除与该表有关的索引

   C. 从数据字典中删除表的定义　　D. 不会回收分配给表的存储空间

**二、简答题**

1. 简述 Oracle 数据类型。
2. 简述表类型。

PART 8

# 第8章 约束





## 8.1 约束简介

### 8.1.1 什么是约束

数据的完整性用于确保数据库中的数据遵从一定的商业和逻辑规则。在Oracle数据库中，当设计一个数据库应用程序时，用于保证数据库中存储数据的数据完整性，可以使用约束、触发器、应用程序（过程和函数）3种方法来实现，在这3种方法中，因为约束易于维护，并且具有最好的性能，所以作为维护数据完整性的首选。

约束是强加在表上的规则或条件，确保数据库中的数据满足特定的商业逻辑或企业规则，保证数据的完整性（完整性是指正确性与一致性），防止无效的数据进入数据库，从而使数据库的开发和维护都更加容易。当对表进行DML或DDL操作时，如果造成表中的数据违反约束条件或规则的话，系统就会拒绝执行这个操作，可以防止将错误的数据插入到表中。

约束可以是列级别的，也可以是表级别的。如果定义约束时没有指定约束的名称，Oracle将为约束自动生成一个名称，其格式为SYS_Cn，其中，*n*为自然数。强烈建议在定义约束时，为约束指定一个名称。

### 8.1.2 约束优点

在Oracle数据库中，约束具有以下优点。

**1．声明易用性**

因为使用SQL语句定义约束，当定义或更改表时不需要额外编程。SQL语句很容易编写程序并可消除编程错误。

**2．集中规则**

为表定义的约束存储在数据字典中。因此在所有应用程序中输入数据时，必须遵循相同的约束。如果规则在表级别更改，那么应用程序不需要更改，只需要更改约束的定义，所有应用程序自动地遵守所修改的约束。此外在数据库检查SQL语句之前，应用程序可以在数据字典中使用元数据立即通知违规用户。

**3．灵活加载数据**

当加载大量数据时，可以暂时禁用约束以避免性能开销。当数据加载完成之后，可以重新启用约束。

### 8.1.3 约束类型

在Oracle数据库中，约束可以分为以下五大类。

**1．非空约束**

非空（NOT NULL）约束要求表中的列不能包含空值。如果在列上定义了 NOT NULL，那么当插入数据时，必须要为该列提供数据，否则就会报错。非空约束只能在列级别定义，而不能在表级别定义。在一个表中可以定义多个非空约束。

**2．主键约束**

主键（PRIMARY KEY）约束唯一标识表中的每一行数据不能重复，也不能为空值，每一个表只能有一个主键约束。创建主键约束以后，Oracle 会自动为具有主键约束的列创建一个与约束同名的唯一索引，以及一个非空约束。可以为一个列定义主键约束，也可以为多个列的组合定义主键约束。

主键约束既可以在列级别定义，也可以在表级别定义。一张表最多只能具有一个主键约束，当一个表中的多个列都为主键时，可以在表级别定义。

通常情况下，为一个列创建主键约束将隐式创建一个唯一索引和一个非空约束，但是以下情况例外。

➢ 当创建一个可延迟约束的主键时，生成的索引不是唯一的。

➢ 如果创建主键约束时，可用的索引存在，则约束重复使用这个索引，不隐式地创建一个新的索引。

**3．唯一约束**

唯一（UNIQUE）约束在表中每一行中所定义的列或列组合的值都不能重复，必须保证唯一性，否则就会违反约束条件。当定义了唯一约束之后，该列值是不能重复的，但是可以为空值（NULL）。唯一约束具有以下特点：可以为一个列定义唯一约束，也可以为多个列的组合定义唯一约束。自动为具有唯一约束的列创建一个唯一索引。对同一列可以同时定义非空和唯一约束。如果在一个列上只定义了唯一约束，而没有定义非空约束，则该列可以包含多个空值。

**4．核查约束**

核查（CHECK）约束要求表中每一行需要一个数据库值服从规定的条件，用于强制行数据必须满足约束的条件。核查约束允许列为空值。核查约束既可以在表级别定义，也可以在列级别定义。在一个列上可以定义任意多个核查约束。如果在列上存在多个核查约束，那么他们必须设计成目的不冲突的约束。

在核查约束的表达式中必须引用表中的一个或多个列，并且表达式的计算结果必须是一个布尔值。在检查约束的表达式中不能包含子查询。在表达式中不能包含 SYSDATE、UID、USER 和 USERENV 等 SQL 函数，也不能包含 ROWID 和 ROWNUM 等伪列。

**5．外键约束**

外键（FOREIGN KEY）约束用来维护从表和主表之间的引用完整性。外键约束既可以在列级别定义，也可以在表级别定义。可以为一个列定义外键约束，也可以为多个列的组合定义外键约束。对同一个列可以同时定义外键和非空约束。

外键约束一方面能够维护数据的一致性和完整性，防止错误的数据插入数据库；另一方面它会增加表中插入、更新等 SQL 性能的额外开销，不少系统里面通过业务逻辑控制来取消外键约束。

外键约束用于定义主表和从表之间的关系，外键约束要定义在从表上，主表则必须具有主键约束或唯一约束，当定义外键约束后，要求外键列的数据必须在主表的主键列上存在或为空值。

在定义外键约束时，还可以通过 ON 关键字来指定引用行为的类型。当主表中的一条记录被删除时，需要通过引用行为来确定如何处理从表中的外键列的值。

当父键被修改时，引用约束可以指定在从表中的相关行执行表 8-1 所示的操作。

表 8-1　　　　　　　　　　　　　　操作

| 操作 | 描述 |
| --- | --- |
| DELETE CASCADE | 用于指定级联删除选项。如果在定义外键约束时指定了该操作，那么当删除主表主键列数据时，会级联删除从表的相关数据 |
| DELECT SET NULL | 用于指定转换相关的外键值为空值（NULL）。如果在定义外键约束时指定了该操作，那么当删除主表主键列数据时，会将从表外键列的数据设置为 NULL |
| DELETE NO ACTION | 当删除主表主键列数据时，从表外键列的数据不用执行任何操作 |
| UPDATE NO ACTION | 当更新主表主键列数据时，从表外键列的数据不用执行任何操作 |

## 8.2　创建约束

可以在创建表时添加约束，也可以在修改表时为表添加约束。在同一个方案中，约束名必须唯一，并且约束名不能与其他的对象同名。在定义约束时可以通过 CONSTRAINT 为约束指定名称。如果用户没有为约束指定名称，将自动为约束创建默认的名称。

### 8.2.1　创建 NOT NULL 约束

如果要添加 NOT NULL 约束，必须要使用 ALTER TABLE ... MODIFY 语句。

语法：

```
ALTER TABLE table_name MODIFY column
  [CONSTRAINT constraint_name] NOT NULL;
```

**例 8-1**：将 table_1 表的 id 列设置为不允许包含空值，指定约束名称为 notnull_id。

```
SQL> ALTER TABLE table_1 MODIFY id CONSTRAINT notnull_id NOT NULL;

表已更改。
```

**例 8-2**：将 table_1 表的 id 列设置为不允许包含空值。

```
SQL> ALTER TABLE table_1 MODIFY id NOT NULL;

表已更改。
```

### 8.2.2　创建 UNIQUE、PRIMARY KEY、CKECK 和 FOREIGN KEY 约束

如果要添加 UNIQUE、PRIMARY KEY、CKECK 和 FOREIGN KEY 约束，必须要使用 ALTER TABLE...ADD 语句。

语法：

```
ALTER TABLE table_name
 ADD { [ CONSTRAINT constraint_name ]
```

```
{ UNIQUE (column [, column ]...)
| PRIMARY KEY (column [, column ]...)
| FOREIGN KEY (column [, column ]...)
REFERENCES [ schema. ] { object_table | view } [ (column [, column ]...) ]
[ON DELETE { CASCADE | SET NULL } ]
[ constraint_state ]
| CHECK (condition) }
[ constraint_state ] };
```

**例 8-3**：在表 table_1 上添加主键约束 pk_id。

```
SQL> ALTER TABLE table_1 ADD CONSTRAINT pk_id PRIMARY KEY(id);

表已更改。
```

注　意

可以使用以下命令在创建表的同时创建约束。

CREATE TABLE table_3(id INT,name VARCHAR2(20),CONSTRAINT pk_id PRIMARY KEY(id));

**例 8-4**：在表 table_1 上添加主键约束。

```
SQL> ALTER TABLE table_1 ADD PRIMARY KEY(id);

表已更改。
SQL> SELECT CONSTRAINT_NAME,TABLE_NAME
     FROM DBA_CONSTRAINTS
     WHERE TABLE_NAME='TABLE_1';

CONSTRAINT_NAME                   TABLE_NAME
------------------------------ ------------------------------
SYS_C0010806                    TABLE_1
//不指定约束的名称，Oracle 会自动约束指定 SYS_C 开头的名称
```

**例 8-5**：在表 table_1 上添加唯一约束 uq_id。

```
SQL> ALTER TABLE table_1 ADD CONSTRAINT uq_id UNIQUE(id);

表已更改。
```

**例 8-6**：在表 table_1 上添加核查约束 ck_id。

```
SQL> ALTER TABLE table_1 ADD CONSTRAINT ck_id CHECK(id>0);

表已更改。
```

**例 8-7**：在表 table_2 上添加外键约束 fk_id。

```
SQL> ALTER TABLE table_2
ADD CONSTRAINT fk_id FOREIGN KEY(id) REFERENCES table_1(id);

表已更改。
```

# 8.3 修改约束

## 8.3.1 修改约束状态

作为约束定义的一部分，可以指定 Oracle 数据库如何以及何时强制约束，从而确定约束状态。数据库可以指定约束是否限制应用于现有数据或未来数据。

如果约束被启用（ENABLE），那么数据库检查新的数据输入或更新。不符合约束的数据不能进入数据库。禁用（DISABLE）约束是指使约束临时失效。当禁用约束之后，约束规则将不再生效。在使用 SQL*LOADER 或 INSERT 载入数据之前，为了加快数据载入速度，首先应该禁用约束，然后再载入数据。

可以设置约束来验证（VALIDATE）或不验证（NOVALIDATE）现有数据。如果指定了 VALIDATE，那么现有的数据必须符合约束。如果指定 NOVALIDATE，那么现有的数据不需要符合约束。VALIDATE 和 NOVALIDATE 的行为始终取决于约束是否启用或禁用，无论是明示或默认。

语法：

```
ALTER TABLE [ schema. ] table
  [ ENABLE | DISABLE ]
  [ VALIDATE | NOVALIDATE ]
  { UNIQUE (column [, column ]...)
  | PRIMARY KEY
  | CONSTRAINT constaint_name [CASCAED] };
```

表 8-2 列出了 ALTER TABLE 语句各参数的描述信息。

表 8-2　　ALTER TABLE 语句参数

| 参数 | 描述 |
|---|---|
| ENABLE | 启用约束，约束将应用于表中未来的数据 |
| DISABLE | 禁用约束 |
| NOVALIDATE | 不验证表中已有数据是否符合约束条件 |
| VALIDATE | 验证表中已有数据是否符合约束条件 |
| CASCADE | 用于指定级联禁用表的外键约束 |

**例 8-8**：启用表 table_1 上的主键约束 pk_id。

```
SQL> ALTER TABLE table_1 ENABLE CONSTRAINT pk_id;

表已更改。
```

**例 8-9**：禁用表 table_1 上的主键约束 pk_id。

```
SQL> ALTER TABLE table_1 DISABLE CONSTRAINT pk_id;

表已更改。
```

**例 8-10**：启用主键约束 pk_id，同时验证表中已有数据是否符合约束条件。

```
SQL> ALTER TABLE table_1 ENABLE VALIDATE CONSTRAINT pk_id;

表已更改。
```

**例 8-11**：启用主键约束，同时验证表中已有数据是否符合约束条件。

```
SQL> ALTER TABLE table_1 ENABLE VALIDATE PRIMARY KEY;

表已更改。
```

**例 8-12**：禁用主键约束 pk_id，同时验证表中已有数据是否符合约束条件。

```
SQL> ALTER TABLE table_1 DISABLE VALIDATE CONSTRAINT pk_id;

表已更改。
```

**例 8-13**：启用主键约束 pk_id，不验证表中已有数据是否符合约束条件。

```
SQL> ALTER TABLE table_1 ENABLE NOVALIDATE CONSTRAINT pk_id;

表已更改。
```

**例 8-14**：禁用主键约束 pk_id，不验证表中已有数据是否符合约束条件。

```
SQL> ALTER TABLE table_1 DISABLE NOVALIDATE CONSTRAINT pk_id;

表已更改。
```

### 8.3.2 修改约束名称

使用 ALTER TABLE ... RENAME CONSTRAINT 语句可以修改约束的名称。

语法：

```
ALTER TABLE [ schema. ] table
  RENAME CONSTRAINT old_name TO new_name;
```

**例 8-15**：在 table_1 表上重命名约束 pk_id 为 pk_id1。

```
SQL> ALTER TABLE table_1
RENAME CONSTRAINT pk_id TO pk_id1;

表已更改。
```

## 8.4 删除约束

如果不再需要表上的约束时，可以使用 ALTER TABLE ... DROP 语句将其从数据库中删除，Oracle 数据库停止执行约束，然后从数据字典中删除。在删除主键约束的时候，如果该主键约束被其他表的外键约束所引用，那么在删除时，必须指定 CASCADE 选项，使 Oracle 数据库删除引用主键约束的其他所有外键约束。

语法：

```
ALTER TABLE [ schema. ] table
  DROP
```

```
{ { PRIMARY KEY | UNIQUE (column [, column ]...) }
[ CASCADE ] [ { KEEP | DROP } INDEX ]
| CONSTRAINT constraint
[ CASCADE ] };
```

表 8-3 列出了 ALTER TABLE 语句各参数的描述信息。

表 8-3　　ALTER TABLE 语句参数

| 参数 | 描述 |
| --- | --- |
| CASCADE | 删除主键时级联删除相关联的其他表的外键约束 |
| KEEP INDEX | 保留在创建 PRIMARY KEY 或 UNIQUE 约束时生成的索引 |
| DROP INDEX | 删除在创建 PRIMARY KEY 或 UNIQUE 约束时生成的索引 |

**例 8-16：** 删除表 table_1 上的主键约束，同时级联删除相关联的其他表的外键约束。

```
SQL> ALTER TABLE table_1 DROP PRIMARY KEY CASCADE;

表已更改。
```

**例 8-17：** 删除表 table_1 上的主键约束 pk_id，同时级联删除相关联的其他表的外键约束。

```
SQL> ALTER TABLE table_1 DROP CONSTRAINT pk_id CASCADE;

表已更改。
```

**例 8-18：** 删除表 table_1 上的唯一约束。

```
SQL> ALTER TABLE table_1 DROP UNIQUE (id);

表已更改。
```

**例 8-19：** 删除表 table_1 上的唯一约束 uq_id。

```
SQL> ALTER TABLE table_1 DROP CONSTRAINT uq_id;

表已更改。
```

**例 8-20：** 删除表 table_1 上的核查约束 ck_id。

```
SQL> ALTER TABLE table_1 DROP CONSTRAINT ck_id;

表已更改。
```

**例 8-21：** 删除表 table_2 上的外键约束 ck_id。

```
SQL> ALTER TABLE table_2 DROP CONSTRAINT fk_id;

表已更改。
```

## 8.5 使用 OEM 管理约束

### 8.5.1 使用 OEM 创建 PRIMARY KEY 约束

使用 Oracle Enterprise Manager 按以下步骤创建 PRIMARY KEY 约束。

（1）在 Oracle Enterprise Manager 页面中单击【方案】→【数据库对象】→【表】，在图 8-1 所示页面中，选择表 TABLE_1，然后单击【编辑】按钮。

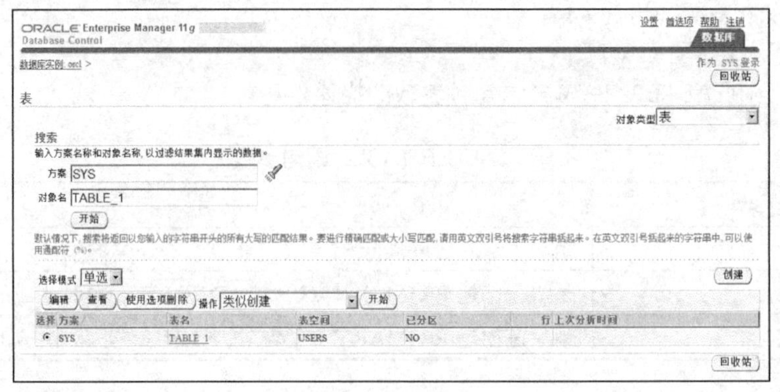

图 8-1　搜索表

（2）在图 8-2 所示【约束条件】页面中，【约束条件】下拉框中选择【PRIMARY】，然后单击【添加】按钮。

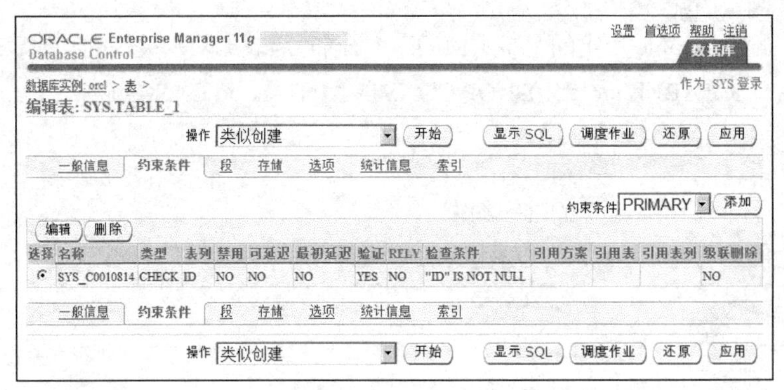

图 8-2 【约束条件】页面

（3）在图 8-3 所示页面中，指定 PRIMARY 约束的约束名称、约束列和约束属性，然后单击【继续】按钮。

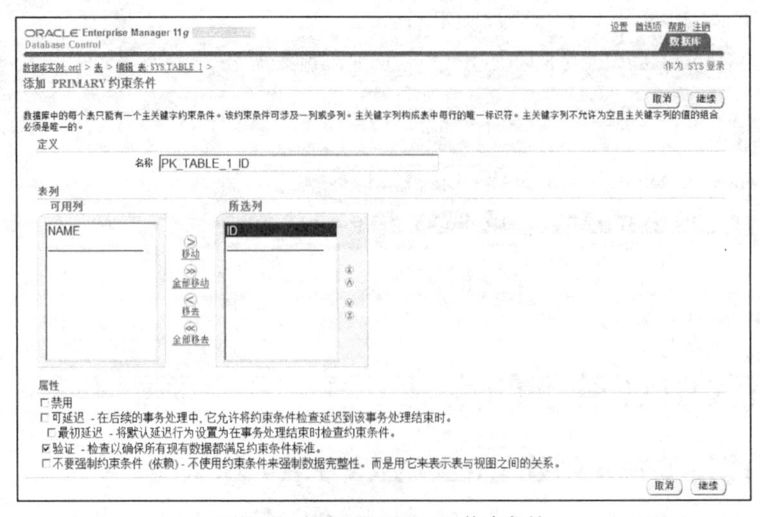

图 8-3　添加 PRIMARY 约束条件

（4）在图 8-4 所示页面中，显示已经添加 PRIMARY 约束，最后单击【应用】按钮。

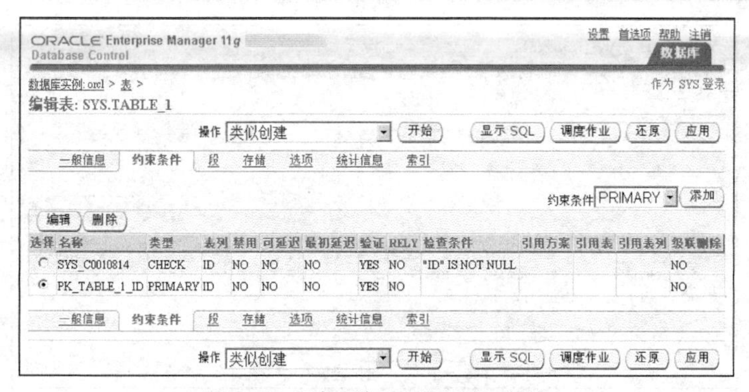


图 8-4　已经添加 PRIMARY 约束

## 8.5.2　使用 OEM 创建 UNIQUE 约束

使用 Oracle Enterprise Manager 按以下步骤创建 UNIQUE 约束。

（1）在 Oracle Enterprise Manager 页面中单击【方案】→【数据库对象】→【表】，选择表 TABLE_1，然后单击【编辑】按钮。在图 8-5 所示【约束条件】页面中，在【约束条件】下拉框中选择【UNIQUE】，然后单击【添加】按钮。

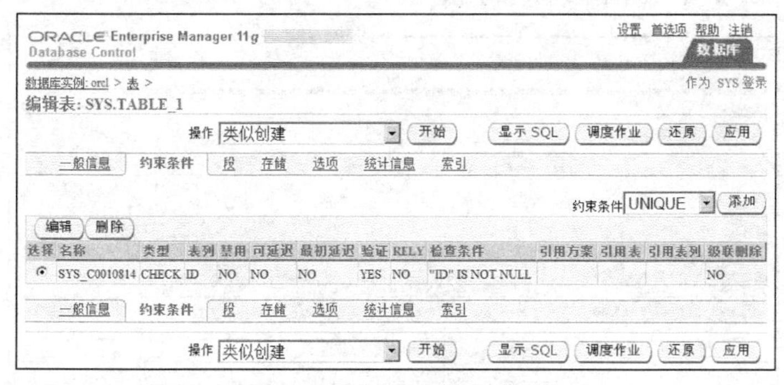


图 8-5　【约束条件】页面

（2）在图 8-6 所示页面中，指定 UNIQUE 约束的约束名称、约束列和约束属性，然后单击【继续】按钮。

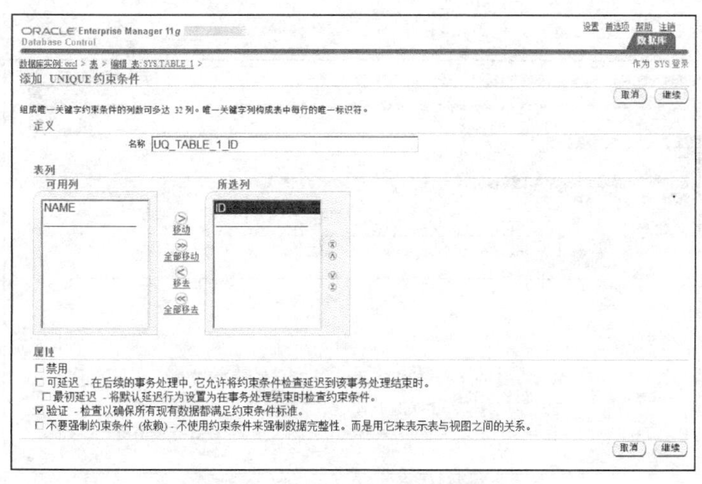


图 8-6　添加 UNIQUE 约束条件

（3）在图 8-7 所示页面中，显示已经添加 UNIQUE 约束，最后单击【应用】按钮。

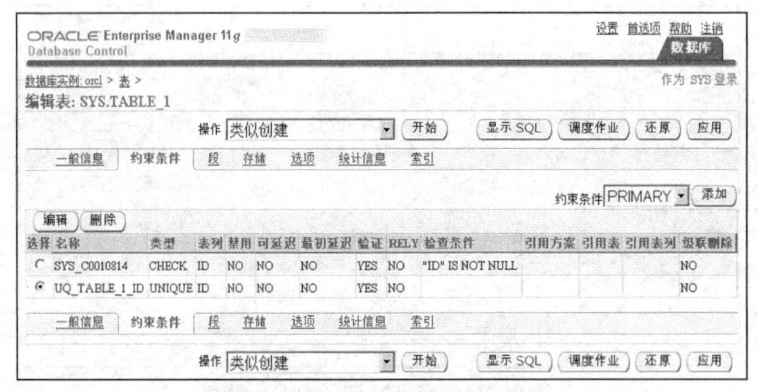

图 8-7 已经添加 UNIQUE 约束

### 8.5.3 使用 OEM 创建 CHECK 约束

使用 Oracle Enterprise Manager 按以下步骤创建 CHECK 约束。

（1）在 Oracle Enterprise Manager 页面中单击【方案】→【数据库对象】→【表】，选择表 TABLE_1，然后单击【编辑】按钮。在图 8-8 所示【约束条件】页面中，在【约束条件】下拉框中选择【CHECK】，然后单击【添加】按钮。

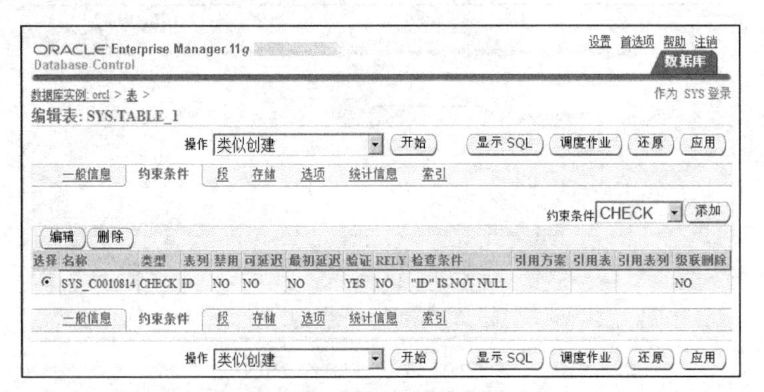

图 8-8 【约束条件】页面

（2）在图 8-9 所示页面中，指定 CHECK 约束的约束名称、检查条件和约束属性，然后单击【继续】按钮。

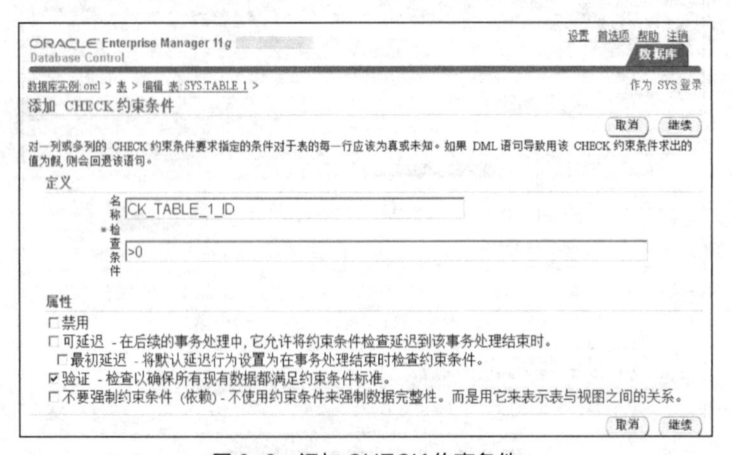

图 8-9 添加 CHECK 约束条件

（3）在图 8-10 所示页面中，显示已经添加 CHECK 约束，最后单击【应用】按钮。

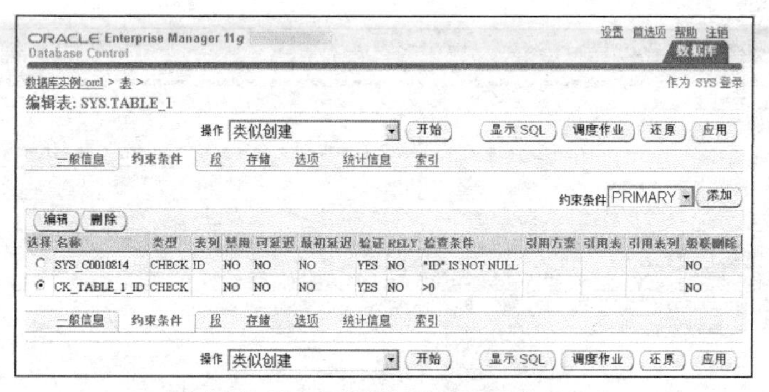


图 8-10　已经添加 CHECK 约束

### 8.5.4　使用 OEM 创建 FOREIGN KEY 约束

使用 Oracle Enterprise Manager 按以下步骤创建 FOREIGN KEY 约束。

（1）在 Oracle Enterprise Manager 页面中单击【方案】→【数据库对象】→【表】，选择表 TABLE_2，然后单击【编辑】按钮。在图 8-11 所示【约束条件】页面中，在【约束条件】下拉框中选择【FOREIGN】，然后单击【添加】按钮。

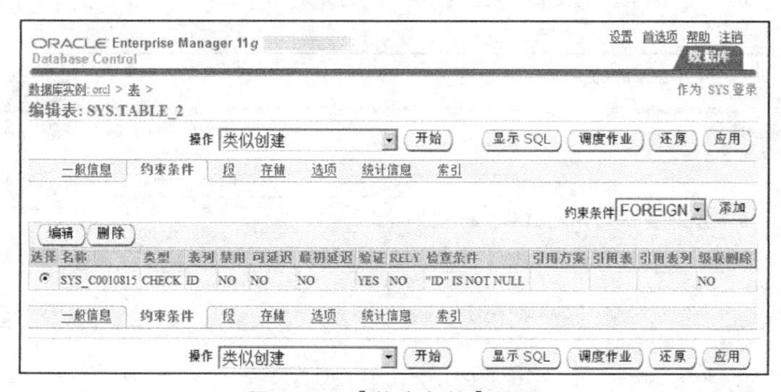


图 8-11　【约束条件】页面

（2）在图 8-12 所示页面中，指定 FOREIGN 约束的约束名称、约束列、引用表和引用表列，以及约束属性，然后单击【继续】按钮。

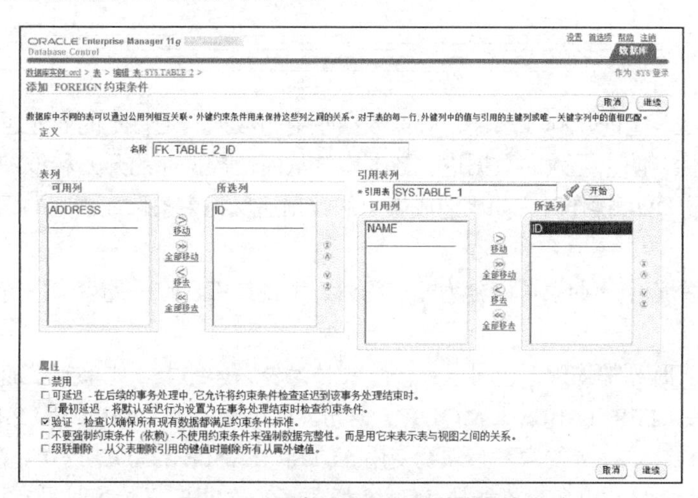


图 8-12　添加 FOREIGN 约束条件

（3）在图 8-13 所示页面中，显示已经添加 FOREIGN 约束，最后单击【应用】按钮。

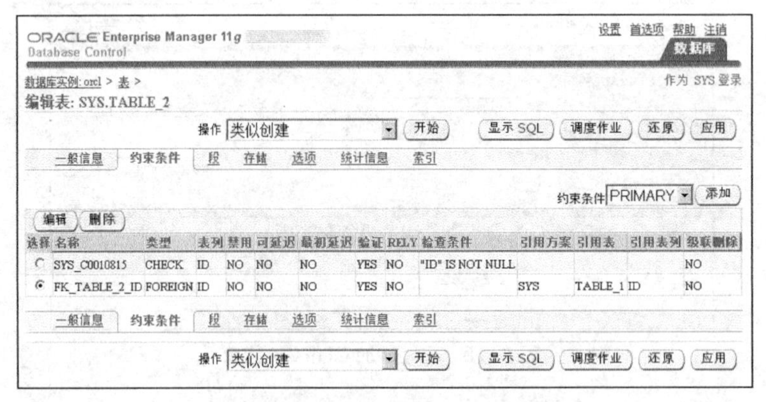


图 8-13　已经添加 FOREIGN 约束

### 8.5.5　使用 OEM 删除约束

使用 Oracle Enterprise Manager 按以下步骤删除约束。

编辑方案 SYS 中的表 TABLE_1，在图 8-14 所示【约束条件】页面中，选择约束 PK_TABLE_1_ID，然后单击【删除】按钮，最后单击【应用】按钮。

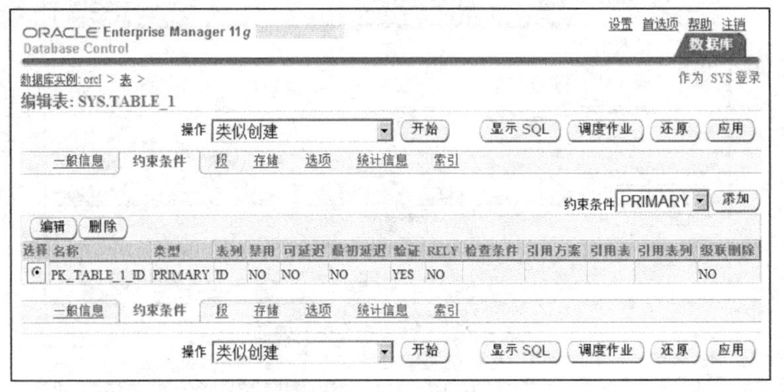


图 8-14　删除约束

## 8.6　小结

约束是强加在表上的规则或条件，确保数据库中的数据满足特定的商业逻辑或企业规则，保证数据的完整性，防止无效的数据进入数据库，从而使数据库的开发和维护都更加容易。当对表进行 DML 或 DDL 操作时，如果造成表中的数据违反约束条件或规则的话，系统就会拒绝执行这个操作。

在 Oracle 数据库中，约束可以分为非空约束、主键约束、唯一约束、核查约束和外键约束五大类。

可以在创建表时添加约束，也可以在修改表时为表添加约束。如果要添加 NOT NULL 约束，必须要使用 ALTER TABLE ... MODIFY 语句。如果要添加 UNIQUE、PRIMARY KEY、CKECK 和 FOREIGN KEY 约束，必须要使用 ALTER TABLE ... ADD 语句。在同一个方案中，约束名必须唯一，并且约束名也不能与其他的对象同名。如果定义约束时没有指定约束的名称，

Oracle 将为约束自动生成一个名称，其格式为 SYS_Cn，其中，$n$ 为自然数。强烈建议在定义约束时，为约束指定一个名称。

作为约束定义的一部分，可以指定 Oracle 数据库如何以及何时强制约束，从而确定约束状态。 数据库可以指定约束是否限制应用于现有数据或未来数据。

如果约束被启用（ENABLE），那么数据库检查新的数据输入或更新。不符合约束的数据不能进入数据库。禁用（DISABLE）约束是指使约束临时失效。当禁用约束之后，约束规则将不再生效。可以设置约束来验证（VALIDATE）或不验证（NOVALIDATE）现有数据。如果指定了 VALIDATE，那么现有的数据必须符合约束。如果指定 NOVALIDATE，那么现有的数据不需要符合约束。VALIDATE 和 NOVALIDATE 的行为始终取决于约束是否启用或禁用，无论是明示或默认。

使用 ALTER TABLE ... RENAME CONSTRAINT 语句可以修改约束的名称。

如果不再需要表上的约束时，可以使用 ALTER TABLE...DROP 语句将其从数据库中删除，Oracle 数据库停止执行约束，然后从数据字典中删除。

## 8.7 习题

**一、选择题**

1. 创建主键约束时，使用______关键字。

A. CHECK　　B. FOREIGN KEY
C. PRIMARY KEY　　D. UNIQUE

2. UNIQUE 约束不具备______特点。

A. 约束列中不能包含重复值　　B. 自动创建一个索引
C. 可以为一个或多个列定义 UNIQUE 约束　　D. 不允许包含空值

3. 创建外键约束之前，必须在另外一个表上存在______约束。

A. PRIMARY KEY　　B. CHECK
C. NOT NULL　　D. FOREIGN KEY

4. 为保证数据库中存储数据的数据完整性，可以使用______。（多选题）

A. 触发器　　B. 约束　　C. 函数　　D. 索引

**二、简答题**

1. 简述约束的类型。
2. 简述约束的优点。
3. 简述约束状态。

# PART 9 第9章 视图

## 9.1 视图简介

### 9.1.1 什么是视图

视图也称为虚拟表，是基于一个或多个表/视图的逻辑表，本身不包含数据，只是在数据字典里存储查询语句，它不占用物理空间，通过视图可以对表中的数据进行查询和修改。

对视图的操作同表一样，当通过视图修改数据时，实际上是在改变基础表中的数据。由于逻辑上的原因，有些视图可以修改对应的基础表，有些则不能修改，只能进行查询。基础表数据的改变也会自动反映在由基础表产生的视图中。

由于视图是由表生成的，所以视图和表存在许多相似之处。视图最多可以定义 254 个列，可以被查询，而在修改、插入或删除时具有一定的限制，在视图上执行的全部操作真正地影响视图的基础表中的数据，受到基础表的完整性约束和触发器的限制。

由于视图的定义是一个引用了其他表或视图的查询，因此视图依赖于其所引用的对象。Oracle 数据库会自动地处理视图的依赖性。如当用户删除视图的基础表后再重新创建表，Oracle 数据库将检查新的基础表是否符合视图的定义并判断视图的有效性。

### 9.1.2 视图作用

视图一般具有以下作用。

**1．隐藏数据的复杂性**

在视图中可以使用连接，将多个表中相关的列构成一个新的数据集。这样视图就对用户隐藏了数据来源于多个表的事实。

**2．为用户简化 SQL 语句**

用户使用视图就可以从表中查询信息，而不需要掌握复杂的 SQL 语句。

**3．用于保存复杂查询**

一个查询可能会对表中的数据进行复杂的计算。用户将这个查询保存为视图之后，每次进行类似计算只需要查询视图就可以了。

**4．提高数据访问安全性**

通过视图可以设定允许用户访问的列和数据行，从而为表提供额外的安全控制。

**5．逻辑数据独立性**

视图可以使应用程序和表在一定程度上独立。如果没有视图，应用一定是建立在表上的。有了视图之后，应用程序就可以建立在视图上，从而使应用程序和表被视图分隔开来。

### 9.1.3 视图类型

在 Oracle 数据库中，可以创建以下类型的视图。

**1．简单视图**

简单视图是基于单个表并且不包含函数或表达式的视图，在该视图上可以执行 DML 语句。

**2．复杂视图**

复杂视图是包含函数、表达式或者分组数据的视图，在该视图上执行 DML 语句时必须要符合特定的条件。在定义复杂视图时必须为函数或表达式定义别名。

**3．连接视图**

连接视图是基于多个表创建的视图。由于涉及多个表，一般不会在该视图上执行 INSERT、UPDATE、DELETE 操作。

**4．只读视图**

只读视图是只允许进行 SELECT 操作，而不能执行 INSERT、UPDATE 和 DELETE 操作的视图，在创建该视图时需要指定 WITH READ ONLY。

**5．CHECK 约束视图**

CHECK 约束视图是指在视图上定义了 CHECK 约束。在该视图上执行 INSERT 或 UPDATE 操作时，数据必须符合查询结果。创建该视图时需要指定 WITH CHECK OPTION。

## 9.2 创建视图

CREATE VIEW 语句用来创建视图。视图的查询语句可以使用复杂的 SELECT 语法，如连接查询、分组查询或子查询。在没有 WITH CHECK OPTION 或 WITH READ ONLY 的情况下，查询语句中不能使用 ORDER BY 子句。

要创建自己的方案视图，必须要拥有 CREATE VIEW 系统权限。要创建另一个用户的方案视图，必须要拥有 CREATE ANY VIEW 系统权限。

在出现以下 3 种情况时，必须指定视图的列名。

- 通过算术表达式、系统内置函数或常量得到的列。
- 共享同一个表名连接得到的列。
- 希望视图中的列名与表中的列名不同的时候。

语法：

```
CREATE [OR REPLACE]
  [[NO] FORCE] VIEW [schema.] view
  [ ( { alias [ inline_constraint... ] | out_of_line_constraint }
  [, { alias [ inline_constraint...] | out_of_line_constraint } ] ) ]
  AS subquery
WITH { READ ONLY | CHECK OPTION } [ CONSTRAINT constraint ];
```

表 9-1 列出了 CREATE VIEW 语句各参数的描述信息。

表 9-1 CREATE VIEW 语句参数

| 参数 | 描述 |
| --- | --- |
| OR REPLACE | 如果要创建的视图已经存在，则重新创建该视图 |
| FORCE | 不管视图所依赖的基础表、引用的对象类型是否存在，或是否有权限创建，都会强制创建该视图 |

续表

| 参数 | 描述 |
| --- | --- |
| NO FORCE | 只有当基础表存在并且具有创建视图的权限时才能创建视图。这是默认值 |
| alias | 为视图产生的列定义的别名 |
| WITH READ ONLY | 用于创建只读视图。不能在视图上执行任何 INSERT、UPDATE 和 DELETE 操作，只能执行 SELECT 操作 |
| WITH CHECK OPTION | 插入或修改的数据必须满足视图定义的 CHECK 约束，用于创建限制数据访问的视图 |
| subquery | 为视图定义的 SELECT 查询语句 |
| CONSTRAINT constraint | 指定 READ ONLY 或 CHECK OPTION 约束的名称。如果省略，那么 Oracle 会自动分配约束的名称为 SYS_Cn，其中，*n* 是一个整数，使得数据库中的约束名是唯一的名称 |

**例 9-1**：创建简单视图 view_1。

```
SQL> CREATE VIEW view_1 AS SELECT * FROM scott.dept;

视图已创建。
```

**例 9-2**：创建复杂视图 view_2。

```
SQL> CREATE VIEW view_2(name,minsal,maxsal,avgsal)
     AS
     SELECT dept.dname,MIN(emp.sal),MAX(emp.sal),AVG(emp.sal)
     FROM scott.emp emp,scott.dept dept
     WHERE emp.deptno=dept.deptno
     GROUP BY dept.dname;

视图已创建。
```

**例 9-3**：创建只读视图 view_3。

```
SQL> CREATE VIEW view_3
     AS
     SELECT *
     FROM scott.dept
     WITH READ ONLY;

视图已创建。
```

**例 9-4**：创建 CHECK 约束视图 view_4。

```
SQL> CREATE VIEW view_4
     AS
     SELECT deptno,dname
     FROM scott.dept
     WHERE DEPTNO>10
```

```
        WITH CHECK OPTION CONSTRAINT ck_deptno;

视图已创建。
```

**例 9-5**：创建连接视图 view_5。

```
SQL> CREATE VIEW view_5
        AS
        SELECT emp.ename, emp.empno,emp. job,dept.dname
        FROM scott.emp emp,scott.dept dept
        WHERE emp.deptno IN(10,30)
        AND emp.deptno=dept.deptno;

视图已创建。
```

**例 9-6**：强制创建视图 view_6。

```
SQL> CREATE FORCE VIEW view_6 AS SELECT * FROM scott.dept;

视图已创建。
```

## 9.3 在视图中的数据操作

视图创建成功之后，可以通过视图来查询数据，这和从表中查询数据的操作差不多。

在视图上执行 INSERT 和 UPDATE 操作会影响视图的基础表，并受基础表的完整性约束和触发器影响。通过视图执行 INSERT 和 UPDATE 操作不能创建该视图查询不到的数据行，因为它会对插入或修改的数据行执行完整性约束和数据有效性检查。插入数据时，还需要保证那些没有包含在视图定义中的基础表的列必须允许空值。如果一个视图依赖于多个基础表，那么一次修改视图只能修改一个基础表的数据。如果在视图定义中还包含了 WITH CHECK OPTION 子句，那么对视图的修改除了前面的那些原则外，还必须满足指定的约束条件。

当视图依赖于多个基础表时，不能使用 DELETE 语句来删除基础表中的数据，只能删除依赖一个基础表的数据。

在视图出现以下情况时，不能通过视图修改基础表数据或插入数据。

- 视图中包含 GROUP 函数、GROUP BY 子句、DISTINCT 关键字。
- 使用表达式定义的列。
- ROWNUM 伪列。
- 基础表中没有在视图中选择的其他列定义为非空且没有默认值。
- WITH CHECK OPTION 子句。

**例 9-7**：通过视图 view_1 查询数据。

```
SQL> SELECT * FROM view_1;

    DEPTNO DNAME          LOC
---------- -------------- -------------
        10 ACCOUNTING     NEW YORK
```

```
         20 RESEARCH          DALLAS
         30 SALES             CHICAGO
         40 OPERATIONS        BOSTON
```

例 9-8：通过视图 view_1 插入数据。

```
SQL> INSERT INTO view_1(deptno,dname)
       VALUES (60,'KURODA');

已创建 1 行。
```

例 9-9：通过视图 view_1 更新数据。

```
SQL> UPDATE view_1
       SET deptno=deptno*1.1
       WHERE deptno=60;

已更新 1 行。
```

例 9-10：通过视图 view_1 删除数据。

```
SQL> DELETE FROM view_1
       WHERE deptno=66;

已删除 1 行。
```

## 9.4 修改视图

ALTER VIEW 语句用于修改视图。不能使用 ALTER VIEW 语句更改现有视图的定义，要更改视图的定义，必须使用带有 OR REPLACE 的 CREATE VIEW 语句重新创建视图。要修改视图，该视图必须在自己的方案中，或者必须要拥有 ALTER ANY TABLE 系统权限。

- 重新编译视图

当改变基础表以后，视图就会失效。使用 COMPILE 指示 Oracle 数据库重新编译视图。

语法：

```
ALTER VIEW [schema.] view
  COMPILE;
```

例 9-11：重新编译视图 view_1。

```
SQL> ALTER VIEW view_1 COMPILE;

视图已变更。
SQL> COLUMN OBJECT_NAME FORMAT A10
SQL> SELECT OBJECT_NAME,STATUS
       FROM DBA_OBJECTS
       WHERE OBJECT_NAME='VIEW_1';

OBJECT_NAM STATUS
```

```
----------- -------
VIEW_1        VALID
//DBA_OBJECTS 数据字典中的 STATUS 列为 VALID 表示视图正常状态，STATUS 列为
INVALID 表示视图非正常状态
```

## 9.5 删除视图

DROP VIEW 语句用于删除视图。要删除视图，该视图必须是在自己的方案中，或者必须要拥有 DROP ANY VIEW 系统权限。当视图被删除之后，视图的定义也会从数据字典中删除，并且在该视图上授予的权限也会被删除，其他引用该视图的视图和存储过程也将会失效。

注　意

可删除视图不影响基础表中的数据。

语法：

```
DROP VIEW [schema.] view;
```

**例 9-12**：删除视图 view_1。

```
SQL> DROP VIEW view_1;

视图已删除。
```

## 9.6 使用 OEM 管理视图

### 9.6.1 使用 OEM 创建视图

使用 Oracle Enterprise Manager 按以下步骤创建视图。

（1）在 Oracle Enterprise Manager 页面中单击【方案】→【数据库对象】→【视图】，如图 9-1 所示，单击【创建】按钮。

图 9-1 视图

（2）在图 9-2 所示【一般信息】页面中，按以下要求输入内容。

➢ 名称：VIEW_1。

- 方案：SYS。
- 查询文本：SELECT * FROM scott.dept。

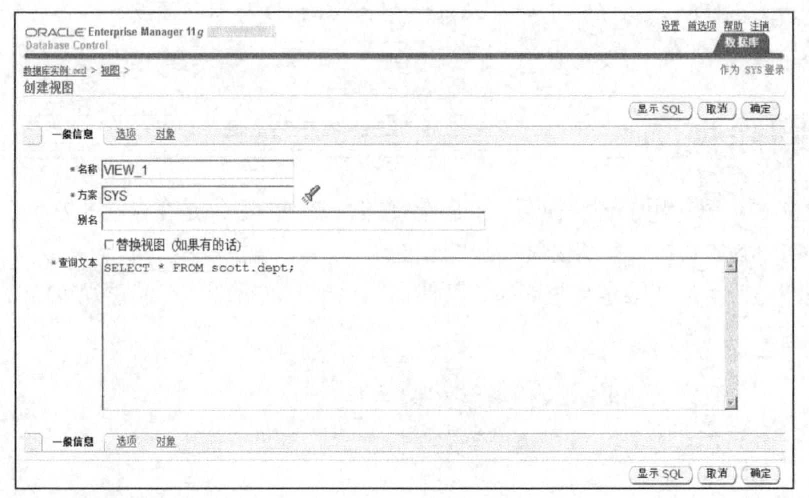

图 9-2 【一般信息】页面

（3）在图 9-3 所示【选项】页面中，可以创建特殊的视图，然后单击【确定】按钮。

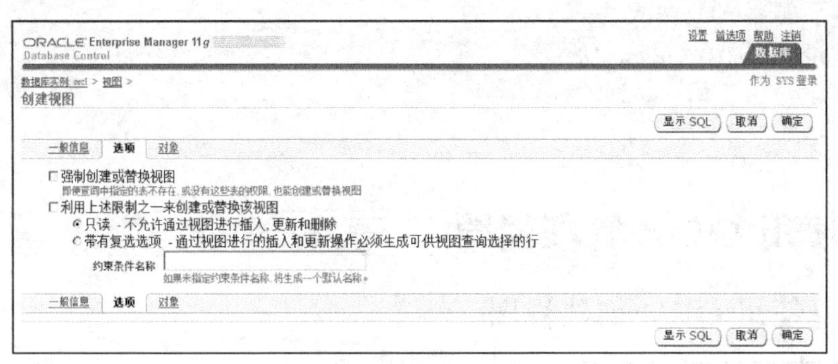

图 9-3 【选项】页面

## 9.6.2 使用 OEM 删除视图

使用 Oracle Enterprise Manager 按以下步骤删除视图。

（1）在图 9-4 所示页面中，搜索方案 SYS 中的视图 VIEW_1。选择视图 VIEW_1，然后单击【删除】按钮。

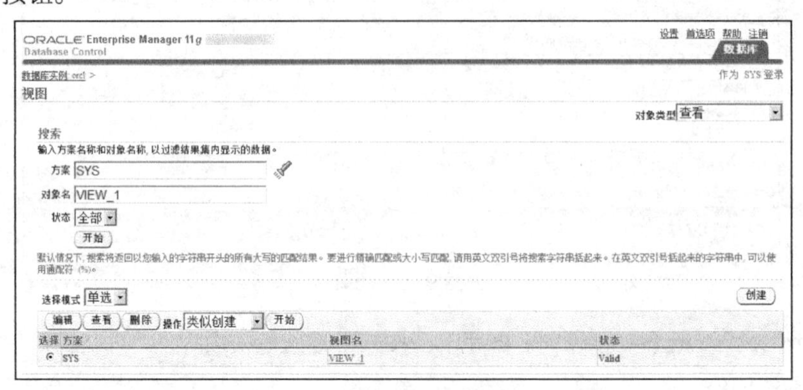

图 9-4 搜索视图

（2）在图 9-5 所示页面中，单击【是】按钮确认删除视图。

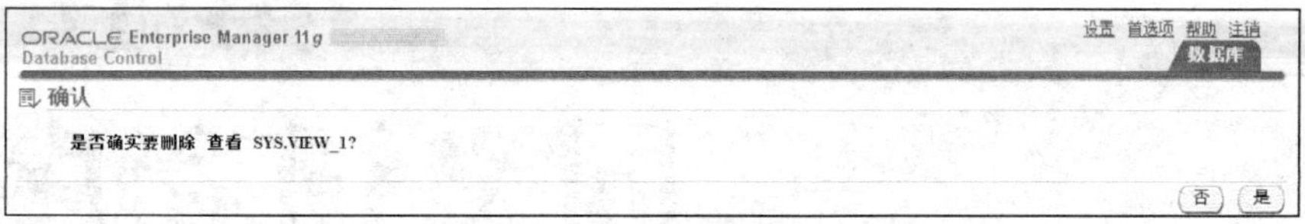

图 9-5 确认删除视图

## 9.7 小结

视图也称为虚拟表，是基于一个或多个表/视图的逻辑表，本身不包含数据，只是在数据字典里存储查询语句。它不占用物理空间，通过视图可以对表中的数据进行查询和修改。

对视图的操作同表一样，当通过视图修改数据时，实际上是在改变基础表中的数据。由于逻辑上的原因，有些视图可以修改对应的基础表，有些则不能修改，只能进行查询。基础表数据的改变也会自动反映在由基础表产生的视图中。

CREATE VIEW 语句用来创建视图。视图的查询语句可以使用复杂的 SELECT 语法，如连接查询、分组查询或子查询。在没有 WITH CHECK OPTION 或 WITH READ ONLY 的情况下，查询语句中不能使用 ORDER BY 子句。ALTER VIEW 语句用于修改视图。不能使用 ALTER VIEW 语句更改现有视图的定义，要更改视图的定义，必须使用带有 OR REPLACE 的 CREATE VIEW 语句重新创建视图。DROP VIEW 语句用于删除视图。当视图被删除之后，视图的定义也会从数据字典中删除，并且在该视图上授予的权限也会被删除，其他引用该视图的视图和存储过程也将会失效。

## 9.8 习题

**一、选择题**

1. 通过只读视图只能执行______操作。

   A. INSERT　　B. SELECT

   C. UPDATE　　D. DELETE

2. 如果视图所依赖的基础表不存在，可以使用______参数强制创建视图。

   A. FORCE　　B. NO FORCE

   C. WITH READ ONLY　　D. OR REPLACE

3. 视图最多可以定义______个列。

   A. 100　　B. 200　　C. 255　　D. 254

**二、简答题**

1. 简述视图的类型。
2. 简述视图的作用。

PART 10

# 第 10 章 同义词和序列

## 10.1 同义词

### 10.1.1 同义词简介

同义词是一个方案对象的别名，用来简化对象的访问，以及提高对象访问的安全性。可以为表、视图、序列、过程、存储函数、包、物化视图、Java 类方案对象或用户自定义对象类型创建同义词。同义词并不占用实际的存储空间，只是在数据字典中保存了同义词的定义。在使用同义词时，Oracle 数据库将它转换成对应的方案对象的名称。

在 Oracle 数据库中同义词具有以下作用。

- 隐藏方案对象的实际名称和位置。
- 为用户简化 SQL 语句，便于记忆。
- 为分布式数据库的远程对象提供位置透明性。

### 10.1.2 同义词分类

在 Oracle 数据库中，同义词有两种类型，分别是公用同义词和私有同义词。

**1．公用同义词**

公用同义词由 PUBLIC 用户组所拥有，数据库中所有的用户都可以使用公用同义词。公用同义词往往用来标示一些比较普通的数据库对象，而这些对象大家都需要引用。

**2．私有同义词**

私有同义词也称为方案同义词，是由创建它的用户所拥有。当然，这个同义词的创建者可以通过授权控制其他用户是否有权使用该私有同义词。私有同义词的名称不能与当前方案中的其他对象的名称相同。

### 10.1.3 创建同义词

CREATE SYNONYM 语句用于创建同义词。要在自己的方案中创建私有同义词，必须要拥有 CREATE SYNONYM 系统权限。要在另一个用户的方案中创建私有同义词，必须要拥有 CREATE ANY SYNONYM 系统权限。要创建公用同义词，必须要拥有 CREATE PUBLIC SYNONYM 系统权限。

注　意

如果要创建远程数据库上对象的同义词，需要先创建一个数据库链接来扩展访问，然后才能创建同义词。

语法：

```
CREATE [OR REPLACE] [PUBLIC] SYNONYM
   [schema.] synonym
   FOR [schema.] object [@dblink];
```

表10-1列出了CREATE SYNONYM语句各参数的描述信息。

表10-1　　CREATE SYNONYM语句参数

| 参数 | 描述 |
| --- | --- |
| OR REPLACE | 如果同义词已经存在，重新创建该同义词。此子句用于更改现有同义词的定义而不先删除它 |
| PUBLIC | 创建公共同义词 |
| FOR [schema.] object [@dblink] | 指定要为其创建同义词的对象 |

**例10-1**：为表scott.dept创建私有同义词dept。

```
SQL> CREATE SYNONYM dept FOR scott.dept;
```

**例10-2**：为表scott.dept创建公用同义词public_dept。

```
SQL> CREATE PUBLIC SYNONYM public_dept FOR scott.dept;
```

### 10.1.4　使用同义词

为表创建好同义词之后，就可以使用SELECT、INSERT、UPDATE和DELETE等语句对它进行操作。

**例10-3**：通过同义词来查询数据。

```
SQL> SELECT * FROM dept;

    DEPTNO DNAME          LOC
---------- -------------- -------------
        10 ACCOUNTING     NEW YORK
        20 RESEARCH       DALLAS
        30 SALES          CHICAGO
        40 OPERATIONS     BOSTON
```

**例10-4**：通过同义词来插入数据。

```
SQL> INSERT INTO deptno(deptno,dname)
    VALUES (80,'lisi');

已创建 1 行。
```

**例10-5**：通过同义词来更新数据。

```
SQL> UPDATE dept SET deptno=90 WHERE deptno=80;

已更新 1 行。
```

**例10-6**：通过同义词来删除数据。

```
SQL> DELETE FROM dept WHERE deptno=90;
```

```
已删除 1 行。
```

### 10.1.5 删除同义词

DROP SYNONYM 语句用于删除同义词。要删除公用同义词，必须要拥有 DROP PUBLIC SYNONYM 系统权限。要删除私有同义词，该同义词必须在自己的方案中，或者必须要拥有 DROP ANY SYNONYM 系统权限。

注 意

DROP SYNONYM 语句只能删除同义词，不能删除同义词对应的方案对象。

SQL 语法：

```
DROP [PUBLIC] SYNONYM [schema.] synonym;
```

表 10-2 列出了 DROP SYNONYM 语句各参数的描述信息。

表 10-2 DROP SYNONYM 语句参数

| 参数 | 描述 |
| --- | --- |
| PUBLIC | 删除公用同义词 |

**例 10-7**：删除同义词 dept。

```
SQL> DROP SYNONYM dept;
```

**例 10-8**：删除公用同义词 public_dept。

```
SQL> DROP PUBLIC SYNONYM public_dept;
```

## 10.2 序列

### 10.2.1 序列简介

序列是用来生成唯一、连续的整数的数据库对象，通常用来自动生成主键或唯一键的值。序列可以为表中的行自动生成序列号，产生一组等间隔的数值，其主要用途是生成表的主键值，可以在插入语句中引用，也可以通过查询检查当前值，或使序列增至下一个值。

序列是一个从多个用户可以生成唯一的整数的方案对象。序列发生器提供了一个高度可扩展性和性能良好的方法来产生一个数字数据类型的代理键。

序列的定义存储在 SYSTEM 表空间中的数据字典中。由于 SYSTEM 表空间总是联机的，因此所有序列的定义也总是可用的。同一个序列对象为不同的表产生的序列号是相互独立的。

序列定义时一般需要指定以下信息。

- 序列名称。
- 序列是否是升序或降序。
- 数字之间的间隔。
- 数据库是否应该在内存中生成序列号的缓存集。
- 当达到限制时，序列是否应该循环。

### 10.2.2 创建序列

CREATE SEQUENCE语句用于创建序列。要在自己方案中创建序列，必须要拥有CREATE SEQUENCE 系统权限。要在另一个用户的方案中创建序列，必须要拥有 CREATE ANY SEQUENCE系统权限。

语法：

```
CREATE SEQUENCE [schema.] sequence
  { INCREMENT BY | START WITH } integer
  | { MAXVALUE integer | NOMAXVALUE }
  | { MINVALUE integer | NOMINVALUE }
  | { CYCLE | NOCYCLE }
  | { CACHE integer | NOCACHE }
  | { ORDER | NOORDER };
```

表10-3列出了CREATE SEQUENCE语句各参数的描述信息。

表10-3　　CREATE SEQUENCE 语句参数

| 参数 | 描述 |
|---|---|
| INCREMENT BY | 指定序列号之间的间隔。这个整数值可以是任何正整数或负整数，但它不能为0。这个值的绝对值必须小于MAXVALUE与MINVALUE的差异。如果该值是负数，则该序列按降序排列。如果该值是正数，则序列按升序排列。如果省略此子句，则间隔默认为1 |
| START WITH | 指定将要生成的第一个序列号。如果是升序序列，那么其默认值为序列的最小值。如果是降序序列，那么其默认值为序列的最大值 |
| MAXVALUE | 指定序列可以生成的最大值。MAXVALUE必须等于或大于START WITH以及必须大于MINVALUE |
| NOMAXVALUE | 指定没有最大序列号，这是默认选项。将升序序列的最大值设为$10^{28}-1$，将降序序列的最大值设为-1 |
| MINVALUE | 指定序列可以生成的最小值。MINVALUE 必须小于或等于START WITH以及必须小于MAXVALUE |
| NOMINVALUE | 指定没有最小序列号，这是默认选项。将升序序列的最小值设为1，将降序序列的最小值设为$-(10^{27}-1)$ |
| CYCLE | 表明该序列在达到它的最大值或最小值之后，将自动循环继续从头开始生成值。当递增序列达到最大值时，它会产生最小值。当递减序列达到最小值，它会产生最大的值 |
| NOCYCLE | 指示该序列在达到其最大值或最小值之后不能产生更多的值。这是默认选项 |
| CACHE | 指定在高速缓存中可以预分配的序列号数量，以便能更快地访问。该参数最小值为2 |
| NOCACHE | 指示该序列值不被预分配。如果省略 CACHE 和 NOCACHE ，则数据库默认缓存20个序列号 |
| ORDER | 指定按顺序生成序列号 |
| NOORDER | 指定不按顺序生成序列号，这是默认选项 |

**例 10-9**：创建序列 sequence_1。

```
SQL> CREATE SEQUENCE sequence_1
     START WITH 1
     INCREMENT BY 1
     NOMAXVALUE
     NOCYCLE
     CACHE 10
     ORDER;

序列已创建。
```

## 10.2.3 使用序列

在序列创建好之后，可以通过 CURRVAL 和 NEXTVAL 伪列来访问序列的值。

可以在 SQL 语句中使用 CURRVAL 伪列访问序列的值，返回序列的当前值。如果序列还没有通过调用 NEXTVAL 产生过序列的下一个值，先引用 CURRVAL 出现错误。调用 CURRVAL 要指出序列的名称，格式为：序列名.CURRVAL。

可以在 SQL 语句中使用 NEXTVAL 伪列，递增序列并返回新值。第一次使用 NEXTVAL 返回的是初始值，随后的 NEXTVAL 会自动增加定义的 INCREMENT BY 值，然后返回增加后的值。调用 NEXTVAL 将生成序列中的下一个序列号，调用 NEXTVAL 要指出序列的名称，格式为：序列名.NEXTVAL。

注　意

第一次使用序列，首先需要先引用 NEXTVAL，然后才能引用 CURRVAL。

**例 10-10**：使用序列的 NEXTVAL 和 CURRVAL 伪列。

```
SQL> SELECT sequence_1.NEXTVAL FROM DUAL;

   NEXTVAL
----------
         1
//产生序列的第一个值
SQL> SELECT sequence_1.CURRVAL FROM DUAL;

   CURRVAL
----------
         1
//查看序列的当前值
SQL> SELECT sequence_1.NEXTVAL FROM DUAL;

   NEXTVAL
```

```
----------
         2
//产生序列的下一个值
```

**例 10-11**：在 INSERT 语句中使用序列。

```
SQL> INSERT INTO table_1(id,name)
     VALUES (sequence_1.NEXTVAL,'zhangsan');

已创建 1 行。
SQL> SELECT * FROM table_1;

        ID NAME
---------- --------------------
         3 zhangsan
```

**例 10-12**：在 UPDATE 语句中使用序列。

```
SQL> UPDATE table_1
     SET id=sequence_1.NEXTVAL
     WHERE id=3;

已更新 1 行。
SQL> SELECT * FROM table_1;

        ID NAME
---------- --------------------
         4 zhangsan
```

### 10.2.4 修改序列

ALTER SEQUENCE 语句用于修改序列，如更改增量、最小值和最大值、缓存数等。对序列的修改只影响以后产生的序列号，已经产生的序列号不变。在修改序列时，应该注意升序序列的 MINVALUE 值应当小于 MAXVALUE 值。序列的某些部分可以在使用中进行修改，但是绝对不能修改 SATRT WITH 值。

要修改序列，序列必须在自己的方案中，或者在序列上必须要拥有 ALTER 对象权限，或者必须要拥有 ALTER ANY SEQUENCE 系统权限。

注　意

要修改序列的 START WITH 值，只能通过删除序列然后重新创建序列的方法来实现。

语法：

```
ALTER SEQUENCE [schema.] sequence
  { INCREMENT BY integer
  |{ MAXVALUE integer | NOMAXVALUE}
```

```
|{ MINVALUE integer | NOMINVALUE}
|{ CYCLE | NOCYCLE}
|{ CACHE integer | NOCACHE}
|{ ORDER | NOORDER} };
```

**例 10-13**：修改序列 sequence_1。

```
SQL> ALTER SEQUENCE sequence_1
      INCREMENT BY 1
      MAXVALUE 10000
      NOCYCLE
     CACHE 20;

序列已更改。
```

### 10.2.5 删除序列

DROP SEQUENCE 语句用于删除序列。要删除序列，该序列必须存在于自己的方案中，或者必须要拥有 DROP ANY SEQUENCE 系统权限。

语法：

```
DROP SEQUENCE [schema.] sequence_name;
```

**例 10-14**：删除序列 sequence_1。

```
SQL> DROP SEQUENCE sequence_1;

序列已删除。
```

## 10.3 使用 OEM 管理同义词和序列

### 10.3.1 使用 OEM 创建同义词

使用 Oracle Enterprise Manager 按以下步骤创建同义词。

（1）在 Oracle Enterprise Manager 页面中单击【方案】→【数据库对象】→【同义词】，如图 10-1 所示，单击【创建】按钮。

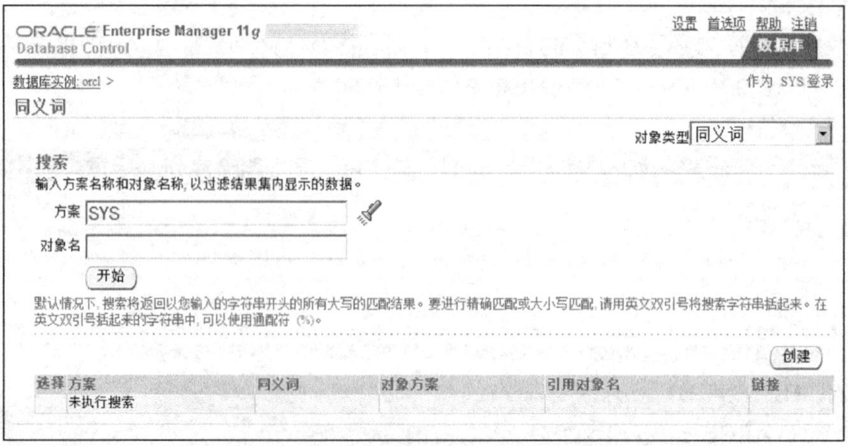

图 10-1 同义词

（2）在图 10-2 所示页面中，按以下要求输入内容，最后单击【确定】按钮。

ORACLE Enterprise Manager 11g
Database Control
设置 首选项 帮助 注销
数据库
数据库实例: orcl > 同义词 >
作为 SYS 登录
创建同义词
显示 SQL 取消 确定
一般信息
* 名称 SYNONYM_1
* 类型 ⊙方案 SYS
○公用
数据库
⊙本地
○远程
服务名
别名, 代表
* 对象 (方案.对象) SCOTT.DEPT
显示 SQL 取消 确定

图 10-2　创建同义词

➢ 名称：SYNONYM_1。
➢ 类型：方案 SYS。
➢ 数据库：本地。
➢ 对象：SCOTT.DEPT。

### 10.3.2　使用 OEM 删除同义词

使用 Oracle Enterprise Manager 按以下步骤删除同义词。

（1）在图 10-3 所示页面中，搜索方案 SYS 中的同义词 SYNONYM_1。选择同义词 SYNONYM_1，然后单击【删除】按钮。

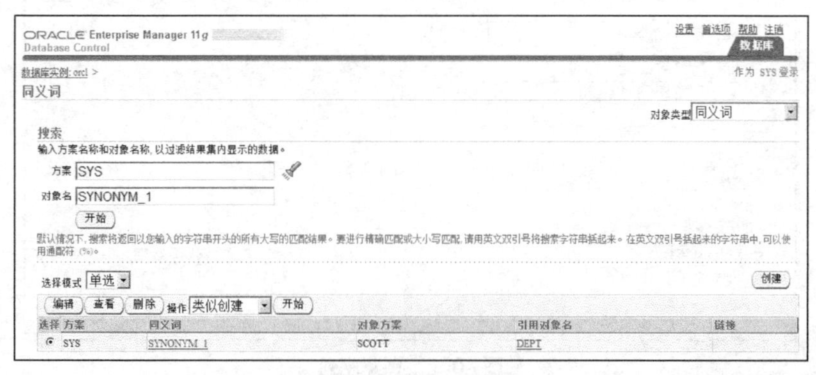


图 10-3　搜索同义词

（2）在图 10-4 所示页面中，单击【是】按钮确认删除同义词。

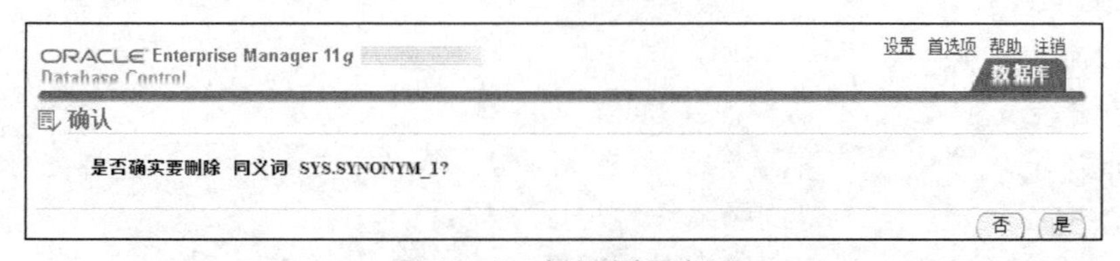


图 10-4　确认删除同义词

### 10.3.3　使用 OEM 创建序列

使用 Oracle Enterprise Manager 按以下步骤创建序列。

（1）在 Oracle Enterprise Manager 页面中单击【方案】→【数据库对象】→【序列】，如图 10–5 所示，单击【创建】按钮。

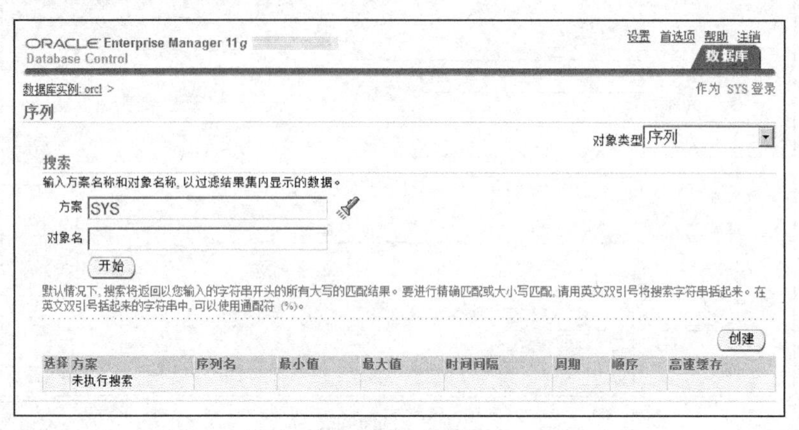


图 10–5　序列

（2）在图 10–6 所示页面中，按以下要求输入内容，最后单击【确定】按钮。

ORACLE Enterprise Manager 11g
Database Control
设置 首选项 帮助 注销
数据库
数据库实例: orcl > 序列 >
作为 SYS 登录
创建序列
显示 SQL　取消　确定
一般信息
* 名称 SEQUENCE_1
* 方案 SYS
值
* 最大值 ○ 值　⊙ 无限制
* 最小值 ⊙ 值 1　○ 无限制
* 间隔 1
* 初始值 1
选项
□ 循环值 - 序列在达到限制值时回绕
□ 排序值 - 将按顺序生成序列号
高速缓存选项
☑ 使用高速缓存
高速缓存大小 20
显示 SQL　取消　确定

图 10–6　创建序列

- 名称：SEQUENCE_1。
- 方案：SYS。
- 最大值：无限制。
- 最小值：1。
- 间隔：1。
- 初始值：1。
- 高速缓存大小：20。

### 10.3.4 使用 OEM 删除序列

使用 Oracle Enterprise Manager 按以下步骤删除序列。

（1）在图 10-7 所示页面中，搜索方案 SYS 中的序列 SEQUENCE_1。选择序列 SEQUENCE_1，然后单击【删除】按钮。

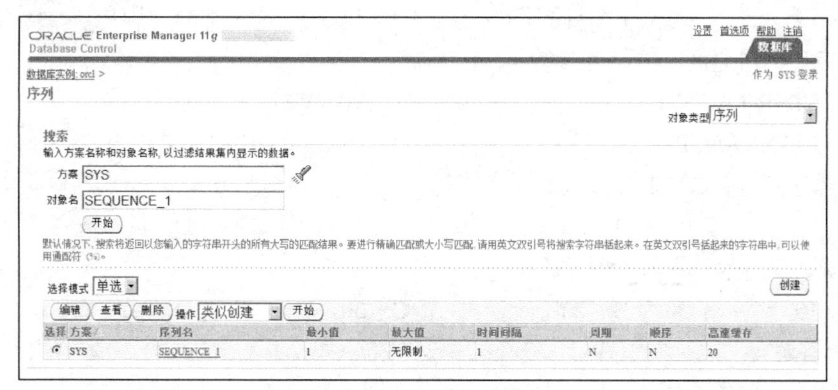


图 10-7　搜索序列

（2）在图 10-8 所示页面中，单击【是】按钮确认删除序列。

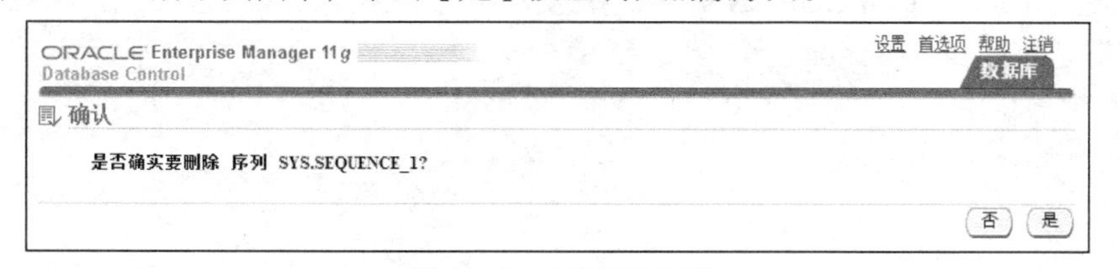


图 10-8　确认删除序列

## 10.4 小结

同义词是一个方案对象的别名，用来简化对象的访问，以及提高对象访问的安全性。可以为表、视图、序列、过程、存储函数、包、物化视图、Java 类方案对象或用户自定义对象类型创建同义词。同义词并不占用实际的存储空间，只是在数据字典中保存了同义词的定义。在使用同义词时，Oracle 数据库将它转换成对应的方案对象的名称。同义词有两种类型，分别是公用同义词和私有同义词。

CREATE SYNONYM 语句用于创建同义词。DROP SYNONYM 语句用于删除同义词。

序列是用来生成唯一、连续的整数的数据库对象，通常用来自动生成主键或唯一键的值。序列可以为表中的行自动生成序列号，产生一组等间隔的数值，其主要用途是生成表的主键值，可以在插入语句中引用，也可以通过查询检查当前值，或使序列增至下一个值。

CREATE SEQUENCE 语句用于创建序列。ALTER SEQUENCE 语句用于修改序列。对序列的修改只影响以后产生的序列号，已经产生的序列号不变。DROP SEQUENCE 语句用于删除序列。

使用 CURRVAL 伪列返回序列的当前值。如果序列还没有通过调用 NEXTVAL 产生过序列的下一个值，先引用 CURRVAL 出现错误。使用 NEXTVAL 伪列递增序列并返回新值。第一次使用 NEXTVAL 返回的是初始值，随后的 NEXTVAL 会自动增加定义的 INCREMENT BY 值，然后返回增加后的值。调用 NEXTVAL 将生成序列中的下一个序列号。

## 10.5 习题

**一、选择题**

1. 不能为______创建同义词。

   A. 表　　B. 视图　　C. 包　　D. 用户

2. 指定序列号之间的间隔的参数是______。

   A. START WITH　　B. MINVALUE

   C. MAXVALUE　　D. INCREMENT BY

3. 创建序列时，CACHE 参数的最小值是______。

   A. 1　　B. 2　　C. 3　　D. 4

4. 序列默认缓存______个序列号。

   A. 10　　B. 20　　C. 30　　D. 40

**二、简答题**

1. 简述同义词的作用。
2. 简述同义词的分类。
3. 简述 NEXTVAL 和 CURRVAL 在序列使用中的区别。

PART 11

# 第 11 章 索引



## 11.1 索引简介

### 11.1.1 什么是索引

在关系数据库中，表中每一行数据都有一个行唯一标识 rowid。索引是一个与表有关的可选的对象，使得可以快速地从拥有大量数据的表中查询数据。索引中包含一个索引条目，每一个索引条目都有一个键值和一个 rowid，其中键值可以是一列或多列的组合。索引的作用相当于图书的目录，可以根据目录中的页码快速找到所需的内容。通过在一个表中的一列或多列上创建索引，获得在某些情况下，以检索一小部分表中随机分布的行的能力。存储索引的表空间最好另外单独创建，不要与存储表的表空间在一起。

索引用于加速数据读取，合理地使用索引可以大大降低 I/O 次数，从而能够提高数据访问性能，大大提高数据库的运行效率。如果在表上没有索引，那么数据库必须执行全表扫描以查找数据，这种情况会随着数据量的增加而延长数据查询的时间。

索引创建好以后，数据库将自动地维护和使用索引。大量索引存储在表上可能会降低 DML 操作性能，因为数据库还必须更新索引。不恰当的索引不但不能加快查询速度，反而会降低系统性能。因为大量的索引在进行插入、修改和删除操作时将会比没有索引花费更多的时间。

注 意

**不建议在数据量很少的表上创建索引，如果创建索引，可能查询数据的时间比没有索引时更长。**

### 11.1.2 索引优缺点

在 Oracle 数据库中，索引具有以下优点。

- 可以加快表中数据的查询速度。
- 通过创建唯一索引，可以保证表中每一行数据的唯一性。
- 可以加速表和表之间的连接，特别是在实现数据的参考完整性方面。
- 使用分组和排序子句进行数据查询时，可以显著减少查询中分组和排序的时间。
- 通过使用索引，可以在查询的过程中，提高系统的性能。

在 Oracle 数据库中，索引具有以下缺点。

- 创建和维护索引需要耗费时间，数据量越大维护时间越长。
- 索引需要占用物理存储空间。

➢ 当对表中的数据进行增加、删除和修改的时候，索引也需要进行动态维护，这样就降低了数据的维护速度。

### 11.1.3 创建索引的列的特点

在创建索引时，索引列具有以下特点。

➢ 在经常需要查询的列上创建索引，可以加快查询的速度。
➢ 在作为主键的列上，强制该列的唯一性和组织表中数据的排列结构。
➢ 在经常用在连接的列上创建索引，这些列主要是一些外键约束，可以加快连接的速度。
➢ 在经常需要排序的列上创建索引，可以加快排序查询时间。
➢ 在经常使用 WHERE 子句中的列上面创建索引，可以加快条件的判断速度。
➢ 创建主键和唯一键约束时，将在所在列上自动创建索引。
➢ 对于取值范围很小的列（如性别字段）应当创建位图索引。

### 11.1.4 索引使用原则

在表中使用索引时，应该遵循以下基本原则。

**1．在表中插入数据以后再创建索引**

在表中插入数据以后，再创建索引效率将更高。如果在插入数据之前就创建索引，那么插入数据时 Oracle 必须更改索引。

**2．指定索引数据块空间的使用**

创建索引时，索引的数据块是用表中现存的值填充的，直到达到 PCTFREE 为止。如果打算将许多行插入到被索引的表中，PCTFREE 就应该设置得大一点，不能给索引指定 PCTUSED。

**3．索引正确的表和列**

如果经常查询包含大量数据的表中小于 15%的行，就需要创建索引。为了改善多个表的相互关系，经常使用索引列进行关系连接。

**4．限制表中索引的数量**

尽管可以在表中创建多个索引，然而索引越多，在修改表中的数据时对索引做出相应更改的工作量也越大，效率也就越低。应该把目前不使用的索引及时删除。

**5．合理安排索引列**

在 CREATE INDEX 语句中，列的排列顺序会影响查询的性能，通常将最常使用的列放在前面。创建一个索引来提高多列的查询效率时，应该清楚地了解这个多列的索引对哪些列的存取有效，对哪些列的存取无效。

**6．根据索引大小设置存储参数**

创建索引之前应先估计索引的大小，以便更好地促进规划和管理磁盘空间。单个索引项的最大值大约是数据块大小的一半。

### 11.1.5 索引分类

在 Oracle 数据库中，可以按照不同的标准对索引进行分类。

**1．按照索引不同的功能分类**

按照索引不同的功能，可以将索引分为 B 树索引、反向键索引、位图索引和基于函数的索引。

（1）B 树索引

B 树索引（B-tree Index）是一种标准的索引类型，在创建索引时它就是默认的索引类型，适合于拥有大量添加、删除、更改的 OLTP 环境。Oracle 数据库用 B 树机制存储索引条目，以保证用最短的路径访问键值。B 树索引可以是一个列的简单索引，也可以是多个列的组合索引。B 树索引最多可以包括 32 列。

B 树索引的存储结构类似于书的索引结构，有分支和叶两种类型的存储数据块，分支块相当于书的大目录，叶块相当于索引到的具体的书页。叶块包含了索引值、rowid，以及指向前一个和后一个叶块的指针。Oracle 可以从两个方向遍历这个平衡树。B 树索引保存了索引列上有值的每个数据行的 rowid 值。Oracle 不会对索引列上包含空值的行进行索引。如果索引是多个列的组合索引，而其中列上包含空值，这一行就会处于包含空值的索引列中，且将被处理为空值。

（2）反向键索引

反向键索引（Reverse Key Index）是 B 树索引的一种特殊类型，物理反转每个索引键的字节数，同时保持列的顺序。通常创建在一些值需要连续增长的列上，比如列中的值是由序列产生的情况下。

反向键索引应用于特殊场合，在 OPS 环境中通过序列增加数字的列上创建，不适合做区域扫描。当载入一些有序数据时，索引肯定会碰到与 I/O 相关的一些瓶颈。在数据载入期间，某部分索引和磁盘肯定会比其他部分的使用频繁得多。为了解决这个问题，Oracle 提供了一种反向键索引的方法。如果数据以反向键索引存储，这些数据的值就会与原先存储的数值相反。比如数据 1234、1235 和 1236 就被存储成 4321、5321 和 6321。

如果磁盘容量有限，同时还要执行大量的有序载入，就可以使用反向键索引。不可以将反向键索引与位图索引或索引组织表结合使用。

（3）位图索引

位图索引采用位图偏移方式来与表的 rowid 进行对应，主要针对拥有大量相同值的列而创建。位图索引主要用于节省存储空间，减少 Oracle 对数据块的访问。位图索引之所以在实际密集型 OLTP（联机事物处理）中用得比较少，是因为 OLTP 会对表进行大量的插入、更新、删除操作。Oracle 每次进行操作都会对要操作的数据块进行加锁，以防止多人操作容易产生的数据库锁等待甚至锁死现象。在 OLAP（联机分析处理）中应用位图索引具有优势，因为 OLAP 中大部分是对数据库的查询操作，而且一般采用数据仓库技术，所以大量数据采用位图索引节省空间比较明显。

例如，表中包含一个名称为 Sex 的列，它有两个可能值：male 和 female。这个基数只为 2，如果用户频繁地根据 Sex 列的值查询该表，这就是位图索引的基列。当一个表内包含了多个位图索引时，可以体会到位图索引的真正威力。如果有多个可用的位图索引，Oracle 就可以合并从每个位图索引得到的结果集，快速删除不必要的数据。

位图索引不应当用在频繁发生 INSERT、UPDATE 或 DELETE 操作的表上。位图索引非常适合于决策支持系统（Decision Support System，DSS）和数据仓库，它们不应该用于通过事务处理应用程序访问的表，适合集中读取，不适合插入和修改，提供比 B 树索引更节省的空间。它们可以使用少量基数（不同值的数量）的列访问大表。

位图索引的组织形式与 B 树索引相同，也是一棵平衡树。与 B 树索引的区别在于叶子节点里存放索引条目的方式不同。B 树索引的叶子节点里，对于表里的每个数据行，如果被索引列的值不为空的，则会为该记录行在叶子节点里维护一个对应的索引条目。

（4）基于函数的索引

基于函数的索引（Function-Based Index）是 B 树索引的衍生产物，应用于查询语句条件列上包含函数的时候，索引中储存了经过函数计算的索引值，可以在不修改应用程序的基础上提高查询效率。可以创建基于函数的索引，允许索引访问支持基于函数的列或数据。如果没有基于函数的索引，任何在列上执行了函数的查询都不能使用这个列的索引。

基于函数的索引中的一列或者多列是一个函数或者表达式，索引根据函数或表达式计算索引列的值。可以将基于函数的索引创建成 B 树或位图索引。用于构建索引的函数可以是一个算术表达式或包含 SQL 函数、用户自定义的 PL/SQL 函数或包函数的表达式。

如果在 WHERE 子句的算术表达式或函数中已经包含了某个列,则不会使用该列上的索引。不能在表达式包含任何聚合函数，LOB 列、REF 列或包含 LOB 或 REF 的对象类型上创建基于函数的索引。要创建基于函数或表达式的索引，必须要拥有 QUERY REWRITE 系统权限。

**2．按照列数据是否允许重复分类**

按照列数据是否允许重复，可以将索引分为以下类型。

（1）唯一索引

唯一索引不允许在索引列中有两行记录相同的值。唯一索引表中的记录没有 rowid，不能再对其创建其他索引。要创建唯一索引，必须在表中设置 UNIQUE 关键字，创建唯一索引的表只按照该唯一索引结构排序。在表上创建主键约束时将自动创建唯一索引。

（2）非唯一索引

非唯一索引允许在索引列中有重复的值。对于非唯一索引，rowid 在有排序顺序中包含键，所以非唯一索引按索引键和 rowid 排序。

**3．按照索引的列的数量分类**

按照索引的列的数量，可以将索引分为以下类型。

（1）单列索引

单列索引是指基于单个列所创建的索引。

（2）组合索引

组合索引（也称为复合索引）是指在表中的多个列上创建的索引。组合索引中列的顺序是任意的，不必是表中相邻的列。创建组合索引时，应注意定义中使用的列的顺序，通常最频繁访问的列应该放置在列表的最前面。

## 11.2　创建索引

CREATE INDEX 语句用于在表的一个或多个列上创建索引。

要在自己的方案中创建索引，必须符合以下条件之一。

- 表必须是在自己的方案中。
- 必须要在表上拥有 INDEX 对象权限。
- 必须要拥有 CREATE ANY INDEX 系统权限。

要在另一个方案中创建索引，必须要拥有 CREATE ANY INDEX 系统权限。此外，包含索引的方案的所有者必须对表空间拥有 UNLIMITED TABLESPACE 系统权限，或包含索引的表空间上具有空间配额。

要创建一个基于函数的索引，要拥有创建一个常规索引的先决条件，如果索引是基于用户定义的函数，那么这些函数必须注明 DETERMINISTIC。此外，如果这些函数的所有者是其他用户，必须在任何用户定义的函数上要拥有 EXECUTE 对象权限。

语法：

```
CREATE [ UNIQUE | BITMAP ] INDEX [ schema. ] index
    ON { [ schema. ] table [ t_alias ]
    ({ column | column_expression } [ ASC | DESC ] [,{ column | column_expression } [ ASC | DESC ] ]...)
    [[ { [ { [ { PCTFREE integer
    | PCTUSED integer
    | INITRANS integer
    | STORAGE
    ({ INITIAL integer [ K | M | G | T | P | E ]
    | NEXT integer [ K | M | G | T | P | E ]
    | MINEXTENTS integer
    | MAXEXTENTS { integer | UNLIMITED }
    | [ MAXSIZE { UNLIMITED | integer [ K | M | G | T | P | E ] } ]
    | PCTINCREASE integer
    | FREELISTS integer
    | FREELIST GROUPS integer
    | OPTIMAL [integer [ K | M | G | T | P | E ] | NULL ]
    | BUFFER_POOL { KEEP | RECYCLE | DEFAULT } } ...) }...]
    | { LOGGING | NOLOGGING }
    | ONLINE
    | TABLESPACE { tablespace | DEFAULT }
    | { SORT | NOSORT }
    | REVERSE
    | { VISIBLE | INVISIBLE }
    | { NOPARALLEL | PARALLEL [ integer ] } }...] }...] ] }
    [ UNUSABLE ];
```

表 11-1 列出了 CREATE INDEX 语句各参数的描述信息。

表 11-1 CREATE INDEX 语句参数

| 参数 | 描述 |
|---|---|
| UNIQUE | 指定索引所基于的列（或多列）值必须唯一。如果不指定 UNIQUE，默认创建的索引是非唯一的 |
| BITMAP | 指定创建位图索引 |
| UNUSABLE | 标记索引为无法使用，为索引分配的空间被立即释放，索引会被优化器忽略，并且 DML 操作也不会维护这个索引 |
| ONLINE | 在创建或重建索引时，允许用户对表中的数据执行 DML 操作 |
| TABLESPACE { tablespace \| DEFAULT } | 指定存储索引的表空间 |
| SORT \| NOSORT | 在创建索引的时候对表中的数据进行排序 |

续表

| 参数 | 描述 |
| --- | --- |
| REVERSE | 创建反向键索引，以相反顺序存储索引值，NOSORT 不能与 REVERSE 一起指定 |
| VISIBLE \| INVISIBLE | 使得索引是否可见，如果不可见将会被 Oracle 优化器忽略 |
| STORAGE | 可进一步设置表空间的存储参数 |
| LOGGING \| NOLOGGING | 是否对索引产生重做日志（对大表尽量使用 NOLOGGING 来减少占用空间并提高效率） |
| COMPRESS [ integer ] \| NOCOMPRESS | 是否使用键压缩，使用键压缩可以删除一个键列中出现的重复值 |

**例 11-1**：创建单列索引 index_1。

```
SQL> CREATE INDEX index_1 ON table_1(id);

索引已创建。
```

**例 11-2**：在表空间 users 上创建索引 index_2。

```
SQL> CREATE INDEX index_2 ON table_1(id) TABLESPACE users;

索引已创建。
```

**例 11-3**：创建复合索引 index_3。

```
SQL> CREATE INDEX index_3 ON table_1(id,name);

索引已创建。
```

**例 11-4**：创建复合索引 index_4，按 id 列进行键压缩。

```
SQL> CREATE INDEX index_4 ON table_1(id, name) COMPRESS 1;

索引已创建。
```

**例 11-5**：创建索引 index_5，不产生重做日志。

```
SQL> CREATE INDEX index_5 ON table_1(id) NOSORT NOLOGGING;

索引已创建。
```

**例 11-6**：创建索引 index_6，设置表空间的存储参数。

```
SQL> CREATE INDEX index_6 ON table_1(id)
        TABLESPACE users
        STORAGE(INITIAL 20K NEXT 20K PCTINCREASE 75);

索引已创建。
```

**例 11-7**：创建唯一索引 index_7。

```
SQL> CREATE UNIQUE INDEX index_7 ON table_1(id);
```

```
索引已创建。
```

**例 11-8**：联机创建索引 index_8。

```
SQL> CREATE INDEX index_8 ON table_1(id) ONLINE;

索引已创建。
```

**例 11-9**：创建索引 index_9，标记索引为无法使用。

```
SQL> CREATE INDEX index_9 ON table_1(id) UNUSABLE;

索引已创建。
```

**例 11-10**：创建基于 name 列的大写的基于函数的索引 index_10。

```
SQL> CREATE INDEX index_10 ON table_1(UPPER(name));

索引已创建。
SQL> SELECT * FROM table_1
     WHERE UPPER(name) IS NOT NULL
     ORDER BY UPPER(name);
//使用函数查看 table_1 表中数据
```

**例 11-11**：创建位图索引 index_11。

```
SQL> CREATE BITMAP INDEX index_11 ON table_1(name);

索引已创建。
```

**例 11-12**：创建反向键索引 index_12。

```
SQL> CREATE INDEX index_12 ON table_1(id) REVERSE;

索引已创建。
```

## 11.3 修改索引

ALTER INDEX 语句用于修改或重建已存在的索引。要修改索引，该索引必须是在自己的方案中，或者必须拥有 ALTER ANY INDEX 系统权限。要在其他用户的方案中重建联机索引，必须要拥有 CREATE ANY INDEX 和 CREATE ANY TABLE 系统权限。

### 11.3.1 重建现有索引

索引是由 Oracle 数据库自动维护的，对表进行频繁的操作，索引也会跟着进行修改。当在表中删除一条记录时，Oracle 把相应的索引做一个删除标记，但它依然占据着空间。除非一个块中所有的标记全被删除时，整个块的空间才会被释放。随着时间的推移，索引的查询效率会越来越低，索引的性能就会下降。这个时候可以重建一个干净的索引来提高效率。

使用 REBUILD 子句重建现有索引。如果索引标记为 UNUSABLE，那么一个成功的重建将标记索引为 USABLE。当重建索引时，可以使用现有的索引作为数据源。以这种方式创建一个索引，可以更改存储特性或移动到一个新的表空间。基于现有数据源重建索引将删除块内的碎片，减少现有索引中的碎片，相比于删除索引并使用 CREATE INDEX 语句重新创建索引提供了更好的性能。

语法：

```
ALTER INDEX [ schema. ]index
  REBUILD
  { REVERSE | NOREVERSE }
  [ TABLESPACE tablespace
  | ONLINE
  | { COMPRESS [ integer ] | NOCOMPRESS }
  | { NOPARALLEL | PARALLEL [ integer ] }
  | { LOGGING | NOLOGGING }
  | [ { PCTFREE integer | PCTUSED integer | INITRANS integer | storage_clause }...] ];
```

表 11−2 列出了 ALTER INDEX 语句各参数的描述信息。

**表 11-2　　ALTER INDEX 语句参数**

| 参数 | 描述 |
| --- | --- |
| TABLESPACE tablespace | 指定重建索引将被存储的表空间 |
| ONLINE | 重建索引过程中允许在表或分区上执行 DML 操作 |
| REVERSE | 在相反的顺序中存储索引块的字节，当索引重建时不包括 rowid。不能为位图索引或索引组织表指定 REVERSE |
| NOREVERSE | 当索引重建时，无需在相反的顺序中存储索引块的字节 |

**例 11-13**：重建现存的索引 index_1。

```
SQL> ALTER INDEX index_1 REBUILD;

索引已更改。
```

**例 11-14**：联机重建现存的索引 index_1。

```
SQL> ALTER INDEX index_1 REBUILD ONLINE;

索引已更改。
```

**例 11-15**：重建现有索引 index_1，将索引存储到表空间 users 中。

```
SQL> ALTER INDEX index_1 REBUILD TABLESPACE users;

索引已更改。
```

**例 11-16**：重建现有索引 index_1，在相反的顺序中存储索引块的字节。

```
SQL> ALTER INDEX index_1 REBUILD REVERSE;

索引已更改。
```

### 11.3.2　收缩索引

使用 SHRINK SPACE 子句压缩索引段，从而实现收缩索引。不能为基于函数的索引指定 SHRINK SPACE 子句。如果索引位于 SYSTEM 表空间，则无法进行收缩。指定 ALTER

INDEX ... SHRINK SPACE COMPACT 相当于指定 ALTER INDEX ... COALESCE。

语法：

```
ALTER INDEX [ schema. ]index
SHRINK SPACE [ COMPACT ] [ CASCADE ];
```

**例 11-17**：对索引 index_2 进行收缩。

```
SQL> ALTER INDEX index_2 SHRINK SPACE;

索引已更改。
```

### 11.3.3 合并索引块

在索引中有可能会有剩余的空间，可以把这些剩余空间整合到一起，起到整合索引碎片的作用。使用 COALESCE 合并索引块的内容，重新使用空闲块。

合并索引块将受到以下限制。

- 不能为临时表上的索引合并索引块。
- 不能为索引组织表的主键索引合并索引块。

语法：

```
ALTER INDEX [ schema. ]index
  COALESCE;
```

**例 11-18**：合并 index_1 索引的索引块。

```
SQL> ALTER INDEX index_1 COALESCE;

索引已更改。
```

### 11.3.4 使得索引不可见

使用 INVISIBLE 使得索引不可见，被 Oracle 优化器忽略，使其无法使用或删除它。

语法：

```
ALTER INDEX [ schema. ]index
  { VISIBLE | INVISIBLE };
```

**例 11-19**：使得索引 index_1 不可见。

```
SQL> ALTER INDEX index_1 INVISIBLE;

索引已更改。

SQL> SELECT INDEX_NAME,VISIBILITY
     FROM DBA_INDEXES
     WHERE INDEX_NAME='INDEX_1';

INDEX_NAME                              VISIBILIT
------------------------------ ---------
INDEX_1                                INVISIBLE
//DBA_INDEXES 数据字典的 VISIBILITY 列显示 INVISIBLE，表示索引不可见
```

**例 11-20**：使得索引 index_1 可见。

```
SQL> ALTER INDEX index_1 VISIBLE;

索引已更改。
```

### 11.3.5 为索引分配新区

使用 ALLOCATE EXTENT 子句显式地为索引分配新的区。不能为临时表上的索引分配新的区。

语法：

```
ALTER INDEX [ schema. ]index
  ALLOCATE EXTENT
  [ ( { SIZE integer [ K | M | G | T | P | E ] | DATAFILE 'filename' | INSTANCE integer } ...) ];
```

**例 11-21**：为索引 index_1 分配新区，区大小为 500K。

```
SQL> ALTER INDEX index_1 ALLOCATE EXTENT(SIZE 500k);

索引已更改。
```

### 11.3.6 释放未使用的空间

在索引使用过程中，可能会出现空间不足或空间浪费的情况，这时就需要释放未使用的空间。使用 DEALLOCATE UNUSED 子句明确地释放索引末尾未使用的空间，以供在表空间中的其他段使用。

语法：

```
ALTER INDEX [ schema. ]index
DEALLOCATE UNUSED;
```

**例 11-22**：释放索引 index_1 未使用的空间。

```
SQL> ALTER INDEX index_1 DEALLOCATE UNUSED;

索引已更改。
```

### 11.3.7 设置索引并行特性

使用 PARALLEL 子句在索引上为查询和 DML 更改默认并行度。设置索引的并行特性，这样索引扫描将被并行化。

注 意

不能在临时表上为索引指定并行特性。

语法：

```
ALTER INDEX [ schema. ]index
  { NOPARALLEL | PARALLEL [ integer ] };
```

**例 11-23**：为索引 index_1 设置并行特性。

```
SQL> ALTER INDEX index_1 PARALLEL;

索引已更改。
```

**例 11-24**：为索引 index_1 设置并行特性，并行度为 3。

```
SQL> ALTER INDEX index_1 PARALLEL 3;

索引已更改。
```

**例 11-25**：为索引 index_1 设置非并行特性。

```
SQL> ALTER INDEX index_1 NOPARALLEL;

索引已更改。
```

### 11.3.8 启用或禁用基于函数的索引

ENABLE 启用基于函数的索引的使用。DISABLE 禁止基于函数的索引的使用。只能对基于函数的索引进行启用或禁用。如果禁用基于函数的索引，那么就不能将数据插入到索引所在的表中。

语法：

```
ALTER INDEX [ schema. ]index
  { ENABLE | DISABLE };
```

**例 11-26**：启用基于函数的索引 index_10。

```
SQL> ALTER INDEX index_10 ENABLE;

索引已更改。
```

**例 11-27**：禁用基于函数的索引 index_10。

```
SQL> ALTER INDEX index_10 DISABLE;

索引已更改。
SQL> INSERT INTO table_1 VALUES(1,'zhangsan');
INSERT INTO table_1 VALUES(1,'zhangsan')
*
第 1 行出现错误:
ORA-30554: 基于函数的索引 SYS.INDEX_10 被禁用
//基于函数的索引被禁用后，不能将数据插入到索引所在的表中
```

### 11.3.9 指定日志记录属性

使用 LOGGING 和 NOLOGGING 可以改变索引的日志记录属性，是否生成重做日志记录。

注　意

不能在临时表上为索引改变日志记录属性。

语法：

```
ALTER INDEX [ schema. ]index
  { LOGGING | NOLOGGING };
```

**例 11-28**：不记录索引 index_1 的日志。

```
SQL> ALTER INDEX index_1 NOLOGGING;

索引已更改。
```

**例 11-29**：记录索引 index_1 的日志。

```
SQL> ALTER INDEX index_1 LOGGING;

索引已更改。
```

### 11.3.10 监视索引的使用

Oracle 数据库监视索引以确定它们是否正在被使用。如果索引不被使用，那么就可以删除该索引，从而消除不必要的语句开销。在 MONITORING 时，如果索引被使用，V$OBJECT_USAGE 动态性能视图就会显示索引被使用。

语法：

```
ALTER INDEX [ schema. ]index
   { MONITORING | NOMONITORING USAGE };
```

表 11−3 列出了 ALTER INDEX 语句各参数的描述信息。

表 11-3 ALTER INDEX 语句参数

| 参数 | 描述 |
| --- | --- |
| MONITORING USAGE | 开始监视索引的使用 |
| NOMONITORING USAGE | 停止监视索引的使用 |

**例 11-30**：开始监视索引 index_1 的使用。

```
SQL> ALTER INDEX index_1 MONITORING USAGE;

索引已更改。
SQL> SELECT * FROM V$OBJECT_USAGE;

INDEX_NAME                    TABLE_NAME                    MON USE
------------------------------ ------------------------------ --- ---
START_MONITORING    END_MONITORING
------------------- -------------------
INDEX_1                       TABLE_1                       YES NO
07/07/2014 16:29:07
```

### 11.3.11 标记索引无法使用

指定 UNUSABLE 标记索引为无法使用。当索引标记为 UNUSABLE 时，为索引分配的空间被立即释放。当索引的状态由 VALID 变成 UNUSABLE 时，这个索引会被优化器忽略，并且 DML 操作也不会维护这个索引。无法使用的索引必须使用 REBUILD 重建，或删除再创建，然后才能使用。如果把基于函数的索引标记为 UNUSABLE ，那么此索引不可用，但是仍然可以插入数据。

注 意

不能为临时表上的索引指定 UNUSABLE。

语法：

```
ALTER INDEX [ schema. ]index
  UNUSABLE;
```

**例 11-31**：标记索引 index_1 无法使用。

```
SQL> ALTER INDEX index_1 UNUSABLE;

索引已更改。
SQL> SELECT INDEX_NAME,STATUS FROM DBA_INDEXES
       WHERE INDEX_NAME='INDEX_1';

INDEX_NAME                        STATUS
------------------------------ --------
INDEX_1                          UNUSABLE
//DBA_INDEXES 数据字典中的 STATUS 列显示 UNUSABLE，表示索引标记无法使用
```

### 11.3.12 重命名索引

使用 RENAME TO 子句重命名索引。new_name 是索引的新名称，该名称中不包括方案名称。

语法：

```
ALTER INDEX [ schema. ]index
  RENAME TO new_name;
```

**例 11-32**：重命名索引 index_1 的名称为 index_1a。

```
SQL> ALTER INDEX index_1 RENAME TO index_1a;

索引已更改。
```

## 11.4 删除索引

DROP INDEX 语句用于删除索引。要删除索引，该索引必须在自己的方案中，或者必须要拥有 DROP ANY INDEX 系统权限。

注 意

在删除表的时候，所有基于该表的索引将全部自动删除。

语法：

```
DROP INDEX [ schema. ] index;
```

**例 11-33**：删除索引 index_1。

```
SQL> DROP INDEX index_1;
```

```
索引已删除。
```



## 11.5 使用 OEM 管理索引

### 11.5.1 使用 OEM 创建索引

使用 Oracle Enterprise Manager 按以下步骤创建索引。

（1）在 Oracle Enterprise Manager 页面中单击【方案】→【数据库对象】→【索引】，如图 11–1 所示，单击【创建】按钮。

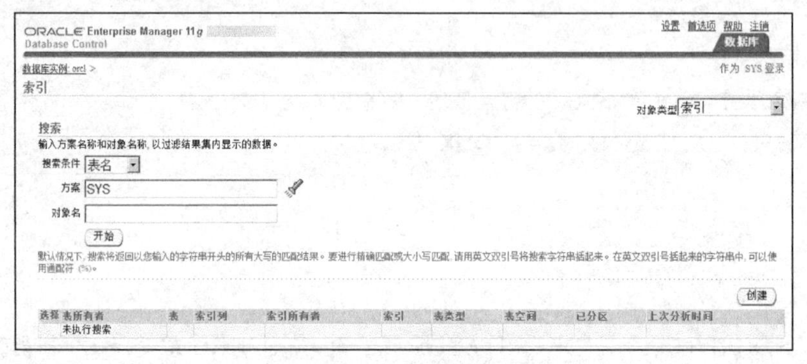


图 11–1 索引

（2）在图 11–2 所示【一般信息】页面中，按以下要求输入内容。

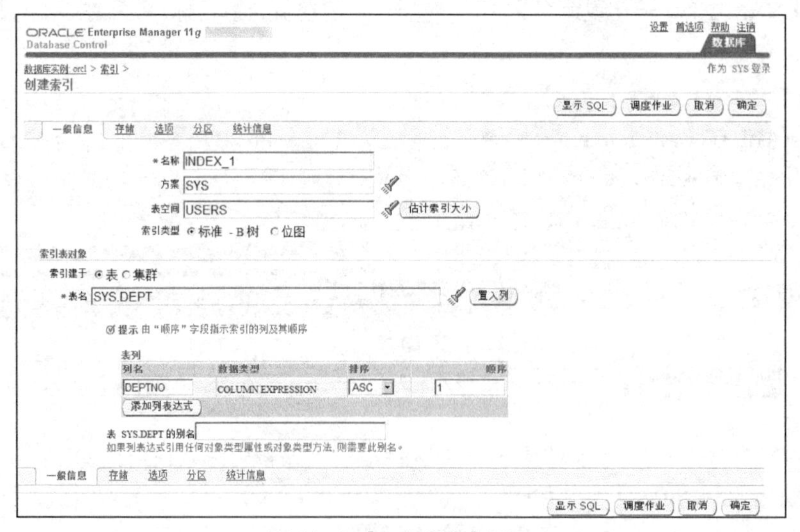


图 11–2 【一般信息】页面

- 名称：INDEX_1。
- 方案：SYS。
- 表空间：USERS。
- 索引类型：标准–B 树。
- 索引建于：表。
- 索引表对象：SYS.DEPT。
- 表列：列名为 DEPTNO，排序方式为 ASC，顺序为 1。

（3）在图 11-3 所示【存储】页面中，指定表空间、区数、空间使用情况和事物处理数。

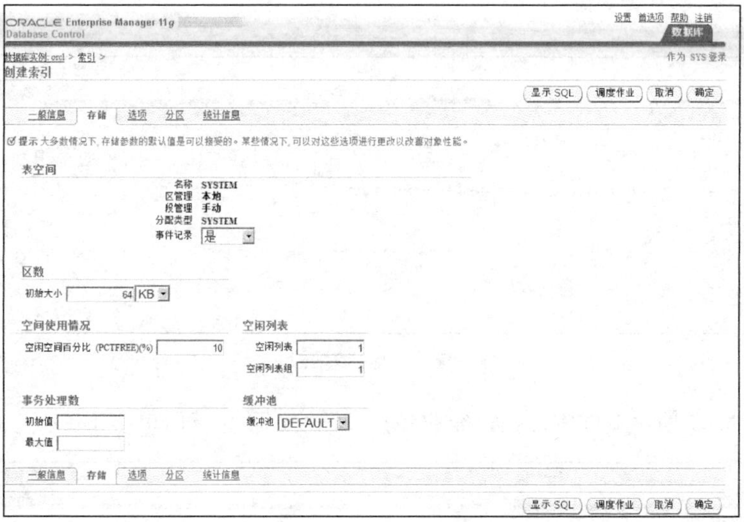

图 11-3 【存储】页面

（4）在图 11-4 所示【选项】页面中，指定索引选项和执行选项，最后单击【确定】按钮。

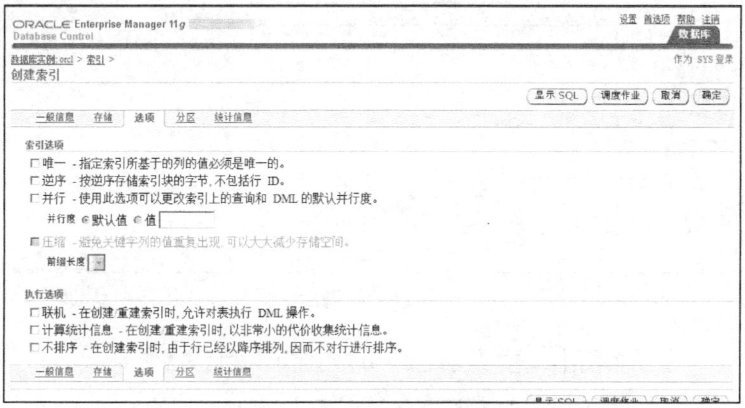

图 11-4 【选项】页面

## 11.5.2 使用 OEM 收缩段

使用 Oracle Enterprise Manager 按以下步骤收缩段。

（1）在图 11-5 所示页面中，搜索方案 SYS 中的索引 INDEX_1。选择索引 INDEX_1，在【操作】下拉框中选择【收缩】，然后单击【开始】按钮。

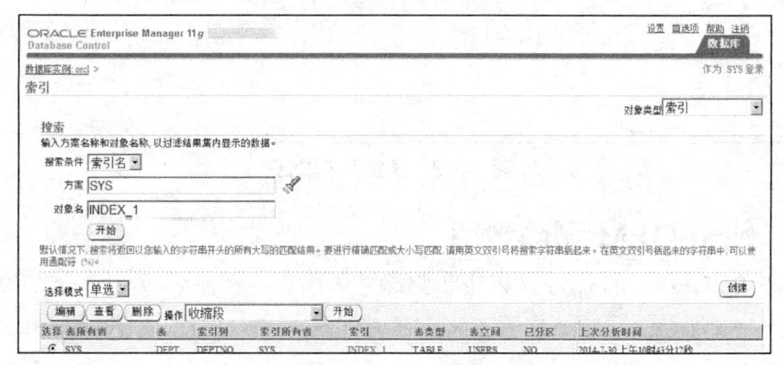


图 11-5 搜索索引

（2）在图 11-6 所示页面中，指定搜索选项，在此选择【压缩并释放空间】单选框，然后单击【继续】按钮。

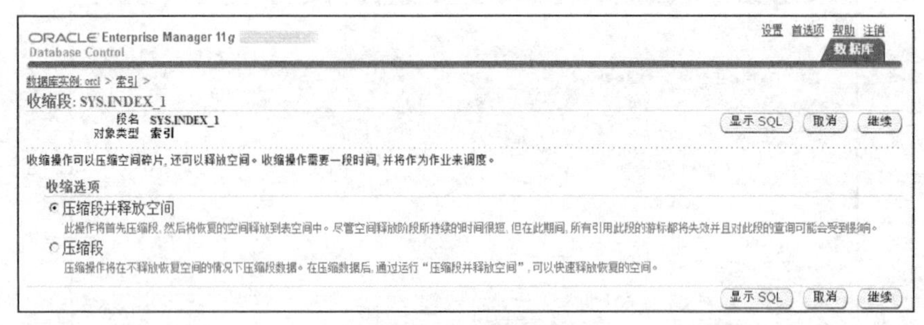


图 11-6　收缩段

（3）在图 11-7 所示页面中，指定作业名称和调度选项，然后单击【提交】按钮。

ORACLE Enterprise Manager 11g
Database Control
设置 首选项 帮助 注销
数据库
数据库实例: orcl > 索引 >
收缩段: 调度
段名 SYS.INDEX_1
对象类型 索引
取消 后退 提交
此操作可能相当耗费资源, 应当安排在低峰时段执行。
* 作业名称 JOB_1
说明
调度选项
时区 GMT -12:00
启动
立即
以后
日期 2014-7-30
(示例: 2014-7-30)
时间 3 15 00 上午 下午
取消 后退 提交

图 11-7　调度

（4）在图 11-8 所示页面中，显示已经成功地创建了调度程序作业。

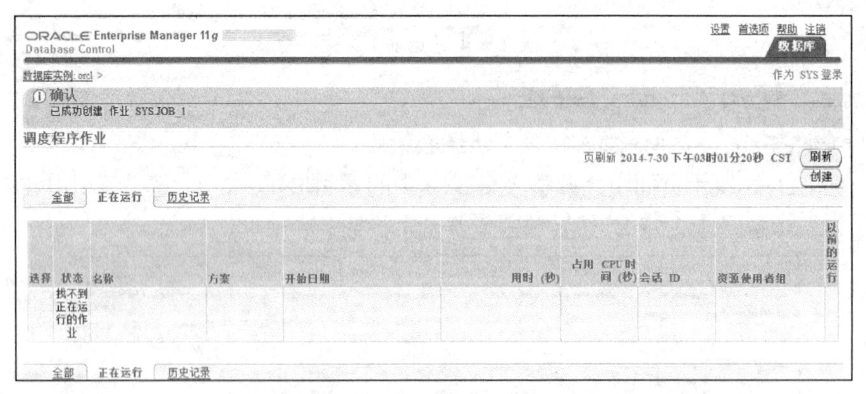


图 11-8　调度程序作业

## 11.5.3　使用 OEM 删除索引

使用 Oracle Enterprise Manager 按以下步骤删除索引。

（1）在图 11-9 所示页面中，搜索方案 SYS 中的索引 INDEX_1。选择索引 INDEX_1，然后单击【删除】按钮。

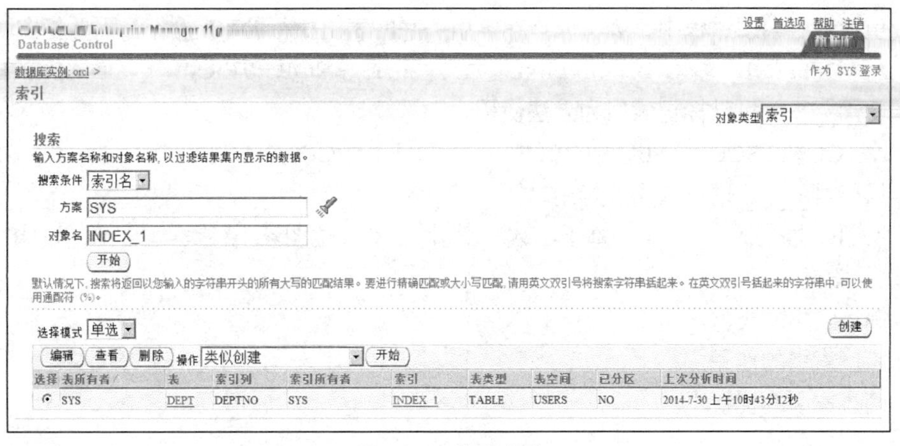


图 11-9　搜索索引

（2）在图 11-10 所示页面中，单击【是】按钮确认删除索引。

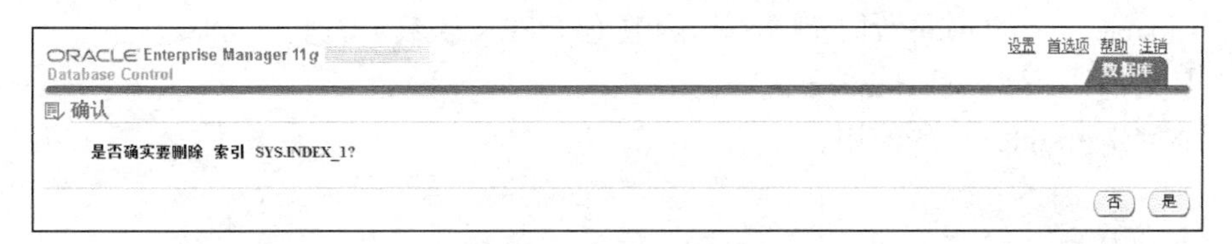


图 11-10　确认删除索引

## 11.6　小结

索引是一个与表有关的可选的对象，使得可以快速地从拥有大量数据的表中查询数据。索引中包含一个索引条目，每一个索引条目都有一个键值和一个 rowid，其中，键值可以是一列或者多列的组合。索引的作用相当于图书的目录，可以根据目录中的页码快速地找到所需的内容。

索引用于加速数据读取，合理的使用索引可以大大降低 I/O 次数，从而能够提高数据访问性能，大大提高数据库的运行效率。

索引创建好以后，数据库将自动维护和使用索引。不恰当的索引不但不能加快查询速度，反而会降低系统性能。因为大量的索引在进行插入、修改和删除操作时比没有索引花费更多的时间。

在 Oracle 数据库中，按照不同的功能，可以将索引分为 B 树索引、反向键索引、位图索引和基于函数的索引。按照列数据是否允许重复，可以将索引分为唯一索引和非唯一索引。按照索引的列的数量，可以将索引分为单列索引和组合索引。

CREATE INDEX 语句用于在表的一个或多个列上创建索引。ALTER INDEX 语句用于修改或重建已存在的索引。DROP INDEX 语句用于删除索引。

## 11.7　习题

### 一、选择题

1. ______不是索引的类型。

A. B 树索引　　B. 位图索引　　C. 基于函数的索引　　D. 主键索引

2. 重建现有索引过程中，为了允许在索引关联的表上执行 DML 操作，需要指定______。

A. OFFLINE　　B. ONLINE　　C. NOREVERSE　　D. REVERSE

3. 使用______可以标记索引为无法使用。

A. COALESCE　　B. VISIBLE　　C. COMPACT　　D. UNUSABLE

4. 只能对______进行启用或禁用。

A. B 树索引　　B. 基于函数的索引。　　C. 位图索引　　D. 反向键索引

**二、简答题**

1. 简述索引的类型。
2. 简述索引的作用。
3. 简述索引的优缺点。

**三、操作题**

1. 在 table_1 表的 id 列上创建 B 树索引 index_1。
2. 在 table_1 表的 name 列上创建位图索引 index_2。
3. 在 table_1 表的 name 列上创建基于函数（UPPER 函数）的索引 index_3。
4. 禁用基于函数的索引 index_3。
5. 监视索引 index_1 的使用。

PART 12

# 第12章 实现数据库安全





## 12.1 用户

### 12.1.1 Oracle 身份验证方式

Oracle 数据库为用户提供了 3 种身份验证方式。其中，数据库身份验证是最常使用的验证用户的方法，另外两种身份验证方式一般很少使用。

**1. 数据库身份验证**

数据库身份验证将数据库用户口令以加密的方式存储在数据库中，当用户连接数据库时需要输入用户名和密码，通过数据库认证后才可以登录到数据库。

**2. 外部身份验证**

当外部身份验证用户连接数据库时，Oracle 数据库会检查用户名是否是一个有效的数据库用户，并确认该用户已经完成了操作系统级别的身份验证。只要能登录到操作系统，那么 Oracle 也允许用户能登录数据库。外部身份验证用户不在数据库中存储用户密码。

如果使用外部身份验证创建用户账户，Oracle 会将身份验证委托给外部服务，登录时不会提示输入用户名和密码。如果启用 Advaned Security 选项，则唯一可以使用的外部身份验证方形式是操作系统身份验证。使用与操作系统用户同样的名称来创建 Oracle 用户账户，但是需要在前面加上 OS_AUTHENT_PREFIX 初始化参数指定的字符串，该参数默认值为 OPS$字符串。

**3. 全局身份验证**

全局身份验证不在数据库中存储验证密码，这种类型的身份验证是通过一个高级安全选项所提供的身份验证服务来进行的。经常用于管理身份的标准是使用轻量目录访问协议（Lightweight Directory Access Protocol，LDAP）服务器。Oracle Internet Directory（OID）就是 Oracle 符合 LDAP 标准的一个产品，全局用户就是在 LDAP 目录中定义的用户。

### 12.1.2 用户简介

在每一个 Oracle 数据库中都有有效的数据库用户列表。要访问数据库，必须使用在数据库中定义的有效用户名连接到数据库实例。为了让 Oracle 用户执行不同的操作，可以为其授予不同的权限。

用户分为预定义用户和自定义用户两大类。预定义用户是在 Oracle 数据库安装好以后，自动创建的一些常用的用户。每一种预定义用户都用于执行一些特定的管理任务，已经拥有了相应的系统权限，常用的预定义用户如表 12-1 所示。

表 12-1 常用预定义用户

| 用户 | 描述 |
| --- | --- |
| SYS | 用于执行数据库管理任务。用于数据字典的所有基础表和视图都被存储在 SYS 方案中。这些基础表和视图对于 Oracle 数据库的操作来说是非常重要的。为了维护数据字典的完整性，SYS 方案中的表只能由数据库进行操作。它们绝对不能由任何用户或数据库管理员操作。任何人都不应该在 SYS 方案中创建任何表 |
| SYSTEM | 用于执行数据库管理任务的另一个账户。用于创建显示管理信息的表和视图，或被 Oracle 数据库选项和工具使用的内部表和视图。不要在 SYSTEM 方案中存储不用于数据库管理的表 |
| SYSMAN | 用于执行 Oracle Enterprise Manager 数据库管理任务。需要注意的是 SYS 和 SYSTEM 也可以执行这些任务 |
| DBSNMP | 使用 Oracle Enterprise Manager 的管理代理组件监控和管理数据库 |
| CTXSYS | Oracle Text 的账户 |
| MDSYS | Oracle Spatial 和 Oracle interMedia Locator 管理员账户 |
| ORDSYS | Orace interMedia 管理员账户 |
| OLAPSYS | 用于创建 OLAP 元数据结构。它拥有 OLAP 目录（CWMLite） |
| ORDPLUGINS | Oracle interMedia 用户。由 Oracle 和第三方格式的插件提供的插件安装在此方案中 |
| OUTLN | 支持计划稳定性，固定执行计划。为相同的 SQL 语句维护相同的执行计划，集中管理与存储概要相关的元数据 |
| SI_INFORMTN_SCHEMA | 为 SQL/MM 静态映像标准的存储信息视图 |

**例 12-1**：查看所有的预定义用户。

```
SQL> SELECT USERNAME FROM DBA_USERS;
```

**例 12-2**：查看 SYSMAN 用户具有的系统权限。

```
SQL> SELECT * FROM DBA_SYS_PRIVS
     WHERE GRANTEE='SYSMAN'
     ORDER BY PRIVILEGE;

GRANTEE                      PRIVILEGE                                ADM
---------------------------- ---------------------------------------- ---
SYSMAN                       ALTER SESSION                            NO
SYSMAN                       CREATE PUBLIC SYNONYM                    NO
SYSMAN                       SELECT ANY DICTIONARY                    NO
SYSMAN                       UNLIMITED TABLESPACE                     NO
```

### 12.1.3 创建用户

CREATE USER 语句用于创建用户。要创建用户，必须要拥有 CREATE USER 系统权限。

当使用 CREATE USER 语句创建用户时，用户的权限域是空的。要登录到 Oracle 数据库，用户必须要拥有 CREATE SESSION 系统权限。因此在创建用户之后，应该给予用户至少 CREATE SESSION 系统权限。



语法：

```
CREATE USER user
   IDENTIFIED { BY password
   | EXTERNALLY [ AS 'certificate_DN' | AS 'kerberos_principal_name' ]
   | GLOBALLY [ AS '[ directory_DN ]' ] }
   [ DEFAULT TABLESPACE tablespace
   | TEMPORARY TABLESPACE { tablespace | tablespace_group_name }
   | { QUOTA { integer [ K | M | G | T | P | E ] | UNLIMITED } ON tablespace }...
   | PROFILE profile
   | PASSWORD EXPIRE
   | ACCOUNT { LOCK | UNLOCK } ];
```

表 12-2 列出了 CREATE USER 语句各参数的描述信息

表 12-2　　CREATE USER 语句参数

| 参数 | 描述 |
|---|---|
| IDENTIFIED BY password | 指定用户口令 |
| IDENTIFIED EXTERNALLY [ AS 'certificate_DN' \| AS 'kerberos_principal_name' ] | 创建外部用户 |
| IDENTIFIED GLOBALLY [ AS '[ directory_DN ]' ] | 创建全局用户 |
| DEFAULT TABLESPACE | 指定默认的表空间 |
| TEMPORARY TABLESPACE | 指定默认的临时表空间 |
| QUOTA { integer [ K \| M \| G \| T \| P \| E ] \| UNLIMITED } ON tablespace | 用户在表空间上的空间使用限额 |
| PROFILE profile | 指定用户的概要文件 |
| PASSWORD EXPIRE | 将口令立即设置成过期状态，用户下次登录之前需要修改口令 |
| ACCOUNT { LOCK \| UNLOCK } | 指定是否锁定用户，LOCK 表示锁定，UNLOCK 表示不锁定 |

**例 12-3**：创建用户 user_1，指定密码为 123456。

```
SQL> CREATE USER user_1 IDENTIFIED BY 123456;

用户已创建。
```

**例 12-4**：创建用户 user_2，并锁住用户。

```
SQL> CREATE USER user_2 IDENTIFIED BY 123456 ACCOUNT LOCK;

用户已创建。
```

**例 12-5**：创建用户 user_3，指定在表空间 tablespace_1 上的空间使用限额为 100MB。

```
SQL> CREATE USER user_3 IDENTIFIED BY 123456 QUOTA 100M ON tablespace_1;

用户已创建。
```

**例 12-6**：创建用户 user_4，并指定默认表空间为 tablespace_1，默认临时表空间为 temp1。

```
SQL> CREATE USER user_4
 IDENTIFIED BY 123456
DEFAULT TABLESPACE tablespace_1
TEMPORARY TABLESPACE temp1;

用户已创建。
```

**例 12-7**：创建用户 user_5，并分配用户的概要文件为 profile_1。

```
SQL> CREATE USER user_6 IDENTIFIED BY 123456 PROFILE profile_1;

用户已创建。
```

### 12.1.4　修改用户

ALTER USER 语句用于修改用户。要修改用户，必须要拥有 ALTER USER 系统权限。但是在更改用户自己的密码时，可以不需要拥有 ALTER USER 权限。

**1．指定用户密码过期**

使用 PASSWORD EXPIRE 子句将导致数据库用户的密码过期。用户（或数据库管理员）必须尝试在到期登录到数据库之前更改密码。

语法：

```
ALTER USER user
  PASSWORD EXPIRE;
```

**例 12-8**：使用户 user_1 的密码过期。

```
SQL> ALTER USER user_1 PASSWORD EXPIRE;

用户已更改。
```

**2．更改用户默认角色**

使用 DEFAULT ROLE 子句更改用户的默认角色。

语法：

```
ALTER USER user
  DEFAULT ROLE { role [, role ]...| ALL [ EXCEPT role [, role ] ... ] | NONE };
```

**例 12-9**：更改用户 user_1 的默认角色为 role_1。

```
SQL> GRANT role_1 TO user_1;

授权成功。
//先要将角色 role_1 授予用户 user_1
SQL> ALTER USER user_1 DEFAULT ROLE role_1;
```

```
用户已更改。
```

例 12-10：更改用户 user_1 的默认角色为所有角色，只排除 role_1 角色。

```
SQL> ALTER USER user_1 DEFAULT ROLE ALL EXCEPT role_1;

用户已更改。
```

**3．更改用户密码**

使用 IDENTIFIED BY 子句可以更改用户的密码，密码是区分大小写的。如果是第一次设置自己的密码，可以省略 REPLACE 子句。拥有 ALTER USER 系统权限可以更改其他用户的密码。除非拥有 ALTER USER 系统权限，否则必须始终指定 REPLACE 子句。Oracle 数据库不检查旧密码，即使在 REPLACE 子句中提供，除非正在改变自己现有的密码。

语法：

```
ALTER USER user
  IDENTIFIED BY password [ REPLACE old_password ];
```

例 12-11：修改用户 user_1 的密码为 12345678。

```
SQL> ALTER USER user_1
 IDENTIFIED BY 12345678;

用户已更改。
```

**4．更改用户默认表空间**

使用 DEFAULT TABLESPACE 子句为用户的永久段分配或重新分配一个表空间。DEFAULT TABLESPACE 子句将覆盖已经指定的数据库中的任何默认表空间。不能指定本地管理的临时表空间、UNDO 表空间或者字典管理的临时表空间作为用户的默认表空间。

语法：

```
ALTER USER user
  DEFAULT TABLESPACE tablespace;
```

例 12-12：更改用户 user_1 的默认表空间为 tablespace_2。

```
SQL> ALTER USER user_1
       DEFAULT TABLESPACE tablespace_2;

用户已更改。
```

**5．更改用户默认临时表空间**

使用 TEMPORARY TABLESPACE 子句用于为用户的临时段分配或重新分配表空间或表空间组。指定 tablespace，以指示用户的临时表空间。指定 tablespace_group_name，表明用户可以在表空间组中的任何表空间中保存临时段。

语法：

```
ALTER USER user
  TEMPORARY TABLESPACE { tablespace | tablespace_group_name };
```

例 12-13：更改用户 user_1 的默认临时表空间为 temp2。

```
SQL> ALTER USER user_1
TEMPORARY TABLESPACE temp2;
```

```
用户已更改。
```

6．更改用户表空间配额

使用 QUOTA 子句指定用户在表空间上分配的空间的最大配额。

注　　意

不能为临时表空间指定 QUOTA 子句。

语法：

```
ALTER USER user
  { QUOTA { integer [ K | M | G | T | P | E ] | UNLIMITED}
  ON tablespace };
```

**例 12-14**：更改用户 user_1 在表空间 tablespace_1 上的配额为 700MB。

```
SQL> ALTER USER user_1
     QUOTA 700M ON tablespace_1;

用户已更改。
```

7．锁定或解锁用户

使用 ACCOUNT 子句可以锁定或解锁用户。账户锁定之后就法登录 Oralce 数据库。

语法：

```
ALTER USER user
  ACCOUNT { LOCK | UNLOCK };
```

**例 12-15**：锁定用户 user_1。

```
SQL> ALTER USER user_1 ACCOUNT LOCK;

用户已更改。
SQL> SELECT USERNAME,ACCOUNT_STATUS
     FROM DBA_USERS
     WHERE USERNAME='USER_1';

USERNAME                          ACCOUNT_STATUS
------------------------------ --------------------------------
USER_1                          LOCKED
// DBA_USERS 数据字典的 ACCOUNT_STATUS 列显示 LOCKED，表示该用户处于锁定状态
```

**例 12-16**：解锁用户 user_1。

```
SQL> ALTER USER user_1 ACCOUNT UNLOCK;

用户已更改。
```

### 12.1.5 删除用户

DROP USER 语句用于删除用户，并可以选择性地删除用户的对象。要删除用户，必须要拥有 DROP USER 系统权限。

语法：

```
DROP USER user [ CASCADE ];
```

表 12-3 列出了 DROP USER 语句参数的描述信息。

表 12-3 DROP USER 语句参数

| 参数 | 描述 |
| --- | --- |
| CASCADE | 在删除用户之前，在用户方案中删除所有的对象 |

**例 12-17**：删除用户 user_1。

```
SQL> DROP USER user_1;

用户已删除。
```

**例 12-18**：删除用户 user_1，同时删除该用户方案中的所有对象。

```
SQL> DROP USER user_1 CASCADE;

用户已删除。
```

## 12.2 角色

### 12.2.1 角色简介

如果有一组用户，他们所需的权限是一样的，这时对这些用户的权限进行管理将会非常麻烦，因为要对这组中的每一个用户的权限都进行管理。角色是一组权限的集合，将角色授予一个用户，这个用户就拥有了这个角色的所有权限。使用角色的主要目的就是为了简化权限的管理，只要将角色授予这一组用户，接下来就只要针对角色进行管理就可以了。

在 Oracle 应用中，经常将权限分配给角色（如将 CREATE TABLE 和 CREATE USER 权限分配给 CLERK 角色），然后再将角色分配给用户（如将角色 CLERK 分配给用户 David 和 Rachel），如图 12-1 所示。

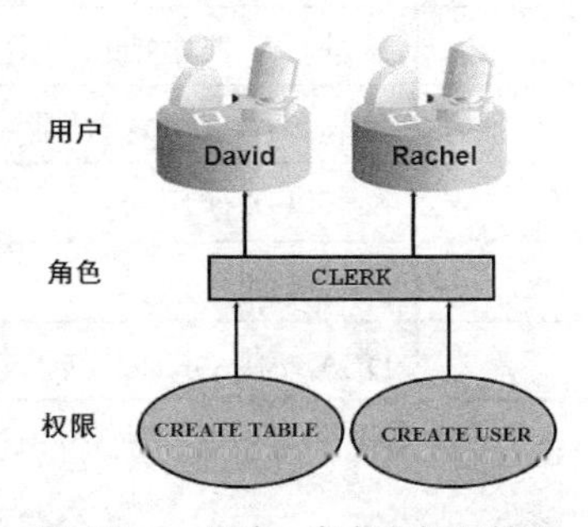


图 12-1 用户、角色和权限关系

角色一般具有以下特性。

- 使用 GRANT 和 REVOKE 语句可以为角色授予和撤销权限。

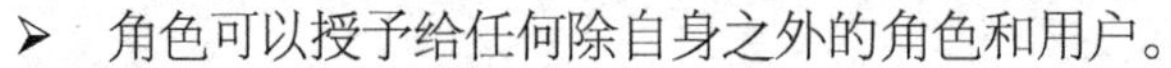

- 角色可以授予给任何除自身之外的角色和用户。
- 角色可以由系统权限和对象权限组成。
- 可以启用和禁用角色。
- 可以为角色指定一个密码。
- 角色不被任何用户拥有，不在任何方案内。
- 角色在数据字典中有各自的描述。

### 12.2.2 预定义角色

角色分为预定义角色和自定义角色两大类。预定义角色是在 Oracle 数据库安装好以后自动创建的一些常用的角色。每一种预定义角色都用于执行一些特定的管理任务，已经拥有了相应的系统权限，常用的预定义角色如表 12–4 所示。

表 12-4　常用预定义角色

| 角色 | 描述 |
| --- | --- |
| CONNECT | 能够连接到 Oracle 数据库 |
| RESOURCE | 一般授予开发人员，可以在自己的方案中创建表、序列、过程、触发器、簇、类型等数据库对象 |
| DBA | 拥有所有的系统权限，以及 WITH ADMIN OPTION 选项。默认的 DBA 用户为 SYS 和 SYSTEM，它们可以将任何系统权限授予其他用户。但是 DBA 角色不具备 SYSDBA 和 SYSOPER 系统权限 |
| EXP_FULL_DATABASE | 用于执行 exp 数据导出 |
| IMP_FULL_DATABASE | 用于执行 imp 数据导入 |
| DATAPUMP_EXP_FULL_DATABASE | 执行数据泵导出操作 |
| DATAPUMP_IMP_FULL_DATABASE | 执行数据泵导入操作 |
| RECOVERY_CATALOG_OWNER | 创建拥有恢复目录 |
| SCHEDULER_ADMIN | 用于管理调度服务 |
| GATHER_SYSTEM_STATISTICS | 收集系统统计信息 |
| SELECT_CATALOG_ROLE | 从数据字典中进行查询 |
| EXECUTE_CATALOG_ROLE | 从数据字典中执行部分过程和函数 |
| DELETE_CATALOG_ROLE | 从表 SYS.AUD$中删除记录 |
| AQ_USER_ROLE | 高级队列使用者 |
| AQ_ADMINISTRATOR_ROLE | 高级队列管理员 |
| HS_ADMIN_ROLE | DBA 使用 Oracle 异构服务功能来访问数据字典中相应的表 |

**例 12-19**：查看所有的预定义角色。

```
SQL> SELECT ROLE FROM DBA_ROLES;
```

**例 12-20**：查看 CONNECT 角色具有的系统权限。

```
SQL> SELECT * FROM DBA_SYS_PRIVS
```

```
    WHERE GRANTEE='CONNECT'
    ORDER BY PRIVILEGE;

GRANTEE                        PRIVILEGE                                ADM
------------------------------ ---------------------------------------- ---
CONNECT                        CREATE SESSION                           NO
```



### 12.2.3 创建角色

CREATE ROLE 语句用于创建角色。要创建角色，必须要拥有 CREATE ROLE 权限。当创建好角色之后，角色默认没有任何权限，为了使得角色能完成特定的任务，还需要为其授予相应的系统权限和对象权限。

语法：

```
CREATE ROLE role
  [ NOT IDENTIFIED | IDENTIFIED { BY password | EXTERNALLY | GLOBALLY } ];
```

表 12-5 列出了 CREATE ROLE 语句各参数的描述信息。

表 12-5　　CREATE ROLE 语句参数

| 参数 | 描述 |
|---|---|
| NOT IDENTIFIED | 采用不验证的方式建立角色，这样的角色是公用角色 |
| IDENTIFIED BY *password* | 指定角色密码 |
| IDENTIFIED EXTERNALLY | 创建外部角色 |
| IDENTIFIED GLOBALLY | 创建全局角色 |

**例 12-21**：创建角色 role_1。

```
SQL> CREATE ROLE role_1;

角色已创建。
```

**例 12-22**：创建角色 role_2，无需密码。

```
SQL> CREATE ROLE role_2 NOT IDENTIFIED;

角色已创建。
```

**例 12-23**：创建角色 role_3，设置密码为 123456。

```
SQL> CREATE ROLE role_3 IDENTIFIED BY 123456;

角色已创建。
```

### 12.2.4 启用当前会话的角色

当用户登录到 Oracle 数据库时，该数据库将所有直接授予用户的权限和用户默认角色中的权限授予用户，其他的角色所具有的权限要通过 SET ROLE 语句来获得。假设将 role_1、role_2 两个角色授予用户 user_1，指定用户 user_1 的默认角色是 role_1，那么当用户 user_1 登录数据库时，默认不具有 role_2 角色的权限，需要使用 SET ROLE 语句启用 role_2 角色。

会话期间，可以使用 SET ROLE 语句为会话多次启用或禁用当前启用的角色。不过 SET ROLE 的效果是临时的，只是当前会话有效，其他的会话无效，当结束当前会话后再登录，又只有默认角色的权限了。在同一时间，不能启用超过 148 个用户定义的角色。如果角色已有一个密码，那么必须指定密码以启用角色。

语法：

```
SET ROLE
  { role [ IDENTIFIED BY password ] [, role [ IDENTIFIED BY password ] ]...
  | ALL [ EXCEPT role [, role ]... ] | NONE };
```

表 12–6 列出了 SET ROLE 语句各参数的描述信息

**表 12-6　　SET ROLE 语句参数**

| 参数 | 描述 |
| --- | --- |
| ALL | 为当前会话授予的所有角色 |
| EXCEPT *role* [, *role* ]... | 排除 EXCEPT 子句中列出的角色 |
| NONE | 禁用当前会话授予的所有角色，包括默认角色 |

**例 12-24**：禁用当前会话授予的所有角色。

```
SQL> GRANT CREATE SESSION TO user_1;

授权成功。
//授权用户 user_1 可以连接数据库
SQL> GRANT role_1 to user_1;

授权成功。
//将角色 role_1 授予用户 user_1
SQL> GRANT role_2 to user_1;

授权成功。
//将角色 role_2 授予用户 user_1
SQL> ALTER USER user_1 DEFAULT ROLE role_1;

用户已更改。
//将用户 user_1 的默认角色设置为 role_1
SQL> CONNECT user_1/123456
已连接。
//以用户 user_1 登录数据库
SQL> SET ROLE NONE;

角色集
```

**例 12-25**：启用当前会话的 role_1 角色。

```
SQL> SET ROLE role_1;

角色集
SQL> SELECT * FROM SESSION_ROLES;

ROLE
------------------------------
ROLE_1
//查看当前用户的生效的角色
```

**例 12-26**：以密码 123456 启用当前会话的 role_1 角色。

```
SQL> SET ROLE role_1 IDENTIFIED BY 123456;

角色集
```

**例 12-27**：启用当前会话授予的所有角色。

```
SQL> SET ROLE ALL;

角色集
```

**例 12-28**：启用授予的除 role_1 以外的所有角色。

```
SQL> SET ROLE ALL EXCEPT role_1;

角色集
```

### 12.2.5 修改角色

ALTER ROLE 语句用于修改角色。修改角色后，已经启用角色的用户会话不会受到影响。要修改角色，必须要拥有 ALTER ANY ROLE 系统权限。

语法：

```
ALTER ROLE role
  { NOT IDENTIFIED | IDENTIFIED { BY password | EXTERNALLY | GLOBALLY } };
```

**例 12-29**：更改角色 role_1，不指定密码。

```
SQL> ALTER ROLE role_1 NOT IDENTIFIED;

角色已丢弃。
```

**例 12-30**：更改 role_1 角色的密码。

```
SQL> ALTER ROLE role_1 IDENTIFIED BY 12345678;

角色已丢弃。
```

### 12.2.6 删除角色

DROP ROLE 语句用于删除角色。当删除一个角色时，Oracle 数据库撤销所有用户和角色被授予的该角色，并从数据库中删除。已经启用角色的用户会话不受影响，然而没有新的用户会话可以启用被删除后的角色。要删除角色，必须要拥有 DROP ANY ROLE 系统权限。

语法：

```
DROP ROLE role;
```

**例 12-31**：删除角色 role_1。

```
SQL> DROP ROLE role_1;

角色已删除。
```

# 12.3 授予和撤销权限

## 12.3.1 权限简介

Oracle 数据库中的权限分为对象权限和系统权限两大类。

**1．对象权限**

对象权限是指在表、视图、序列、过程或函数等对象上执行特殊动作的权利。默认情况下，创建对象的用户拥有该对象的所有对象权限。

表 12-7 列出了 Oracle 数据库中允许授予或撤销的对象权限。

表 12-7 对象权限

| 对象权限 | 描述 |
| --- | --- |
| SELECT | ➢ SELECT...FROM 对象（表、视图、同义词）<br>➢ 使用序列的 SQL 语句 |
| INSERT | INSERT INTO 对象（表、视图、同义词） |
| UPDATE | UPDATE 对象（表、视图、同义词） |
| DELETE | DELETE FROM 对象（表、视图、同义词） |
| ALTER | ➢ ALTER 对象（表、序列）<br>➢ CREATE TRIGGER ON 对象（表） |
| REFERENCE | CREATE TABLE 或 ALTER TABLE 语句在表上定义 FOREIGN KEY 完整性约束（表） |
| INDEX | CREATE INDEX ON 对象（表、视图、同义词） |
| EXECUTE | ➢ EXECUTE 对象（过程、函数）<br>➢ 引用公用包变量 |
| READ | 在目录对象上授予，读取指定目录中的 BFILE |
| ALL | 所有权限 |

不同的方案对象具有不同的对象权限，有些方案对象没有对应的对象权限。表 12-8 列出了常用的方案对象上可以授予的对象权限。

表 12-8 权限与方案对象

| 对象权限 | 表 | 视图 | 序列 | 过程 |
| --- | --- | --- | --- | --- |
| ALTER | Yes | No | Yes | No |
| DELETE | Yes | Yes | No | No |

续表

| 对象权限 | 表 | 视图 | 序列 | 过程 |
|---|---|---|---|---|
| EXECUTE | No | No | No | Yes |
| INDEX | Yes | No | No | No |
| INSERT | Yes | Yes | No | No |
| REFERENCES | Yes | No | No | No |
| SELECT | Yes | Yes | Yes | No |
| UPDATE | Yes | Yes | No | No |

### 2．系统权限

系统权限是指执行特定的操作，或在特定类型的任何方案对象上执行某一操作，Oracle 数据库中有超过 100 个不同的系统权限。如在数据库中创建表空间、删除任何表的行权限就是系统权限。要查找已授予用户的系统权限，可以查询 DBA_SYS_PRIVS 数据字典视图。表 12-9 列出了常用的系统权限。

表 12-9 常用系统权限

| 对象 | 系统权限 | 描述 |
|---|---|---|
| 概要文件 | CREATE PROFILE | 创建概要文件 |
| | ALTER PROFILE | 更改概要文件 |
| | DROP PROFILE | 删除概要文件 |
| 会话 | CREATE SESSION | 创建会话，连接数据库 |
| | ALTER SESSION | 修改会话，启用和禁用 SQL 跟踪工具 |
| | RESTRICTED SESSION | 在数据库以 STARTUP RESTRICT 方式启动后，登录数据库 |
| | DEBUG CONNECT SESSION | 调试连接会话 |
| | RESTRICTED SESSION | 使用 STARTUP RESTRICT 语句启动实例后进行登录 |
| 用户 | CREATE USER | 创建用户 |
| | ALTER USER | 更改用户 |
| | DROP USER | 删除用户 |
| | BECOME USER | 成为另外一个用户 |
| 角色 | CREATE ROLE | 创建角色 |
| | ALTER ANY ROLE | 更改任何角色 |
| | DROP ANY ROLE | 删除任何角色 |
| | GRANT ANY ROLE | 向任何用户和角色授予任何角色 |
| 表空间 | CREATE TABLESPACE | 创建表空间 |
| | ALTER TABLESPACE | 更改表空间 |
| | DROP TABLESPACE | 删除表空间 |
| | MANAGE TABLESPACE | 管理表空间，如对表空间进行联机、脱机、备份操作 |

续表

| 对象 | 系统权限 | 描述 |
| --- | --- | --- |
| 表空间 | UNLIMITED TABLESPACE | 不受配额限制使用表空间，只能授予用户 |
| 表 | CREATE TABLE | 在自己的方案中创建、更改和删除表 |
| | CREATE ANY TABLE | 在任何方案中创建表 |
| | ALTER ANY TABLE | 在任何方案中更改表 |
| | DROP ANY TABLE | 在任何方案中删除表 |
| | SELECT ANY TABLE | 在任何方案中查询任何表或视图的数据 |
| | INSERT ANY TABLE | 在任何方案中向任何表或视图插入数据 |
| | UPDATE ANY TABLE | 在任何方案中更新任何表或视图中的数据 |
| | DELETE ANY TABLE | 在任何方案的表、表分区或视图上删除数据 |
| | LOCK ANY TABLE | 在任何方案中锁住任何表和视图 |
| | FLASHBACK ANY TABLE | 在任何方案的表或视图上进行闪回查询 |
| | COMMENT ANY TABLE | 在任何方案中为表、视图或列添加注释 |
| | BACKUP ANY TABLE | 使用 Export 实用程序逐步从其他用户的方案中导出对象 |
| 索引 | CREATE ANY INDEX | 在任何方案中创建索引 |
| | ALTER ANY INDEX | 在任何方案中更改索引 |
| | DROP ANY INDEX | 在任何方案中删除索引 |
| 序列 | CREATE SEQUENCE | 在自己的方案中创建、更改和删除序列 |
| | CREATE ANY SEQUENCE | 在任何方案中创建序列 |
| | ALTER ANY SEQUENCE | 在任何方案中更改序列 |
| | DROP ANY SEQUENCE | 在任何方案中删除序列 |
| | SELECT ANY SEQUENCE | 在任何方案中引用序列 |
| 同义词 | CREATE SYNONYM | 在自己的方案中创建和删除同义词 |
| | CREATE ANY SUNONYM | 在任何方案中创建专用同义词 |
| | CREATE PUBLIC SYNONYM | 创建公用同义词 |
| | DROP ANY SYNONYM | 在任何方案中删除同义词 |
| | DROP PUBLIC SYNONYM | 删除公用同义词 |
| 视图 | CREATE VIEW | 在自己的方案中创建、更改和删除视图 |
| | CREATE ANY VIEW | 在任何方案中创建视图 |
| | DROP ANY VIEW | 在任何方案中删除视图 |
| 触发器 | CREATE TRIGGER | 在自己的方案中创建触发器 |
| | CREATE ANY TRIGGER | 在任何方案中创建触发器 |
| | ALTER ANY TRIGGER | 在任何方案中更改触发器 |
| | DROP ANY TRIGGER | 在任何方案中删除触发器 |
| | ADMINISTER DATABASE TRIGGER | 在数据库级别上创建或更改触发器 |

续表

| 对象 | 系统权限 | 描述 |
| --- | --- | --- |
| 数据库链接 | CREATE DATABASE LINK | 创建私有数据库链接 |
| | CREATE PUBLIC DATABASE LINK | 创建公用数据库链接 |
| | ALTER DATABASE LINK | 更改数据库链接 |
| | ALTER PUBLIC DATABASE LINK | 更改公用数据库链接 |
| | DROP PUBLIC DATABASE LINK | 删除公用数据库链接 |
| 过程、函数和包 | CREATE PROCEDURE | 在自己的方案中创建、更改和删除过程、函数和包 |
| | CREATE ANY PROCEDURE | 在任何方案中创建过程、函数和包 |
| | ALTER ANY PROCEDURE | 在任何方案中更改过程、函数和包 |
| | DROP ANY PROCEDURE | 在任何方案中删除过程、函数和包 |
| | EXECUTE ANY PROCEDURE | 在任何方案中执行过程、函数和包 |
| | DEBUG ANY PROCEDURE | 在任何方案中调试过程、函数和包 |
| 数据库 | IMPORT FULL DATABASE | 使用 imp 执行导入操作 |
| | EXPORT FULL DATABASE | 使用 exp 执行导出操作 |
| | ALTER DATABASE | 修改数据库 |
| 系统 | ALTER SYSTEM | 执行 ALTER SYSTEM 语句 |
| 审计 | AUDIT SYSTEM | 执行 AUDIT SYSTEM 语句 |
| | AUDIT ANY | 审核任何方案中的任何对象 |
| 目录 | CREATE ANY DIRECTORY | 创建目录对象 |
| | DROP ANY DIRECTORY | 删除目录对象 |
| 权限 | GRANT ANY OBJECT PRIVILEGE | 授予或撤销对象权限 |
| | GRANT ANY PRIVILEGE | 授予或撤销系统权限 |
| 分析 | ANALYZE ANY | 在任何方案中分析任何表、簇或索引 |
| | ANALYZE ANY DICTIONARY | 分析任何字典 |
| 专用 | SYSDBA | ➢ 进行STARTUP和SHUTDOWN操作<br>➢ ALTER DATABASE：打开、装载、备份、更改字符集、ARCHIVELOG和RECOVERY<br>➢ CREATE DATABASE 创建数据库<br>➢ CREATE SPFILE 创建 SPFILE 文件 |
| 专用 | SYSOPER | ➢ 进行STARTUP和SHUTDOWN操作<br>➢ ALTER DATABASE：打开、装载、备份、ARCHIVELOG和RECOVERY<br>➢ CREATE SPFILE 创建 SPFILE 文件 |

**例 12-32**：查看 Oracle 数据库中的所有系统权限。

```
SQL> SELECT * FROM SYSTEM_PRIVILEGE_MAP;
```

```
PRIVILEGE NAME                                          PROPERTY
---------- --------------------------------------- ----------
        -3 ALTER SYSTEM                                  0
        -4 AUDIT SYSTEM                                  0
        -5 CREATE SESSION                                0
        -6 ALTER SESSION                                 0
        -7 RESTRICTED SESSION                            0
       -10 CREATE TABLESPACE                             0
       -11 ALTER TABLESPACE                              0
       -12 MANAGE TABLESPACE                             0
       -13 DROP TABLESPACE                               0
       -15 UNLIMITED TABLESPACE                          0
........................（省略）
```

### 12.3.2 授予权限

GRANT 语句用于为用户和角色授予系统权限、对象权限和角色。

**1．授予系统权限和角色**

要授予系统权限，必须要拥有 GRANT ANY PRIVILEGE 系统权限。要授予角色，必须要拥有 GRANT ANY ROLE 系统权限。

语法：

```
GRANT {
  { system_privilege | role | ALL PRIVILEGES }
  [, { system_privilege | role | ALL PRIVILEGES } ]...
  TO { user [ IDENTIFIED BY password ] | role | PUBLIC }
  [, { user [ IDENTIFIED BY password ] | role | PUBLIC } ]...
  [ WITH ADMIN OPTION ] };
```

表 12−10 列出了 GRANT 语句各参数的描述信息。

表 12-10　GRANT 语句参数

| 参数 | 描述 |
|---|---|
| ALL PRIVILEGES | 授予所有权限 |
| WITH ADMIN OPTION | 被授权者可以将系统权限再授予给其他用户或角色 |
| PUBLIC | Oracle 系统中的所有用户 |

**例 12-33**：将系统权限 CREATE SESSION 授予用户 user_1。

```
SQL> GRANT CREATE SESSION TO user_1;

授权成功。
```

**例 12-34**：将系统权限 CREATE TABLE 授予用户 user_1，之后 user_1 可以将系统权限再授予给别人。

```
SQL> GRANT CREATE TABLE TO user_1 WITH ADMIN OPTION;
```

```
授权成功。
```

**例 12-35**：将系统权限 RESOURCE 授予角色 role_1。

```
SQL> GRANT RESOURCE TO role_1;

授权成功。
```

**例 12-36**：将角色 role_1 授予用户 user_1。

```
SQL> GRANT role_1 TO user_1;

授权成功。
```

**例 12-37**：将所有权限授予用户 user_1。

```
SQL> GRANT ALL PRIVILEGES TO user_1;

授权成功。
```

**例 12-38**：将系统权限 CREATE TABLE 授予 PUBLIC。

```
SQL> GRANT CREATE TABLE TO PUBLIC;

授权成功。
```

**2．授予对象权限**

要授予对象权限，必须是对象的所有者，或者必须要拥有 GRANT ANY OBJECT PRIVILEGE 系统权限。

语法：

```
GRANT {
  { object_privilege | ALL [ PRIVILEGES ] } [ (column [, column ]...) ]
  [, { object_privilege | ALL [ PRIVILEGES ] } [ (column [, column ]...) ] ]...
  ON { [ schema. ] object | DIRECTORY directory_name }
  TO { user [ IDENTIFIED BY password ] | role | PUBLIC }
  [, { user [ IDENTIFIED BY password ] | role | PUBLIC } ]...
  [ WITH HIERARCHY OPTION ]
  [ WITH GRANT OPTION ] };
```

表 12-11 列出了 GRANT 语句各参数的描述信息。

表 12-11　GRANT 语句参数

| 参数 | 描述 |
|---|---|
| ALL PRIVILEGES | 授予所有权限 |
| WITH GRANT OPTION | 被授权者可以将对象权限再授予给其他用户或角色 |
| PUBLIC | Oracle 系统中的所有用户 |
| WITH HIERARCHY OPTION | 在对象的子对象上给用户授予权限 |

**例 12-39**：将表 table_1 上的 SELECT 对象权限授予用户 user_1。

```
SQL> GRANT SELECT ON table_1 TO user_1;

授权成功。
SQL> COLUMN GRANTEE FORMAT A10
SQL> COLUMN TABLE_NAME FORMAT A10
SQL> SELECT GRANTEE,TABLE_NAME,PRIVILEGE
     FROM DBA_TAB_PRIVS
     WHERE TABLE_NAME='TABLE_1';

GRANTEE    TABLE_NAME PRIVILEGE
---------- ---------- ----------------------------------------
USER_1     TABLE_1    SELECT
//查看 DBA_TAB_PRIVS 数据字典可以获知用户在表上拥有的权限
```

**例 12-40**：将表 table_1 上的 DELETE 对象权限授予用户 user_1，之后 user_1 可以将对象权限再授予给别人。

```
SQL> GRANT DELETE ON table_1 TO user_1 WITH GRANT OPTION;

授权成功。
```

**例 12-41**：将表 table_1 上的 SELECT 对象权限授予角色 role_1。

```
SQL> GRANT SELECT ON table_1 TO role_1;

授权成功。
```

### 12.3.3 撤销权限

REVOKE 语句用于从用户和角色上撤销系统权限、对象权限和角色。

**1．撤销系统权限和角色**

要撤销系统权限和角色，必须要拥有 GRANT ANY PRIVILEGE 系统权限。

语法：

```
REVOKE {
  { system_privilege | role | ALL PRIVILEGES }
  [, { system_privilege | role | ALL PRIVILEGES } ]...
  FROM { user [ IDENTIFIED BY password ] | role | PUBLIC }
  [, { user [ IDENTIFIED BY password ] | role | PUBLIC } ]...};
```

表 12-12 列出了 REVOKE 语句各参数的描述信息。

表 12-12　　REVOKE 语句参数

| 参数 | 描述 |
| --- | --- |
| ALL PRIVILEGES | 撤销所有权限 |
| PUBLIC | Oracle 系统所有的用户 |

**例 12-42**：撤销用户 user_1 的 CREATE SESSION 系统权限。

```
SQL> REVOKE CREATE SESSION FROM user_1;

撤销成功。
```

**例 12-43**：撤销角色 role_1 的 RESOURCE 系统权限。

```
SQL> REVOKE RESOURCE FROM role_1;

撤销成功。
```

**例 12-44**：撤销用户 user_1 的 role_1 角色。

```
SQL> REVOKE role_1 FROM user_1;

撤销成功。
```

**例 12-45**：撤销用户 user_1 的所有权限。

```
SQL> REVOKE ALL PRIVILEGES FROM user_1;

撤销成功。
```

**例 12-46**：撤销 PUBLIC 的 CREATE TABLE 系统权限。

```
SQL> REVOKE CREATE TABLE FROM PUBLIC;

撤销成功。
```

**2．撤销对象权限**

要撤销对象权限，必须要拥有 GRANT ANY OBJECT PRIVILEGE 系统权限。

语法：

```
REVOKE {
  { object_privilege | ALL [ PRIVILEGES ] }
  [, { object_privilege | ALL [ PRIVILEGES ] } ]...
  ON { [ schema. ] object | DIRECTORY directory_name }
  FROM { user [ IDENTIFIED BY password ] | role | PUBLIC }
  [, { user [ IDENTIFIED BY password ] | role | PUBLIC } ]...
  [ CASCADE CONSTRAINTS ] };
```

表 12-13 列出了 REVOKE 语句各参数的描述信息。

表 12-13　　REVOKE 语句参数

| 参数 | 描述 |
|---|---|
| CASCADE CONSTRAINTS | 撤销有关联关系的权限 |
| ALL PRIVILEGES | 撤销所有权限 |
| PUBLIC | Oracle 系统所有的用户 |

**例 12-47**：撤销用户 user_1 在表 table_1 上的 SELECT 对象权限。

```
SQL> REVOKE SELECT ON table_1 FROM user_1;

撤销成功。
```

### 12.3.4 查看用户当前可用的权限

SESSION_PRIVS 视图描述了用户当前可用的权限。

**例 12-48**：查看 scott 用户当前可用的权限。

```
SQL> CONN scott/triger
已连接。
//以用户 scott 连接数据库
SQL> SELECT * FROM SESSION_PRIVS;

PRIVILEGE
----------------------------------------
CREATE SESSION
UNLIMITED TABLESPACE
CREATE TABLE
CREATE CLUSTER
CREATE SEQUENCE
CREATE PROCEDURE
CREATE TRIGGER
CREATE TYPE
CREATE OPERATOR
CREATE INDEXTYPE

已选择 10 行。
```

## 12.4 概要文件

### 12.4.1 概要文件简介

概要文件（Profile）也称为资源文件，可以合理地分配和使用数据库或实例的资源，防止系统资源（如 CPU 时间）不受控制地消耗，也可以为用户设置密码策略。资源限制在大型、多用户系统中特别需要设置。概要文件中包含一组约束条件和配置项，它可以限制允许用户使用的资源和密码。将概要文件赋予某个用户，在用户连接并访问数据库服务器时，系统就按照概要文件给用户分配资源。

当创建一个用户时，如果不指定相应的概要文件，那么 Oracle 将为其指定一个默认的概要文件。如果一个用户疯狂地使用资源，那么就会造成数据库资源的缺乏；或者是一个不合法的使用者疯狂地对一个用户的密码进行破解，那么很可能会造成信息的泄露与丢失。

在概要文件中使用资源限制的设置，如果要使其生效，必须更改 RESOURCE_LIMIT 初始化参数为 true（此参数的默认值为 false）。

可以使用以下命令为 RESOURCE_LIMIT 初始化参数设置为 true。

```
SQL> ALTER SYSTEM SET RESOURCE_LIMIT=true;

系统已更改。
```

创建 Oracle 数据库时，会自动创建名为 DEFAULT 的概要文件，默认 DEFAULT 概要文件没有进行任何资源限制。默认为用户分配 DEFAULT 概要文件，将该概要文件赋予每一个创建的用户。DEFAULT 概要文件中大部分参数的值都是 UNLIMITED。如果为用户指定 DEFAULT 概要文件，最终可能会出现资源缺乏问题。

使用概要文件时需要注意以下事项。

➢ 创建概要文件时，如果只设置了部分密码限制或资源限制参数，其他参数会自动使用默认值（DEFAULT 概要文件的相应参数）。

➢ 创建用户时，如果不指定概要文件，会自动将 DEFAULT 概要文件分配给相应的数据库用户。

➢ 一个用户只能分配一个概要文件。如果要同时管理用户的密码和资源，那么在创建概要文件时应该同时指定密码限制和资源限制参数。

➢ 使用概要文件管理密码时，密码管理总是处于被激活状态，但是如果使用概要文件管理资源，必须要激活资源限制。

### 12.4.2 创建概要文件

CREATE PROFILE 语句用于创建概要文件。要创建概要文件，必须要拥有 CREATE PROFILE 系统权限。

语法：

```
CREATE PROFILE profile
  LIMIT {
  { { SESSIONS_PER_USER
  | CPU_PER_SESSION
  | CPU_PER_CALL
  | CONNECT_TIME
  | IDLE_TIME
  | LOGICAL_READS_PER_SESSION
  | LOGICAL_READS_PER_CALL
  | COMPOSITE_LIMIT }
  { integer | UNLIMITED | DEFAULT }
  | PRIVATE_SGA { integer [ K | M | G | T | P | E ] | UNLIMITED | DEFAULT } }
  | { { FAILED_LOGIN_ATTEMPTS
  | PASSWORD_LIFE_TIME
  | PASSWORD_REUSE_TIME
  | PASSWORD_REUSE_MAX
  | PASSWORD_LOCK_TIME
  | PASSWORD_GRACE_TIME }
  { expr | UNLIMITED | DEFAULT }
  | PASSWORD_VERIFY_FUNCTION { function | NULL | DEFAULT } } };
```

下面分别从资源限制参数和密码限制参数来讲述如何创建概要文件。

**1．资源限制参数**

资源限制参数用来限制用户允许使用的资源，合理分配系统资源，以免造成数据库资源的缺乏。表 12-14 列出了资源限制参数。

表 12-14 资源限制参数

| 参数 | 含义 | 描述 |
| --- | --- | --- |
| SESSIONS_PER_USER | 并行会话数（每用户） | 指定限制用户的并发会话数 |
| CPU_PER_SESSION | CPU/会话 | 为一个会话指定 CPU 时间限制，表现在百分之一秒 |
| CPU_PER_CALL | CPU/调用 | 为一个调用（解析、执行或提取）指定 CPU 时间限制，表现在百分之一秒 |
| CONNECT_TIME | 连接时间 | 为一个会话指定总运行时间限制，单位为分钟 |
| IDLE_TIME | 空闲时间 | 用于指定连接会话的最大空闲时间，如果空闲时间超过该值，那么连接将自动断开。单位为分钟 |
| LOGICAL_READS_PER_SESSION | 读取数/会话 | 指定在一个会话中数据块读取的允许数量，包括从内存和磁盘读取的块 |
| LOGICAL_READS_PER_CALL | 读取数/调用 | 为调用处理 SQL 语句（解析、执行或提取）指定数据块读取的允许数量 |
| COMPOSITE_LIMIT | 组合限制 | 指定一个用户会话总的资源消耗限制。通过 CPU_PER_SESSION、CONNECT_TIME、LOGICAL_READS_PER_SESSION 和 PRIVATE_SGA 4 种资源限额以加权的形式进行计算 |
| PRIVATE_SGA | 专用 SGA | 一个会话允许分配的最大 SGA 值。单位为字节，默认值为 UNLIMITED。该限制只在使用共享服务器模式时才有效 |

**2．密码限制参数**

使用表 12-15 来设置密码限制参数。出于测试目的，可以为这些参数指定为分钟（*n*/1440）甚至几秒钟（*n*/86400），也可以为此目的使用十进制值（如 0.0833 约 1 小时）。必须为 FAILED_LOGIN_ATTEMPTS 和 PASSWORD_REUSE_MAX 参数指定一个整数。

表 12-15 密码限制参数

| 参数 | 含义 | 描述 |
| --- | --- | --- |
| PASSWORD_LIFE_TIME | 有效期 | 口令在失效前的生存期，单位为天。如果省略，则默认为 180 天 |
| PASSWORD_GRACE_TIME | 最大锁定天数 | 指定口令宽限期，单位为天，在此时间段内将发出一个密码过期警告，超过此时间后将锁定。如果省略，则默认为 7 天 |

续表

| 参数 | 含义 | 描述 |
| --- | --- | --- |
| PASSWORD_REUSE_MAX | 保留的口令数 | 可以重新使用口令的最多次数 |
| PASSWORD_REUSE_TIME | 保留天数 | 可以重新使用口令前的天数，默认为UNLIMITED |
| FAILED_LOGIN_ATTEMPTS | 锁定前允许的最大失败登录次数 | 指定在账户被锁定之前用户账户登录的失败尝试的数量。如果省略，则默认为10次 |
| PASSWORD_LOCK_TIME | 锁定天数 | 指定连续登录失败指定次数之后账户锁定的天数。如果省略，则默认为1天 |
| PASSWORD_VERIFY_FUNCTION | 复杂性函数 | 使用PL/SQL函数确保用户口令的有效性，从而加强用户使用复杂口令。<br>PASSWORD_VERIFY_FUNCTION设置为NULL来禁用口令复杂性函数 |

**例12-49**：创建资源限制概要文件profile_1。

```
SQL> CREATE PROFILE profile_1 LIMIT
        SESSIONS_PER_USER UNLIMITED
        CPU_PER_SESSION UNLIMITED
        CPU_PER_CALL 3000
        CONNECT_TIME 45
        LOGICAL_READS_PER_SESSION DEFAULT
        LOGICAL_READS_PER_CALL 1000
        PRIVATE_SGA 15K
        COMPOSITE_LIMIT 5000000;

配置文件已创建
```

**例12-50**：创建密码限制概要文件profile_2。

```
SQL> CREATE PROFILE profile_2 LIMIT
        FAILED_LOGIN_ATTEMPTS 5
        PASSWORD_LIFE_TIME 60
        PASSWORD_REUSE_TIME 60
        PASSWORD_REUSE_MAX 5
        PASSWORD_LOCK_TIME 1/24
        PASSWORD_GRACE_TIME 10;

配置文件已创建
```

### 12.4.3 分配概要文件

可以在创建用户时分配概要文件，也可以在修改用户时分配概要文件。使用ALTER USER

语句将概要文件分配给用户使用。

语法：

```
ALTER USER user PROFILE profile;
```

**例 12-51**：将概要文件 profile_1 分配给用户 user_1 使用。

```
SQL> ALTER USER user_1 PROFILE profile_1;

用户已更改。
SQL> SELECT USERNAME,PROFILE
     FROM DBA_USERS
     WHERE USERNAME='USER_1';

     USERNAME                         PROFILE
     ------------------------------ ------------------------------
     USER_1                           PROFILE_1
//查询 DBA_USERS 数据字典可以获知用户已经分配的概要文件
```

### 12.4.4 修改概要文件

ALTER PROFILE 语句用于修改概要文件，如添加、修改或删除概要文件中的资源限制参数或密码限制参数。更改概要文件只能在以后的会话中影响用户，而不会影响其当前会话。

要更改概要文件的资源限制参数，必须要拥有 ALTER PROFILE 系统权限。要更改概要文件的密码限制参数，必须要同时拥有 ALTER PROFILE 和 ALTER USER 系统权限。

语法：

```
ALTER PROFILE profile
LIMIT {
   { { SESSIONS_PER_USER
   | CPU_PER_SESSION
   | CPU_PER_CALL
   | CONNECT_TIME
   | IDLE_TIME
   | LOGICAL_READS_PER_SESSION
   | LOGICAL_READS_PER_CALL
   | COMPOSITE_LIMIT }
   { integer | UNLIMITED | DEFAULT }
   | PRIVATE_SGA { integer [ K | M | G | T | P | E ] | UNLIMITED | DEFAULT } }
   |{ { FAILED_LOGIN_ATTEMPTS
   | PASSWORD_LIFE_TIME
   | PASSWORD_REUSE_TIME
   | PASSWORD_REUSE_MAX
   | PASSWORD_LOCK_TIME
   | PASSWORD_GRACE_TIME }
   { expr | UNLIMITED | DEFAULT }
```

```
| PASSWORD_VERIFY_FUNCTION { function | NULL | DEFAULT } } };
```

**例 12-52**：修改概要文件 profile_2，使密码再用 90 天不可用。

```
SQL> ALTER PROFILE profile_2
     LIMIT PASSWORD_REUSE_TIME 90
     PASSWORD_REUSE_MAX UNLIMITED;

配置文件已更改
```

**例 12-53**：修改概要文件 profile_2，限制登录尝试失败次数和密码锁定时间。

```
SQL> ALTER PROFILE profile_2 LIMIT
     FAILED_LOGIN_ATTEMPTS 5
     PASSWORD_LOCK_TIME 1;

配置文件已更改
```

**例 12-54**：修改概要文件 default，限制连接会话的最大空闲时间为 2 分钟。

```
SQL> ALTER PROFILE default LIMIT IDLE_TIME 2;
```

### 12.4.5 删除概要文件

DROP PROFILE 语句用于删除概要文件，除了 DEFAULT 概要文件之外可以删除任何概要文件。一旦概要文件被删除掉，用户被自动加载 DEFAULT 概要文件。要删除概要文件，必须要拥有 DROP PROFILE 系统权限。如果概要文件已经分配给某个用户使用，那么当删除该概要文件时必须带有 CASCADE 选项。

注　意

删除概要文件对用户的当前连接没有影响。

语法：

```
DROP PROFILE profile [CASCADE];
```

表 12−16 列出了 DROP PROFILE 语句参数的描述信息。

表 12-16　DROP PROFILE 语句参数

| 参数 | 描述 |
| --- | --- |
| CASCADE | 删除概要文件之前取消分配给用户该概要文件，自动将 DEFAULT 概要文件分配给这些用户 |

**例 12-55**：删除概要文件 profile_2。

```
SQL> DROP PROFILE profile_2;

配置文件已删除。
```

**例 12-56**：删除概要文件 profile_1，同时取消分配给用户该概要文件。

```
SQL> DROP PROFILE profile_1 CASCADE;

配置文件已删除。
```

## 12.5 使用 OEM 管理数据库安全

### 12.5.1 使用 OEM 创建用户

使用 Oracle Enterprise Manager 按以下步骤创建用户。

（1）在 Oracle Enterprise Manager 页面中单击【服务器】→【安全性】→【用户】，如图 12-2 所示，显示所有的用户，在此单击【创建】按钮。

图 12-2 用户

（2）在图 12-3 所示【一般信息】页面中，为用户指定一般信息，按以下要求输入内容。

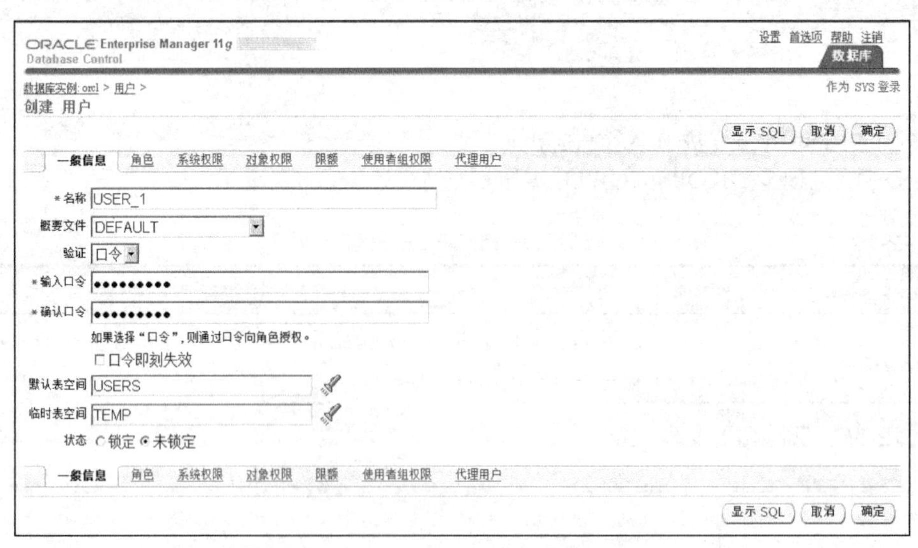


图 12-3 【一般信息】页面

- 名称：USER_1。
- 概要文件：DEFAULT。
- 验证：口令。

➢ 口令：123456789。

➢ 默认表空间：USERS。

➢ 临时表空间：TEMP。

➢ 状态：未锁定。

（3）在图 12-4 所示【角色】页面中，指定用户所属的角色，默认只有 CONNECT 角色，单击【编辑列表】按钮。

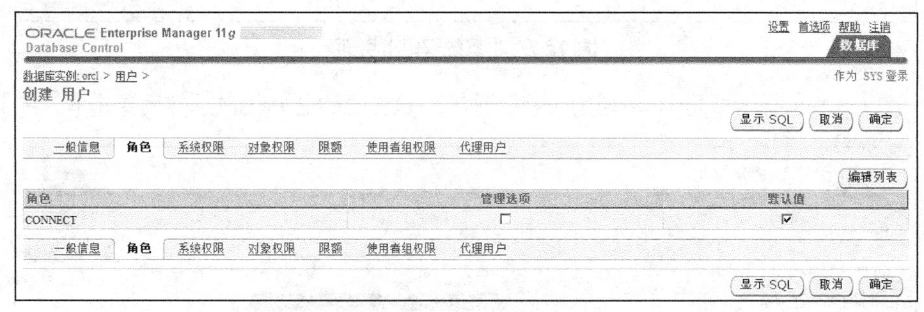


图 12-4 【角色】页面

（4）在图 12-5 所示页面中，除了默认的 CONNECT 角色之外，指定所选角色为 RESOURCE，然后单击【确定】按钮。

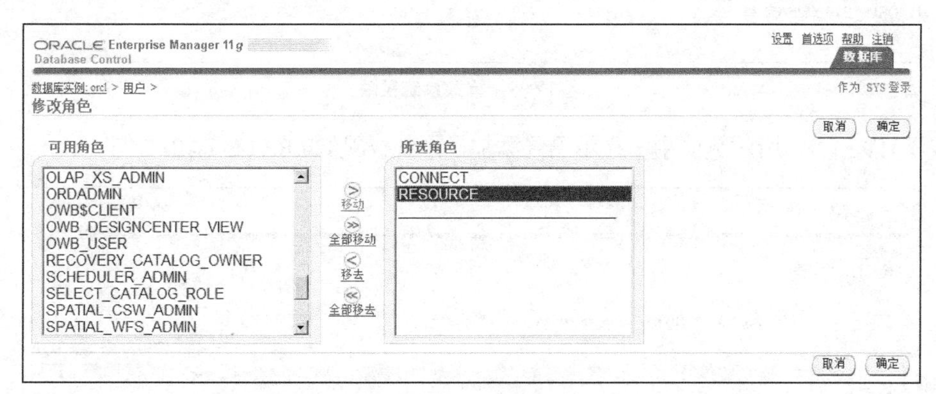


图 12-5 修改角色

（5）在图 12-6 所示页面中，显示已经具有了 CONNECT 和 RESOURCE 角色了。

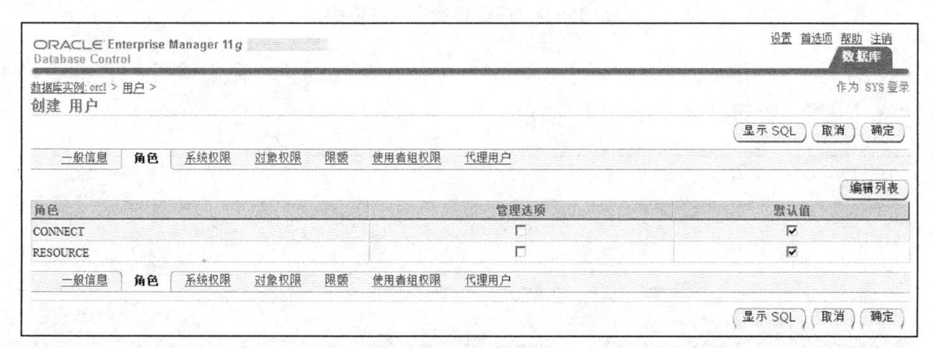


图 12-6 显示已经添加了角色

（6）在图 12-7 所示【系统权限】页面中，为用户指定系统权限，默认没有任何系统权限，单击【编辑列表】按钮。

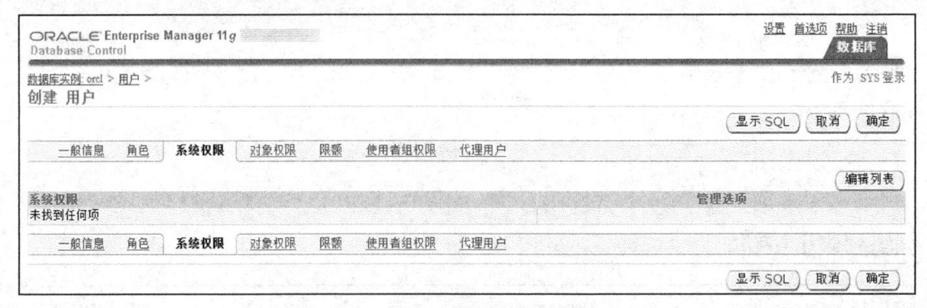


图 12-7 【系统权限】页面

（7）在图 12-8 所示页面中，指定所选系统权限为 CREATE TABLE，然后单击【确定】按钮。

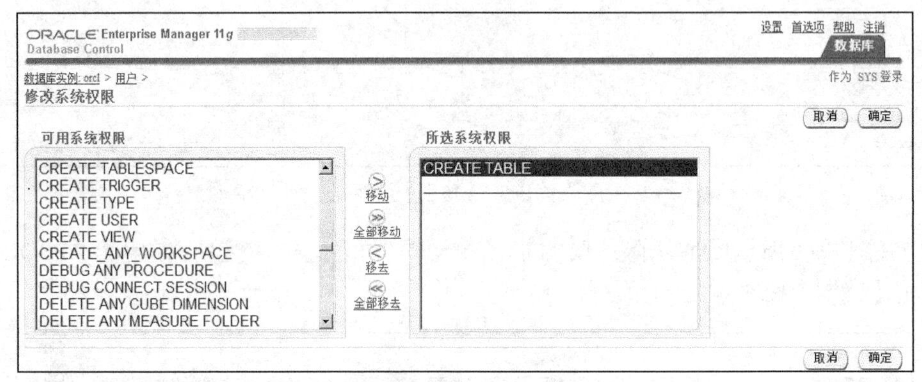


图 12-8 修改系统权限

（8）在图 12-9 所示页面中，显示已经添加了系统权限 CREATE TABLE 了。

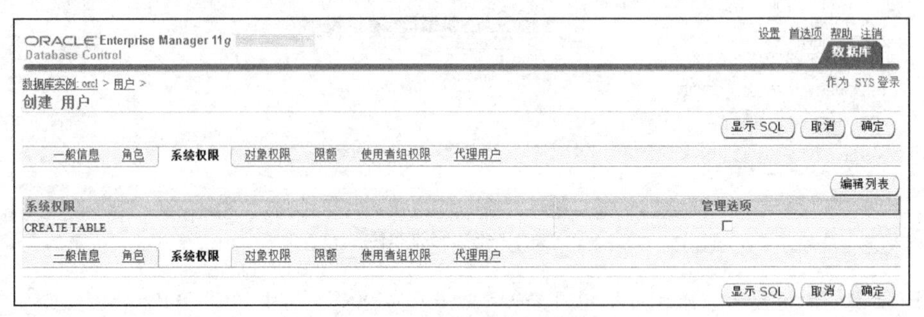


图 12-9 已经添加了系统权限

（9）在图 12-10 所示【对象权限】页面中，为用户指定对象权限，在【选择对象类型】下拉框中选择【表】，然后单击【添加】按钮。

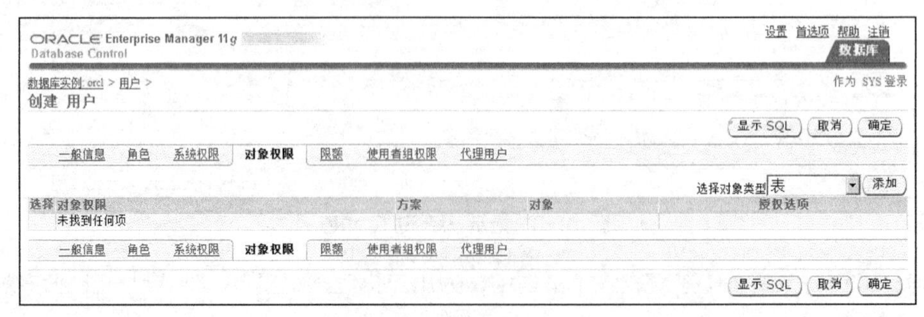


图 12-10 【对象权限】页面

（10）在图 12-11 所示页面中，选择表对象为 SCOTT.DEPT，指定所选权限为 SELECT，然后单击【确定】按钮。

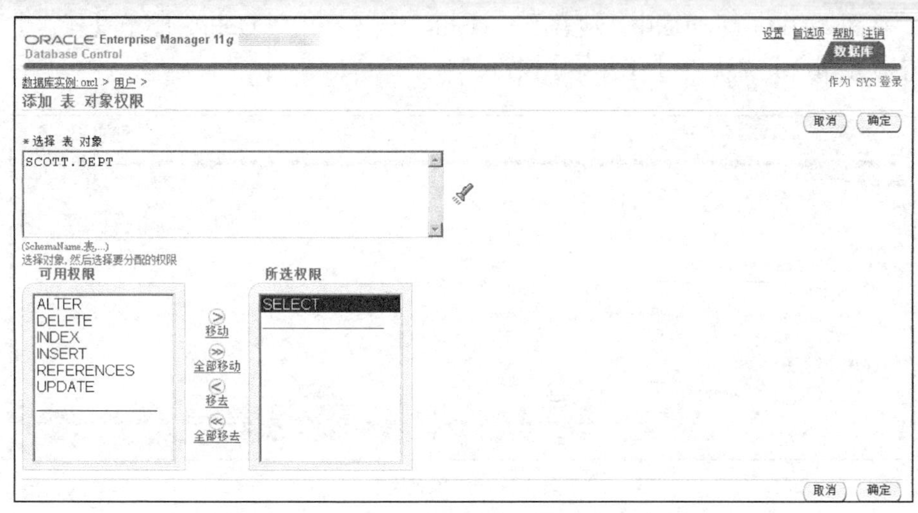


图 12-11　添加表对象权限

（11）在图 12-12 所示页面中，显示已经添加了对 SCOTT 方案中的 DEPT 表的 SELECT 对象权限。

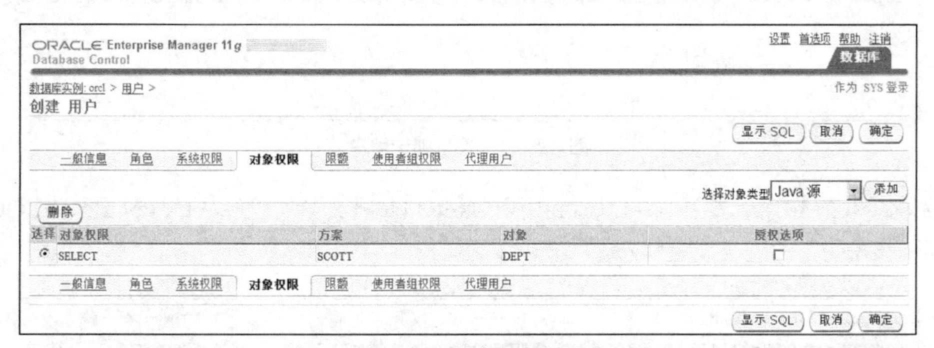


图 12-12　已经添加了对象权限

（12）在图 12-13 所示【限额】页面中，在表空间 TABLESPACE_1 上指定限额为 5MB，最后单击【确定】按钮完成用户创建。

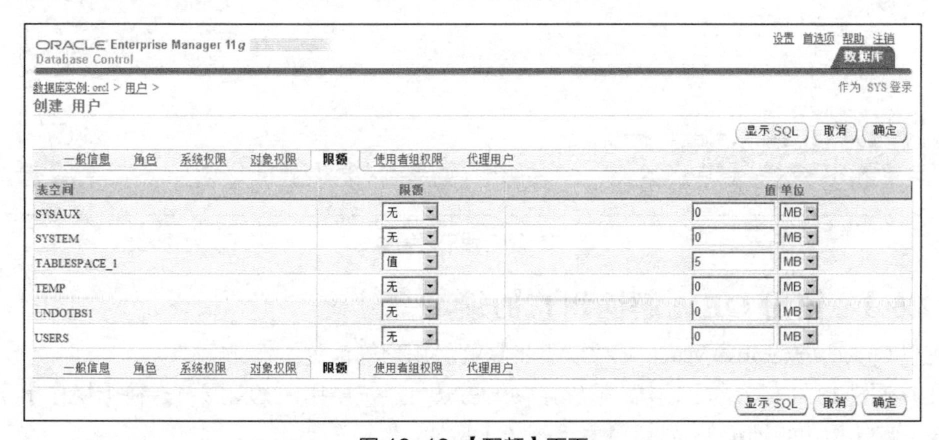


图 12-13 【配额】页面

### 12.5.2 使用 OEM 锁定用户

使用 Oracle Enterprise Manager 按以下步骤锁定用户。

（1）在图 12-14 所示页面中，搜索用户 USER_1。选择用户 USER_1，在【操作】下拉框中选择【锁定用户】，然后单击【开始】按钮。

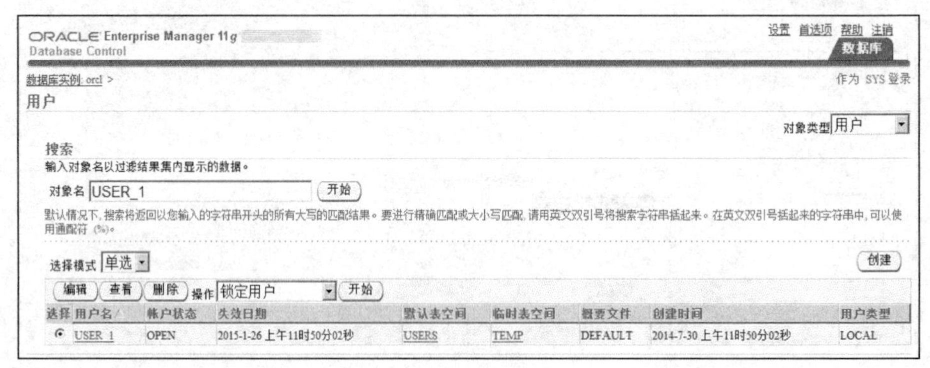


图 12-14 锁定用户

（2）在图 12-15 所示页面中，单击【是】按钮确认锁定用户。

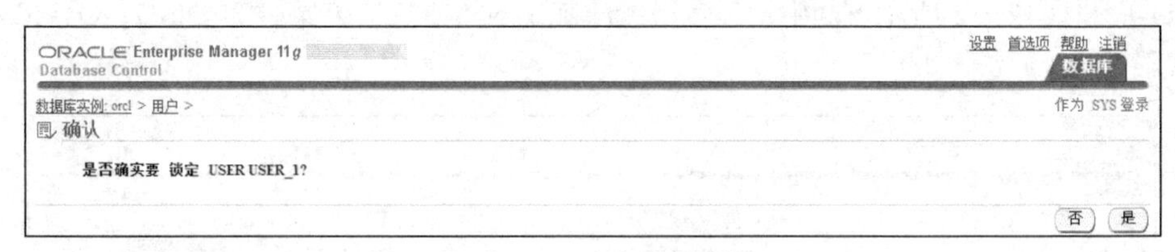


图 12-15 确认锁定用户

（3）在图 12-16 所示界面中，可以看到用户 USER_1 的账户状态已经从 OPEN 更改为 LOCKED 了，表示该用户当前处于锁定状态。

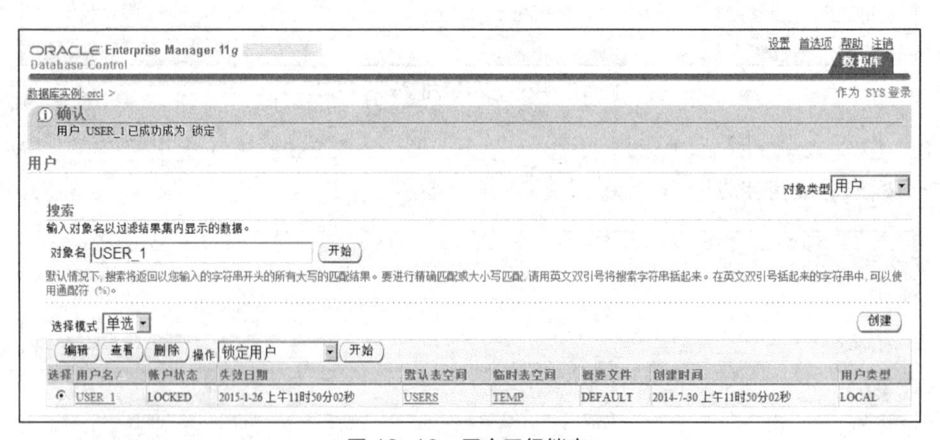


图 12-16 用户已经锁定

### 12.5.3 使用 OEM 解除用户的锁定

使用 Oracle Enterprise Manager 按以下步骤解除用户的锁定。

（1）在图 12-17 所示页面中，搜索用户 USER_1。选择用户 USER_1，在【操作】下拉框中选择【解除用户的锁定】，然后单击【开始】按钮。

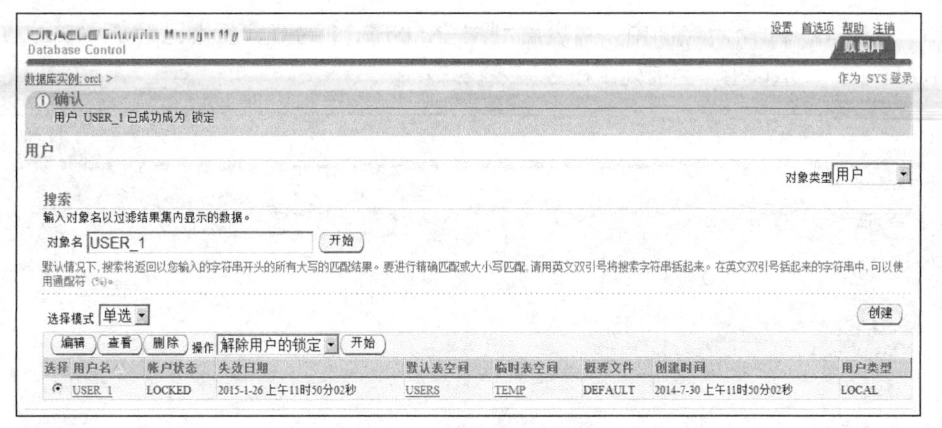


图 12-17　解除用户的锁定

（2）在图 12-18 所示页面中，单击【是】按钮确认取消锁定用户。

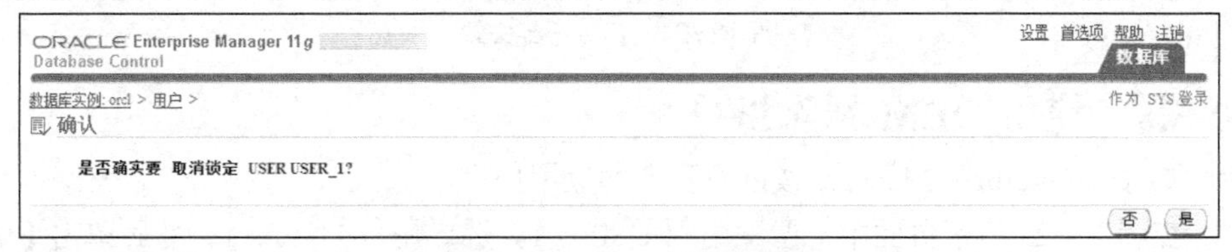


图 12-18　确认取消锁定用户

### 12.5.4　使用 OEM 对用户进行口令失效

使用 Oracle Enterprise Manager 按以下步骤对用户进行口令失效。

（1）在图 12-19 所示页面中，搜索用户 USER_1。选择用户 USER_1，在【操作】下拉框中选择【口令失效】，然后单击【开始】按钮。

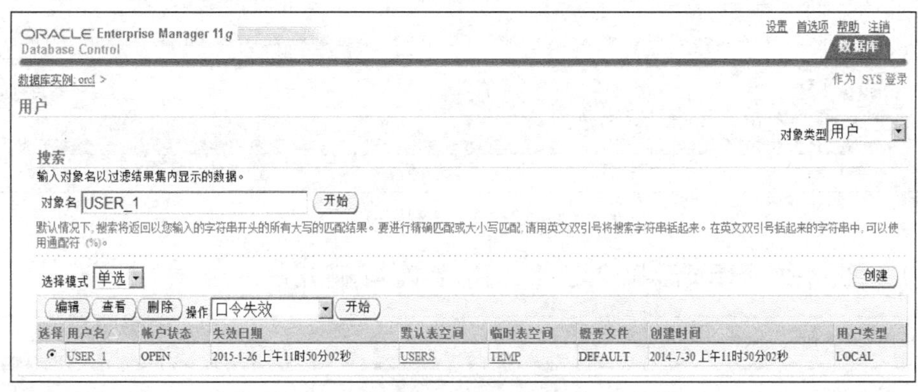


图 12-19　口令失效

（2）在图 12-20 所示页面中，单击【是】按钮确认口令失效。

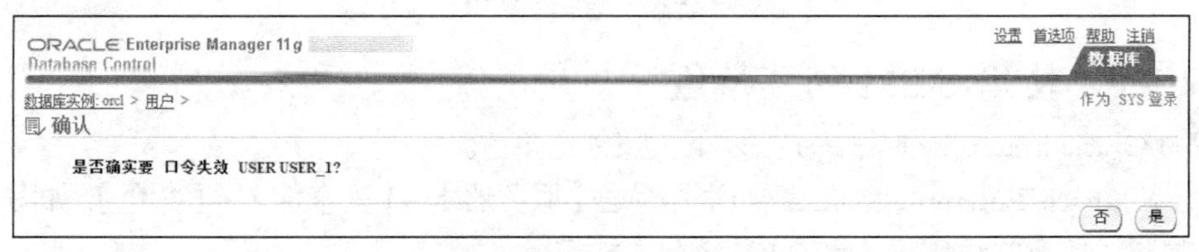


图 12-20　确认口令失效

（3）在图 12-21 所示页面中，可以看到用户 USER_1 的账户状态已经从 OPEN 更改为 EXPIRED 了，表示该用户当前处于口令失效状态。

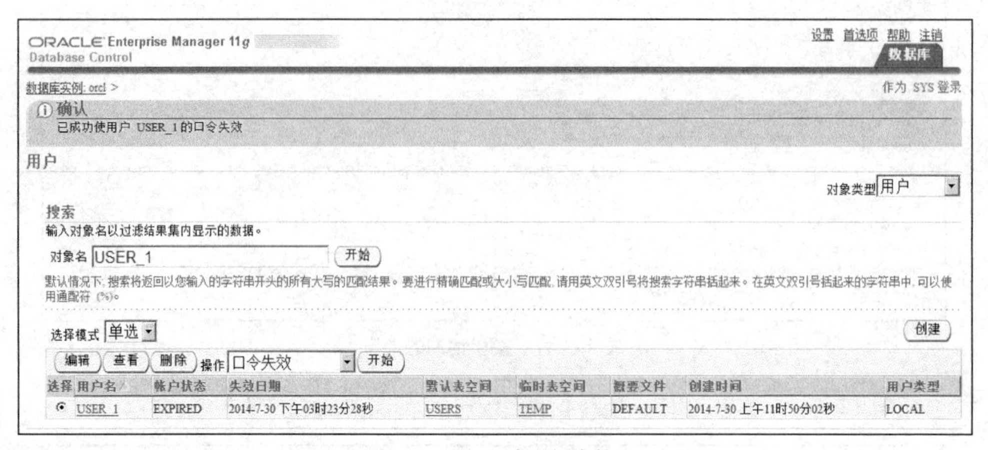


图 12-21　口令已经失效

## 12.5.5　使用 OEM 删除用户

使用 Oracle Enterprise Manager 按以下步骤删除用户。

（1）在图 12-22 所示页面中，搜索用户 USER_1。选择用户 USER_1，然后单击【删除】按钮。

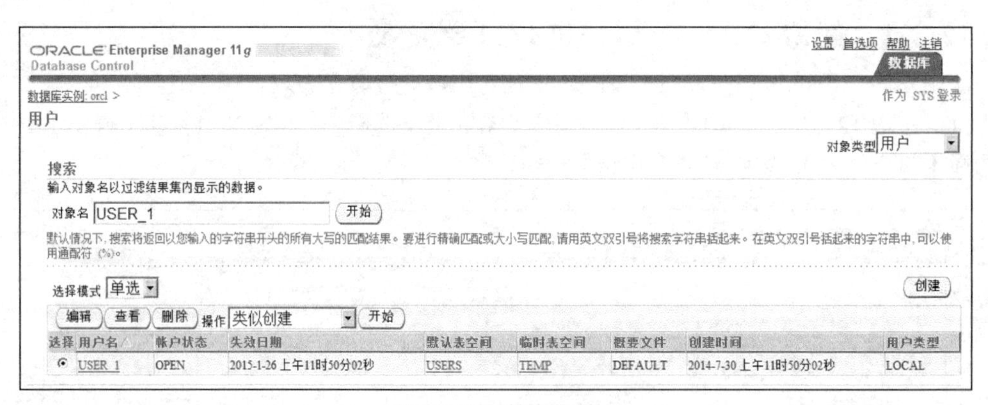


图 12-22　搜索用户

（2）在图 12-23 所示页面中，单击【是】按钮确认删除用户。

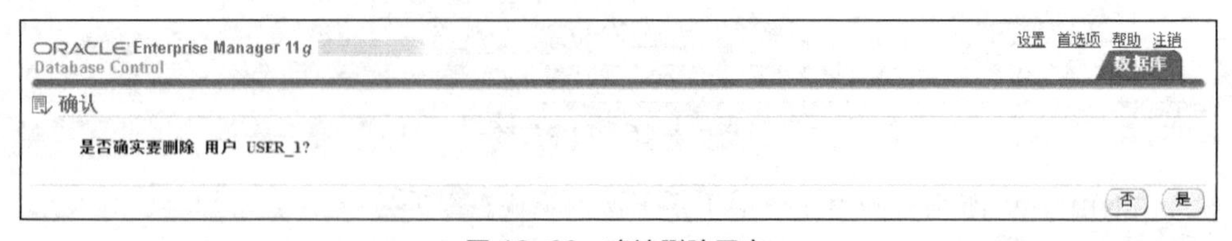


图 12-23　确认删除用户

## 12.5.6　使用 OEM 创建角色

使用 Oracle Enterprise Manager 按以下步骤创建角色。

（1）在 Oracle Enterprise Manager 页面中单击【服务器】→【安全性】→【角色】，如图 12-24 所示，显示了所有的角色，在此单击【创建】按钮。

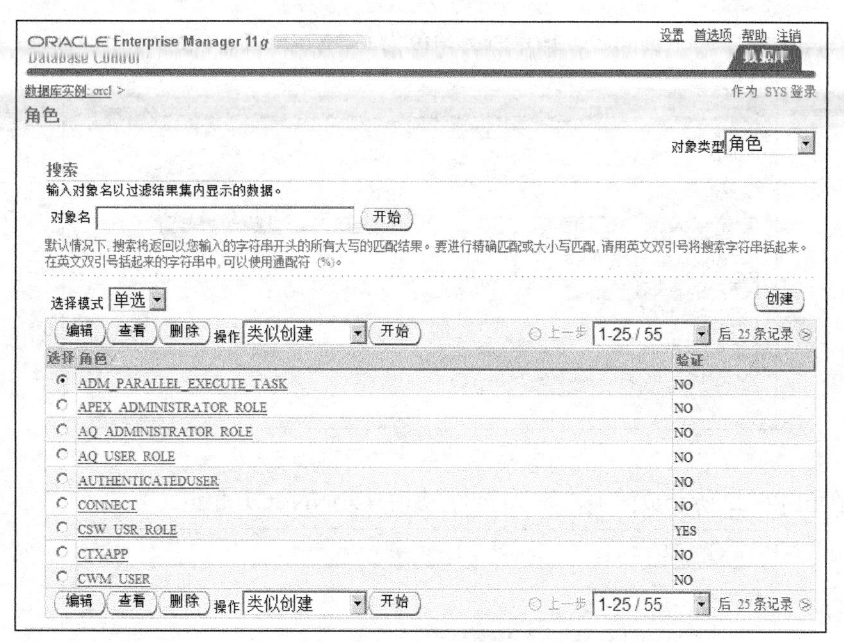


图 12-24　创建角色

（2）在图 12-25 所示【一般信息】页面中，按以下要求输入内容。

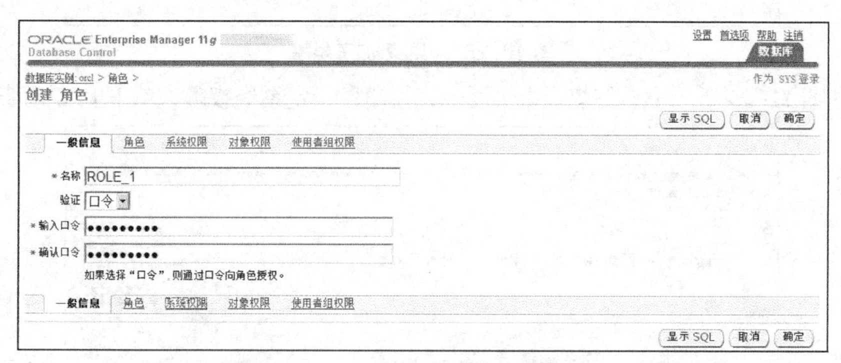


图 12-25 【一般信息】页面

➢ 名称：ROLE_1。
➢ 验证方式：口令。
➢ 口令：123456789。

（3）在图 12-26 所示【角色】页面中，角色默认不具有任何角色，在此单击【编辑列表】按钮。

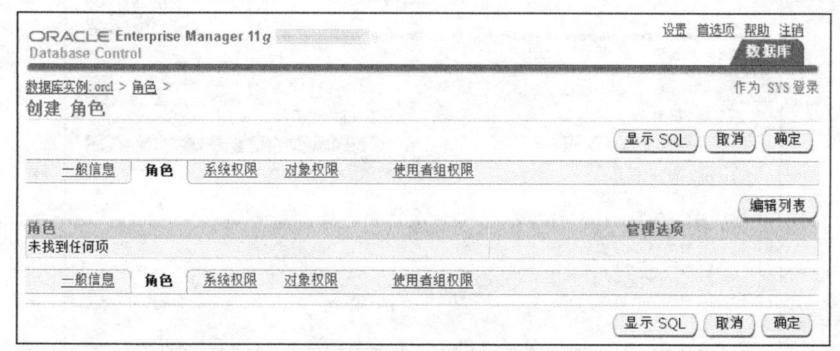


图 12-26 【角色】页面

（4）在图 12-27 所示页面中，指定所选角色为 CONNECT，然后单击【确定】按钮。

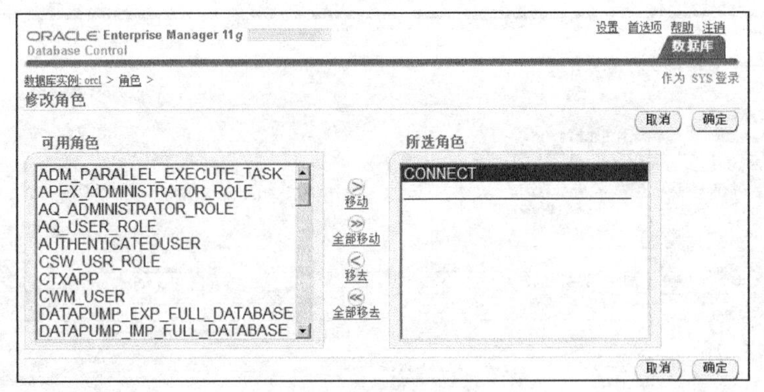


图 12-27　修改角色

（5）在图 12-28 所示页面中，显示已经添加了 CONNECT 角色。

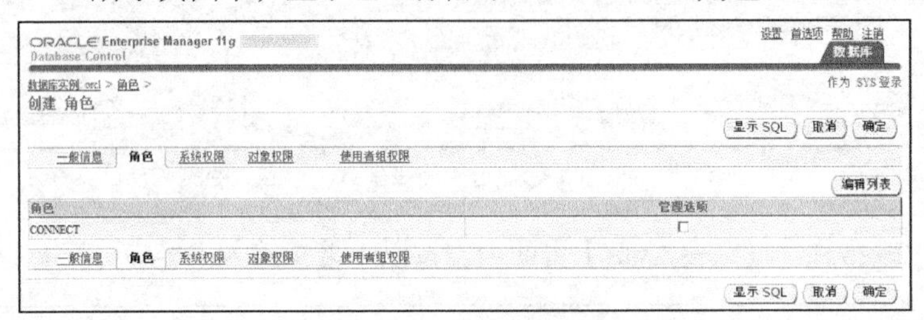


图 12-28　已经添加了角色

（6）在图 12-29 所示【系统权限】页面中，为角色指定系统权限，单击【编辑列表】按钮。

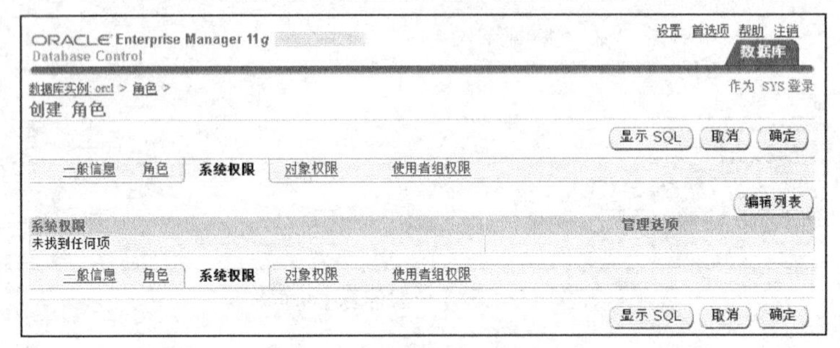


图 12-29 【系统权限】页面

（7）在图 12-30 所示页面中，指定所选系统权限为 CREATE ANY TABLE，然后单击【确定】按钮。

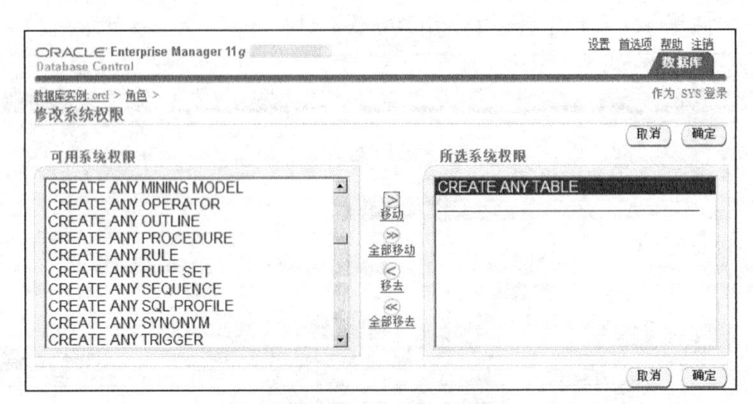


图 12-30　修改系统权限

（8）在图 12-31 所示页面中，显示已经为角色添加了 CREATE ANY TABLE 系统权限。

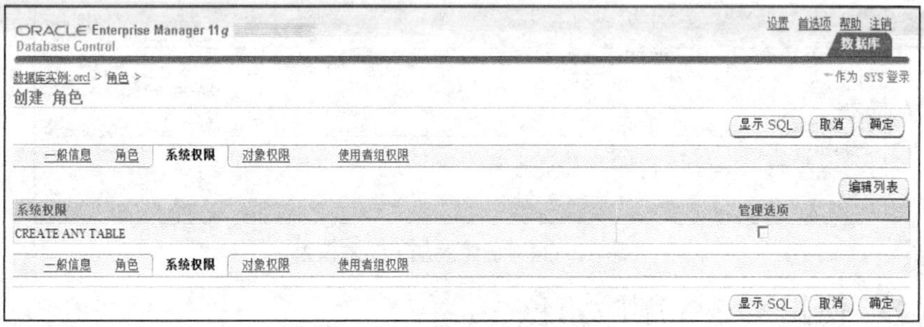

图 12-31　已经添加了系统权限

（9）在图 12-32 所示【对象权限】页面中，角色默认不拥有任何对象权限，在【选择对象类型】下拉框中选择【表】，然后单击【添加】按钮。

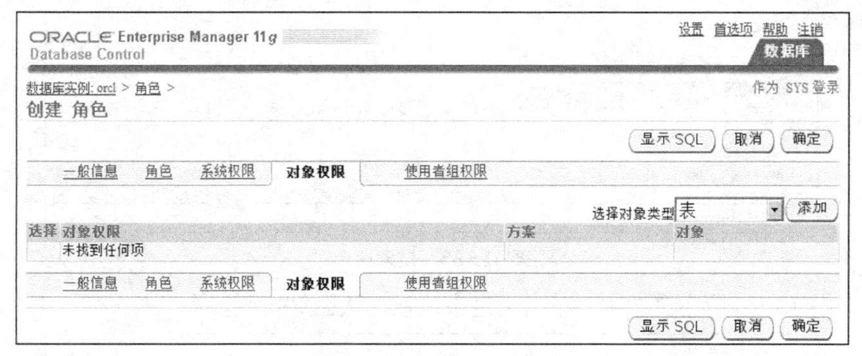


图 12-32 【对象权限】页面

（10）在图 12-33 所示页面中，选择表对象为 SYS.TABLE_1，指定所选权限为 SELECT，然后单击【确定】按钮。

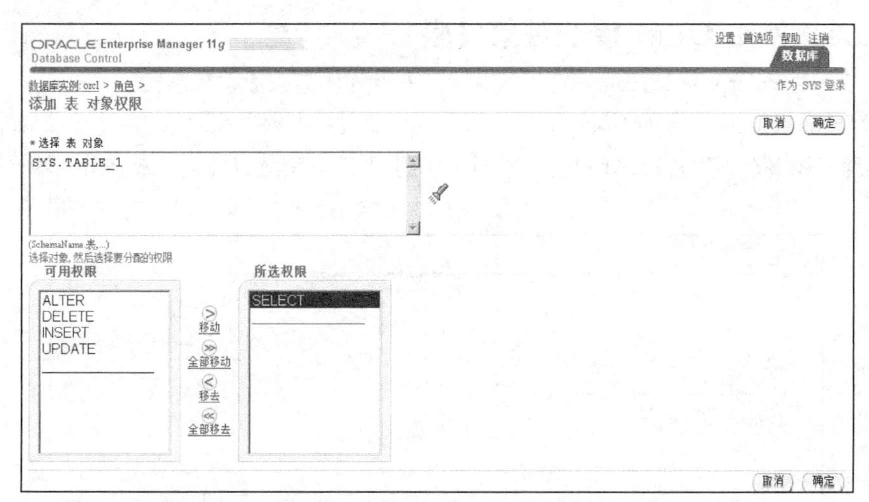


图 12-33　添加表对象权限

（11）在图 12-34 所示页面中，显示已经添加了方案 SYS 中的 TABLE_1 表的 SELECT 对象权限，最后单击【确定】按钮完成角色创建。

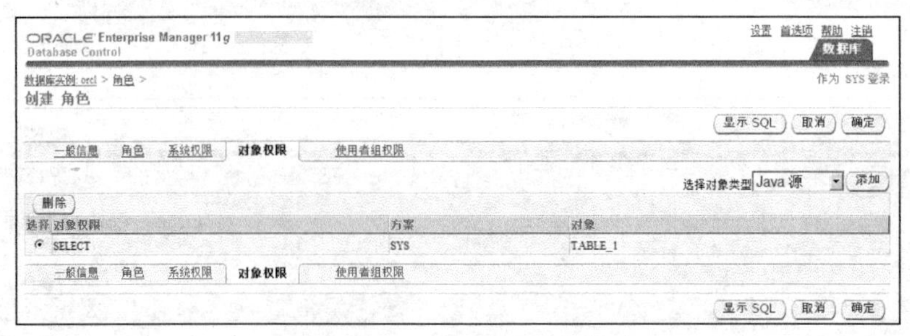


图 12-34　已经添加了对象权限

## 12.5.7　使用 OEM 删除角色

使用 Oracle Enterprise Manager 按以下步骤删除角色。

（1）在图 12-35 所示页面中，搜索角色 ROLE_1。选择角色 ROLE_1，然后单击【删除】按钮。

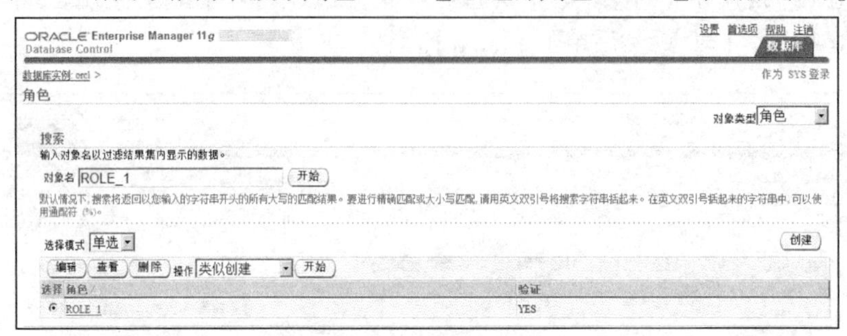


图 12-35　搜索角色

（2）在图 12-36 所示页面中，单击【是】按钮确认删除角色。

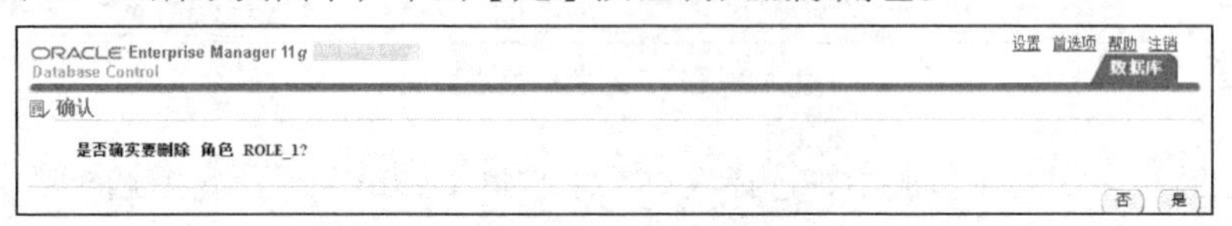


图 12-36　确认删除角色

## 12.5.8　使用 OEM 授予对象权限

使用 Oracle Enterprise Manager 按以下步骤在表上为用户授予对象权限。

（1）在 Oracle Enterprise Manager 页面中单击【方案】→【数据库对象】→【表】，如图 12-37 所示，选择方案 SYS 中的表 TABLE_1，在【操作】下拉框中选择【对象权限】，然后单击【开始】按钮。

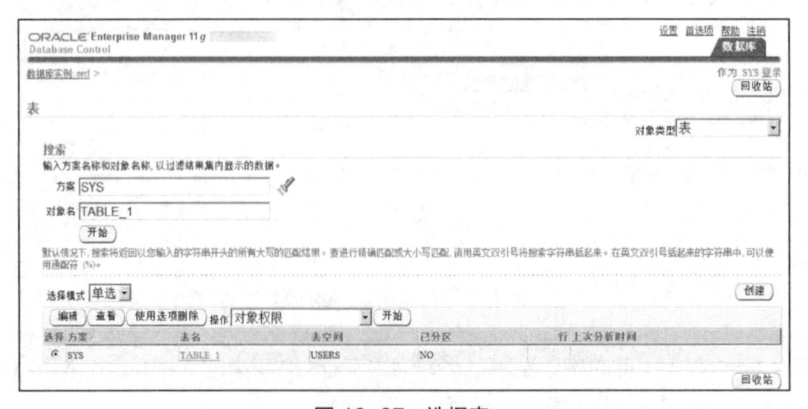


图 12-37　选择表

（2）在图 12-38 所示页面中，选择可用权限为 SELECT，选择可用用户为 USER_1，然后单击【确定】按钮。

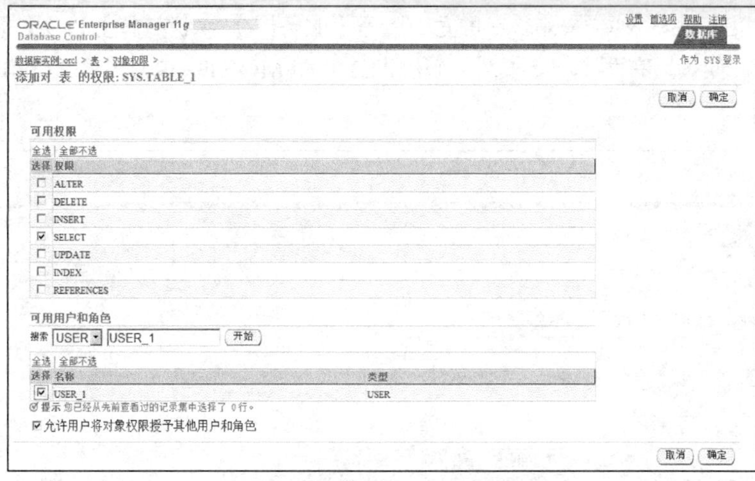


图 12-38　添加对表的权限

（3）在图 12-39 所示页面中，显示用户 USER_1 已经被授予了 SELECT 权限，然后单击【应用】按钮。

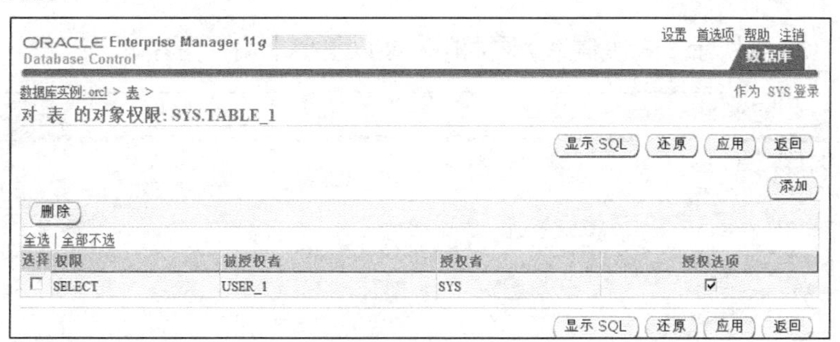


图 12-39　对表的对象权限

## 12.5.9　使用 OEM 撤销对象权限

使用 Oracle Enterprise Manager 按以下步骤撤销表上的对象权限。

在 Oracle Enterprise Manager 页面中单击【方案】→【数据库对象】→【表】，在图 12-37 所示页面中，选择方案 SYS 中的表 TABLE_1，在【操作】下拉框中选择【对象权限】，然后单击【开始】按钮。在图 12-40 所示页面中，选择授予用户 USER_1 的权限 SELECT，然后单击【删除】按钮，接着再单击【应用】按钮。

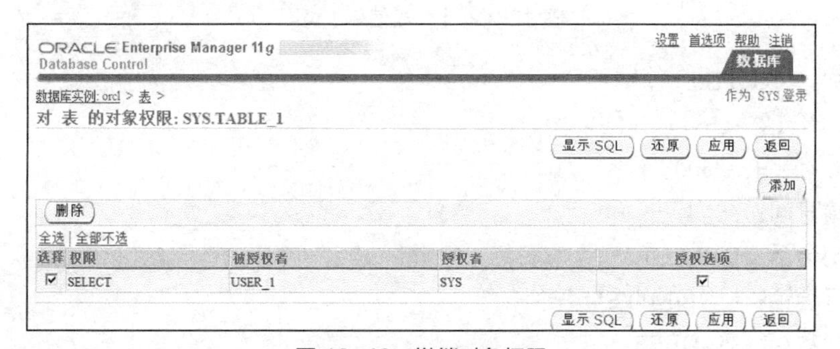


图 12-40　撤销对象权限

### 12.5.10 使用 OEM 创建概要文件

使用 Oracle Enterprise Manager 按以下步骤创建概要文件。

（1）在 Oracle Enterprise Manager 页面中单击【服务器】→【安全性】→【概要文件】，如图 12-41 所示，默认只有两个概要文件：DEFAULT 和 MONITORING PROFILE，在此单击【创建】按钮。

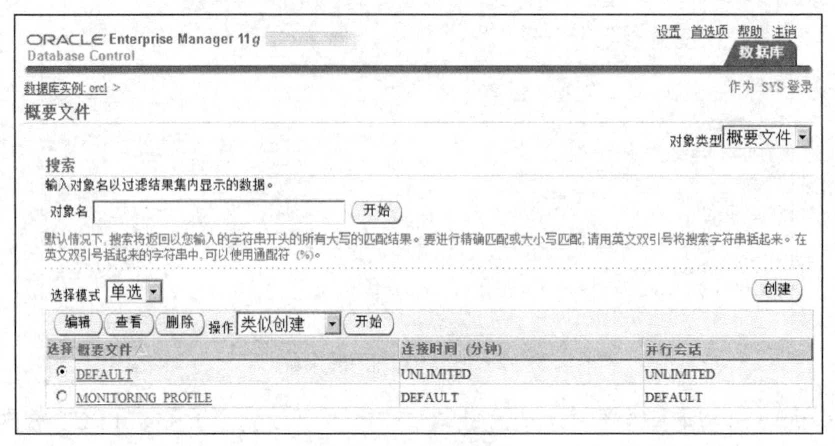


图 12-41 概要文件

（2）在图 12-42 所示【一般信息】页面中，按以下要求输入内容。

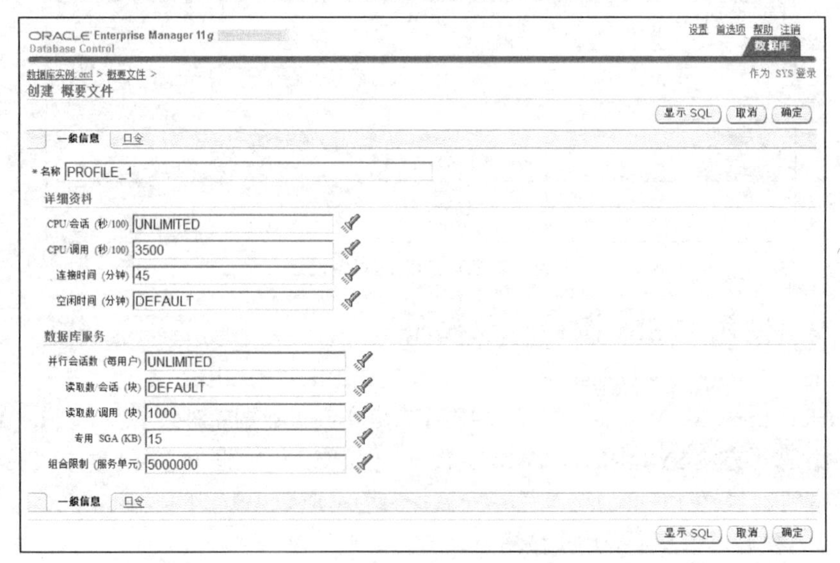


图 12-42 【一般信息】页面

- 名称：PROFILE_1。
- CPU 会话：UNLIMITED。
- CPU/调用：3500。
- 连接时间：45。
- 空闲会话：DEFAULT。
- 并行会话：UNLIMITED。
- 读取数/会话：DEFAULT。

➢ 读取数/调用：1000。
➢ 专用 SGA：15。
➢ 组合限制：5000000。

（3）在图 12-43 所示【口令】页面中，按以下要求输入内容，然后单击【确定】按钮。

ORACLE Enterprise Manager 11g
Database Control
设置 首选项 帮助 注销
数据库
数据库实例: orcl > 概要文件 >
作为 SYS 登录
创建 概要文件
显示 SQL 取消 确定
一般信息 口令
口令
有效期 (天) 60
最大锁定天数 10
历史记录
保留的口令数 5
保留天数 UNLIMITED
复杂性
复杂性函数 DEFAULT
登录失败
锁定前允许的最大失败登录次数 5
锁定天数 1
一般信息 口令
显示 SQL 取消 确定

图 12-43 【口令】页面

➢ 有效期：60。
➢ 最大锁定天数：10。
➢ 保留的口令数：5。
➢ 保留天数：UNLIMITED。
➢ 复杂性函数：DEFAULT。
➢ 锁定前允许的最大失败登录：5。
➢ 锁定天数：1。

### 12.5.11 使用 OEM 删除概要文件

使用 Oracle Enterprise Manager 按以下步骤删除概要文件。

（1）在图 12-44 所示页面中，搜索概要文件 PROFILE_1。选择概要文件 PROFILE_1，然后单击【删除】按钮。

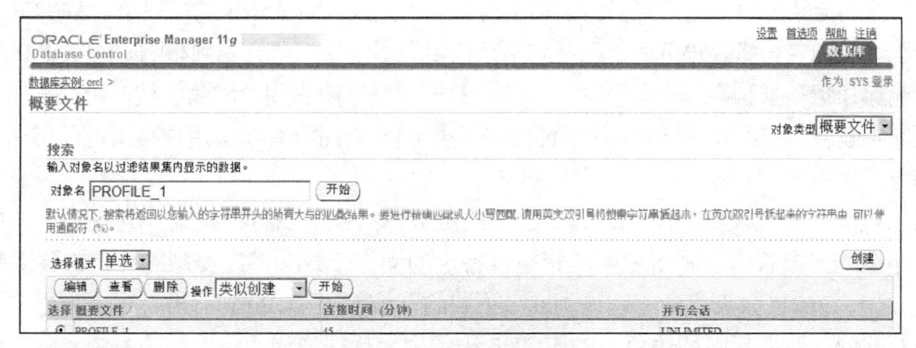


图 12-44 搜索概要文件

（2）在图 12-45 所示页面中，单击【是】按钮确认删除概要文件。

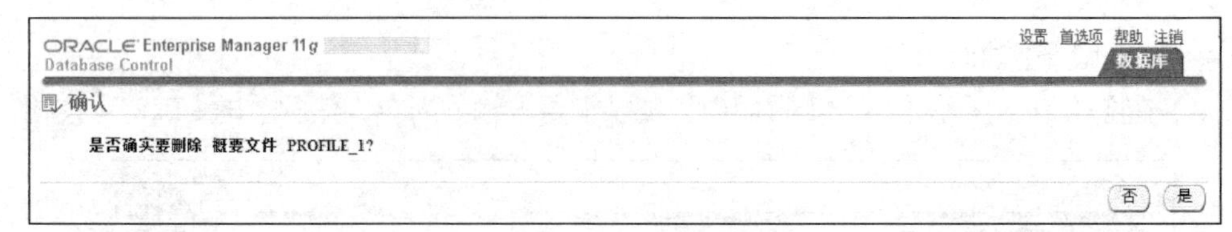


图 12-45　确认删除概要文件

## 12.6　小结

Oracle 身份验证方式有数据库身份验证、外部身份验证和全局身份验证 3 种。其中，数据库身份验证是最常使用的验证用户的方法，另外两种身份验证方式一般很少使用。

要访问数据库，必须使用在数据库中定义的有效用户名连接到数据库实例。为了让 Oracle 用户执行不同的操作，可以为其授予不同的权限。用户分为预定义用户和自定义用户两大类。预定义用户是在 Oracle 数据库安装好以后，自动创建的一些常用的用户。每一种预定义用户都用于执行一些特定的管理任务，已经拥有了相应的系统权限。

CREATE USER 语句用于创建用户。当使用 CREATE USER 语句创建用户时，用户的权限域是空的。要登录到 Oracle 数据库，用户必须要拥有 CREATE SESSION 系统权限。ALTER USER 语句用于修改用户。DROP USER 语句用于删除用户，并可以选择性地删除用户的对象。

如果有一组用户，他们所需的权限是一样的，这时对这些用户的权限进行管理将会非常麻烦，因为要对这组中的每一个用户的权限都进行管理。角色是一组权限的集合，将角色授予一个用户，这个用户就拥有了这个角色的所有权限。使用角色的主要目的就是简化权限的管理。

角色分为预定义角色和自定义角色两大类。预定义角色是在 Oracle 数据库安装好以后，自动创建的一些常用的角色。每一种预定义角色都用于执行一些特定的管理任务，已经拥有了相应的系统权限。

CREATE ROLE 语句用于创建角色。当创建好角色之后，角色默认没有任何权限。当用户登录到 Oracle 数据库时，该数据库将所有直接授予用户的权限和用户默认角色中的权限授予用户，其他的角色所具有的权限要通过 SET ROLE 语句来获得。会话期间，可以使用 SET ROLE 语句为会话多次启用或禁用当前启用的角色。不过 SET ROLE 的效果是临时的，只是当前会话有效，其他的会话无效，当结束当前会话后再登录，就只有默认角色的权限了。ALTER ROLE 语句用于修改角色。修改角色后，已经启用角色中的用户会话不会受到影响。DROP ROLE 语句用于删除角色。当删除一个角色时，Oracle 数据库撤销所有用户和角色被授予的该角色，并从数据库中删除。已经启用角色的用户会话不受影响，然而没有新的用户会话可以启用被删除后的角色。

对象权限是指在表、视图、序列、过程或函数等对象上执行特殊动作的权利。不同的对象具有不同的对象权限。系统权限是指执行特定的操作，或在特定类型的任何方案对象上执行某一操作，Oracle 数据库中有超过 100 个不同的系统权限。GRANT 语句用于为用户和角色授予系统权限、对象权限和角色。REVOKE 语句用于从用户和角色上撤销系统权限、对象权限和角色。

使用概要文件可以合理地分配和使用数据库或实例的资源，防止系统资源不受控制地消耗，也可以为用户设置密码策略。将概要文件赋予某个用户，在用户连接并访问数据库服务器时，系统就按照概要文件给用户分配资源。当创建一个用户时，如果不指定相应的概要文件，那么Oracle将为其指定一个默认的概要文件。在概要文件中使用资源限制的设置，如果要使其生效，必须更改RESOURCE_LIMIT初始化参数为true。

创建Oracle数据库时，会自动创建名为DEFAULT的概要文件，默认DEFAULT概要文件没有进行任何资源限制。默认为用户分配DEFAULT概要文件。

CREATE PROFILE语句用于创建概要文件。可以在创建用户时分配概要文件，也可以在修改用户时分配概要文件。ALTER PROFILE语句用于添加、修改或删除概要文件中的资源限制或密码限制参数。使用ALTER PROFILE语句更改概要文件只能在以后的会话中影响用户，而不会影响其当前会话。DROP PROFILE语句用于删除概要文件。除了DEFAULT概要文件之外可以删除任何概要文件。一旦概要文件被删除掉，用户被自动加载DEFAULT概要文件。

## 12.7 习题

**一、选择题**

1. 创建用户以后，授予______权限，这样新用户才能连接到数据库。

   A. CREATE SESSION　　B. CREATE TABLE

   C. RESOURCE　　D. CREATE USER

2. 创建概要文件时，指定连接会话的最大空闲时间将使用______。

   A. CONNECT_TIME　　B. CPU_PER_SESSION

   C. IDLE_TIME　　D. CPU_PER_CALL

3. 不能在表上授予用户______对象权限。

   A. SELECT　　B. ALTER　　C. INSERT　　D. EXECUTE

4. 连续登录失败指定次数之后，账户锁定的天数将使用______。

   A. PASSWORD_LIFE_TIME　　B. PASSWORD_GRACE_TIME

   C. PASSWORD_LOCK_TIME　　D. PASSWORD_REUSE_TIME

5. 要查看SYSMAN用户具有的系统权限，使用______数据字典。

   A. DBA_SYS_PRIVS　　B. DBA_USERS

   C. DBA_TAB_PRIVS　　D. ROLE_SYS_PRIVS

**二、简答题**

1. 简述Oracle身份验证方式。
2. 简述角色特性。
3. 简述系统权限和对象权限。
4. 简述概要文件。

**三、操作题**

1. 按以下要求创建用户user_1。

（1）指定密码为123456。

（2）指定默认表空间为 users。

（3）在表空间 tablespace_1 上的空间使用限额为 100MB。

（4）指定用户 user_1 拥有 CREATE SESSION 系统权限。

（5）指定用户 user_1 在方案 scott 中的 dept 表上拥有 SELECT 对象权限。

2. 按以下要求创建角色 role_1。

（1）指定密码为 123456。

（2）指定角色 role_1 拥有 CREATE TABLE 系统权限。

（3）将角色 role_1 授予用户 user_1。

（4）使角色 role_1 成为用户 user_1 的默认角色。

3. 按以下要求创建概要文件 profile_1。

（1）指定连接会话的最大空闲时间为 20 分钟。

（2）为一个会话指定总运行时间限制为 120 分钟。

（3）指定限制用户的并发会话数为 5。

（4）指定在账户被锁定之前用户账户登录的失败尝试数为 5 次。

（5）指定连续登录失败指定次数之后账户锁定 3 天。

（6）口令在失效前的生存期为 150 天。

（7）指定口令宽限期为 8 天。

（8）将概要文件分配给用户 user_1。

# PART 13 第 13 章 Data Pump 数据导出和导入



## 13.1 Data Pump 简介

### 13.1.1 什么是 Data Pump

在 Oracle 11g 数据库中进行数据导出和导入操作，可以使用 Data Pump（数据泵）工具，它提供了一种基于服务器的数据导出和导入程序。所有的 Data Pump 都作为一个服务器进程，数据不再由客户端程序进行处理。Data Pump 工具的导出和导入实现了 Oracle 数据库之间数据的传输，如图 13-1 所示。

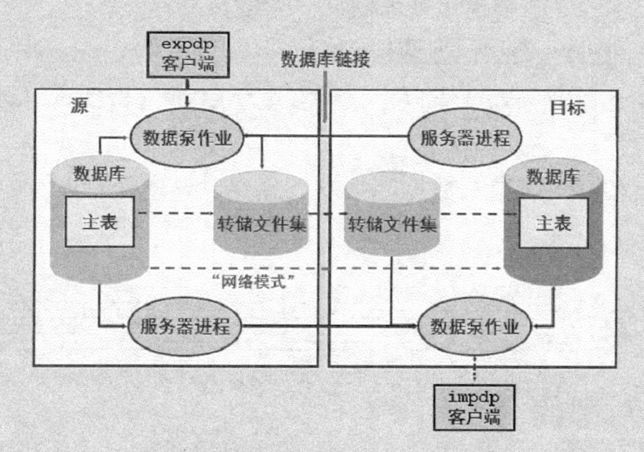


图 13-1 Data Pump 结构

Data Pump 导出操作需要用户拥有 DATAPUMP_EXP_FULL_DATABASE 角色。Data Pump 导入操作需要用户拥有 DATAPUMP_IMP_FULL_DATABASE 角色。

使用 Data Pump 进行数据导出和导入具有以下作用。

- 实现逻辑备份和逻辑恢复。
- 在数据库用户之间移动对象。
- 在数据库之间移动对象。
- 实现表空间传输。

### 13.1.2 Data Pump 组成部分

Data Pump 是由命令行客户端、DBMS_DATAPUMP 包和 DBMS_METADATA 包 3 个部分组成的。

**1．命令行客户端：expdp 和 impdp**

Data Pump 工具中包含 Data Pump Export 和 Data Pump Import，所使用的命令行程序为 expdp 和 impdp，它们只能在 Oracle 服务器端使用，不能在客户端使用。expdp 和 impdp 数据泵客户端调用 Data Pump 导出实用程序和 Data Pump 导入实用程序。

**2．DBMS_DATAPUMP 包**

DBMS_DATAPUMP 包（也称为数据泵 API）可以独立于 Data Pump 客户端使用。expdp 和 impdp 客户端使用 DBMS_DATAPUMP 包中提供的过程来执行导出和导入命令，在命令行中使用输入的参数。这些参数为一个完整的数据库或数据库的子集进行数据和元数据的导出和导入。

**3．DBMS_METADATA 包**

DBMS_METADATA 包（也称为元数据 API）可以独立于 Data Pump 客户端使用。当元数据被移动时，Data Pump 使用 DBMS_METADATA 包提供的功能。DBMS_METADATA 包提供了一个集中的设施提取、处理和字典元数据重建。

### 13.1.3　Data Pump 特点

在 Oracle 数据库中，Data Pump 具有以下特点。

- 在导出和导入作业中，能够控制并行线程的数量。
- 支持在网络上进行导出和导入，而不需要使用转储文件集。
- 通过一个客户端程序能够连接或者脱离一个运行的作业。
- 对导出进行空间估算，而不需要实际执行导出。
- 如果 Data Pump 作业失败或者停止，能够重新启动一个 Data Pump 作业，并且能够挂起恢复导出和导入作业。
- 可以指定导出和导入对象的数据库版本。允许对导出和导入对象进行版本控制，以便与低版本数据库兼容。

## 13.2　目录对象

### 13.2.1　目录对象简介

目录对象（Director Object）为服务器文件系统上的目录指定一个别名，用于在 Data Pump 导出和导入数据时，保存转储文件和日志文件。对于文件存储，还必须创建一个相应的操作系统目录，必须确保操作系统目录为 Oracle 数据库进程设置正确的读取和写入权限。

使用 Data Pump 导出和导入数据时，其转储文件只能被存储在目录对象对应的操作系统目录中，而不能直接指定转储文件所在的操作系统目录。因此使用 Data Pump 时，必须首先创建目录对象，并且需要为数据库用户授予使用目录对象的权限。

因为 Data Pump 是基于服务器的，而不是基于客户端的，转储文件、日志文件和 SQL 文件是基于服务器的目录路径进行访问的。Data Pump 要求目录路径指定为目录对象，目录对象的名称映射到文件系统上的目录路径。必须确保只有授权的用户被允许访问目录路径相关联的目录对象。

当创建目录对象时，将自动在该目录上授予 READ 和 WRITE 对象权限，可以将这些权限授予给其他用户和角色。

### 13.2.2 创建目录对象

下面讲述创建目录对象，以及为用户使用目录对象授予权限。

**1. 创建目录对象**

CREATE DIRECTORY 语句用于创建目录对象。要创建目录对象，必须要拥有 CREATE ANY DIRECTORY 系统权限。如果目录对象已经存在，指定 OR REPLACE 重新创建目录对象，可以更改现有目录的定义而无需删除再创建。

语法：

```
CREATE [ OR REPLACE ] DIRECTORY directory
  AS 'path_name';
```

**例 13-1**：创建目录对象 directory_1，对应的操作系统目录为 c:\。

```
SQL> CREATE DIRECTORY directory_1 AS 'c:\';

目录已创建。
```

如果需要删除目录对象，使用 DROP DIRECTORY 命令。

**2. 为目录对象授权**

在目录对象 directory_1 上为用户 scott 授予 READ 和 WRITE 权限，这样用户 scott 就能使用目录对象 directory_1。

```
SQL> GRANT READ,WRITE ON DIRECTORY directory_1 TO scott;

授权成功。
```

**3. 查看目录对象**

DBA_DIRECTORIES 数据字典用于描述数据库中的所有目录对象，该数据字典中的各列描述如表 13-1 所示。

表 13-1　DBA_DIRECTORIES 数据字典

| 列名 | 描述 |
| --- | --- |
| OWNER | 目录对象所有者（总是 SYS） |
| DIRECTORY_NAME | 目录对象名称 |
| DIRECTORY_PATH | 目录对象的操作系统路径 |

**例 13-2**：查看目录对象 directory_1。

```
SQL> COLUMN OWNER FORMAT A10
SQL> COLUMN DIRECTORY_PATH FORMAT A30
SQL> SELECT * FROM DBA_DIRECTORIES WHERE DIRECTORY_NAME='DIRECTORY_1';

OWNER      DIRECTORY_NAME                 DIRECTORY_PATH
---------- ------------------------------ ------------------------------
SYS        DIRECTORY_1                    c:\
```

# 13.3 Data Pump Export

## 13.3.1 Data Pump Export 简介

Data Pump Export（数据泵导出）是一个用于将数据和元数据卸载到一组名为转储文件集的操作系统文件的实用程序。使用 expdp 命令可以调用 Data Pump Export 实用程序。转储文件集可以复制到同一操作系统或其他操作系统并由 Data Pump Import 实用程序加载。转储文件集由一个或多个包含表数据、数据库对象元数据和控制信息的磁盘文件组成。这些文件以专有的二进制格式写入。在导入操作期间，Data Pump Import 实用程序使用这些文件在转储文件集中定位每个数据库对象。利用 Data Pump Export，可以指定作业是否应该移动数据和元数据的子集（由导出模式确定）。该作业要使用数据筛选器和元数据筛选器，还需要设置 Data Pump Export 参数。

因为转储文件要写入服务器，而不是客户端，数据库管理员必须创建定义哪些文件被写入服务器位置的目录对象。

可以通过以下 3 种方法进行 Data Pump Export 操作。

➢ 命令行界面：可以在命令行上直接指定导出参数。

➢ 参数文件界面：可以在参数文件中指定命令行参数（排除 PARFILE 参数）。

➢ 交互式命令界面：停止记录到终端并显示导出提示，可以在其中输入各种命令，其中一些是专门针对交互式命令界面的。在导出操作期间按【Ctrl+C】组合键启用这种方法。

Data Pump Export 可以使用如表 13-2 所示的导出模式来导出数据。

**表 13-2　　导出模式**

| 模式 | 参数 | 描述 |
|---|---|---|
| 完全模式 | FULL | 导出整个数据库 |
| 方案模式 | SCHEMAS | 导出指定方案 |
| 表模式 | TABLES | 导出指定表 |
| 表空间模式 | TABLESPACES | 导出指定表空间 |
| 传输表空间模式 | TRANSPORT_TABLESPACES | 导出表空间元数据，实现传输表空间 |

## 13.3.2 expdp 命令参数详解

expdp 命令的参数非常多，下面详细介绍常用的参数。

1．DIRECTORY

指定目录对象，也就是转储文件和日志文件的位置，默认值是 DATA_PUMP_DIR。

```
DIRECTORY=directory_object
```

**例 13-3**：指定目录对象为 directory_1。

```
C:\>expdp scott DIRECTORY=directory_1 DUMPFILE=dept.dmp CONTENT=METADATA_ONLY
```

2．DUMPFILE

指定转储文件的名称和可选的目录对象，默认值是 expdat.dmp。

```
DUMPFILE=[directory_object:]file_name [, ...]
```

**例 13-4**：指定转储文件的名称 exp1.dmp。

```
C:\>expdp scott SCHEMAS=scott DIRECTORY=directory_1 DUMPFILE=exp1.dmp
```

3．LOGFILE

指定导出日志文件的名称，默认名称是 export.log。

LOGFILE=[*directory_object*:]*file_name*

**例 13-5**：指定导出日志文件的名称是 scott_export.log。

```
C:\>expdp scott DIRECTORY=directory_1 DUMPFILE=scott.dmp LOGFILE=scott_export.log
```

4．NOLOGFILE

指定禁止生成导出日志文件，默认值是 NO。

NOLOGFILE=[YES | NO]

**例 13-6**：禁止生成导出日志文件。

```
C:\>expdp scott DIRECTORY=directory_1 DUMPFILE=scott.dmp NOLOGFILE=YES
```

5．TABLES

指定要导出的表。

TABLES=[*schema_name*.]*table_name*[:*partition_name*] [, ...]

**例 13-7**：导出表 dept 和 emp。

```
C:\>expdp scott DIRECTORY=directory_1 DUMPFILE=tables.dmp TABLES=dept,emp
```

注　意　用户只能导出自己方案中的表，如需导出其他方案中的表，必须要拥有 DATAPUMP_EXP_FULL_DATABASE 角色。

6．SCHEMAS

指定导出的方案。

SCHEMAS=*schema_name* [, ...]

**例 13-8**：导出方案 scott 和 sh。

```
C:\>expdp scott DIRECTORY=directory_1 DUMPFILE=expdat.dmp SCHEMAS=scott,sh
```

注　意　用户只能导出自己方案，如需导出其他方案，必须要拥有 DATAPUMP_EXP_FULL_DATABASE 角色。

不能导出 SYS 方案。

7．TABLESPACES

指定要导出的表空间。

TABLESPACES=*tablespace_name* [, ...]

**例 13-9**：导出表空间 tbs_1 和 tbs_2。

```
C:\>expdp scott DIRECTORY=directory_1 DUMPFILE=tbs.dmp TABLESPACES=tbs_1,tbs_2
```

8．FULL

指定导出整个数据库，默认值是 NO。

FULL=[YES | NO]

**例 13-10**：导出整个数据库。

```
C:\>expdp scott DIRECTORY=directory_1 DUMPFILE=expfull.dmp FULL=YES NOLOGFILE=YES
```

注　意

如果要导出整个数据库，必须要拥有 DATAPUMP_EXP_FULL_DATABASE 角色。

9．JOB_NAME

指定导出作业的名称，作业名称不能超过 30 个字符，默认名称是 SYS_EXPORT_<mode>_NN（比如 SYS_EXPORT_TABLESPACE_02）。

```
JOB_NAME=jobname_string
```

**例 13-11**：指定导出作业的名称为 exp_job。

```
C:\>expdp scott DIRECTORY=directory_1 DUMPFILE=exp_job.dmp JOB_NAME=exp_job
NOLOGFILE=YES
```

10．ACCESS_METHOD

指定导出时使用指定的方法来卸载数据，默认值是 AUTOMATIC。

```
ACCESS_METHOD=[AUTOMATIC | DIRECT_PATH | EXTERNAL_TABLE]
```

**例 13-12**：指定导出时使用外部表来卸载数据。

```
C:\>expdp scott DIRECTORY=directory_1 DUMPFILE=expdat.dmp SCHEMAS=scott ACCESS_
METHOD=EXTERNAL_TABLE
```

11．COMPRESSION

指定写入到转储文件集之前对哪些数据进行压缩，默认值是 METADATA_ONLY。设置为 ALL 时，能够压缩整个导出操作；设置为 DATA_ONLY 时，只压缩数据；设置为 METADATA_ONLY 时，压缩元数据；设置为 NONE 时，禁用压缩。

```
COMPRESSION=[ALL | DATA_ONLY | METADATA_ONLY | NONE]
```

**例 13-13**：指定写入到转储文件集之前对元数据进行压缩。

```
C:\>expdp scott DIRECTORY=directory_1 DUMPFILE=scott.dmp
COMPRESSION=METADATA_ONLY
```

12．CONTENT

指定要导出的内容，默认值是 ALL。当设置为 ALL 时，将导出对象定义及其所有数据；设置为 DATA_ONLY 时，只导出对象数据；设置为 METADATA_ONLY 时，只导出对象定义。

```
CONTENT=[ALL | DATA_ONLY | METADATA_ONLY]
```

**例 13-14**：指定只导出对象定义。

```
C:\>expdp scott DIRECTORY=directory_1 DUMPFILE=scott.dmp CONTENT=METADATA_ONLY
```

13．ENCRYPTION

指定是否将数据导出到转储文件集之前进行加密。设置为 ALL 时，加密所有数据和元数据；设置为 DATA_ONLY 时，只加密数据；设置为 ENCRYPTED_COLUMNS_ONLY 时，只加密写入到转储文件中的列；设置为 METADATA_ONLY 时，只加密元数据；设置为 NONE 时，不加密。

```
ENCRYPTION = [ALL | DATA_ONLY | ENCRYPTED_COLUMNS_ONLY | METADATA_ONLY |
NONE]
```

**例 13-15**：指定将数据导出到转储文件集之前只加密数据。

```
C:\>expdp scott DIRECTORY=directory_1 DUMPFILE=scott_enc.dmp ENCRYPTION=data_only
```

```
ENCRYPTION_PASSWORD=123456
```

14．ENCRYPTION_PASSWORD

指定用于在导出转储文件中加密列数据、元数据或表中的数据的密码，这可以防止未经授权地访问加密的转储文件集。

```
ENCRYPTION_PASSWORD = password
```

**例 13-16**：指定在导出转储文件中加密列数据，密码为 123456。

```
C:\>expdp scott TABLES=dept DIRECTORY=directory_1 DUMPFILE=dpcd2be1.dmp
ENCRYPTION=ENCRYPTED_COLUMNS_ONLY ENCRYPTION_PASSWORD=123456
```

15．ENCRYPTION_ALGORITHM

指定在导出时被用来执行加密的加密算法，默认使用 AES128。ENCRYPTION_ALGORITHM 参数必须和 ENCRYPTION 或 ENCRYPTION_PASSWORD 参数联合使用。

```
ENCRYPTION_ALGORITHM = [AES128 | AES192 | AES256]
```

**例 13-17**：指定在导出时被用来执行加密的加密算法为 AES128。

```
C:\>expdp scott DIRECTORY=directory_1 DUMPFILE=scott_enc3.dmp
ENCRYPTION_PASSWORD=123456 ENCRYPTION_ALGORITHM=AES128
```

16．ESTIMATE

指定估计被导出表占用磁盘空间的方法，默认值是 BLOCKS。设置为 BLOCKS 时，会按照目标对象所占用的数据块数量乘以数据块大小估计对象占用的空间；设置为 STATISTICS 时，根据最近统计值估计对象占用空间。

```
ESTIMATE=[BLOCKS | STATISTICS]
```

**例 13-18**：根据最近统计值估计被导出表占用的磁盘空间。

```
C:\>expdp scott TABLES=dept ESTIMATE=STATISTICS DIRECTORY=directory_1
DUMPFILE=estimate.dmp
```

17．ESTIMATE_ONLY

指定估计一个导出作业会消耗的空间，而不实际执行导出操作。

```
ESTIMATE_ONLY=[YES | NO]
```

**例 13-19**：估计一个导出作业会消耗的空间。

```
C:\>expdp scott ESTIMATE_ONLY=YES NOLOGFILE=YES SCHEMAS=scott
```

18．EXCLUDE

指定在导出过程中要排除的对象类型或对象。

```
EXCLUDE=object_type[:name_clause] [, ...]
```

**例 13-20**：在导出过程中要排除的对象类型为视图和函数。

```
SQL> expdp scott DIRECTORY=directory_1 DUMPFILE=scott_exclude.dmp
EXCLUDE=VIEW,FUNCTION
```

注　意

EXCLUDE 和 INCLUDE 不可以同时使用。

19．FILESIZE

指定每一个导出文件的最大值，默认值是 0，表示导出文件大小没有限制。

```
FILESIZE=integer[B | KB | MB | GB | TB]
```

**例 13-21**：指定每一个导出文件的最大值为 3MB。

```
C:\>expdp scott DIRECTORY=directory_1 DUMPFILE=scott_3m.dmp FILESIZE=3MB
```

20．PARFILE

指定导出参数文件的名称。

```
PARFILE=[directory_path]file_name
```

**例 13-22**：指定导出参数文件的名称 scott.par。

（1）创建参数文件 scott.par，该文件内容如下所示。

```
SCHEMAS=SCOTT
DUMPFILE=exp.dmp
DIRECTORY=directory_1
```

（2）使用以下命令执行参数文件。

```
C:\>expdp scott PARFILE=scott.par
```

21．METRICS

指定有关作业的附加信息是否应当报告到数据泵日志文件。

```
METRICS=[YES | NO]
```

**例 13-23**：指定有关作业的附加信息应当报告到数据泵日志文件。

```
C:\>expdp scott DIRECTORY=directory_1 DUMPFILE=expdat.dmp SCHEMAS=scott METRICS=YES
```

22．NETWORK_LINK

指定数据库链接的名称。

```
NETWORK_LINK=source_database_link
```

**例 13-24**：指定数据库链接的名称为 link。

```
C:\>expdp scott DIRECTORY=directory_1 NETWORK_LINK=link DUMPFILE=export.dmp
LOGFILE=export.log
```

23．PARALLEL

指定执行导出操作的并行进程数，默认值是 1。

```
PARALLEL=integer
```

**例 13-25**：执行导出操作的并行进程数是 4。

```
C:\>expdp scott DIRECTORY=directory_1 LOGFILE=parallel_export.log DUMPFILE=par_exp%u.
dmp PARALLEL=4
```

24．INCLUDE

指定导出过程中要包含的对象类型和对象。

```
INCLUDE = object_type[:name_clause] [, ...]
```

**例 13-26**：导出过程中要包含的对象类型和对象过程、名称以 EMP 开头的索引、名称为 DEPT 或 EMP 的表。

（1）创建参数文件 scott.par，该文件内容如下。

```
SCHEMAS=SCOTT
DUMPFILE=expinclude.dmp
DIRECTORY=directory_1
LOGFILE=expinclude.log
```

```
INCLUDE=TABLE:"IN ('DEPT', 'EMP')"
INCLUDE=PROCEDURE
INCLUDE=INDEX:"LIKE 'EMP%'"
```

（2）使用以下命令执行参数文件。

```
C:\>expdp scott PARFILE=scott.par
```

25．QUERY

指定过滤导出数据的 WHERE 条件。

QUERY = [*schema.*][*table_name*:] *query_clause*

**例 13-27**：指定过滤导出数据的 WHERE 条件。

（1）创建参数文件 emp_query.par，该文件内容如下所示。

```
QUERY=dept:"WHERE deptno > 10 AND deptno < 100"
NOLOGFILE=YES
DIRECTORY=directory_1
DUMPFILE=exp1.dmp
```

（2）使用以下命令执行参数文件。

```
C:\>expdp scott PARFILE=emp_query.par
```

26．REUSE_DUMPFILES

指定是否覆盖已经存在的转储文件，默认值是 NO。

```
REUSE_DUMPFILES=[YES | NO]
```

**例 13-28**：覆盖已经存在的转储文件 dept.dmp。

```
C:\>expdp scott DIRECTORY=directory_1 DUMPFILE=dept.dmp TABLES=dept
REUSE_DUMPFILES=YES
```

27．FLASHBACK_SCN

指定导出特定 SCN 时刻的表的数据（需要开启数据库闪回功能）。

FLASHBACK_SCN=*scn_value*

**例 13-29**：导出 SCN 为 384632 时刻的表的数据。

```
C:\>expdp scott DIRECTORY=directory_1 DUMPFILE=scott_scn.dmp FLASHBACK_SCN=384632
```

注　意

FLASHBACK_SCN 和 FLASHBACK_TIME 不可以同时使用。

28．FLASHBACK_TIME

指定导出特定时间点的表的数据。

```
FLASHBACK_TIME="TO_TIMESTAMP(time-value)"
```

**例 13-30**：导出时间点为“25-11-2015 14:35:00”的表的数据。

（1）创建参数文件 flashback.par，该文件内容如下所示。

```
DIRECTORY=directory_1
DUMPFILE=scott_time.dmp
FLASHBACK_TIME="TO_TIMESTAMP('25-11-2015 14:35:00', 'DD-MM-YYYY HH24:MI:SS')"
```

（2）使用以下命令执行参数文件。

```
C:\>expdp scott PARFILE=flashback.par
```

29．STATUS

指定导出作业工作状态显示更新的频率，单位为秒。

```
STATUS=[integer]
```

**例 13-31**：指定导出作业工作状态显示更新的频率为 300 秒。

```
C:\>expdp scott DIRECTORY=directory_1 SCHEMAS=scott,sh STATUS=300
```

30．TRANSPORT_FULL_CHECK

指定是否要检查被传输表空间中的对象和未传输表空间之间的依赖关系，只适用于传输表空间模式导出，默认值是 NO。

```
TRANSPORT_FULL_CHECK=[YES | NO]
```

**例 13-32**：检查被传输表空间 tbs_1 中的对象和未传输表空间之间的依赖关系。

```
C:\>expdp scott DIRECTORY=directory_1 DUMPFILE=tts.dmp TRANSPORT_TABLESPACES=
tbs_1 TRANSPORT_FULL_CHECK=YES LOGFILE=tts.log
```

31．TRANSPORT_TABLESPACES

指定要传输的表空间。

```
TRANSPORT_TABLESPACES=tablespace_name [, ...]
```

**例 13-33**：传输表空间 tbs_1。

```
C:\>expdp scott DIRECTORY=directory_1 DUMPFILE=tts.dmp TRANSPORT_TABLESPACES=
tbs_1 TRANSPORT_FULL_CHECK=YES LOGFILE=tts.log
```

注　意

要传输表空间，必须要拥有 DATAPUMP_EXP_FULL_DATABASE 角色。不能传输 SYSTEM 和 SYSAUX 表空间。

32．VERSION

指定被导出对象的数据库版本，默认值是 COMPATIBLE。设置为 COMPATIBLE 时，会根据 COMPATIBLE 初始化参数生成对象元数据；设置为 LATEST 时，会根据数据库的实际版本生成对象元数据；设置为 version_string 时，指定数据库版本的字符串。

```
VERSION=[COMPATIBLE | LATEST | version_string]
```

**例 13-34**：指定被导出对象的数据库版本为元数据的版本相对应的数据库版本。

```
C:\>expdp scott TABLES=dept VERSION=LATEST DIRECTORY=directory_1
DUMPFILE=emp.dmp NOLOGFILE=YES
```

## 13.4 Data Pump Import

### 13.4.1 Data Pump Import 简介

Data Pump Import（数据泵导入）是一个用于将导出的转储文件集加载到目标系统的实用程序。使用 impdp 命令可以调用 Data Pump Import 实用程序。转储文件集由一个或多个包含表数据、数据库对象元数据和控制信息的磁盘文件组成，Data Pump Export 实用程序以专用的二进制格式写入这些文件。在导入操作期间，Data Pump Import 实用程序使用这些文件在转储文件集中定位每一个数据库对象。

如果源数据库不包含干预文件，那么可以同时执行数据导出和导入操作，因而能使用 Data Pump Import 实用程序实现源数据库到目标数据库的直接加载。这样避免了在文件系统上创建转储文件，还可以最大限度地减少数据导出和导入操作的总消耗时间。

利用 Data Pump Import，可以指定作业是否应该移动数据和元数据子集（由导入模式确定）。该作业要使用数据筛选器和元数据筛选器，这将通过 Data Pump Import 参数实现。

可以通过以下 3 种方法进行 Data Pump Import 操作。

- 命令行界面：可以在命令行上直接指定导入参数。
- 参数文件界面：可以在参数文件中指定命令行参数（排除 PARFILE 参数）。
- 交互式命令界面：停止记录到终端并显示导入提示，可以在其中输入各种命令，其中一些命令专门针对交互式命令界面。在导入操作期间按【Ctrl+C】启用这种方法。

Data Pump Import 可以使用如表 13-3 所示的导入模式来导出数据。

表 13-3　　导入模式

| 模式 | 参数 | 描述 |
| --- | --- | --- |
| 完全模式 | FULL | 导入整个数据库 |
| 方案模式 | SCHEMAS | 导入指定方案 |
| 表模式 | TABLES | 导入指定表 |
| 表空间模式 | TABLESPACES | 导入指定表空间 |
| 传输表空间模式 | TRANSPORT_TABLESPACES | 导入表空间元数据，实现传输表空间 |

### 13.4.2　impdp 命令参数详解

impdp 命令的参数非常多，下面详细介绍常用的参数。

1．DIRECTORY

指定被转储文件所在的位置（也就是目录对象）。

```
DIRECTORY=directory_object
```

**例 13-35**：指定目录对象为 directory_1。

```
C:\>impdp scott DIRECTORY=directory_1 DUMPFILE=expfull.dmp LOGFILE=expfull.log
```

2．DUMPFILE

指定转储文件的名称。

```
DUMPFILE=[directory_object:]file_name [, ...]
```

**例 13-36**：指定转储文件的名称为 exp1.dmp。

```
C:\>impdp scott DIRECTORY=directory_1 DUMPFILE=exp1.dmp
```

3．LOGFILE

指定导入作业的日志文件名，默认名称是 import.log。

```
LOGFILE=[directory_object:]file_name
```

**例 13-37**：指定导入作业的日志文件名为 imp.log。

```
C:\>impdp scott SCHEMAS=SCOTT DIRECTORY=directory_1 LOGFILE=imp.log
DUMPFILE=expfull.dmp
```

4．NOLOGFILE

指定导入时禁止生成日志文件。

```
NOLOGFILE=[YES | NO]
```

**例 13-38**：导入时禁止生成日志文件。

```
C:\>impdp scott DIRECTORY=directory_1 DUMPFILE=expfull.dmp NOLOGFILE=YES
```

5．TABLES

指定要导入的表。

```
TABLES=[schema_name.]table_name[:partition_name]
```

**例 13-39**：导入 dept 和 emp 表。

```
C:\>impdp scott DIRECTORY=directory_1 DUMPFILE=expfull.dmp TABLES=dept,emp
```

注　意

用户只能导入自己方案中的表，如需导入其他方案中的表，必须要拥有 DATAPUMP_IMP_FULL_DATABASE 角色。

6．SCHEMAS

指定要导入的方案。

```
SCHEMAS=schema_name [,...]
```

**例 13-40**：导入方案 scott。

```
C:\>impdp scott SCHEMAS=scott DIRECTORY=directory_1 LOGFILE=schemas.log
DUMPFILE=expdat.dmp
```

注　意

用户只能导入自己的方案，如需导入其他方案，必须要拥有 DATAPUMP_IMP_FULL_DATABASE 角色。

7．TABLESPACES

指定要导入的表空间。

```
TABLESPACES=tablespace_name [, ...]
```

**例 13-41**：导入表空间 tbs_1 和 tbs_2。

```
C:\>impdp scott DIRECTORY=directory_1 DUMPFILE=expfull.dmp TABLESPACES=tbs_1,tbs_2
```

8．FULL

指定导入整个数据库，默认值是 YES。

```
FULL=YES
```

**例 13-42**：导入整个数据库。

```
C:\>impdp scott DIRECTORY=directory_1 DUMPFILE=expfull.dmp FULL=YES
LOGFILE=full_imp.log
```

注　意

要导入整个数据库，必须要拥有 DATAPUMP_IMP_FULL_DATABASE 角色。

### 9. JOB_NAME

指定执行导入操作的作业名。

```
JOB_NAME=jobname_string
```

**例 13-43**：指定执行导入操作的作业名为 impjob01。

```
C:\>impdp scott DIRECTORY=directory_1 DUMPFILE=expfull.dmp JOB_NAME=job01
```

### 10. ACCESS_METHOD

指定使用指定的方法来加载数据，默认值是 AUTOMATIC。

```
ACCESS_METHOD=[AUTOMATIC | DIRECT_PATH | EXTERNAL_TABLE | CONVENTIONAL]
```

**例 13-44**：指定使用常规方法来加载数据。

```
C:\>impdp scott SCHEMAS=scott DIRECTORY=directory_1 LOGFILE=schemas.log
DUMPFILE=expdat.dmp ACCESS_METHOD=CONVENTIONAL
```

### 11. CONTENT

指定在导入操作过程的加载中启用筛选，默认值是 ALL。设置为 ALL 时，加载任何数据和元数据；设置为 DATA_ONLY 时，只加载表中行数据到现有的表，不创建数据库对象；设置为 METADATA_ONLY 时，只加载数据库对象定义，没有表中行的数据被加载。

```
CONTENT=[ALL | DATA_ONLY | METADATA_ONLY]
```

**例 13-45**：指定在导入操作过程中只加载数据库对象定义。

```
C:\>impdp scott DIRECTORY=directory_1 DUMPFILE=expfull.dmp
CONTENT=METADATA_ONLY
```

### 12. DATA_OPTIONS

指定数据的某些类型应如何导入操作处理。设置为 DISABLE_APPEND_HINT 时，指定在加载数据对象时不希望导入操作使用 APPEND 提示；设置为 SKIP_CONSTRAINT_ERRORS 时，允许发生非延迟约束错误而数据对象（表、分区或子分区）被加载。

```
DATA_OPTIONS = [DISABLE_APPEND_HINT | SKIP_CONSTRAINT_ERRORS]
```

**例 13-46**：指定允许发生非延迟约束错误而数据对象被加载。

```
C:\>impdp scott TABLES=dept CONTENT=DATA_ONLY DUMPFILE=table.dmp
DIRECTORY=directory_1 DATA_OPTIONS=skip_constraint_errors
```

### 13. ENCRYPTION_PASSWORD

指定用于访问在转储文件集中加密列数据的密码。这可以防止未经授权地访问加密的转储文件集。

```
ENCRYPTION_PASSWORD = password
```

**例 13-47**：指定用于访问在转储文件集中加密列数据的密码为 123456。

```
C:\>impdp scott TABLES=dept DIRECTORY=directory_1 DUMPFILE=dpcd2be1.dmp
ENCRYPTION_PASSWORD=123456
```

### 14. ESTIMATE

指定用于估计在执行网络导入操作时要生成的数据量，实际上不执行导入操作，默认值是 BLOCKS。设置为 BLOCKS 时，根据数据块数量乘以数据块大小估计要生成的数据量；设置为 STATISTICS 时，使用每个表的统计信息进行估计计算。

```
ESTIMATE=[BLOCKS | STATISTICS]
```

**例 13-48**：指定用于估计在执行网络导入操作时要生成的数据量。

```
C:\>impdp scott TABLES=job_history NETWORK_LINK=link DIRECTORY=directory_1
ESTIMATE=STATISTICS
```

15．PARFILE

指定导入参数文件的名称。

```
PARFILE=[directory_path]file_name
```

**例 13-49**：指定导入参数文件的名称为 scott_imp.par。

（1）创建参数文件 scott_imp.par，该文件内容如下所示。

```
TABLES=dept,emp
DUMPFILE=exp1.dmp
DIRECTORY=directory_1
PARALLEL=3
```

（2）使用以下命令执行参数文件。

```
C:\>impdp scott PARFILE=scott_imp.par
```

16．INCLUDE

指定导入时要包含的对象类型和相关对象。

```
INCLUDE = object_type[:name_clause] [, ...]
```

**例 13-50**：导入时要包含的对象类型为函数、过程、包，以及名称以 EMP 开头的索引。

（1）创建参数文件 imp_include.par，该文件内容如下所示。

```
INCLUDE=FUNCTION
INCLUDE=PROCEDURE
INCLUDE=PACKAGE
INCLUDE=INDEX:"LIKE 'EMP%' "
```

（2）使用以下命令执行参数文件。

```
C:\>impdp scott SCHEMAS=scott DIRECTORY=directory_1 DUMPFILE=expfull.dmp
PARFILE=imp_include.par
```

注　意

INCLUDE 和 EXCLUDE 不可以同时使用。

17．METRICS

指定有关作业的附加信息是否应当报告到数据泵日志文件，默认值是 NO。

```
METRICS=[YES | NO]
```

**例 13-51**：有关作业的附加信息应当报告到数据泵日志文件。

```
C:\>impdp scott SCHEMAS=scott DIRECTORY=directory_1 LOGFILE=schemas.log
DUMPFILE=expdat.dmp METRICS=YES
```

18．NETWORK_LINK

指定有效的数据库链接从源数据库导入数据。

```
NETWORK_LINK=source_database_link
```

**例 13-52**：指定数据库链接 link 从源数据库导入数据。

```
C:\>impdp scott TABLES=dept DIRECTORY=directory_1 NETWORK_LINK=link
```

```
EXCLUDE=CONSTRAINT
```

19．PARALLEL

指定导入作业的最大进程数，默认值是 1。

```
PARALLEL=integer
```

**例 13-53**：指定导入作业的最大进程数为 3。

```
C:\>impdp scott DIRECTORY=directory_1 LOGFILE=parallel_import.log DUMPFILE=
par_exp%U.dmp PARALLEL=3
```

注　意

par_exp%U.dmp 表示 par_exp01.dmp、par_exp02.dmp 和 par_exp03.dmp。

20．EXCLUDE

指定在导入时要排除的对象类型和相关对象。

```
EXCLUDE=object_type[:name_clause] [, ...]
```

**例 13-54**：导入时排除的对象类型是函数、过程、包和名称以 EMP 开头的索引。

（1）创建参数文件 exclude.par，该文件内容如下所示。

```
EXCLUDE=FUNCTION
EXCLUDE=PROCEDURE
EXCLUDE=PACKAGE
EXCLUDE=INDEX:"LIKE 'EMP%' "
```

（2）使用以下命令执行参数文件。

```
C:\>impdp system DIRECTORY=directory_1 DUMPFILE=expfull.dmp PARFILE=exclude.par
```

21．PARTITION_OPTIONS

指定应该在导入操作期间如何创建表分区。设置为 NONE 时，像在系统上的分区表一样创建；设置为 DEPARTITION 时，每个分区和子分区作为一个独立的表创建，名称使用表和分区（子分区）名字的组合；设置为 MERGE 时，将所有分区和子分区合并到一个表中。如果导出时使用了 TRANSPORTABLE 参数，就不能使用 NONE 和 MERGE。

```
PARTITION_OPTIONS=[NONE | DEPARTITION | MERGE]
```

**例 13-55**：在导入时将所有分区和子分区合并到一个表中。

```
C:\>impdp system TABLES=sh.sales PARTITION_OPTIONS=MERGE DIRECTORY=directory_1
DUMPFILE=sales.dmp REMAP_SCHEMA=sh:scott
```

22．QUERY

指定过滤导入数据的查询子句。因为查询值使用引号，Oracle 建议使用参数文件来进行导入操作。

```
QUERY=[[schema_name.]table_name:]query_clause
```

**例 13-56**：指定过滤导入数据的查询子句。

（1）创建参数文件 query_imp.par，该文件内容如下所示。

```
QUERY=dept:"WHERE deptno < 120"
```

（2）使用以下命令执行参数文件。

```
C:\>impdp scott DIRECTORY=directory_1 DUMPFILE=expfull.dmp PARFILE=query_imp.par
```

```
NOLOGFILE=YES
```

23．REMAP_DATAFILE

指定将源数据文件的名称更改为目标数据文件的名称。

```
REMAP_DATAFILE=source_datafile:target_datafile
```

**例 13-57**：将源数据文件 C:\APP\ADMINISTRATOR\ORADATA\ORCL\tbs6.dbf 的名称更改为 c:\tbs6.dbf。

```
C:\>impdp scott DIRECTORY=directory_1 FULL=YES DUMPFILE=db_full.dmp
REMAP_DATAFILE=\"\'C:\APP\ADMINISTRATOR\ORADATA\ORCL\tbs6.dbf\':\'c:\tbs6.dbf\'\"
```

注　意

要使用 REMAP_DATAFILE 参数，必须要拥有 DATAPUMP_IMP_FULL_DATABASE 角色。

24．REMAP_SCHEMA

指定将源方案中的所有对象导入到目标方案中。

```
REMAP_SCHEMA=source_schema:target_schema
```

**例 13-58**：将源方案 scott 中的所有对象导入到目标方案 scott2 中。

```
C:\>impdp scott DIRECTORY=directory_1 DUMPFILE=scott.dmp REMAP_SCHEMA=scott:scott2
```

25．REMAP_TABLE

指定将源表重命名为目标表。

```
REMAP_TABLE=[schema.]old_tablename[.partition]:new_tablename
```

或者：

```
REMAP_TABLE=[schema.]old_tablename[:partition]:new_tablename
```

**例 13-59**：将源表 dept 重命名为目标表 emps。

```
C:\>impdp scott DIRECTORY=directory_1 DUMPFILE=expschema.dmp TABLES=dept
REMAP_TABLE=dept:emps
```

26．REMAP_TABLESPACE

指定将源表空间中的所有对象导入到目标表空间中。

```
REMAP_TABLESPACE=source_tablespace:target_tablespace
```

**例 13-60**：将源表空间 tbs_1 中的所有对象导入到目标表空间 tbs_6 中。

```
C:\>impdp scott REMAP_TABLESPACE=tbs_1:tbs_6 DIRECTORY=directory_1
DUMPFILE=dept.dmp
```

27．REUSE_DATAFILES

指定在创建表空间时是否要覆盖已经存在的数据文件，默认值是 NO。

```
REUSE_DATAFILES=[YES | NO]
```

**例 13-61**：在创建表空间时覆盖已经存在的数据文件。

```
C:\>impdp scott DIRECTORY=directory_1 DUMPFILE=expfull.dmp LOGFILE=reuse.log
REUSE_DATAFILES=YES
```

28．SKIP_UNUSABLE_INDEXES

指定在导入时是否要跳过不能使用的索引，默认值是 NO。

```
SKIP_UNUSABLE_INDEXES=[YES | NO]
```

**例 13-62**：导入时跳过不能使用的索引。

```
C:\>impdp scott DIRECTORY=directory_1 DUMPFILE=expfull.dmp LOGFILE=skip.log
SKIP_UNUSABLE_INDEXES=YES
```

### 29．SQLFILE

指定导入时需要执行的所有 DDL 语句写入到 SQL 脚本文件中。

```
SQLFILE=[directory_object:]file_name
```

**例 13-63**：指定导入时需要执行的所有 DDL 语句写入到 SQL 脚本文件 expfull.sql 中。

```
C:\>impdp scott DIRECTORY=directory_1 DUMPFILE=expfull.dmp SQLFILE=expfull.sql
```

### 30．STATUS

指定显示导入作业状态的时间间隔，单位为秒。

```
STATUS[=integer]
```

**例 13-64**：显示导入作业状态的时间间隔为 120 秒。

```
C:\>impdp scott NOLOGFILE=YES STATUS=120 DIRECTORY=directory_1
DUMPFILE=expfull.dmp
```

### 31．TABLE_EXISTS_ACTION

指定当表已经存在时导入作业应该执行的操作，默认值是 SKIP。设置为 SKIP 时，导入作业会跳过已存在的表处理下一个对象；设置为 APPEND 时，会追加数据；设置为 TRUNCATE 时，导入作业会截断表，然后为其追加新数据；设置为 REPLACE 时，导入作业会删除已经存在的表，重建表并追加数据。

```
TABLE_EXISTS_ACTION=[SKIP | APPEND | TRUNCATE | REPLACE]
```

**例 13-65**：当表已经存在时，导入作业删除已经存在的表，重建表并追加数据。

```
C:\>impdp scott TABLES=dept DIRECTORY=directory_1 DUMPFILE=expfull.dmp
 TABLE_EXISTS_ACTION=REPLACE
```

### 32．TRANSPORT_DATAFILES

指定传输表空间时要被导入到目标数据库中的数据文件。

```
TRANSPORT_DATAFILES=datafile_name
```

**例 13-66**：指定传输表空间时要被导入到目标数据库中的数据文件为 c:\tbs1.dbf。

（1）创建参数文件 trans_datafiles.par，该文件内容如下所示。

```
DIRECTORY=directory_1
DUMPFILE=tts.dmp
TRANSPORT_DATAFILES='c:\tbs1.dbf'
```

（2）使用以下命令执行参数文件。

```
C:\>impdp scott PARFILE=trans_datafiles.par
```

### 33．TRANSPORT_FULL_CHECK

指定是否要验证正在被其他表空间中的对象引用的可传输表空间集，只适用于传输表空间模式导出。

```
TRANSPORT_FULL_CHECK=[YES | NO]
```

**例 13-67**：指定验证正在被其他表空间中的对象引用的可传输表空间 tbs_6。

（1）创建参数文件 full_check.par，该文件内容如下所示。

```
DIRECTORY=directory_1
```

```
TRANSPORT_TABLESPACES=tbs_6
NETWORK_LINK=link
TRANSPORT_FULL_CHECK=YES
TRANSPORT_DATAFILES='c:\tbs6.dbf'
```

（2）使用以下命令执行参数文件。

```
C:\>impdp scott PARFILE=full_check.par
```

34．TRANSPORT_TABLESPACES

指定在传输表空间模式中执行导入操作。

```
TRANSPORT_TABLESPACES=tablespace_name [, ...]
```

**例 13-68**：传输表空间 tbs_6。

（1）创建参数文件 tablespaces.par，该文件内容如下所示。

```
DIRECTORY=directory_1
NETWORK_LINK=link
TRANSPORT_TABLESPACES=tbs_6
TRANSPORT_FULL_CHECK=NO
TRANSPORT_DATAFILES='c:\tbs6.dbf'
```

（2）使用以下命令执行参数文件。

```
C:\>impdp scott PARFILE=tablespaces.par
```

注　意　　要传输表空间，必须要拥有 DATAPUMP_IMP_FULL_DATABASE 角色。

35．VERSION

指定被导入数据库对象的版本，默认值是 COMPATIBLE。设置为 COMPATIBLE 时，会根据 COMPATIBLE 初始化参数生成对象元数据；设置为 LATEST 时，会根据数据库的实际版本生成对象元数据；设置为 version_string，指定数据库版本的字符串。

```
VERSION=[COMPATIBLE | LATEST | version_string]
```

**例 13-69**：指定被导入数据库对象的版本为元数据的版本相对应的数据库版本。

```
C:\>impdp scott DIRECTORY=directory_1 DUMPFILE=expfull.dmp TABLES=dept
VERSION=LATEST
```

## 13.5　使用 OEM 导出和导入数据

在 Oracle Enterprise Manager 中，集成了 expdp 和 impdp 实用程序。对以 SYSDBA 连接身份登录的用户，Oracle 数据库不支持进行导出和导入操作。请注销 SYSDBA 连接身份的用户，然后使用其他连接身份（如 system 用户、Normal 连接身份）的用户登录 Oracle Enterprise Manager，并导出和导入数据。

### 13.5.1　使用 OEM 导出数据

使用 Oracle Enterprise Manager 按以下步骤导出数据。

（1）在 Oracle Enterprise Manager 页面中单击【数据移动】→【移动行数据】→【导出到导出文件】，如图 13-2 所示，指定导出类型和主机身份证明，在此选择【表】单选框，然后单击【继续】按钮。

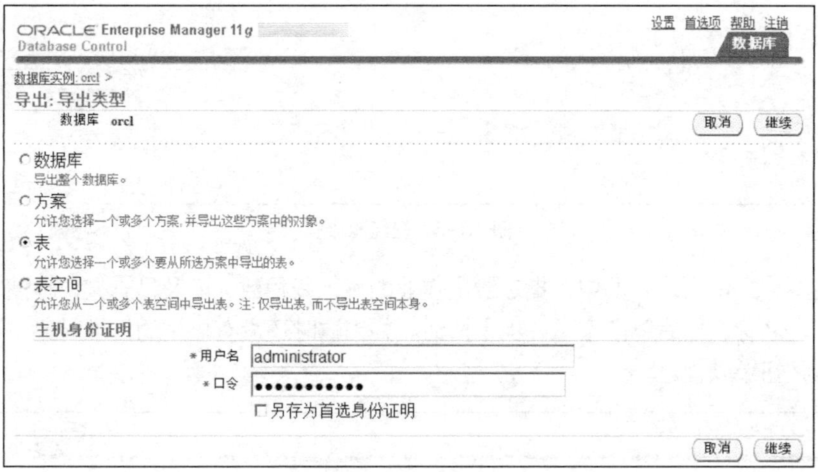

ORACLE Enterprise Manager 11g
Database Control
设置 首选项 帮助 注销
数据库
数据库实例: orcl >
导出: 导出类型
数据库 orcl
取消 继续
数据库
导出整个数据库。
方案
允许您选择一个或多个方案, 并导出这些方案中的对象。
表
允许您选择一个或多个要从所选方案中导出的表。
表空间
允许您从一个或多个表空间中导出表。注: 仅导出表, 而不导出表空间本身。
主机身份证明
* 用户名 administrator
* 口令 ••••••••••••
另存为首选身份证明
取消 继续

图 13-2　导出类型

（2）在图 13-3 所示页面中，默认没有任何表，在此单击【添加】按钮添加需要导出的表。

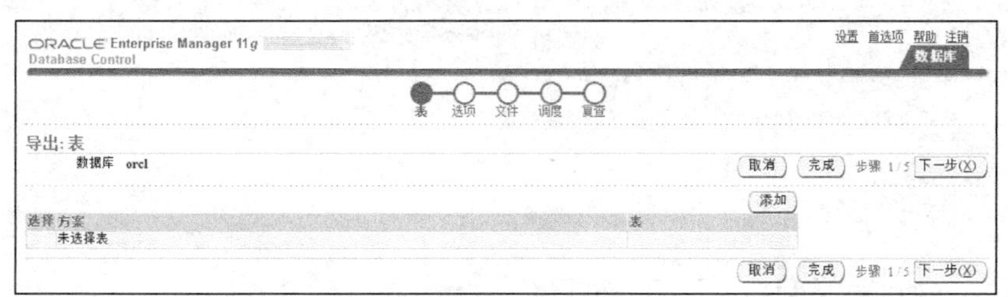


图 13-3　表

（3）在图 13-4 所示页面中，搜索并选择导出表为 SCOTT 方案中的 DEPT 表，然后单击【选择】按钮。

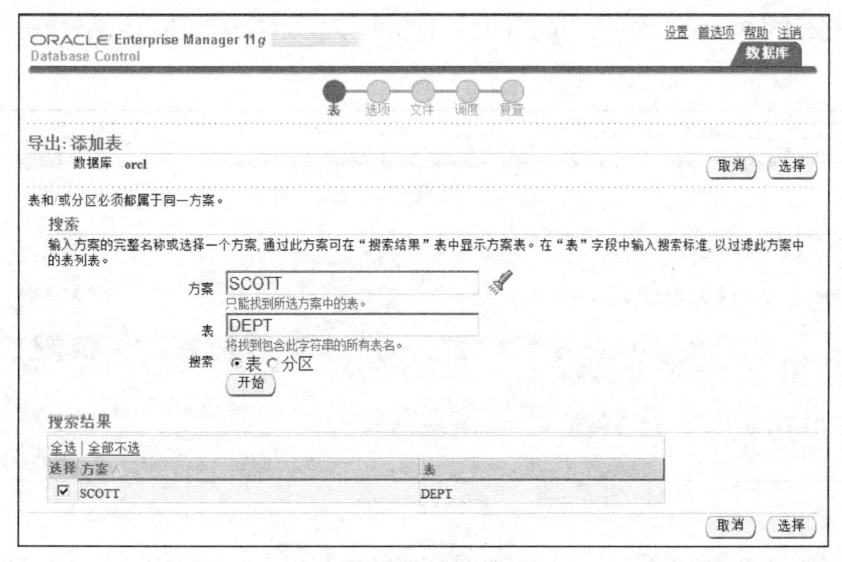


图 13-4　添加表

（4）在图 13-5 所示页面中，显示已经添加了需要导出的表为 SCOTT 方案中的 DEPT 表。

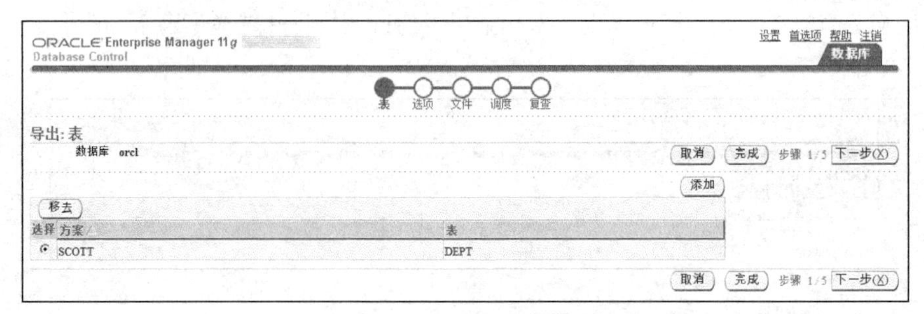


图 13-5　已经添加表

（5）在图 13-6 所示页面中，指定导出作业的最大线程数，以及日志文件存储的目录对象和日志文件的名称，然后单击【下一步】按钮。如果这时还没有可用的目录对象，单击【创建目录对象】按钮予以创建。

图 13-6　选项

（6）在图 13-7 所示页面中，指定导出文件的目录对象和导出文件名，然后单击【下一步】按钮。

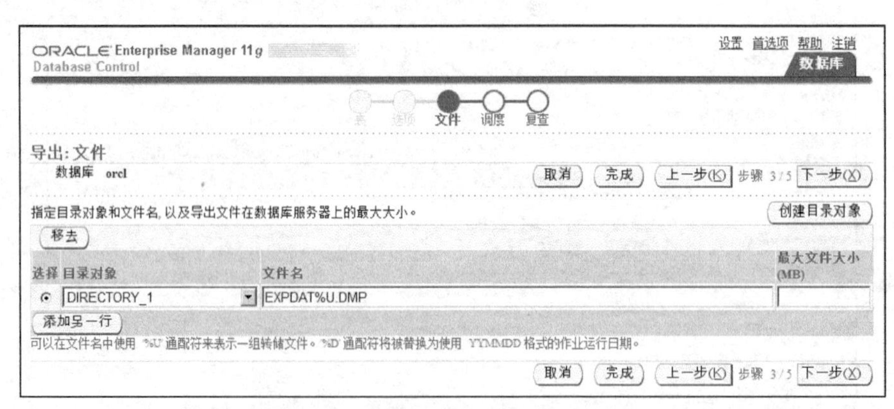


图 13-7　文件

（7）在图 13-8 所示页面中，指定作业名称和作业调度信息，然后单击【下一步】按钮。

ORACLE Enterprise Manager 11g
Database Control
设置 首选项 帮助 注销
数据库
表 选项 文件 调度 复查
导出: 调度
数据库 orcl
取消 上一步(K) 步骤 4/5 下一步(X)
指定导出作业的名称和说明。指定作业的开始日期。
作业参数
作业名称 JOB_1
说明
作业调度
时区 (UTC+08:00) 北京, 上海
启动
立即
以后
日期 2014-7-28
(示例: 2014-7-28)
时间 2 10 上午 下午
重复
仅一次
时间间隔
频率 1 分钟
每月
每年
一直重复到
不确定
定制
日期 2014-7-28
(示例: 2014-7-28)
时间 2 20 上午 下午
(除非按分钟或小时重复, 否则忽略。)
取消 上一步(K) 步骤 4/5 下一步(X)

图 13-8　调度

（8）在图 13-9 所示页面中，对导出进行复查，如果没有问题，单击【提交作业】按钮。

图 13-9　复查

（9）在图 13-10 所示页面中，显示正在处理导出作业。等待一段时间以后，数据就导出完毕了。

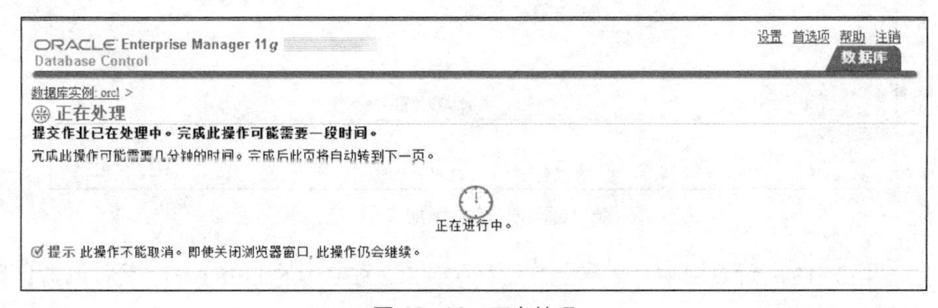


图 13-10　正在处理

### 13.5.2 使用 OEM 导入数据

使用 Oracle Enterprise Manager 按以下步骤导入数据。

（1）在 Oracle Enterprise Manager 页面中单击【数据移动】→【移动行数据】→【从导出文件导入】，如图 13-11 所示，指定目录对象（需要事先创建）、导入文件、导入类型和主机身份证明，导入类型选择【表】单选框，然后单击【继续】按钮。

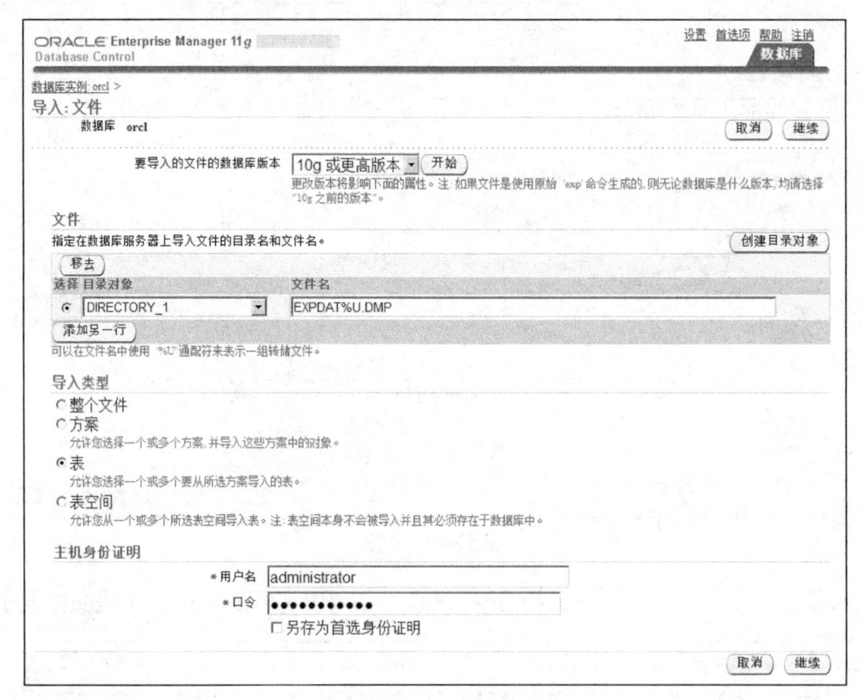


图 13-11 文件

（2）在图 13-12 所示页面中，指定要导入的表，选择 SCOTT 方案中的表 DEPT，然后单击【选择】按钮。

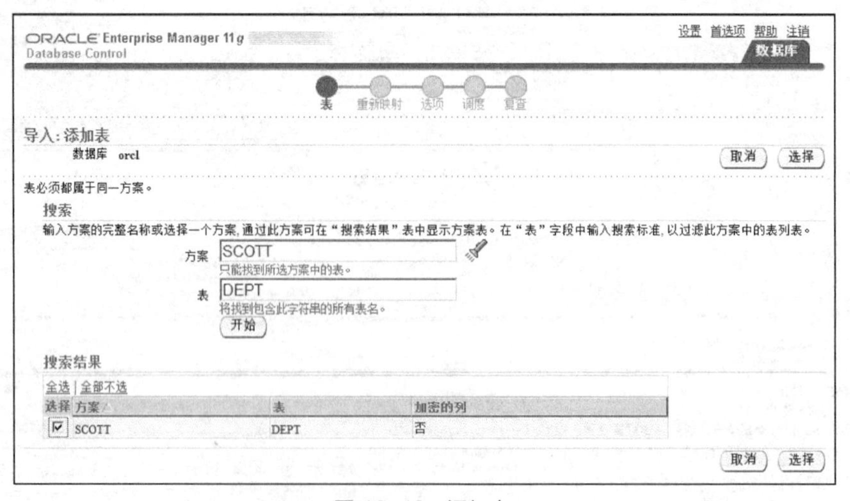


图 13-12 添加表

（3）在图 13-13 所示页面中，选择导入表为方案 SCOTT 中的 DEPT 表，然后单击【下一步】按钮。

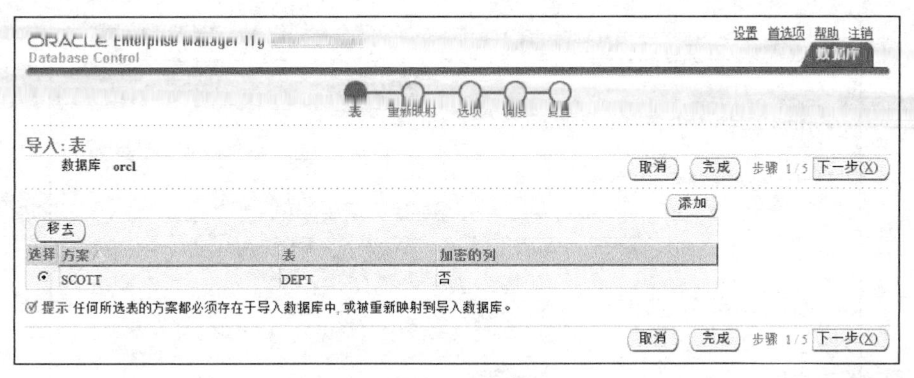


图 13-13　表

（4）在图 13-14 所示页面中，可以指定导入重新映射方案或表空间，在此不进行具体操作，单击【下一步】按钮。

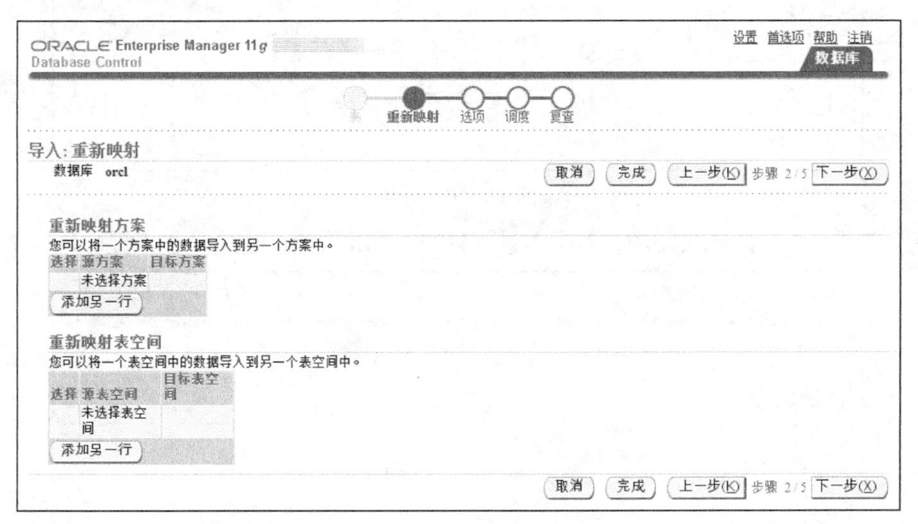


图 13-14　重新映射

（5）在图 13-15 所示页面中，指定导入选项，比如线程数、日志文件等，然后单击【下一步】按钮。

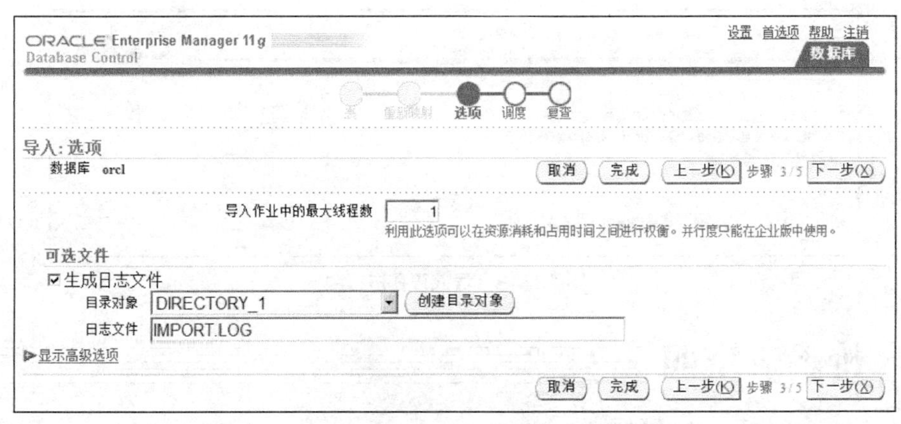


图 13-15　选项

（6）在图 13-16 所示页面中，指定作业名称和作业调度，然后单击【下一步】按钮。

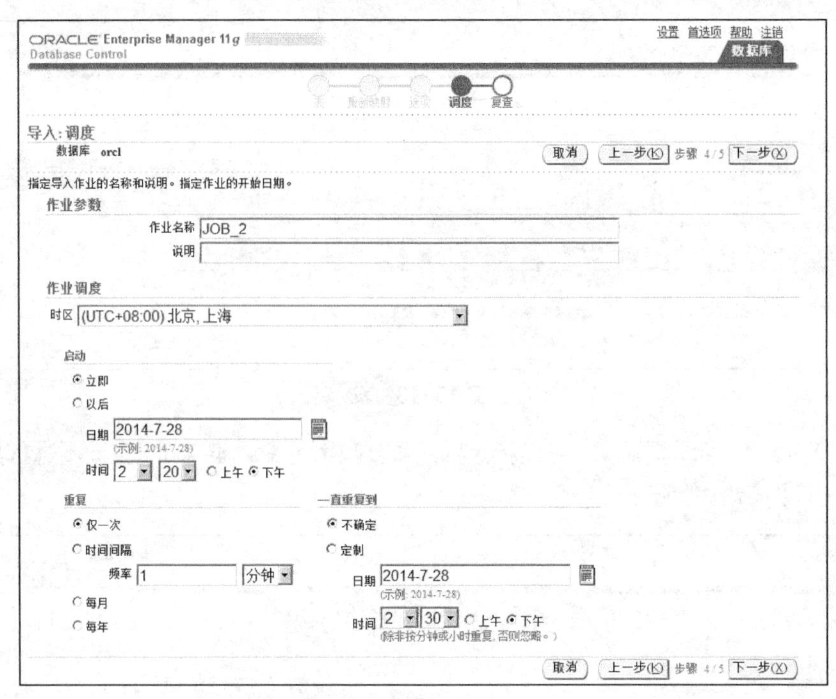


图 13-16 调度

（7）在图 13-17 所示页面中，对导入进行复查，如果没有问题，单击【提交作业】按钮。

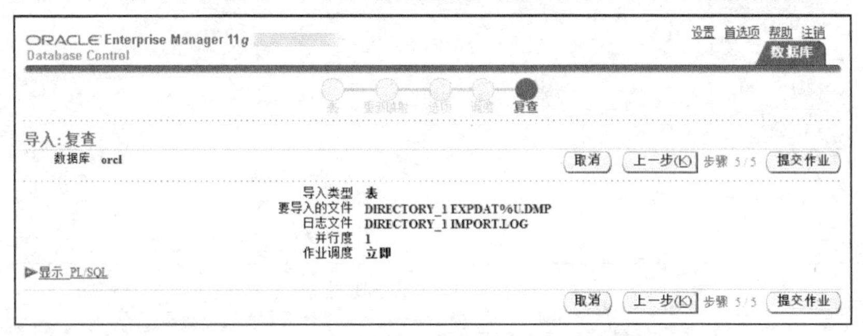


图 13-17 复查

（8）在图 13-18 所示页面中，显示导入作业正在进行中。等待一段时间以后，数据就导入完毕了。

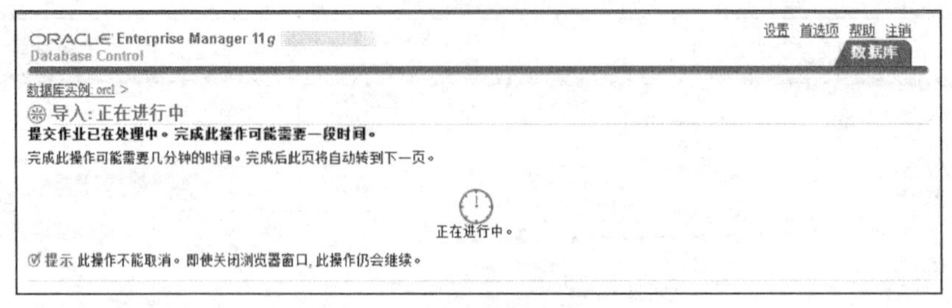


图 13-18 导入正在进行中

## 13.6 传输表空间

### 13.6.1 传输表空间简介

传输表空间是指将源数据库上的一个或多个表空间的数据文件复制到目标数据库上，通过导入的方式将表空间加载到目标数据库，使用这种方法的最大好处是执行速度快，所需要的时间与复制数据文件差不多。传输表空间的特性主要用于进行数据库对数据库的表空间复制，要进行传输的表空间必须设置为只读模式。

在传输表空间之前，用户首先将表空间设置为只读模式，再复制表空间的数据文件到目标主机，最后再使用 expdp 和 impdp 工具迁移位于数据字典中的元数据信息到目标数据库。数据文件以及元数据转储文件必须全部复制到目标数据库上。移动这些文件时可以使用任何文件复制工具，比如操作系统的复制功能、FTP 传输等。

如果平台间的字节顺序不同，那么在执行导入操作之前，首先转换源平台的表空间中数据文件到目标平台的字节顺序，如果平台间字节顺序格式相同，则可以跳过转换的步骤，即使是不同平台。要转换字节顺序，则需要在 RMAN 中执行 CONVERT DATAFILE 命令。

在执行传输表空间时，需要注意以下情况。

➢ 如果源数据库和目标数据库版本不同，源数据库的版本必须低于目标数据库。

➢ 源数据库和目标数据库设置的数据库字符集（NLS_CHARACTERSET）和国家字符集（NLS_NCHAR_CHARACTERSET）必须一致。

➢ 目标数据库不能存在需要导入的表空间。

➢ 在 Oracle 11g 中，源数据库和目标数据库的块大小可以不一样。

➢ 不能传输 SYSTEM 表空间和 SYS 用户对象所在的表空间。

➢ 从 Oracle 11g 数据库开始，Oracle 支持跨平台传输表空间，比如在 Windows 平台上传输表空间到 Linux 平台。

### 13.6.2 传输表空间实例

下面将以实例的方式来介绍在不同的主机之间传输表空间（源数据库为 orcl，目标数据库为 orcl）。

#### 1．查看字节顺序

V$TRANSPORTABLE_PLATFORM 动态性能视图显示所有支持跨平台的表空间传输的平台，以及每个平台的字节顺序（Endian）。

字节顺序是指占内存多于一个字节类型的数据在内存中的存储顺序，一般有小端（Little）和大端（Big）两种字节顺序。小端字节顺序是指低字节数据存储在内存低地址处，高字节数据存储在内存高地址处；大端字节顺序是高字节数据存储在低地址处，低字节数据存储在高地址处。

表 13-4 列出了 V$TRANSPORTABLE_PLATFORM 动态性能视图中各列的描述信息。

表 13-4　　V$TRANSPORTABLE_PLATFORM 动态性能视图

| 列名 | 描述 |
| --- | --- |
| PLATFORM_ID | 平台标识号 |
| PLATFORM_NAME | 平台名称 |
| ENDIAN_FORMAT | 平台字节顺序格式，格式可以是 Big、Little、UNKNOWN FORMAT |

使用以下命令查看操作系统的字节顺序。

```
SQL> COLUMN PLATFORM_NAME FORMAT A40
```

```
SQL> SELECT PLATFORM_NAME,ENDIAN_FORMAT
     FROM V$TRANSPORTABLE_PLATFORM;

PLATFORM_NAME                                   ENDIAN_FORMAT
------------------------------------- --------------
Solaris[tm] OE (32-bit)                      Big
Solaris[tm] OE (64-bit)                      Big
Microsoft Windows IA (32-bit)                Little
Linux IA (32-bit)                            Little
AIX-Based Systems (64-bit)                   Big
HP-UX (64-bit)                               Big
HP Tru64 UNIX                                Little
HP-UX IA (64-bit)                            Big
Linux IA (64-bit)                            Little
HP Open VMS                                  Little
Microsoft Windows IA (64-bit)                Little

PLATFORM_NAME                                   ENDIAN_FORMAT
------------------------------------- --------------
IBM zSeries Based Linux                      Big
Linux x86 64-bit                             Little
Apple Mac OS                                 Big
Microsoft Windows x86 64-bit                 Little
Solaris Operating System (x86)               Little
IBM Power Based Linux                        Big
HP IA Open VMS                               Little
Solaris Operating System (x86-64)            Little
Apple Mac OS (x86-64)                        Little

已选择 20 行。
//Windows 和 Linux 操作系统的字节顺序是 Little
```

**2．查看传输表空间是否是自包含**

自包含是指将要传输的表空间集合里的所有对象，不会引用这个集合以外的其他对象，将要传输的表空间必须是自包含的才能被传输。

以下是违反自包含条件的几种常见情况。

- 索引在这个表空间集合内，但是索引指向的表在集合之外。
- 分区表的部分分区在集合之外。
- 完整性约束的引用对象在集合之外。
- 表空间集合包含 SYS 方案对象。
- 表中包含的 LOB 对象存储在集合之外。

使用 DBMS_TTS.TRANSPORT_SET_CHECK 过程验证表空间是否是自包含的。

DBMS_TTS.TRANSPORT_SET_CHECK 过程使用以下 3 个参数。

➢ ts_list：要传输的表空间列表，以逗号分隔。

➢ incl_constraints：表示要检查的子表外键（true 表示是，false 表示否，默认为 false）。如果要传输的表空间里的某个子表上存在外键，且该外键所指向的父表在其他表空间内，incl_constraints 为 true，表明违反了自包含；incl_constraints 为 false，表明没有违反自包含。

➢ full_check：表示是否要检查表的索引。如果要传输的表空间里的某个表的索引位于其他表空间内，full_check 为 true，表明违反了自包含；full_check 为 false，表明没有违反自包含。

执行完验证表空间之后，通过 TRANSPORT_SET_VIOLATIONS 视图查看检查结果。调用此过程后，用户可以从视图中看到违规的内容。如果视图不返回任何信息，则该表空间集是自包含的。如果该表空间不是自包含的，则不能传输表空间。

注 意

执行 DBMS_TTS.TRANSPORT_SET_CHECK 过程必须要拥有 EXECUTE_CATALOG_ROLE 角色。

使用以下命令在源数据库中查看表空间 tablespace_1 是否是自包含的。

```
SQL> EXECUTE DBMS_TTS.TRANSPORT_SET_CHECK('TABLESPACE_1',true);

PL/SQL 过程已成功完成。
SQL> SELECT * FROM TRANSPORT_SET_VIOLATIONS;

未选定行
//查询结果没有任何数据，表示该表空间是自包含的，可以传输表空间。
```

**3．将表空间设置为只读模式**

在传输表空间之前必须将所有要传输的表空间设置为只读（READ ONLY）模式。

使用以下命令在源数据库中将表空间 tablespace_1 设置为只读模式。

```
SQL> ALTER TABLESPACE tablespace_1 READ ONLY;

表空间已更改。
```

**4．生成传输表空间集合**

在源数据库所在主机上，以用户 sys 身份，使用以下命令对表空间 tablespace_1 生成传输表空间集合。

```
C:\>expdp dumpfile=tablespace.dmp directory=directory_1 transport_tablespaces=tablespace_1 nologfile=y

Export: Release 11.2.0.1.0 - Production on 星期一 7月 7 14:28:22 2014

Copyright (c) 1982, 2009, Oracle and/or its affiliates.  All rights reserved.

用户名: sys AS SYSDBA                    //以用户 sys，SYSDBA 连接身份进行操作
```

```
口令:                                        //输入用户 sys 的口令

连接到: Oracle Database 11g Enterprise Edition Release 11.2.0.1.0 - Production
With the Partitioning, Oracle Label Security, OLAP, Data Mining,
Oracle Database Vault and Real Application Testing options
启动 "SYS"."SYS_EXPORT_TRANSPORTABLE_01": sys/******** AS SYSDBA
dumpfile=tablespace.dmp directory=directory_1 transport_tablespaces= tablespace_1 nologfile=y
处理对象类型 TRANSPORTABLE_EXPORT/PLUGTS_BLK
处理对象类型 TRANSPORTABLE_EXPORT/TABLE
处理对象类型 TRANSPORTABLE_EXPORT/INDEX
处理对象类型 TRANSPORTABLE_EXPORT/CONSTRAINT/CONSTRAINT
处理对象类型 TRANSPORTABLE_EXPORT/INDEX_STATISTICS
处理对象类型 TRANSPORTABLE_EXPORT/CONSTRAINT/REF_CONSTRAINT
处理对象类型 TRANSPORTABLE_EXPORT/TABLE_STATISTICS
处理对象类型 TRANSPORTABLE_EXPORT/POST_INSTANCE/PLUGTS_BLK
已成功加载/卸载了主表 "SYS"."SYS_EXPORT_TRANSPORTABLE_01"
******************************************************************************
SYS.SYS_EXPORT_TRANSPORTABLE_01 的转储文件集为:
  C:\TABLESPACE.DMP
******************************************************************************
可传输表空间 USERS 所需的数据文件:
  C:\APP\ADMINISTRATOR\ORADATA\ORCL\TBS1.DBF
作业 "SYS"."SYS_EXPORT_TRANSPORTABLE_01" 已于 14:30:19 成功完成
```

注　意

要生成传输表空间集合，必须要拥有 DATAPUMP_EXP_FULL_DATABASE 角色。

**5．复制转储文件和表空间中的数据文件**

将表空间包含的所有数据文件以及导出得到的转储文件，通过操作系统级命令复制到目标数据库所在主机的指定目录中。

将导出生成的转储文件 C:\tablespace.dmp 复制到目标数据库所在主机的 C:\目录中。

将表空间 tablespace_1 中的数据文件 C:\APP\ADMINISTRATOR\ORADATA\ORCL\TBS1.DBF 复制为目标数据库所在主机的 C:\APP\ADMINISTRATOR\ORADATA\ORCL\TBS1.DBF。

**6．创建目录对象**

使用以下命令在目标数据库中创建目录对象 directory_1。

```
SQL> CREATE DIRECTORY directory_1 AS 'c:\';

目录已创建。
```

**7．导入传输表空间集合**

在目标数据库所在主机上，以用户 sys 身份使用以下命令导入传输表空间集合。

```
C:\>impdp directory=directory_1 dumpfile=tablespace.dmp transport_datafiles='C:\APP\ADMINISTRATOR\ORADATA\ORCL\TBS1.DBF' nologfile=y

Import: Release 11.2.0.1.0 - Production on 星期一 7月 7 14:42:34 2014

Copyright (c) 1982, 2009, Oracle and/or its affiliates.  All rights reserved.

用户名: sys AS SYSDBA                       //以用户 sys，SYSDBA 连接身份进行操作
口令:                                       //输入用户 sys 口令

连接到: Oracle Database 11g Enterprise Edition Release 11.2.0.1.0 - Production
With the Partitioning, Oracle Label Security, OLAP, Data Mining,
Oracle Database Vault and Real Application Testing options
已成功加载/卸载了主表 "SYS"."SYS_IMPORT_TRANSPORTABLE_01"
启动 "SYS"."SYS_IMPORT_TRANSPORTABLE_01": sys/******** AS SYSDBA directory=directory_1 dumpfile=tablespace.dmp transport_datafiles='C:\APP\ADMINISTRATOR\ORADATA\ORCL\TBS1.DBF' nologfile=y
处理对象类型 TRANSPORTABLE_EXPORT/PLUGTS_BLK
处理对象类型 TRANSPORTABLE_EXPORT/TABLE
处理对象类型 TRANSPORTABLE_EXPORT/INDEX
处理对象类型 TRANSPORTABLE_EXPORT/CONSTRAINT/CONSTRAINT
处理对象类型 TRANSPORTABLE_EXPORT/INDEX_STATISTICS
处理对象类型 TRANSPORTABLE_EXPORT/CONSTRAINT/REF_CONSTRAINT
处理对象类型 TRANSPORTABLE_EXPORT/TABLE_STATISTICS
处理对象类型 TRANSPORTABLE_EXPORT/POST_INSTANCE/PLUGTS_BLK
作业 "SYS"."SYS_IMPORT_TRANSPORTABLE_01" 已于 14:42:49 成功完成
```

注　意

如果目标数据库中已经存在同名的表空间，则需要使用 REMAP_TABLESPACE 参数将源表空间中的所有对象导入到目标表空间中。目标表空间不需要事先创建。

要导入传输表空间集合，必须要拥有 DATAPUMP_IMP_FULL_DATABASE 角色。

### 8．设置表空间为读/写模式

使用以下命令在目标数据库中将表空间 tablespace_1 设置为读/写（READ WRITE）模式。

```
SQL> ALTER TABLESPACE tablespace_1 READ WRITE;

表空间已更改。
```

### 9．查看表空间

使用以下命令在目标数据库中查看 tablespace_1 表空间是否存在。

```
SQL> SELECT TABLESPACE_NAME,STATUS FROM DBA_TABLESPACES;

TABLESPACE_NAME                    STATUS
```

```
------------------------------ ---------
SYSTEM                          ONLINE
SYSAUX                          ONLINE
UNDOTBS1                        ONLINE
TEMP                            ONLINE
USERS                           ONLINE
TABLESPACE_1                    ONLINE

已选择 6 行。
```

## 13.7 小结

在 Oracle 11g 数据库中进行数据导出和导入操作，可以使用 Data Pump（数据泵）工具，它提供了一种基于服务器的数据导出和导入程序。所有的 Data Pump 都作为一个服务器进程，数据不再由客户端程序进行处理。Data Pump 工具的导出和导入实现了 Oracle 数据库之间数据的传输。

Data Pump 包括三大组成部分：命令行客户端（expdp 和 impdp）、DBMS_DATAPUMP 包和 DBMS_METADATA 包。使用 Data Pump 导出和导入数据时，可以执行完全模式、方案模式、表模式、表空间模式和传输表空间模式。

目录对象（Director Object）为服务器文件系统上的目录指定一个别名，用于在 Data Pump 导出和导入数据时，保存转储文件和日志文件。CREATE DIRECTORY 语句用于创建目录对象。

Data Pump Export（数据泵导出）是一个用于将数据和元数据卸载到一组名为转储文件集的操作系统文件的实用程序。使用 expdp 命令可以调用 Data Pump Export 实用程序。Data Pump Import（数据泵导入）是一个用于将导出的转储文件集加载到目标系统的实用程序。使用 impdp 命令可以调用 Data Pump Import 实用程序。

Oracle Enterprise Manager 中集成了 expdp 和 impdp 实用程序，用户可以登录 Oracle Enterprise Manager，并导出和导入数据。

传输表空间是指将源数据库上的一个或多个表空间的数据文件复制到目标数据库上，通过导入的方式将表空间加载到目标数据库。在传输表空间之前，用户首先将表空间设置为只读模式，再复制表空间的数据文件到目标主机，最后再使用 expdp 和 impdp 工具迁移位于数据字典中的元数据信息到目标数据库。如果源数据库和目标数据库版本不同，源数据库的版本必须低于目标数据库。从 Oracle 11g 数据库开始，oracle 支持跨平台传输表空间，比如在 Windows 平台上传输表空间到 Linux 平台。

## 13.8 习题

**一、选择题**

1. 在传输表空间时，不使用______。

A. TRANSPORT_FULL_CHECK　　B. TRANSPORT_TABLESPACES

C. TRANSPORT_DATAFILES　　D. TABLESPACES

2. Linux 操作系统的字节顺序格式是______。

A. Big B. Little C. Medium D. Small

3. CONTENT 指定为______，将只导出对象数据。

A. ALL B. METADATA_ONLY
C. NONE D. DATA_ONLY

4. ______ 不是 Data Pump 导入模式使用的参数。

A. TABLES B. SCHEMAS C. FULL D. DATAFILES

**二、简答题**

1. 简述 Data Pump 组成部分。
2. 简述 Data Pump 特点。
3. 简述目录对象的作用。

**三、操作题**

1. 按以下要求创建目录对象 directory_1。

（1）对应的操作系统目录为 C:\datapump。
（2）在目录对象 directory_1 上为用户 scott 授予 READ 和 WRITE 权限。

2. 按以下要求导出方案 scott 中的表 dept 的数据。

（1）以用户 scott 执行导出操作。
（2）使用目录对象 directory_1。
（3）转储文件名为 tables.dmp。
（4）禁止生成导出日志文件。

3. 按以下要求导入转储文件 tables.dmp 中的数据。

（1）以用户 scott 执行导入操作。
（2）使用目录对象 directory_1。
（3）转储文件名为 tables.dmp。
（4）禁止生成导出日志文件。
（5）将转储文件中的源表 scott.dept 重命名为 scott.dept2。

4. 按以下要求将源数据库 orcl 中的 tablespace_1 表空间传输到目标数据库 product 中。

（1）使用 DBCA 工具预先创建 product 数据库。
（2）以用户 sys 执行传输表空间操作。
（3）使用目录对象 directory_1。
（4）将源表空间 tablespace_1 重命名为 tablespace_2。

PART 14

# 第 14 章 数据库备份和恢复

## 14.1 RMAN 备份简介

### 14.1.1 什么是 RMAN

为了减少不可预见的数据丢失或应用程序错误所造成的损失，需要对数据库进行备份，如果原始数据丢失或损坏，用户可以使用备份文件对其进行恢复。

恢复管理器（Recovery Manager，RMAN）是一种启动 Oracle 服务器进程来进行备份（BACKUP）、还原（RESTORE）和恢复（RECOVER）数据库的工具，是 Oracle 中最常使用的数据库备份恢复方法。RMAN 是随 Oracle 数据库软件一同安装的，能够备份或恢复整个数据库、表空间、数据文件、控制文件、归档日志文件和服务器参数文件。RMAN 不能用于备份或恢复联机重做日志文件、文本初始化参数文件和密码文件。使用 RMAN 可以用来执行完全或不完全的数据库恢复。

使用 RMAN 进行备份和恢复的结构如图 14-1 所示。

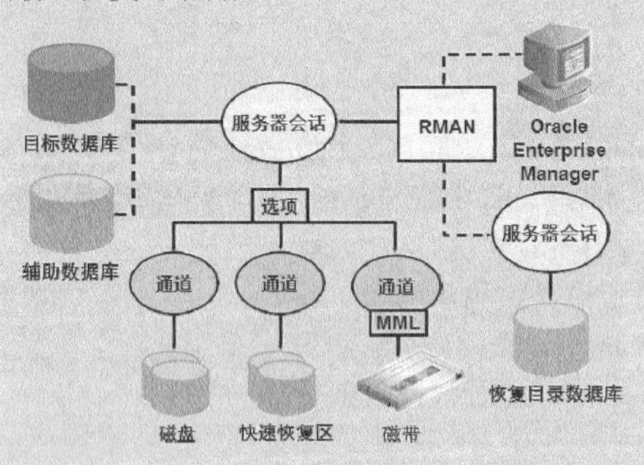


图 14-1 RMAN 结构

在归档日志模式下执行 RMAN 备份时，数据库必须处于装载（MOUNT）或打开（OPEN）状态。在非归档日志模式下只能执行干净备份，即在干净关闭（即执行 SHUTDOWN NORMAL、SHUTDOWN IMMEDIATE 或 SHUTDOWN TRANSACTIONAL 命令关闭数据库，而不能执行 SHUTDOWN ABORT 命令关闭数据库）并且启动到装载（MOUNT）状态下进行备份。

RMAN 允许进行增量数据块级别的备份，只备份自上次备份以来有变化的那些数据块。通过 RMAN 提供的接口，第三方备份与恢复软件（如 veritas）将提供更加强大的备份与恢复管理功能。RMAN 也提供了其他更多的功能，比如数据库克隆、使用 RMAN 创建备用数据库等。

RMAN通过增强的自动配置和管理功能，以及特有的块级别的恢复，使备份与恢复工作变得更加快捷与完美。

使用 RMAN 备份生成备份集时可以跳过未使用的数据块，而传统的方式无法获知哪些是未被使用的数据块。RMAN 使用 Oracle 特有的二进制压缩模式，能够最大程度地压缩数据块中的数据。

在联机备份期间，数据库仍会向数据文件中写入数据，因此备份中可能存在含有非一致性数据的数据块。RMAN 在读取数据块的同时，DBWn 后台进程可能会更新相同的数据块。此时 RMAN 读取的数据块中包含新数据和旧数据。这样的数据块是无效块，即数据块内的数据不具备一致性。

在使用 RMAN 进行备份时，Oracle 服务器负责读取数据文件。Oracle 服务器逐一读取数据块并判断其是否有效。如果数据块无效，Oracle 会再次读取直到获得了具备一致性的数据块为止。

当数据库对处于备份模式的文件进行修改操作时，系统会记录额外的重做数据。这些数据用于修复操作系统工具备份中可能包含的无效块。

使用 RMAN 进行数据库备份恢复具有以下好处。

- 可以执行增量备份。
- 可以执行压缩备份。
- 可以执行加密备份。
- 可以执行数据块恢复。

### 14.1.2 RMAN 备份形式

对 Oracle 数据库进行备份时，RMAN 的具体备份形式有备份集和映像副本两种，用得比较多的是备份集。

**1. 备份集**

备份集（Backup Set）是一种逻辑结构，是 Oracle 默认的备份类型，它包含一个或多个控制文件、数据文件、归档日志文件和服务器参数文件的二进制物理文件的集合。备份集可以支持压缩备份和增量备份，可以将 Oracle 数据库备份到磁盘或磁带。

备份集是 RMAN 提供的一种用于存储备份信息的结构，只能使用 RMAN 命令进行创建和转储。备份集只包含数据文件已用的数据块的信息，而不会包含空数据块。产生的备份集必须使用 RMAN 来进行恢复。

备份集表示进行一次备份所产生的所有备份片的集合，一个备份集中可以包含一个或多个备份片。备份集与备份片的关系类似于表空间与数据文件的关系，备份集是一个逻辑概念，将备份片（物理文件）逻辑地组织在一起。

在默认情况下，一个通道会产生一个备份集，如果启动了多个通道，那么每个通道负责生成一个备份集。如果启动了控制文件自动备份功能，那么也会单独生成一个备份集，不会与数据文件备份集合并在一起。如果在备份时指定了每个备份集中包含的数据文件的数量，那么即便只有一个通道，也有可能生成多个备份集。

在进行控制文件备份以后，会出现一个独立的备份集。控制文件和数据文件不能存储在同一个备份集中，因为数据文件所在的备份集是以 Oracle 数据块作为最小单位的，而控制文件所在备份集是以操作系统块作为最小单位的。归档日志文件所在的备份集也以操作系统块作为最小单位，所以归档日志文件备份集和数据文件备份集不能存储在同一个备份集中。

备份集具有以下特性。

- 备份集包含一个或多个称作备份片的物理文件。
- 备份集使用 BACKUP 命令来进行创建。
- 可以将备份集写入到磁盘或磁带。
- 在执行恢复（RECOVER）之前必须通过还原（RESTORE）操作从备份集中提取文件。
- 归档日志文件的备份集不能是增量备份。
- 备份集不包含从来没有使用过的数据块。

**2．映像副本**

映像副本（Image Copy）类似于用户管理的备份，是控制文件、数据文件或归档日志文件的完整复制，不需要经过任何压缩处理，也不支持增量备份，等同于操作系统的复制（Copy）命令。当使用 RMAN 生成映像副本时，每个备份的文件都会生成相应的映像副本。因为映像副本文件与源文件的大小完全一致，所以使用映像副本会占用更多的存储空间。映像副本只能备份到磁盘上，而不能备份到磁带上。

映像副本是指一个文件生成一个映像副本文件，与手工使用操作系统命令备份文件类似，不同的是这个过程是由 RMAN 来完成的，RMAN 复制的时候也是一个数据块一个数据块地复制，同时默认检测数据块是否出现物理损坏，能够验证备份文件内数据块的有效性，并在 RMAN 资料库中记录复制的情况，并且不需要将表空间设置为 BEGIN BACKUP 状态。映像副本和备份集的不同点在于生成的映像副本中包含使用过的数据块，也包含从来没有使用过的数据块。

生成映像副本的好处在于数据库恢复的速度要比备份集更快，恢复时可以不用复制文件，指定文件新位置即可。映像副本至少要求数据库在装载（MOUNT）状态下运行（需要读取控制文件中的文件号）。映像副本允许在 RMAN 中使用 BACKUP AS COPY 命令进行数据库复制。

### 14.1.3 备份片

备份片（Backup Piece）是用于存储 RMAN 备份信息的二进制文件，每个备份片对应一个操作系统文件。在默认情况下，当使用 RMAN 生成备份集时，每个备份集只包含一个备份片。如果将一个备份集存储在多个存储设备上，则可以将备份集划分为多个备份片。比如，磁盘最大容量为 4GB，而备份集大小超过磁盘容量的最大值，为了将该备份集信息存储到磁盘上，必须将备份集分布到不同的磁盘上。

每个备份片是一个单独的输出文件。一个备份片的大小是有限制的，如果没有大小的限制，备份集就只能由一个备份片构成。备份片的大小不能大于文件系统所支持的文件的最大值，最大大小可以通过 MAXPIECESIZE 设置。一个数据文件可以跨备份片存在，但不能跨备份集存在。

### 14.1.4 通道

通道（Channel）是 RMAN 和目标数据库之间的一个连接，使用 ALLOCATE CHANNEL 命令在目标数据库上启动一个服务器进程，同时必须定义服务器进程执行备份和恢复操作时使用的 I/O 类型。通道可以看作是一个 I/O 的进程，所以多通道的方式一般是提供 BACKUP 的并行度，对于多 I/O 支持的设备，效果比较明显。

通道控制命令主要用来进行以下操作。

- 控制 RMAN 使用的操作系统资源。

- 指定并行度。
- 指定 I/O 带宽的限制值。
- 指定备份片大小的限制。
- 指定当前打开文件的限制值。

大多数的 RMAN 在执行时必须先手动或自动地分配通道，一个通道必须要对应一个服务器进程。在执行 BACKUP、RESTORE、DELETE 等命令时，可以使用 ALLOCATE CHANNEL 命令来分配一个或多个通道，使用 RELEASE CHANNEL 命令来释放通道，ALLOCATE CHANNEL 和 RELEASE CHANNEL 命令必须包含在 RUN 的命令块里。RMAN 执行这些命令的时候，至少需要一个通道，多个通道时就会对应多个进程来进行 I/O 操作。也可以在 RUN 命令里不分配通道，这时就没有手动的指定通道，那么就会使用默认的通道，也就是预定义的通道，可以通过 SHOW ALL 命令来查看预定义的通道。

通道是指由服务器进程发起并控制的目标数据库文件和备份设备之间的数据流。备份设备包括 DISK（磁盘）和 SBT（第三方存储，一般为磁带或磁带库）两种，通道分配如图 14-2 所示。

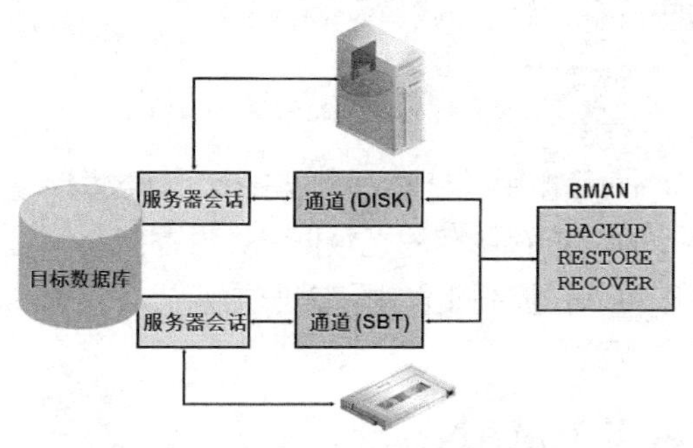


图 14-2 通道分配

通道的工作由读取、复制、写入 3 个阶段组成。如果是数据库备份操作，在读取阶段，通道将输入文件（被备份的文件）的数据块读入输入缓冲；在复制阶段，通道将输入缓冲中的数据块读入到输出缓冲，并进行校验、压缩和加密等操作；在写入阶段，通道将输出缓冲的数据块写入到备份文件中。如果是数据库还原操作，3 个阶段不变，只是通道传输的方向及复制阶段的操作类型是逆向的。

手动分配通道需要使用 RUN 命令。使用以下命令在默认磁盘设备上手动分配 1 个通道来备份整个数据库，通道名称为 ch1，备份结束以后释放这个通道。

```
RMAN> RUN
    {
    ALLOCATE CHANNEL ch1 DEVICE TYPE DISK;
    BACKUP DATABASE;
    RELEASE CHANNEL ch1;
    }
```

### 14.1.5 RMAN 环境简介

RMAN 是在数据库上执行数据库备份和恢复任务，以及备份策略自动化管理的 Oracle 数据库客户端，它极大地简化了备份、还原和恢复数据库工作。

RMAN 环境可以包括以下组件。

**1．目标数据库**

目标数据库（Target Database）是 RMAN 使用 TARGET 关键词连接的一个 Oracle 数据库。目标数据库是 RMAN 执行备份和恢复操作的数据库。RMAN 始终维护其对数据库的控制文件中的数据库操作的元数据。RMAN 元数据被称为 RMAN 资料档案库。

**2．RMAN 客户端**

Oracle 数据库的可执行文件解释命令，指示服务器会话来执行这些命令，并记录其活动在目标数据库的控制文件中。

**3．快速恢复区**

快速恢复区（Fast Recovery Area）是在数据库中可以存储和管理相关的备份和恢复文件的磁盘位置。使用 DB_RECOVERY_FILE_DEST 和 DB_RECOVERY_FILE_DEST_SIZE 初始化参数设置快速恢复区的位置和大小。

**4．介质管理器**

使用循序媒体设备（如磁带库）进行交互所需的 RMAN 的应用程序。介质管理器通过在备份和恢复过程中控制这些设备，管理加载、标签和媒体卸载。介质管理设备有时也被称为 SBT（系统备份到磁带）设备。

**5．恢复目录**

恢复目录（Recovery Catalog）用于针对一个或多个目标数据库记录 RMAN 活动的独立数据库架构。恢复目录保存 RMAN 存储库的元数据，如果控制文件丢失，使其更容易还原和恢复丢失的控制文件。数据库可以在控制文件中覆盖旧的记录，但 RMAN 在恢复目录中永远保持记录，除非该记录由用户删除。

### 14.1.6 启动和退出 RMAN

要使用 RMAN 对数据库进行备份或恢复，首先需要掌握如何启动和退出 RMAN。

**1．启动 RMAN**

（1）使用 RMAN 命令

RMAN 可执行文件通常与其他 Oracle 可执行文件位于同一目录中。比如 Windows 上的 RMAN 客户端位于 C:\app\Administrator\product\11.2.0\dbhome_1\BIN 目录中。在操作系统命令行启动 RMAN 命令，连接到目标数据库或恢复数据库。

以下为 RMAN 以用户 sys 连接到目标数据库。

```
C:\>RMAN TARGET sys

恢复管理器: Release 11.2.0.1.0 - Production on 星期二 2月 3 08:18:51 2015

Copyright (c) 1982, 2009, Oracle and/or its affiliates.  All rights reserved.

目标数据库口令:                          //输入目标数据库的 sys 用户的密码
连接到目标数据库: ORCL (DBID=1291454245)

RMAN>
```

RMAN 连接到目标数据库或恢复数据库的方法如表 14-1 所示。

表 14-1 RMAN 连接

| 命令 | 描述 |
| --- | --- |
| RMAN TARGET / | 以操作系统认证连接到目标数据库 |
| RMAN TARGET sys | 以用户 sys 连接到目标数据库 |
| RMAN TARGET sys@orcl | 以用户 sys、网络服务名 orcl 连接到目标数据库 |
| RMAN TARGET sys@orcl NOCATALOG | 以用户 sys、网络服务名 orcl 连接到目标数据库，不使用恢复目录数据库 |
| RMAN TARGET sys CATALOG rman@product | 以用户 sys 连接到目标数据库，以用户 rman、网络服务名 product 连接到恢复目录数据库 |
| RMAN TARGET sys@orcl CATALOG rman@product | 以用户 sys、网络服务名 orcl 连接到目标数据库，以用户 rman、网络服务名 product 连接到恢复目录数据库 |

（2）使用 RMAN 命令执行文本文件

对于重复性的工作，可以创建一个包含 RMAN 命令的文本文件，并使用“@文本文件”启动 RMAN 客户端。

在当前目录下创建一个文本文件 file1.txt，该文件内容如下所示。

```
BACKUP DATABASE;
```

可以从操作系统命令行界面运行这个文本文件，并执行其中包含的命令。该命令完成后，RMAN 退出，如下所示。

```
C:\>rman TARGET sys @file1.txt
```

也可以在 RMAN 命令提示符下使用@，在 RMAN 会话过程中执行文本文件的内容。RMAN 读取该文件，并在其中执行该命令，如下所示。

```
RMAN> @cmdfile1
```

文本文件内容被执行以后，RMAN 将显示以下消息。

```
RMAN>  **文件结尾**
```

**2．退出 RMAN**

在 RMAN 提示符中输入 EXIT 或 QUIT 命令，退出 RMAN 并终止程序。

```
RMAN> EXIT



恢复管理器完成。
C:\>
```

## 14.2 RMAN 资料档案库

要保存 RMAN 存储库的元数据有两种方法：控制文件和恢复目录。

### 14.2.1 使用控制文件

在默认情况下，Oracle 会使用本地数据库的控制文件来保存 RMAN 存储库的元数据。CONTROL_FILE_RECORD_KEEP_TIME 初始化参数表示控制文件里可重复使用的记录所能保存的最小天数。如果设置为 0，那么控制文件可以重复使用的部分将永远不会扩展。该参数的默认值是 7 天，可以设置的最大值为 365 天。

使用以下命令显示 CONTROL_FILE_RECORD_KEEP_TIME 初始化参数。

```
SQL> SHOW PARAMETER CONTROL_FILE_RECORD_KEEP_TIME

NAME                                 TYPE        VALUE
------------------------------------ ----------- ------------------------------
control_file_record_keep_time        integer     7
```

### 14.2.2 使用恢复目录

恢复目录是一种在恢复目录数据库上创建的存储对象，可以用来保存 RMAN 存储库的元数据，恢复目录数据库能够更好地提高备份目标数据库的安全性。在使用 RMAN 备份数据库时，如果不使用恢复目录，那么 RMAN 备份所涉及的信息（如备份集和备份片信息）会全部保存在目标数据库的控制文件里。如果控制文件损坏，那么所保存的 RMAN 备份的信息就很有可能丢失。引入恢复目录以后，RMAN 备份的信息就会相应地保存到这个恢复目录里。

恢复目录具有以下特点。

- 恢复目录可以做到集中管理，一个数据库作为恢复目录数据库，管理多个目标数据库。
- 只有使用恢复目录才能创建和使用脚本。
- 恢复目录可以保证恢复需要的元数据保留更长的时间。

**1．创建恢复目录所需表空间**

在恢复目录数据库 product 中使用以下命令创建恢复目录所需要的表空间 rman_tbs。

```
SQL> CREATE TABLESPACE rman_tbs DATAFILE 'c:\rmantbs.dbf' SIZE 500M;

表空间已创建。
```

**2．创建 RMAN 用户**

在恢复目录数据库 product 中使用以下命令创建用户 rman，指定默认表空间为 rman_tbs，在该表空间上的配额为 UNLIMITED。

```
SQL> CREATE USER rman IDENTIFIED BY rman
        DEFAULT TABLESPACE rman_tbs
        QUOTA UNLIMITED ON rman_tbs;

用户已创建。
```

**3．为用户授权**

在恢复目录数据库product中将CONNECT、RESOURCE和RECOVERY_CATALOG_OWNER系统权限授予用户 rman。

```
SQL> GRANT CONNECT,RESOURCE,RECOVERY_CATALOG_OWNER TO rman;

授权成功。
```

**4．创建恢复目录**

以 rman 用户连接到恢复目录数据库以后，使用 CREATE CATALOG 命令创建恢复目录。如果已经存在恢复目录，可以使用 DROP CATALOG 命令先删除原有的恢复目录。

```
C:\>RMAN CATALOG rman/rman@product

恢复管理器: Release 11.2.0.1.0 - Production on 星期二 5 月 20 22:19:50 2014

Copyright (c) 1982, 2009, Oracle and/or its affiliates.  All rights reserved.

连接到恢复目录数据库
RMAN> CREATE CATALOG TABLESPACE rman_tbs;

恢复目录已创建
```

注 意

在连接到恢复目录数据库 product 之前，使用 NETCA 工具创建数据库 product，然后再创建本地网络服务名 product。

### 5．注册目标数据库

对于每一个使用 RMAN 执行备份和恢复的数据库，必须在 RMAN 存储库中对它们进行注册。该操作记录目标数据库模式和目标数据库的 DBID 等信息。只需要注册一次目标数据库，随后连接到目标数据库的 RMAN 会话将自动引用 RMAN 存储库中的元数据。

以 sys 用户连接到目标数据库，以 rman 用户连接到恢复目录数据库以后，使用 REGISTER DATABASE 命令注册目标数据库。

```
C:\>RMAN TARGET sys CATALOG rman/rman@product

恢复管理器: Release 11.2.0.1.0 - Production on 星期六 10 月 25 05:04:08 2014

Copyright (c) 1982, 2009, Oracle and/or its affiliates.  All rights reserved.

目标数据库口令:                                    //输入目标数据库 sys 用户的口令
连接到目标数据库: ORCL (DBID=1291454245)
连接到恢复目录数据库

RMAN> REGISTER DATABASE;

注册在恢复目录中的数据库
正在启动全部恢复目录的 resync
完成全部 resync
```

### 6．同步恢复目录

如果目标数据库的表空间和数据文件等发生变化，那么目标数据库的控制文件会被改写，这时需要恢复目录和目标数据库控制文件进行同步。

以 sys 用户连接到目标数据库，以 rman 用户连接到恢复目录数据库以后，使用 RESYNC CATALOG 命令同步恢复目录。

```
C:\>RMAN TARGET sys CATALOG rman/rman@product

恢复管理器: Release 11.2.0.1.0 - Production on 星期六 10 月 25 05:04:08 2014

Copyright (c) 1982, 2009, Oracle and/or its affiliates.    All rights reserved.

目标数据库口令:                                    //输入目标数据库 sys 用户的口令
连接到目标数据库: ORCL (DBID=1291454245)
连接到恢复目录数据库

RMAN> RESYNC CATALOG;
```

## 14.3 显示、设置和清除 RMAN 配置参数

### 14.3.1 显示 RMAN 配置参数

使用 SHOW 命令可以显示 RMAN 配置参数。

**例 14-1**：显示所有 RMAN 配置参数。

```
RMAN> SHOW ALL;

使用目标数据库控制文件替代恢复目录
db_unique_name 为 ORCL 的数据库的 RMAN 配置参数为:
CONFIGURE RETENTION POLICY TO REDUNDANCY 1; # default
CONFIGURE BACKUP OPTIMIZATION OFF; # default
CONFIGURE DEFAULT DEVICE TYPE TO DISK; # default
CONFIGURE CONTROLFILE AUTOBACKUP OFF; # default
CONFIGURE CONTROLFILE AUTOBACKUP FORMAT FOR DEVICE TYPE DISK TO
'%F'; # default
CONFIGURE DEVICE TYPE DISK PARALLELISM 1 BACKUP TYPE TO BACKUPSET; #
default
CONFIGURE DATAFILE BACKUP COPIES FOR DEVICE TYPE DISK TO 1; # default
CONFIGURE ARCHIVELOG BACKUP COPIES FOR DEVICE TYPE DISK TO 1; # default
CONFIGURE MAXSETSIZE TO UNLIMITED; # default
CONFIGURE ENCRYPTION FOR DATABASE OFF; # default
CONFIGURE ENCRYPTION ALGORITHM 'AES128'; # default
CONFIGURE COMPRESSION ALGORITHM 'BASIC' AS OF RELEASE 'DEFAULT'
OPTIMIZE FOR LOAD TRUE ; # default
CONFIGURE ARCHIVELOG DELETION POLICY TO NONE; # default
CONFIGURE SNAPSHOT CONTROLFILE NAME TO 'C:\APP\ADMINISTRATOR\PRODUCT\
11.2.0\DBHOME_1\DATABASE\SNCFORCL.ORA'; # default
```

**例 14-2**：显示 CONTROLFILE AUTOBACKUP 配置参数。

```
RMAN> SHOW CONTROLFILE AUTOBACKUP;

db_unique_name 为 ORCL 的数据库的 RMAN 配置参数为:
CONFIGURE CONTROLFILE AUTOBACKUP OFF; # default
//如果输出信息后面带有# default，则表示该配置参数是默认设置
```

### 14.3.2 设置 RMAN 配置参数

使用 CONFIGURE 命令可以设置 RMAN 配置参数。

**1．配置控制文件自动备份**

CONTROLFILE AUTOBACKUP 配置控制文件自动进行备份，默认值为 OFF。强制数据库在备份文件或者执行改变数据库结构的命令之后将控制文件自动备份。这样可以避免控制文件和恢复目录丢失以后，控制文件仍然可以恢复。

注 意

在备份 system01.dbf 数据文件或 SYSTEM 表空间时，将会自动备份控制文件和服务器参数文件，即使 CONTROLFILE AUTOBACKUP 参数为 OFF。

**例 14-3**：配置控制文件自动进行备份。

```
RMAN> CONFIGURE CONTROLFILE AUTOBACKUP ON;

新的 RMAN 配置参数:
CONFIGURE CONTROLFILE AUTOBACKUP ON;
已成功存储新的 RMAN 配置参数
```

**2．配置备份优化**

BACKUP OPTIMIZATION 配置备份优化，默认值为 OFF。如果设置为 ON，将对备份的数据文件和归档文件等执行一种优化的算法。

**例 14-4**：配置备份优化。

```
RMAN> CONFIGURE BACKUP OPTIMIZATION ON;

新的 RMAN 配置参数:
CONFIGURE BACKUP OPTIMIZATION ON;
已成功存储新的 RMAN 配置参数
```

**3．配置备份保留策略**

备份保留策略主要是保留备份副本的一些规则，通常用于满足恢复需要。

备份保留策略有两类：冗余（REDUNDANCY）和恢复窗口（RECOVERY WINDOW）。这两种保留策略互不兼容，只能选择其中一种。

- REDUNDANCY：保留可以恢复的最新的指定数量的数据库备份，任何超过最新指定数量的备份都将被标记为 REDUNDANCY。REDUNDANCY 是默认备份保留策略，它的默认值是 1。
- RECOVERY WINDOW：允许将数据库系统恢复到最近指定天数内的任意时刻。任何超过指定天数的数据库备份将被标记为 OBSOLETE（过时），允许删除随着时间推移而变为过

时的备份。

**例 14-5**：保留可以恢复的最近的 5 份数据库备份。

```
RMAN> CONFIGURE RETENTION POLICY TO REDUNDANCY 5;

新的 RMAN 配置参数:
CONFIGURE RETENTION POLICY TO REDUNDANCY 5;
已成功存储新的 RMAN 配置参数
```

**例 14-6**：保留可以恢复的最近 14 天的数据库备份。

```
RMAN> CONFIGURE RETENTION POLICY TO RECOVERY WINDOW OF 14 DAYS;

新的 RMAN 配置参数:
CONFIGURE RETENTION POLICY TO RECOVERY WINDOW OF 14 DAYS;
已成功存储新的 RMAN 配置参数
```

**4．配置默认设备类型**

DEFAULT DEVICE TYPE 指定自动通道的默认设备类型为磁盘（DISK）或磁带（SBT），默认设备类型为磁盘。

**例 14-7**：指定自动通道的默认设备类型为磁盘。

```
RMAN> CONFIGURE DEFAULT DEVICE TYPE TO DISK;

新的 RMAN 配置参数:
CONFIGURE DEFAULT DEVICE TYPE TO DISK;
已成功存储新的 RMAN 配置参数
```

**5．为整个数据库启用透明加密**

ENCRYPTION FOR DATABASE 指定是否要为整个数据库启用透明加密。

**例 14-8**：为整个数据库启用透明加密。

```
RMAN> CONFIGURE ENCRYPTION FOR DATABASE ON;

新的 RMAN 配置参数:
CONFIGURE ENCRYPTION FOR DATABASE ON;
已成功存储新的 RMAN 配置参数
```

**6．配置加密算法**

ENCRYPTION ALGORITHM 配置加密算法。

**例 14-9**：配置加密算法为 AES256。

```
RMAN> CONFIGURE ENCRYPTION ALGORITHM 'AES256';

新的 RMAN 配置参数:
CONFIGURE ENCRYPTION ALGORITHM 'AES256';
已成功存储新的 RMAN 配置参数
```

**7．配置备份集最大值**

MAXSETSIZE 指定通道上创建的每个备份集的最大值。

例 14-10：指定通道上创建的每个备份集的最大值为 1000M。

```
RMAN> CONFIGURE MAXSETSIZE TO 1000M;

新的 RMAN 配置参数:
CONFIGURE MAXSETSIZE TO 1000 M;
已成功存储新的 RMAN 配置参数
```

### 8. 配置控制文件自动备份默认路径和格式

CONTROLFILE AUTOBACKUP FORMAT FOR DEVICE TYPE DISK 配置控制文件自动备份默认路径和格式。

例 14-11：配置控制文件自动备份默认路径和格式为 c:\%F。

```
RMAN> CONFIGURE CONTROLFILE AUTOBACKUP FORMAT FOR DEVICE TYPE DISK TO 'c:\%F';

新的 RMAN 配置参数:
CONFIGURE CONTROLFILE AUTOBACKUP FORMAT FOR DEVICE TYPE DISK TO 'c:\%F';
已成功存储新的 RMAN 配置参数
```

### 9. 指定数据文件和控制文件备份集副本数

在指定设备类型上为数据文件和控制文件指定每个备份集的副本数。可以创建 1（默认值）～4 个副本。指定多个备份集副本数以后，不允许在快速恢复区中进行备份。

例 14-12：指定数据文件和控制文件备份集副本数为 2。

```
RMAN> CONFIGURE DATAFILE BACKUP COPIES FOR DEVICE TYPE DISK TO 2;

新的 RMAN 配置参数:
CONFIGURE DATAFILE BACKUP COPIES FOR DEVICE TYPE DISK TO 2;
已成功存储新的 RMAN 配置参数
```

### 10. 指定归档日志文件备份集副本数

在指定设备类型上为归档日志文件指定每个备份集的副本数。可以创建 1（默认值）～4 个副本。指定多个备份集副本数以后，不允许在快速恢复区中进行备份。

例 14-13： 指定归档日志文件备份集副本数为 2。

```
RMAN> CONFIGURE ARCHIVELOG BACKUP COPIES FOR DEVICE TYPE DISK TO 2;

新的 RMAN 配置参数:
CONFIGURE ARCHIVELOG BACKUP COPIES FOR DEVICE TYPE DISK TO 2;
已成功存储新的 RMAN 配置参数
```

### 11. 配置快照控制文件的名称和位置

SNAPSHOT CONTROLFILE NAME 配置快照控制文件的名称和位置。

例 14-14：配置快照控制文件的名称为 C:\SNCFORCL.ORA。

```
RMAN> CONFIGURE SNAPSHOT CONTROLFILE NAME TO 'C:\SNCFORCL.ORA';
```

```
新的 RMAN 配置参数:
CONFIGURE SNAPSHOT CONTROLFILE NAME TO 'C:\SNCFORCL.ORA';
已成功存储新的 RMAN 配置参数
```

**12．备份整个数据库时排除指定表空间**

EXCLUDE FOR TABLESPACE 配置在备份整个数据库时排除指定表空间。

**例 14-15**：备份整个数据库时排除表空间 users。

```
RMAN> CONFIGURE EXCLUDE FOR TABLESPACE users;

今后的全部数据库备份将排除表空间 USERS
已成功存储新的 RMAN 配置参数
```

**13．指定备份集最大大小**

MAXSETSIZE 指定备份集的最大大小。

**例 14-16**：指定备份集的最大大小为 1G。

```
RMAN> CONFIGURE MAXSETSIZE TO 1G;

新的 RMAN 配置参数:
CONFIGURE MAXSETSIZE TO 1 G;
已成功存储新的 RMAN 配置参数
```

**14．配置自动通道数**

配置分配给 RMAN 作业指定设备类型的自动通道的数目，也就是配置数据库设备类型的并行度。默认情况下，PARALLELISM 设置为 1。

**例 14-17**：配置自动通道数为 3。

```
RMAN> CONFIGURE DEVICE TYPE DISK PARALLELISM 3 BACKUP TYPE TO BACKUPSET;

新的 RMAN 配置参数:
CONFIGURE DEVICE TYPE DISK PARALLELISM 3 BACKUP TYPE TO BACKUPSET;
已成功存储新的 RMAN 配置参数
```

**15．压缩备份数据库**

COMPRESSED 指定对数据库进行压缩备份。

**例 14-18**：配置在默认磁盘设备类型上对备份集进行压缩备份。

```
RMAN> CONFIGURE DEVICE TYPE DISK BACKUP TYPE TO COMPRESSED BACKUPSET;

新的 RMAN 配置参数:
CONFIGURE DEVICE TYPE DISK BACKUP TYPE TO COMPRESSED BACKUPSET PARALLELISM 1;
已成功存储新的 RMAN 配置参数
```

**16．设置通道 I/O 带宽限制值**

RATE 设置通道的 I/O 带宽限制值。

例 14-19：配置通道 1 的 I/O 带宽限制值为 200K。

```
RMAN> CONFIGURE CHANNEL 1 DEVICE TYPE DISK RATE 200K;

新的 RMAN 配置参数:
CONFIGURE CHANNEL 1 DEVICE TYPE DISK RATE 200 K;
已成功存储新的 RMAN 配置参数
```

**17．配置备份片最大值**

使用 MAXPIECESIZE 设置备份集中每一个备份片文件的大小。

例 14-20：设置每一个备份片文件的大小为 1 GB。

```
RMAN> CONFIGURE CHANNEL DEVICE TYPE DISK MAXPIECESIZE 1G;

新的 RMAN 配置参数:
CONFIGURE CHANNEL DEVICE TYPE DISK MAXPIECESIZE 1 G;
已成功存储新的 RMAN 配置参数
```

**18．设置备份文件存储目录和文件的名称格式**

使用 FORMAT 设置备份文件的存储目录和文件的名称格式。

例 14-21：设置备份文件的存储目录和文件的名称格式为 c:\DB_%U。

```
RMAN>CONFIGURE CHANNEL DEVICE TYPE DISK FORMAT 'c:\DB_%U';

新的 RMAN 配置参数:
CONFIGURE CHANNEL DEVICE TYPE DISK FORMAT   'c:\DB_%U';
已成功存储新的 RMAN 配置参数
```

### 14.3.3 清除 RMAN 配置参数

在 CONFIGURE 语句结尾使用 CLEAR 可以清除 RMAN 配置参数，恢复成默认的设置。

例 14-22：清除设置的备份保留策略，将恢复回默认的保留策略。

```
RMAN> CONFIGURE RETENTION POLICY CLEAR;

旧的 RMAN 配置参数:
CONFIGURE RETENTION POLICY TO RECOVERY WINDOW OF 14 DAYS;
RMAN 配置参数已成功重置为默认值
```

例 14-23：清除通道默认磁盘设备类型的配置。

```
RMAN>CONFIGURE CHANNEL DEVICE TYPE DISK  CLEAR;

旧的 RMAN 配置参数:
CONFIGURE CHANNEL DEVICE TYPE DISK FORMAT   'c:\DB_%U';
已成功删除旧的 RMAN 配置参数
```

## 14.4 备份数据库

使用 BACKUP 命令可以备份整个数据库、表空间、数据文件、控制文件、SPFILE 文件和归档日志文件。

### 14.4.1 整个数据库备份

整个数据库备份是指对数据库内所有的控制文件和数据文件进行的备份。整个数据库备份是最常用的一种备份方法。

在备份数据库之前，必须将数据库设置为归档日志模式，设置完以后使用以下命令查看数据库是否处于归档日志模式，可以看到当前处于归档日志模式（ARCHIVELOG）。

```
SQL> SELECT DBID,NAME,LOG_MODE FROM V$DATABASE;

      DBID NAME      LOG_MODE
---------- --------- ------------
1291454245 ORCL      ARCHIVELOG
//数据库当前处于 ARCHIVELOG 模式
```

**例 14-24**：备份整个数据库。

```
RMAN> BACKUP DATABASE;
```

注　意

BACKUP DATABASE 命令和 BACKUP AS BACKUPSET DATABASE 命令起到一样的作用。

**例 14-25**：强制备份整个数据库。

```
RMAN> BACKUP DATABASE FORCE;
```

### 14.4.2 表空间备份

表空间备份是指对表空间中的所有数据文件进行的备份。如 tablespace_1 表空间中包含文件号为 6、7 和 8 的数据文件，那么对 tablespace_1 表空间进行备份时将备份这 3 个数据文件。

如果数据库运行在归档日志模式下，那么表空间可以在处于联机或脱机状态时进行备份，此时表空间备份才是有效的。在使用表空间备份还原一个表空间后，必须应用重做日志才能使其与其他表空间保持一致性。

**例 14-26**：备份表空间 users。

```
RMAN> BACKUP TABLESPACE users;
```

### 14.4.3 数据文件备份

数据文件备份是指对一个或多个数据文件进行 RMAN 备份。数据库运行在归档日志模式下时，对数据文件进行 RMAN 备份才会有效。

当出现以下两种情况时，数据库运行在非归档日志模式下，对数据文件进行 RMAN 备份也会有效。

- 构成表空间的所有数据文件都进行了备份。用户必须使用所有数据文件来还原数据库。
- 数据文件处于只读或脱机状态。

**例 14-27**：备份数据文件 C:\APP\ADMINISTRATOR\ORADATA\ORCL\USERS01.DBF。

```
RMAN> BACKUP DATAFILE 'C:\APP\ADMINISTRATOR\ORADATA\ORCL\USERS01.DBF';
```

**例 14-28**：备份文件号为 4 的数据文件。

```
RMAN> BACKUP DATAFILE 4;
//数据文件的文件号可以查看 DBA_DATA_FILES 数据字典的 FILE_ID 列
```

**例 14-29**：备份文件号为 4、5 和 6 的数据文件。

```
RMAN> BACKUP DATAFILE 4,5,6;
```

### 14.4.4 控制文件备份

备份控制文件是数据库备份和恢复过程中的重要工作内容。在没有控制文件的时候，数据库将无法装载或打开，因此在灾难恢复工作中可以发挥重要作用。

**例 14-30**：备份控制文件。

```
RMAN> BACKUP CURRENT CONTROLFILE;
```

**例 14-31**：备份整个数据库的同时备份控制文件。

```
RMAN> BACKUP DATABASE CURRENT CONTROLFILE;
```

**例 14-32**：备份文件号为 4 的数据文件的同时备份控制文件。

```
RMAN> BACKUP DATAFILE 4 INCLUDE CURRENT CONTROLFILE;
```

### 14.4.5 归档日志文件备份

在恢复使用非一致性备份还原的数据库时，归档日志文件必不可少。除非使用了 RMAN 增量备份功能，否则必须利用归档日志对非一致性备份进行恢复。如果需要将一个备份恢复到最新日志点，则必须使用从还原点到最新日志点间的所有重做日志。

备　注

非一致性备份是指在数据库处于打开状态时，或数据库异常关闭以后，对一个或多个数据库文件进行的备份。非一致性备份需要在还原之后进行恢复操作。

如果序列号为 15 的重做日志丢失，用户就无法将数据库从序列号为 10 的日志点恢复到序列号为 20 的日志点。此时用户只能在序列号为 14 的日志点处停止恢复，并使用 RESETLOGS 选项打开数据库。由于归档日志在恢复过程中必不可少，应该周期性地对其进行备份。

备份归档日志文件时具有以下特点。

- 备份归档日志文件时只备份归档过的数据文件。
- 备份归档日志文件时总是对归档日志文件执行完全备份。
- 对归档日志文件备份之前会自动执行一次日志切换，并且从一组归档日志文件中备份未损坏的归档日志。
- RMAN 会自动判断哪些归档日志需要进行备份。
- 归档日志的备份集不能包含其他类型的文件。

**例 14-33**：备份所有的归档日志文件。

```
RMAN> BACKUP ARCHIVELOG ALL;
```

**例 14-34**：备份数据库的同时备份归档日志文件。

```
RMAN> BACKUP DATABASE PLUS ARCHIVELOG;
```

**例 14-35**：备份所有的归档日志文件，备份完成之后删除所有已经备份过的归档日志文件。

```
RMAN> BACKUP ARCHIVELOG ALL DELETE INPUT;
```

**例 14-36**：备份序列号在 10～14 的归档日志文件。

```
RMAN> BACKUP ARCHIVELOG SEQUENCE BETWEEN 10 AND 14;
//序列号可以查看 V$ARCHIVED_LOG 动态性能视图的 SEQUENCE#列
```

**例 14-37**：备份序列号大于等于 14 的归档日志文件。

```
RMAN> BACKUP ARCHIVELOG FROM SEQUENCE=14;
```

**例 14-38**：备份 2～5 天前生成的归档日志文件。

```
RMAN> BACKUP ARCHIVELOG FROM TIME "SYSDATE-5" UNTIL TIME "SYSDATE-2";
```

### 14.4.6 服务器参数文件备份

服务器参数文件备份是指对服务器参数文件（SPFILE 文件）进行的备份。

**例 14-39**：备份服务器参数文件。

```
RMAN> BACKUP SPFILE;
```

注　意

不能使用 RMAN 备份文本初始化参数文件（PFILE 文件）。

## 14.5 RMAN 高级备份

### 14.5.1 压缩备份

使用 COMPRESSED 指定对备份进行压缩处理。

**例 14-40**：压缩备份整个数据库。

```
RMAN> BACKUP AS COMPRESSED BACKUPSET DATABASE;
```

### 14.5.2 限制备份集的文件数量

使用 FILESPERSET 限制备份时每一个备份集的文件数量。

**例 14-41**：备份文件号为 1、2、3、4 的数据文件，每个备份集的文件数量为 2 个。

```
RMAN> BACKUP FILESPERSET 2 DATAFILE 1,2,3,4;
//最终会产生两个备份集，每个备份集备份两个文件
```

注　意

也可以使用以下命令限制备份时每一个备份集的文件数量最多为 2 个。

BACKUP FILESPERSET=2 DATAFILE 1,2,3,4;

### 14.5.3 指定备份集大小

使用 MAXSETSIZE 指定通道上创建的每个备份集的最大值。

**例 14-42**：备份整个数据库，指定备份集的最大值为 1000MB。

```
RMAN> BACKUP DATABASE MAXSETSIZE=1000M;
```

### 14.5.4 指定备份标记

使用 TAG 指定备份标记。备份标记可以为备份集或映像副本指定一个有意义的名字，以备后续使用。当不指定备份标记时，Oracle 生成默认格式为 TAGYYYYMMDDTHHMMSS 的备

份标记。

使用备份标记具有以下优点。

- 为备份集或映像副本提供描述信息。
- 可以在 LIST 命令中使用以便更好地定位备份文件。
- 可以在 RESTORE 和 SWITCH 命令中使用。
- 同一个 TAG 在多个备份集或映像副本中使用。

**例 14-43**：备份整个数据库，指定备份标记为 backup_database。

```
RMAN> BACKUP DATABASE TAG='backup_database';
```

### 14.5.5 指定备份文件格式

使用 FORMAT 参数时可以指定各种替换变量，以此来指定备份文件的格式。FORMAT 变量如表 14-2 所示。

表 14-2 FORMAT 变量

| 变量 | 描述 |
| --- | --- |
| %c | 备份片的拷贝数，从 1 开始编号，最大值为 256 |
| %d | 数据库名称 |
| %D | 公历格式的该月的当前日，格式为 DD |
| %M | 公历格式的月，格式为 MM |
| %F | 结合 DBID、日、月、年和序列生成一个独特的和可重复生成的名称。格式为 c-IIIIIIIII-YYYYMMDD-QQ，其中，IIIIIIIII 为 DBID，YYYYMMDD 为年月日，QQ 是一个 1～256 的序列 |
| %n | 数据库名称，使用 x 字符向右填补到最大 8 个字符，比如数据库名称为 orcl，生成的名称是 orclxxxx |
| %p | 备份集中的备份片号码，从 1 开始编号 |
| %U | 唯一的备份片的文件名称，代表%u_%p_%c |
| %s | 备份集号码，从 1 开始编号 |
| %t | 备份集时间戳。%s 和%t 的组合可用于形成备份集的唯一名称 |
| %T | 在公历中指定年、月和日，格式为 YYYYMMDD |
| %e | 归档日志文件的序列号，只能使用在归档日志文件上 |
| %a | Oracle 数据库的激活 ID，也就是 RESETLOG_ID |
| %f | 绝对数据文件编号 |
| %h | 归档日志的线程号 |
| %I | 数据库的 DBID |
| %N | 表空间名称 |
| %u | 是一个由指定的备份集数和创建备份集的时间压缩表示构成一个 8 个字符的名称 |
| %Y | 指定年，格式为 YYYY |

注　意

如果在 BACKUP 命令中没有指定 FORMAT 内容，则 RMAN 默认使用%U 命名备份片。

**例 14-44**：备份整个数据库，指定备份文件的格式为 c:\%U。

```
RMAN> BACKUP DATABASE FORMAT='c:\%U';
```

### 14.5.6 跳过脱机、只读和无法访问的文件

在默认情况下，当无法访问数据文件时，BACKUP 命令将会终止。可以指定表 14-3 中列出的参数来跳过脱机、只读和无法访问的文件，以防止 BACKUP 命令终止。

表 14-3　　BACKUP ... SKIP 参数

| 参数 | 描述 |
| --- | --- |
| SKIP INACCESSIBLE | 跳过 RMAN 不能读取的数据文件 |
| SKIP OFFLINE | 跳过脱机数据文件 |
| SKIP READONLY | 跳过只读表空间中的数据文件 |

**例 14-45**：备份整个数据库时跳过脱机、只读和无法访问的数据文件。

```
RMAN> BACKUP DATABASE
        SKIP INACCESSIBLE
        SKIP READONLY
        SKIP OFFLINE;
```

### 14.5.7 创建多个备份集副本

使用 COPIES 参数在执行数据库备份时创建多个备份集副本，输出位置需要在 FORMAT 参数中指定。

**例 14-46**：备份文件号为 4 的数据文件，产生 2 个备份集副本。

```
RMAN> BACKUP COPIES 2 DATAFILE 4 FORMAT 'c:\df1_%U', 'c:\df2_%U';
```

### 14.5.8 指定多个备份通道

使用 ALLOCATE CHANNEL 在备份时指定多个备份通道，可以指定哪些通道应该备份哪些文件，以及备份到哪些位置，用于提高备份的速度。通过分配多个通道并将文件指定到指定的通道，可以达到手动并发备份的功能。

**例 14-47**：指定两个通道划分工作负载，使用通道 ch1 备份整个数据库，使用通道 ch2 备份所有的归档日志文件。

```
RMAN> RUN
    {
    ALLOCATE CHANNEL ch1 DEVICE TYPE DISK;
    ALLOCATE CHANNEL ch2 DEVICE TYPE DISK;
    BACKUP
    (DATABASE CHANNEL ch1)
    (ARCHIVELOG ALL CHANNEL ch2);
```

```
RELEASE CHANNEL ch1;
RELEASE CHANNEL ch2;
}
```





## 14.6 数据库增量备份

### 14.6.1 RMAN 备份类型

对数据库进行 RMAN 备份，可以分为完全备份和增量备份两种类型。

**1. 完全备份**

默认情况下，RMAN 执行完全备份。完全备份是指在 RMAN 备份过程中，完全备份数据文件中所有的数据块，而不管该数据块是否被修改过。数据文件的完全备份包括正在备份的数据文件中的每一个分配的数据块。数据文件的完全备份可以是映像副本，在这种情况下，每一个数据块都进行备份。它也可以被存储在备份集中，在这种情况下，不使用的数据块不会被备份。完全备份不能作为增量备份的基础。完全备份对后续增量备份没有任何影响，不考虑一个增量备份策略的一部分。

**2. 增量备份**

增量备份是指包含从最近一次备份以来被修改或添加的数据块。RMAN 可以创建多级增量备份，每个增量级别记为 0 级或 1 级的值。0 级增量备份是后续增量备份的基础备份。可以创建一个备份集或映像副本的 0 级数据库备份。0 级增量备份相当于一个完全备份，该备份包含所有已用的数据块文件。0 级增量备份和完全备份之间的唯一区别是，一个完全备份永远不会被包含在增量备份策略中。

1 级增量备份可以是以下类型。

（1）差异增量备份

差异增量备份（Differential Incremental Backup）将备份在 1 级或 0 增量备份之后更改过的所有数据块，是默认增量备份，备份数据量小，恢复时间长。

在图 14-3 所示的例子中，按以下要求进行 RMAN 备份。

➢ 周日

在周日进行 0 级增量备份，将备份曾经使用的数据库中的所有数据块。

➢ 周一～周六

在周一～周六的每一天进行 1 级差异增量备份，将备份自最新的 1 级或 0 级增量备份以来更改过的所有数据块。

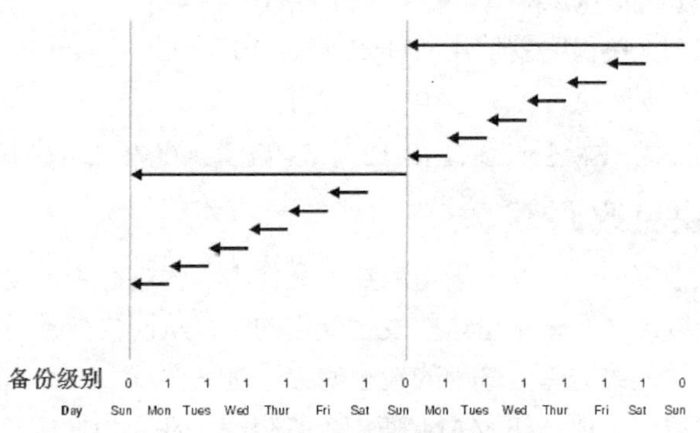


图 14-3　差异增量备份示例

（2）累积增量备份

累积增量备份（Cumulative Incremental Backup）将备份在 0 级增量备份之后更改过的所有数据块，备份数据量大，恢复时间短。

在图 14-4 所示的例子中，按以下要求进行 RMAN 备份。

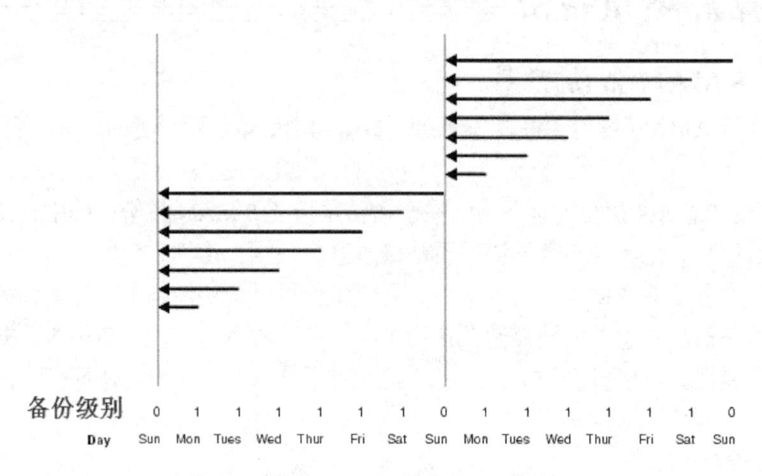


图 14-4 累积增量备份示例

➢ 周日

在周日进行 0 级增量备份，将备份曾经使用的数据库中的所有数据块。

➢ 周一～周六

在周一～周六的每一天进行 1 级累积增量备份，将备份自最近一次 0 级增量备份以来更改过的所有数据块。

下面通过几个例子来讲述数据库的增量备份。

**例 14-48**：为整个数据库执行 0 级增量备份。

```
RMAN> BACKUP INCREMENTAL LEVEL 0 DATABASE;
```

注　意

为整个数据库执行 0 级增量备份，也可以使用以下命令。
RMAN> BACKUP INCREMENTAL LEVEL=0 DATABASE;

**例 14-49**：为整个数据库执行 1 级差异增量备份。

```
RMAN> BACKUP INCREMENTAL LEVEL 1 DATABASE;
```

对数据库进行累积增量备份需要使用 CUMULATIVE。

**例 14-50**：为整个数据库执行 1 级累积增量备份。

```
RMAN> BACKUP INCREMENTAL LEVEL 1 CUMULATIVE DATABASE;
```

### 14.6.2 启用块更改跟踪

启用块更改跟踪将指定一个文件用于记录数据文件中哪些块发生了变化，在 RAMN 进行增量备份时，只需要读取该文件来备份这些发生变化的块，从而减少备份时间和 I/O 资源。块更改跟踪文件是一个存储在数据库区域中的较小的二进制文件。

如果块更改跟踪被启用，那么 RMAN 使用更改跟踪文件来为增量备份确定更改的块，从而避免了需要扫描数据文件中的每一个块。当增量级别大于0时，RMAN只使用块更改跟踪，因为0级增量备份包括所有的块。

**例 14-51**：启用块更改跟踪，指定跟踪文件为 c:\blk_ch_trc.trc。

```
SQL> ALTER DATABASE ENABLE BLOCK CHANGE TRACKING
      USING FILE 'c:\blk_ch_trc.trc';

数据库已更改。
SQL> SELECT * FROM V$BLOCK_CHANGE_TRACKING;

STATUS    FILENAME                              BYTES
---------- ------------------------------------------------ ----------
ENABLED   C:\BLK_CH_TRC.TRC    11599872
```

注　意

要禁用块更改跟踪，可以使用以下命令。
SQL> ALTER DATABASE DISABLE BLOCK CHANGE TRACKING;

## 14.7 管理 RMAN 备份

### 14.7.1 REPORT 命令

使用 REPORT 命令来显示 RMAN 储存库的详细分析。

必须满足以下任一条件，才能在 RMAN 提示符下执行 REPORT 命令。

- RMAN 必须连接到一个目标数据库。
- RMAN 必须连接到恢复目录以及 SET DBID 必须一直运行。

REPORT 命令的使用方法如表 14-4 所示。

表 14-4　　REPORT 命令

| 命令 | 描述 |
|---|---|
| REPORT NEED BACKUP | 确定哪些数据库文件在一个指定的保留策略下需要备份 |
| REPORT NEED BACKUP TABLESPACE | 确定表空间 users 在一个指定的保留策略下需要备份 |
| REPORT SCHEMA | 在指定的时间点为目标数据库列出所有的数据文件（永久和临时的）和表空间的名称 |
| REPORT OBSOLETE | 报告过时的备份集和映像副本 |
| REPORT UNRECOVERABLE | 报告当前数据库中不可恢复的数据文件（即没有这个数据文件的备份或者该数据文件的备份已经过期） |

**例 14-52**：确定哪些数据库文件在一个指定的保留策略下需要备份。

```
RMAN> REPORT NEED BACKUP;
```

```
RMAN 保留策略将应用于该命令
将 RMAN 保留策略设置为 14 天的恢复窗口
必须备份以满足 14 天恢复窗口所需的文件报表
文件天数据 名称
---- ----- -----------------------------------------------------
1     0      C:\APP\ADMINISTRATOR\ORADATA\ORCL\SYSTEM01.DBF
2     0      C:\APP\ADMINISTRATOR\ORADATA\ORCL\SYSAUX01.DBF
3     0      C:\APP\ADMINISTRATOR\ORADATA\ORCL\UNDOTBS01.DBF
4     0      C:\APP\ADMINISTRATOR\ORADATA\ORCL\USERS01.DBF
```

**例 14-53**：列出所有的数据文件和表空间的名称。

```
RMAN> REPORT SCHEMA;

db_unique_name 为 ORCL 的数据库的数据库方案报表

永久数据文件列表
===========================
文件大小 (MB) 表空间              回退段数据文件名称
---- -------- -------------------- ------- ------------------------
1          680             SYSTEM                                    ***
C:\APP\ADMINISTRATOR\ORADATA\ORCL\SYSTEM01.DBF
2          520             SYSAUX                                    ***
C:\APP\ADMINISTRATOR\ORADATA\ORCL\SYSAUX01.DBF
3          90              UNDOTBS1                                  ***
C:\APP\ADMINISTRATOR\ORADATA\ORCL\UNDOTBS01.DBF
4          5               USERS                                     ***
C:\APP\ADMINISTRATOR\ORADATA\ORCL\USERS01.DBF

临时文件列表
=======================
文件大小 (MB) 表空间              最大大小 (MB) 临时文件名称
---- -------- -------------------- ----------- --------------------
1          29              TEMP                                  32767
C:\APP\ADMINISTRATOR\ORADATA\ORCL\TEMP01.DBF
```

**例 14-54**：报告 20 分钟前所有的数据文件和表空间的名称。

```
RMAN> REPORT SCHEMA AT TIME 'SYSDATE-20/1440';
```

### 14.7.2 LIST 命令

使用 LIST 命令显示在 RMAN 信息库中的备份和有关其他对象记录的信息。

LIST 命令的使用方法如表 14-5 所示。

表 14-5 LIST 命令

| 命令 | 描述 |
|---|---|
| LIST INCARNATION | 列出备份集的汇总信息 |
| LIST BACKUPSET | 列出数据库、表空间、数据文件、归档日志文件、控制文件或服务器参数文件（SPFILE）的所有备份集 |
| LIST BACKUPSET SUMMARY | 列出所有备份集的摘要信息 |
| LIST BACKUPSET OF DATABASE SUMMARY | 列出数据库的备份集的摘要信息 |
| LIST BACKUPSET BY FILE | 按文件列出备份集 |
| LIST BACKUPSET OF DATABASE | 列出数据库的备份集 |
| LIST BACKUPSET OF TABLESPACE USERS | 列出表空间 USERS 的备份集 |
| LIST BACKUPSET OF DATAFILE 4 | 列出数据文件号为 4 的数据文件的备份集 |
| LIST BACKUPSET OF SPFILE | 列出 SPFILE 的备份集 |
| LIST BACKUPSET OF CONTROLFILE | 列出控制文件的备份集 |
| LIST BACKUPSET OF ARCHIVELOG ALL | 列出归档日志文件的备份集 |
| LIST ARCHIVELOG ALL | 列出所有的归档日志文件 |
| LIST COPY | 列出数据文件映像副本、控制文件映像副本、归档日志文件 |
| LIST COPY OF DATABASE | 列出数据库中所有的映像副本 |
| LIST DATAFILECOPY ALL | 列出数据文件映像副本 |
| LIST EXPIRED BACKUPSET | 列出过期的备份集 |

**例 14-55**：列出所有的备份集。

```
RMAN> LIST BACKUPSET;


备份集列表
===================


BS 关键字  类型 LV 大小       设备类型 经过时间 完成时间
------- ---- -- ---------- ----------- ------------ ----------
7       Full    990.85M     DISK        00:01:53     20-5 月 -14
        BP 关键字: 7   状态: AVAILABLE   已压缩: NO   标记: TAG20140520T212905
段名:C:\APP\ADMINISTRATOR\FLASH_RECOVERY_AREA\ORCL\BACKUPSET\2014_
05_20\O1_MF_NNNDF_TAG20140520T212905_9QPP51W1_.BKP
  备份集 7 中的数据文件列表
  文件 LV 类型 Ckp SCN    Ckp 时间    名称
  ---- -- ---- ---------- ---------- ----
```

```
    1                  Full    1062602          20-5    月     -14
C:\APP\ADMINISTRATOR\ORADATA\ORCL\SYSTEM01.DBF
    2                  Full    1062602          20-5    月     -14
C:\APP\ADMINISTRATOR\ORADATA\ORCL\SYSAUX01.DBF
    3                  Full    1062602          20-5    月     -14
C:\APP\ADMINISTRATOR\ORADATA\ORCL\UNDOTBS01.DBF
    4                  Full    1062602          20-5    月     -14
C:\APP\ADMINISTRATOR\ORADATA\ORCL\USERS01.DBF

  BS 关键字  类型 LV 大小        设备类型 经过时间 完成时间
  ------- ---- -- ---------- ----------- ------------ ----------
  8       Full    9.36M      DISK        00:00:04     20-5 月 -14
          BP 关键字: 8  状态: AVAILABLE  已压缩: NO  标记: TAG20140520T212905
  段名:C:\APP\ADMINISTRATOR\FLASH_RECOVERY_AREA\ORCL\BACKUPSET\2014_
05_20\O1_MF_NCSNF_TAG20140520T212905_9QPP8R4M_.BKP
    包含的 SPFILE: 修改时间: 20-5 月 -14
    SPFILE db_unique_name: ORCL
    包括的控制文件: Ckp SCN: 1062700       Ckp 时间: 20-5 月 -14
```

**例 14-56**：列出所有的归档日志文件。

```
  RMAN> LIST ARCHIVELOG ALL;

  db_unique_name 为 ORCL 的数据库的归档日志副本列表
  ===================================================================

  关键字     线程序列     S 时间下限
  ------- ---- ------- - ----------
  1       1    8       A 19-5 月 -14
          名称: C:\APP\ADMINISTRATOR\FLASH_RECOVERY_AREA\ORCL\ARCHIVELOG
\2014_05_20\O1_MF_1_8_9QNO703S_.ARC

  2       1    9       A 20-5 月 -14
          名称: C:\APP\ADMINISTRATOR\FLASH_RECOVERY_AREA\ORCL\ARCHIVELOG
\2014_05_20\O1_MF_1_9_9QPPSQ43_.ARC

  3       1    10      A 20-5 月 -14
          名称: C:\APP\ADMINISTRATOR\FLASH_RECOVERY_AREA\ORCL\ARCHIVELOG
\2014_05_20\O1_MF_1_10_9QPPWQ4M_.ARC

  4       1    11      A 20-5 月 -14
          名称: C:\APP\ADMINISTRATOR\FLASH_RECOVERY_AREA\ORCL\ARCHIVELOG
```

```
\2014_05_20\O1_MF_1_11_9QPQ0QYZ_.ARC
```

例 14-57：列出备份标记是 backup_database 的备份集。

```
RMAN> LIST BACKUPSET TAG=backup_database;
```



### 14.7.3 DELETE 命令

使用 DELETE 命令可以执行以下操作。

- 删除物理备份集和映像副本。
- 更新目标控制文件中的资料档案库记录，以显示该文件被删除。
- 从恢复目录中为删除文件移除资料档案库记录。

DELETE 命令的使用方法如表 14-6 所示。



表 14-6 DELETE 命令

| 命令 | 描述 |
|---|---|
| DELETE BACKUPSET | 删除备份集 |
| DELETE ARCHIVELOG ALL | 删除磁盘上所有的归档日志文件 |
| DELETE OBSOLETE | 删除在 RMAN 资料档案库中过时的数据文件备份集和映像副本。RMAN 也删除过时的归档日志文件的备份集和映像副本 |
| DELETE EXPIRED BACKUP | 只删除在 RMAN 资料档案库中状态是 EXPIRED（已过期）的文件 |
| DELETE COPY | 删除映像副本 |

例 14-58：删除所有的备份集。

```
RMAN> DELETE BACKUPSET;

使用通道 ORA_DISK_1

备份片段列表
BP 关键字  BS 关键字  Pc# Cp# 状态        设备类型段名称
------- ------- --- --- ----------- ----------- ----------
7       7       1   1   AVAILABLE   DISK        C:\APP\ADMINISTRATOR\
FLASH_RECOVERY_AREA\ORCL\BACKUPSET\2014_05_20\O1_MF_NNNDF_TAG
20140520T212905_9QPP51W1_.BKP
8       8       1   1   AVAILABLE   DISK        C:\APP\ADMINISTRATOR\
FLASH_RECOVERY_AREA\ORCL\BACKUPSET\2014_05_20\O1_MF_NCSNF_TAG
20140520T212905_9QPP8R4M_.BKP

是否确定要删除以上对象 (输入 YES 或 NO)? YES              //输入 YES 确定要删除
已删除备份片段
备份片段句柄=C:\APP\ADMINISTRATOR\FLASH_RECOVERY_AREA\ORCL\BACKUPSET
\2014_05_20\O1_MF_NNNDF_TAG20140520T212905_9QPP51W1_.BKP RECID
=7 STAMP=848093345
```

```
已删除备份片段
备份片段句柄=C:\APP\ADMINISTRATOR\FLASH_RECOVERY_AREA\ORCL\BACKUPSET
\2014_05_20\O1_MF_NCSNF_TAG20140520T212905_9QPP8R4M_.BKP RECID
=8 STAMP=848093464
2 对象已删除
```

**例 14-59**：尝试删除备份标记是 backup_database 的备份集。

```
RMAN> DELETE NOPROMPT BACKUPSET TAG backup_database;
```

**例 14-60**：强制删除备份标记是 backup_database 的备份集。

```
RMAN> DELETE FORCE NOPROMPT BACKUPSET TAG backup_database;
```

**例 14-61**：删除磁盘上所有的归档日志文件。

```
RMAN> DELETE ARCHIVELOG ALL;
```

## 14.8 数据库恢复

### 14.8.1 数据库恢复类型

对数据库进行恢复包括实例恢复和介质恢复两种类型。

**1．实例恢复**

如果实例异常关闭（如 Oracle 服务器宕机、执行 SHUTDOWN ABORT 命令），并且控制文件、数据文件和联机重做日志都没有丢失，那么在实例下次启动时，需要使用联机重做日志的内容进行恢复，这种恢复方法称为实例恢复（Instance Recovery）。实例恢复是由 Oracle 自动完成的，无需数据库管理员进行操作。

**2．介质恢复**

如果发生数据文件丢失或损坏，导致数据文件无法访问，就需要使用备份文件、联机重做日志和归档日志来进行恢复，这种恢复方法称为介质恢复（Media Recovery）。介质恢复也可以恢复因没有使用 OFFLINE NORMAL 选项执行脱机操作而造成数据丢失的表空间。介质恢复可以分为完全恢复和不完全恢复两种，其区别如图 14-5 所示。

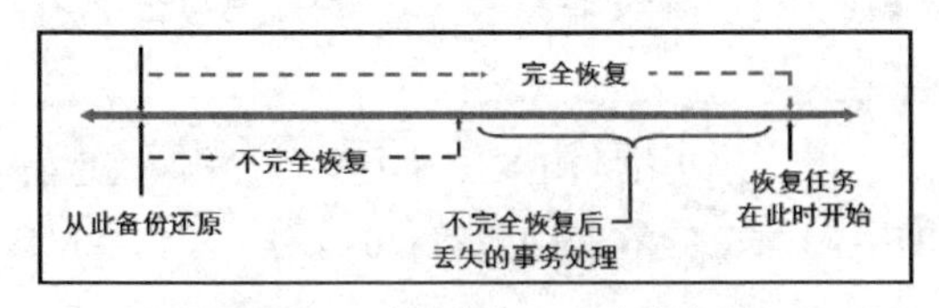


图 14-5　完全恢复和不完全恢复

介质恢复首先使用备份文件执行还原（RESTORE）数据，然后再应用重做日志的恢复（RECOVER）。介质恢复能将一个还原的备份更新到当前时间点或之前某个指定的时间点。介质恢复专指对数据文件进行恢复的过程，而数据块介质恢复指数据文件中的个别数据块出现错误时进行的特殊恢复操作。

对数据文件进行介质恢复具有以下特点。

- 能够将数据修改应用到被还原的受损数据文件中。
- 能够使用归档日志和联机重做日志。
- 需要用户进行显式执行。

➢ 不能自动地检测介质故障（即不能自动地执行还原操作）。但是在使用备份进行还原以后，能够自动地检测是否需要通过介质恢复来恢复数据。





### 14.8.2 介质恢复类型

可以将介质恢复分为完全恢复和不完全恢复两种类型。

**1．完全恢复**

完全恢复（Complete Recovery）是指把数据库恢复到发生故障时的状态，这种介质恢复方法不会损失任何数据。用户可以对数据库、表空间、数据文件执行完全恢复。只需要执行RESTORE和RECOVER命令来执行完全恢复。要执行完全恢复，首先需要使用数据库、表空间或数据文件的备份文件进行还原（RESTORE），然后再使用归档日志和联机重做日志中的所有重做信息恢复（RECOVER）到当前时间点。

完全恢复的过程如图14-6所示。

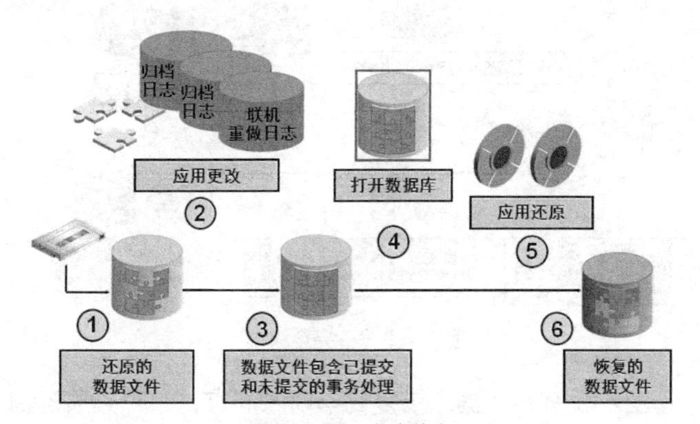


图14-6 完全恢复

对整个数据库进行完全恢复时必须满足以下条件。

➢ 装载（MOUNT）数据库。

➢ 确保所有需要被恢复的数据文件处于联机（ONLINE）状态。

➢ 还原数据库或需要恢复的数据文件。

➢ 应用联机重做日志或/和归档日志。

对表空间和数据文件进行完全恢复时必须满足以下条件。

➢ 如果数据库处于打开（OPEN）状态，应将需要恢复的表空间或数据文件设置为脱机（OFFLINE）状态。

➢ 还原需要恢复的数据文件。

➢ 应用联机重做日志或/和归档日志。

**2．不完全恢复**

不完全恢复（Incomplete Recovery）是指数据库无法恢复到发生故障时的状态，而只能恢复到之前一段时间的状态，也就是说没有将最近一次备份之后产生的所有重做日志应用到还原的数据库上，这就意味着需要承受一定量的数据损失。

当出现以下情况时需要对数据库进行不完全恢复。

➢ 由于介质故障导致部分或全部联机重做日志损坏。

➢ 用户操作失误导致数据丢失（如由于用户疏忽而删除了表）。

➢ 由于归档日志丢失而无法进行完全恢复。

执行不完全恢复时，需要使用指定恢复时间点之前的备份文件还原数据文件，并在恢复结束以后打开数据库时使用 RESETLOGS 选项。RESETLOGS 选项的含义是指使当前的数据库和重做日志有效，即令数据库使用一套新的日志序列号（从 1 开始）。

在完成不完全恢复以后，建议不要直接使用 RESETLOGS 选项以读/写模式打开数据库，而是应该先以只读模式打开数据库，并检查是否已将数据库恢复到正确的时间点。如果恢复的时间点有误，在没有使用 RESETLOGS 选项的情况下，重新执行恢复操作相对简单。如果恢复结果早于指定的时间点，只需要重新执行恢复操作。如果恢复结果超过了指定的时间点，则应该再次还原数据库并重新进行恢复。

不完全恢复的过程如图 14–7 所示。

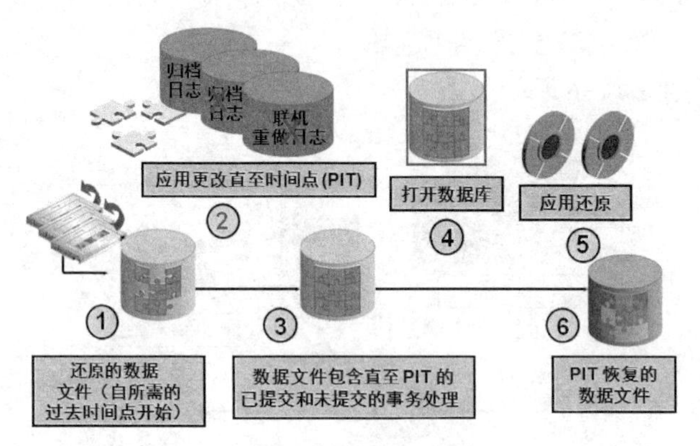


图 14–7　不完全恢复

在不完全恢复中，由于没有将数据库恢复到当前时间点，用户必须告知 Oracle 在何时终止恢复。不完全恢复类型如表 14–7 所示。

表 14-7　不完全恢复类型

| 不完全恢复类型 | 描述 |
| --- | --- |
| 基于时间的恢复 | 将数据恢复到指定的时间点 |
| 基于 SCN 的恢复 | 将数据恢复到指定的 SCN |
| 基于日志序列号的恢复 | 将数据恢复到指定的日志序列号 |

### 14.8.3　RMAN 恢复简介

RMAN 使数据库还原和恢复工作更加自动化。还原（RESTORE）数据文件或控制文件的物理备份是指利用备份重建这些文件，并使其在 Oracle 数据库服务器中正常工作。而对还原的数据文件进行恢复（RECOVER）是指利用归档日志及联机重做日志对其进行更新，即重做在数据库备份后发生的操作。如果使用了 RMAN，用户也可以使用增量备份来恢复数据文件，数据文件的增量备份中只包含其前一次增量备份后修改过的数据块。

RMAN 恢复中最基础的命令是 RESTORE 和 RECOVER。RESTORE 命令可以使用备份集或映像副本将数据文件还原到原始位置或新位置。用户可以还原备份集中的归档日志，但通常无需手工执行此类操作，因为 RMAN 能根据恢复（RECOVER）的需要自动地还原归档日志，并在恢复结束后自动地删除。RMAN 的 RECOVER 命令用于执行介质恢复，将归档日志或增量备份应用到还原后的数据文件中。

当所有文件被还原以后，用户还需执行介质恢复的剩余步骤。介质恢复过程包括了对备份数据库文件的还原、前滚和回滚等操作。在介质恢复过程中将应用归档日志和联机重做日志恢复数据文件。Oracle 每次修改数据文件之前，首先会将这些修改记录在联机重做日志中。介质恢复过程就是将归档日志和联机重做日志中的相关修改操作记录应用到还原的数据文件中以实现前滚。

数据库在 SCN 为 10 时进行了备份，在 SCN 为 60 时发生了介质故障。SCN 在 10～60 的联机重做日志已经被归档以供恢复使用。用户首先使用 SCN 为 10 时制作的备份还原数据库。之后再使用重做日志恢复数据库，即重新执行从备份点到介质故障点之间的所有数据修改操作。

除了 SYSTEM 表空间的数据文件处于 MOUNT 状态之外，其他数据文件可以处于 OPEN 或 MOUNT 状态下恢复。OPEN 状态下恢复数据文件可以减少数据库的停用时间，所以应该在 OPEN 状态下恢复这些数据文件。

在介质恢复期间，RMAN 会检查恢复文件，以确定它是否可以使用增量备份恢复它们。如果它有一个选择，则 RMAN 总是选择归档日志的增量备份，因为在块级应用变化比应用重做更快。

### 14.8.4 恢复数据库

使用 RMAN 可以还原和恢复服务器参数文件（SPFILE 文件）、控制文件、数据文件、表空间、整个数据库和归档日志文件。

**1．恢复 SPFILE 文件**

在恢复 SPFILE 文件时，需要将数据库置于 NOMOUNT 状态。

**例 14-62**：恢复 SPFILE 文件。

```
RMAN> SHUTDOWN IMMEDIATE;
RMAN> STARTUP NOMOUNT;
RMAN> RESTORE SPFILE TO 'c:\spfile' FROM 'C:\APP\ADMINISTRATOR\FLASH_
RECOVERY_AREA\ORCL\BACKUPSET\2015_02_03\O1_MF_NNSNF_TAG20150203T104416_
BF0FJ14N_.BKP';
RMAN> ALTER DATABASE MOUNT;
RMAN> ALTER DATABASE OPEN;
```

注　意

要获知控制文件备份时产生的备份片的名称，可以使用以下命令。

RMAN> LIST BACKUPSET OF CONTROLFILE;

**2．恢复控制文件**

在恢复控制文件时，需要将数据库置于 NOMOUNT 状态。

**例 14-63**：从控制文件自动备份中恢复控制文件。

```
RMAN> SHUTDOWN IMMEDIATE;
RMAN> STARTUP NOMOUNT;
RMAN> RESTORE CONTROLFILE FROM AUTOBACKUP;
RMAN> ALTER DATABASE MOUNT;
RMAN> RECOVER DATABASE;
RMAN> ALTER DATABASE OPEN RESETLOGS;
```

注　意　如果控制文件不是自动备份的（也就是没有设置 RMAN 配置参数 CONFIGURE CONTROLFILE AUTOBACKUP ON），则在恢复控制文件时需要指定控制文件备份的备份片名称。

### 3．恢复数据文件

恢复数据文件可以在不关闭数据库的情况下进行操作。可以同时恢复多个数据文件。在恢复某个数据文件时可以保持表空间中其余数据文件的联机状态。在恢复数据文件时，可以指定文件号或数据文件的名称。通过查看 DBA_DATA_FILES 数据字典中的 FILE_NAME 和 FILE_ID 列来获知数据文件的名称和文件号。

**例 14-64**：恢复文件号为 4 的数据文件。

```
RMAN> SQL "ALTER DATABASE DATAFILE 4 OFFLINE";
RMAN> RESTORE DATAFILE 4;
RMAN> RECOVER DATAFILE 4;
RMAN> SQL "ALTER DATABASE DATAFILE 4 ONLINE";
```

注　意　在 RMAN 环境中执行 SQL 语句时，使用双引号将 SQL 语句括起来。

**例 14-65**：恢复文件号为 4 的数据文件，将其还原到新的位置。

```
RMAN> RUN
    {
    SQL "ALTER DATABASE DATAFILE 4 OFFLINE";
    SET NEWNAME FOR DATAFILE 4 TO 'c:\users01.dbf';
    RESTORE DATAFILE 4;
    SWITCH DATAFILE ALL;
    RECOVER DATAFILE 4;
    SQL "ALTER DATABASE DATAFILE 4 ONLINE";
    }
```

### 4．恢复表空间

恢复表空间可以在不关闭数据库的情况下进行操作。可以同时恢复多个表空间。

**例 14-66**：恢复表空间 users。

```
RMAN> SQL "ALTER TABLESPACE users OFFLINE IMMEDIATE";
RMAN> RESTORE TABLESPACE users;
RMAN> RECOVER TABLESPACE users;
RMAN> SQL "ALTER TABLESPACE users ONLINE";
```

### 5．恢复整个数据库

在恢复整个数据库时，需要将数据库置于装载（MOUNT）状态。

**例 14-67**：恢复整个数据库。

```
RMAN> SHUTDOWN IMMEDIATE;
RMAN> STARTUP MOUNT;
```

```
RMAN> RESTORE DATABASE;
RMAN> RECOVER DATABASE;
RMAN> ALTER DATABASE OPEN;
```

**6．恢复归档日志文件**

可以在数据库打开（OPEN）状态下，恢复归档日志文件。

**例 14-68**：恢复归档日志文件。

```
RMAN> RESTORE ARCHIVELOG ALL;
```

## 14.9 使用 OEM 管理备份和恢复

### 14.9.1 使用 OEM 进行备份设置

在 OEM 中进行备份设置，相当于设置 RMAN 配置参数。

使用 Oracle Enterprise Manager 按以下步骤进行备份设置。

（1）在 Oracle Enterprise Manager 页面中单击【可用性】→【备份/恢复】→【设置】→【备份设置】，打开【备份设置】页面。在图 14–8 所示【设备】页面中，对磁盘或磁带进行设置，按以下要求输入内容，并指定主机身份证明，单击【测试磁盘备份】按钮测试设置是否可用。

图 14–8 【设置】页面

- 并行度：1。
- 磁盘备份位置：默认为快速恢复区。
- 磁盘备份类型：备份集。

（2）在图 14–9 所示【备份集】页面中，按以下要求输入内容。

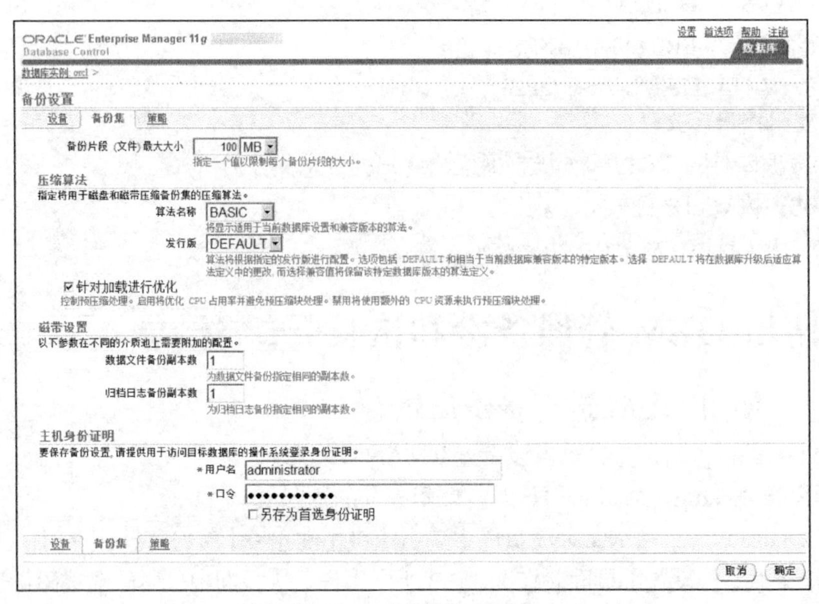


图 14-9 【备份集】页面

- ➢ 备份片段（文件）最大大小：100MB。
- ➢ 压缩算法：算法名称为 BASIC。

（3）在图 14-10 所示【策略】页面中，按以下要求输入内容，最后单击【确定】按钮。

图 14-10 【策略】页面

> 备份策略：设置自动备份控制文件和服务器参数文件，跳过未更改的文件以及启用块更改跟踪。

> 从整个数据库备份中排除表空间：在备份整个数据库的时候，不备份指定的表空间。

> 保留策略：配置备份保留策略。

> 归档重做日志删除策略：为归档日志文件指定删除策略。





### 14.9.2 使用 OEM 进行恢复目录设置

使用 Oracle Enterprise Manager 按以下步骤进行恢复目录设置。

（1）在 Oracle Enterprise Manager 页面中单击【可用性】→【备份/恢复】→【设置】→【恢复目录设置】，如图 14-11 所示，可以指定在控制文件或恢复目录中存储备份和恢复操作用到的目标数据库的元数据，按以下要求输入内容，然后单击【确定】按钮。

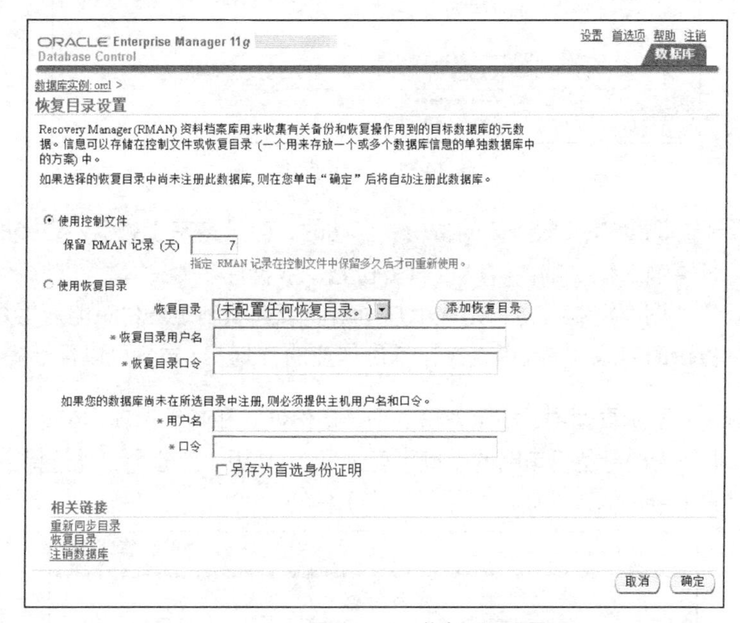


图 14-11 恢复目录设置

> 使用控制文件：默认保留 RMAN 记录 7 天。

> 使用恢复目录：指定恢复目录、恢复目录用户名和恢复目录口令。如果数据库还没有在恢复目录中注册，需要输入用户名和口令进行注册。如果还没有创建恢复目录，则单击【添加恢复目录】进行创建。

（2）在图 14-12 所示页面中，显示服务器正在处理请求。

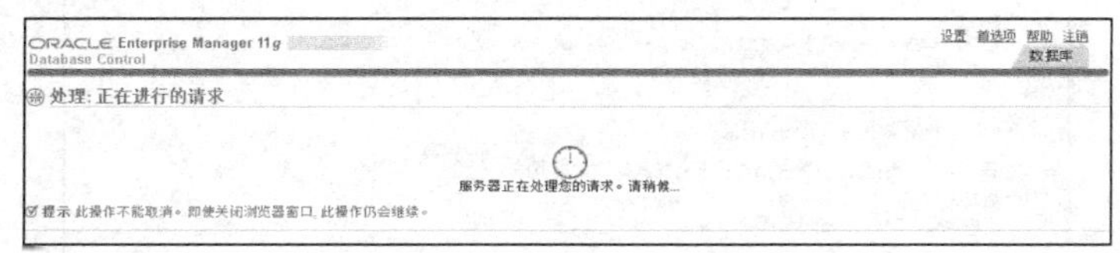


图 14-12 正在进行的请求

### 14.9.3 使用 OEM 进行调度备份

使用 Oracle Enterprise Manager 按以下步骤进行调度备份。

（1）在 Oracle Enterprise Manager 页面中单击【可用性】→【备份/恢复】→【管理】→【调

度备份】，如图 14-13 所示，指定备份的对象，在此选择【整个数据库】单选框，指定主机身份证明，然后单击【调度定制备份】按钮。

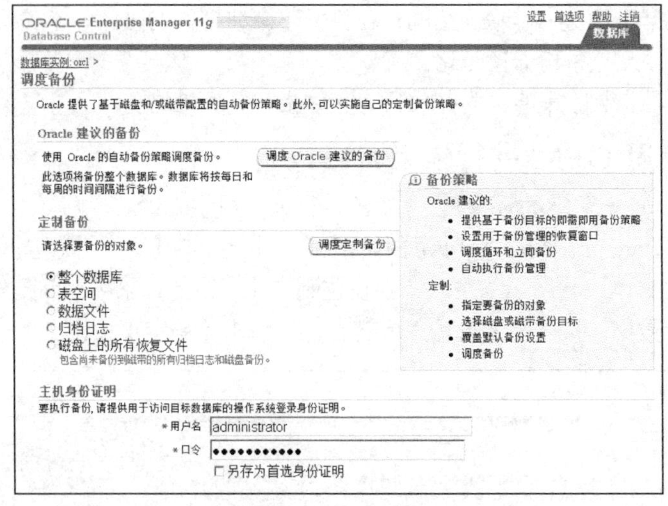


图 14-13　调度备份

调度 Oracle 建议的备份：自动的，而且是基于磁盘、磁带的配置。用户只需输入很少的内容就可以备份整个数据库。

调度定制备份：允许用户使用高级选项制定备份策略。用户可以选择要备份的对象，并且指定执行备份作业的计划，这样就可以灵活安排备份作业。

（2）在图 14-14 所示页面中，指定备份类型、备份模式和高级选项，在此选择【完全备份】单选框，再选择【作为增量备份策略的基础】复选框，【高级】部分会自动选择【同时备份磁盘上的所有归档日志】单选框，然后单击【下一步】按钮。

图 14-14　选项

（3）在图 14-15 所示页面中，为备份选择目标介质，在此选择【磁盘】单选框，然后单击【下一步】按钮。

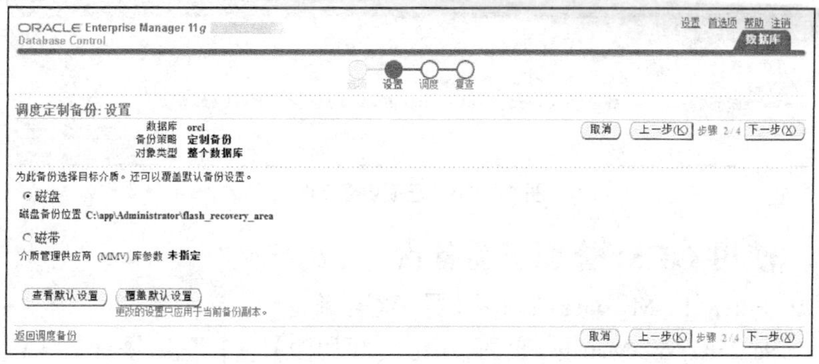


图 14-15　设置

（4）在图 14-16 所示页面中，指定调度备份的作业名称、作业说明和调度类型，调度类型可以是一次或重复，然后单击【下一步】按钮。

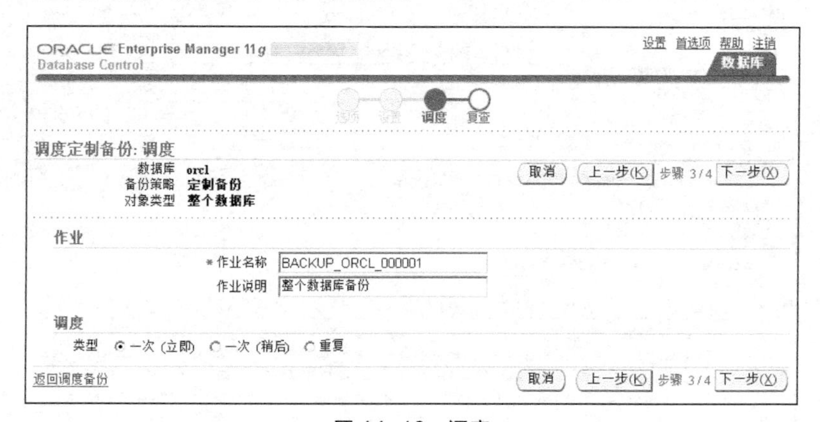


图 14-16　调度

（5）在图 14-17 所示页面中，对调度定制备份进行复查，该页面也显示了进行备份的 RMAN 脚本，然后单击【提交作业】按钮。

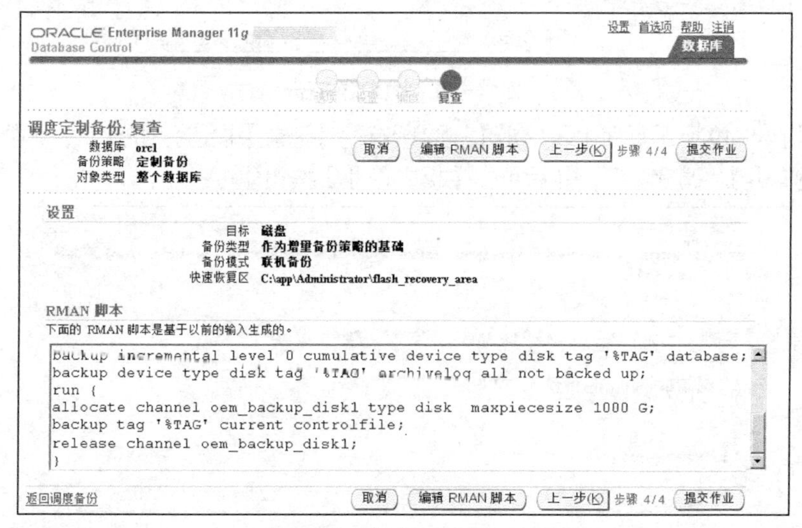


图 14-17　复查

（6）在图 14-18 所示页面中，显示已成功提交作业，最后单击【确定】按钮即可。

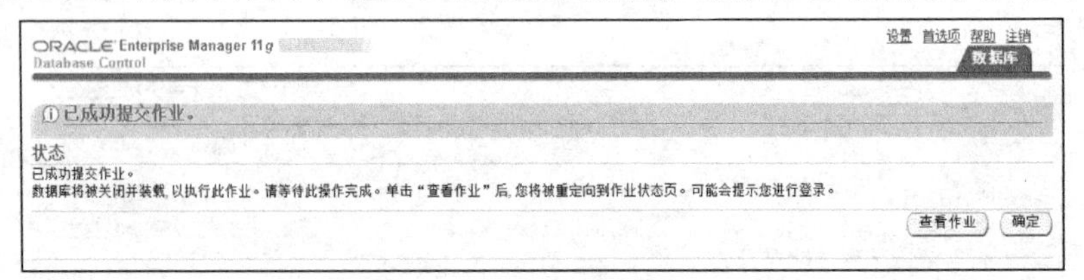

图 14-18　已成功提交作业

## 14.9.4　使用 OEM 管理当前备份

使用 Oracle Enterprise Manager 按以下步骤管理当前备份。

（1）在 Oracle Enterprise Manager 页面中单击【可用性】→【备份/恢复】→【管理】→【管理当前备份】，如图 14-19 所示，先输入主机身份证明，然后单击【开始】按钮，搜索所有的备份集，接着就可以对这些备份集进行管理。

图 14-19　管理当前备份

（2）在图 14-19 所示页面中，单击【删除所有过时记录】按钮，如图 14-20 所示，指定作业名称、作业说明和调度类型，然后单击【提交作业】按钮即可。

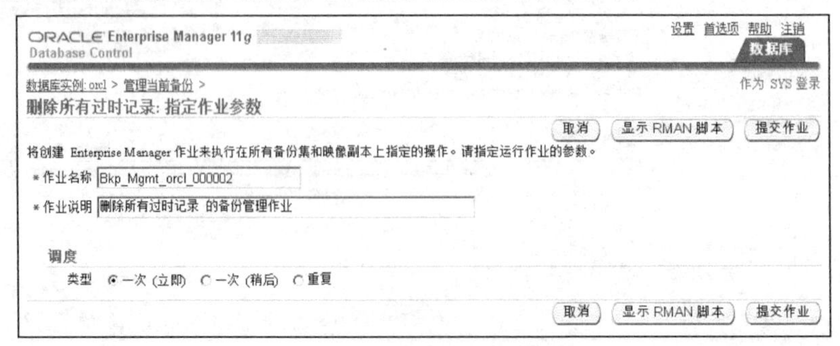

图 14-20　删除所有过时记录

### 14.9.5 使用 OEM 执行恢复

使用 Oracle Enterprise Manager 按以下步骤执行恢复。

（1）在 Oracle Enterprise Manager 页面中单击【可用性】→【备份/恢复】→【管理】→【执行恢复】，如图 14-21 所示，指定主机身份证明，在【恢复范围】下拉框中指定【整个数据库】，操作类型指定为【恢复到当前时间或过去的某个时间点】，然后单击【恢复】按钮。

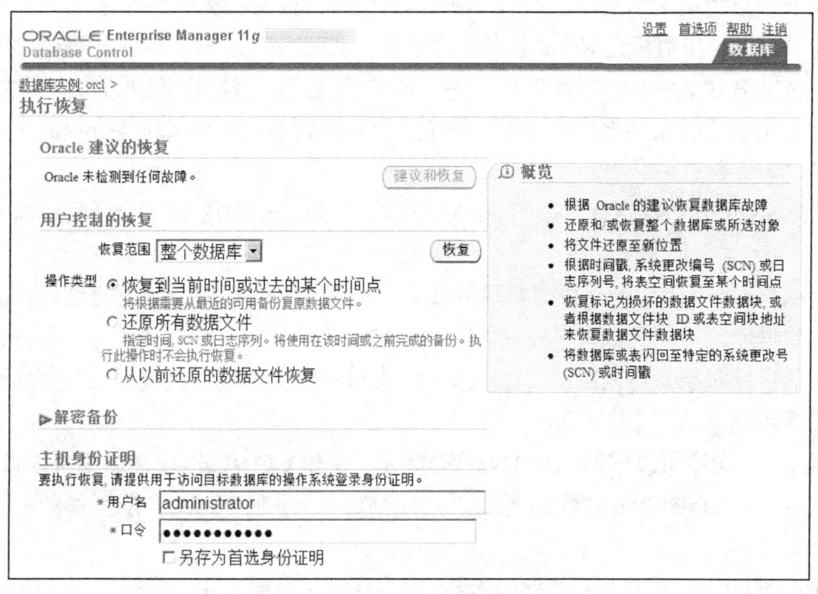


图 14-21 执行恢复

（2）在图 14-22 所示页面中，单击【是】按钮确认立即关闭数据库。

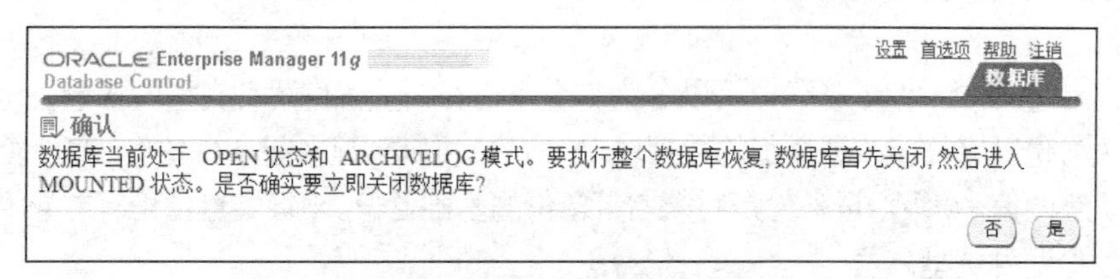


图 14-22 确认立即关闭数据库

（3）在图 14-23 所示页面中，显示数据库将关闭并启动/装载数据库，开始执行恢复操作。

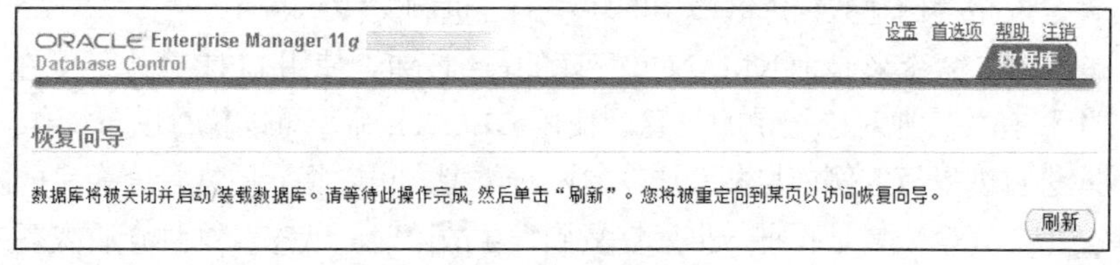


图 14-23 恢复向导

## 14.10 小结

RMAN 是一种启动 Oracle 服务器进程来进行备份（BACKUP）、还原（RESTORE）和恢复（RECOVER）数据库的工具，是 Oracle 中最常使用的数据库备份恢复方法。RMAN 是随

Oracle 数据库软件一同安装的，能够备份或恢复整个数据库、表空间、数据文件、控制文件、归档日志文件和服务器参数文件。

对 Oracle 数据库进行备份时，RMAN 的具体备份形式有备份集和映像副本两种，使用得比较多的是备份集。

备份片是用于存储 RMAN 备份信息的二进制文件，每个备份片对应一个操作系统文件。在默认情况下，当使用 RMAN 生成备份集时，每个备份集只包含一个备份片。

通道是 RMAN 和目标数据库之间的一个连接，可以看作是一个 I/O 的进程，所以多通道的方式一般提供 BACKUP 的并行度，对于多 I/O 支持的设备，效果比较明显。大多数的 RMAN 在执行时必须先手动或自动地分配通道，一个通道必须要对应一个服务器进程。手动分配通道需要使用 RUN 命令。

RMAN 环境可以包括目标数据库、RMAN 客户端、快速恢复区、介质管理器和恢复目录组件。

要保存 RMAN 存储库的元数据有两种方法：控制文件和恢复目录。在默认情况下，Oracle 会使用本地数据库的控制文件来保存 RMAN 存储库的元数据。恢复目录是一种在恢复目录数据库上创建的存储对象，可以用来保存 RMAN 存储库的元数据，恢复目录数据库能够更好地提高备份目标数据库的安全性。

使用 SHOW 命令可以显示 RMAN 配置参数。使用 CONFIGURE 命令可以设置 RMAN 配置参数。在 CONFIGURE 语句结尾使用 CLEAR 可以清除 RMAN 配置参数，恢复成默认的设置。

使用 BACKUP 命令可以备份整个数据库、表空间、数据文件、控制文件、SPFILE 文件和归档日志文件。RMAN 高级备份包括压缩备份，限制备份集的文件数量，指定备份集大小，指定备份标记，指定备份文件格式，跳过脱机、只读和无法访问的文件，创建多个备份集副本，指定多个备份通道。

对数据库进行 RMAN 备份，可以分为完全备份和增量备份两种类型。增量备份是指包含从最近一次备份以来被修改或添加的数据块。RMAN 可以创建多级增量备份，每个增量级别记为 0 级或 1 级的值。0 级增量备份是后续增量备份的基础备份。1 级增量备份有差异增量备份和累积增量备份两种类型。

启用块更改跟踪将指定一个文件用于记录数据文件中哪些块发生了变化，在 RAMN 进行增量备份时，只需要读取该文件来备份这些发生变化的块，从而减少备份时间和 I/O 资源。块更改跟踪文件是一个存储在数据库区域中的较小的二进制文件。

使用 REPORT 命令来显示 RMAN 储存库的详细分析。使用 LIST 命令显示在 RMAN 信息库中的备份和有关其他对象记录的信息。使用 DELETE 命令可以执行以下操作。

对数据库进行恢复有实例恢复和介质恢复两种类型。可以将介质恢复分为完全恢复和不完全恢复两种类型。完全恢复是指把数据库恢复到发生故障时的状态，这种介质恢复方法不会损失任何数据。用户可以对数据库、表空间、数据文件执行完全恢复。不完全恢复是指数据库无法恢复到发生故障时的状态，而只能恢复到之前一段时间的状态，也就是说没有将最近一次备份之后产生的所有重做日志应用到还原的数据库上，这就意味着需要承受一定量的数据损失。

RMAN 使数据库还原和恢复工作更加自动化。还原（RESTORE）数据文件或控制文件的物理备份是指利用备份重建这些文件，并使其在 Oracle 数据库服务器中正常工作。而对还原的数据文件进行恢复（RECOVER）是指利用归档日志及联机重做日志对其进行更新，即重做在

数据库备份后发生的操作。如果使用了 RMAN，用户也可以使用增量备份来恢复数据文
据文件的增量备份中只包含其前一次增量备份后修改过的数据块。

使用 RMAN 可以还原和恢复 SPFILE 文件、控制文件、数据文件、表空间、整个数
归档日志文件。

## 14.11 习题

**一、选择题**

1. ______不能使用 RMAN 进行备份。

A. 控制文件　　B. 数据文件　　C. 归档日志文件　　D. 密码文件

2. 选择______，RMAN 可以在备份整个数据库时跳过无法访问的数据文件。

A. OFFLINE　　B. READONLY

C. NOACCESS　　D. INACCESSIBLE

3. RMAN 备份路径不能指定为______。

A. 磁盘目录　　B. 磁带　　C. 闪回区　　D. 光盘

4. 在归档日志模式下，数据库必须处于______状态时才能使用 RMAN 进行备份。

A. NOMOUNT　　B. MOUNT　　C. OPEN　　D. SHUTDOWN

**二、简答题**

1. 简述备份集和映像副本。
2. 简述累积增量备份和差异增量备份的区别。

**三、操作题**

1. 将数据库设置为归档日志模式，指定归档日志文件存储目录为 c:\arch。
2. 按以下要求创建恢复目录，并注册目标数据库。

（1）使用 orcl 数据库作为目标数据库。

（2）使用 product 数据库作为恢复目录数据库。

（3）恢复目录需要使用的表空间是 rman_tbs。

（4）执行备份恢复操作的用户为 rman，该用户的默认表空间为 rman_tbs，在表空间上的
额为 UNLIMITED。

（5）将 CONNECT、RESOURCE 和 RECOVERY_CATALOG_OWNER 系统权限授予
户 rman。

3. 按以下要求设置 RMAN 配置参数。

（1）允许控制文件自动备份。

（2）配置备份保留策略为 14 天。

（3）配置备份集最大值为 1000MB。

4. 启动块更改跟踪，跟踪文件名为 c:\blk_ch_trc.trc。
5. 完全备份表空间 users，设置标记为 backup_full_users。
6. 累积增量备份表空间 users，设置标记为 backup_incremental_users。